陶瓷釉色料及装饰

池至铣　编著

中国建材工业出版社

图书在版编目(CIP)数据

陶瓷釉色料及装饰 / 池至铣编著 . —北京 : 中国
建材工业出版社,2015.11(2025.1重印)
　ISBN 978-7-5160-1296-3

　Ⅰ. ①陶… Ⅱ. ①池… Ⅲ. ①陶瓷-颜色釉-研究
②陶瓷艺术-研究 Ⅳ. ①TQ174. 4②J527

中国版本图书馆 CIP 数据核字(2015)第 240859 号

内 容 简 介

本书是作者从事近三十年陶瓷生产与教学实践的经验性总结,全书主要内容有釉用原料、陶瓷色料、陶瓷釉的性质和组成、陶瓷釉的配制、陶瓷常用釉、熔块釉、颜色釉、艺术釉和陶瓷装饰等。

本书内容通俗易懂,实用性强,既适合作为大中专院校陶瓷类专业的教学用书,也适合陶瓷行业配釉人员和装饰人员阅读与参考。

陶瓷釉色料及装饰

池至铣　编著

出版发行　中国建材工业出版社
地　　址:北京市西城区白纸坊东街 2 号院 6 号楼
邮　　编:100054
经　　销:全国各地新华书店
印　　刷:北京雁林吉兆印刷有限公司
开　　本:787mm×1092mm　1/16
印　　张:18.75　彩插 4
字　　数:460 千字
版　　次:2015 年 11 月第 1 版
印　　次:2025 年 1 月第 6 次
定　　价:**58.00 元**

本社网址:www. jskjcbs. com,微信公众号:zgjskjcbs
本书如有印装质量问题,由我社事业发展中心负责调换,联系电话:(010) 63567692

硅酸锌结晶釉

镉硒红花釉

双层花釉

天目油滴釉

红结晶釉

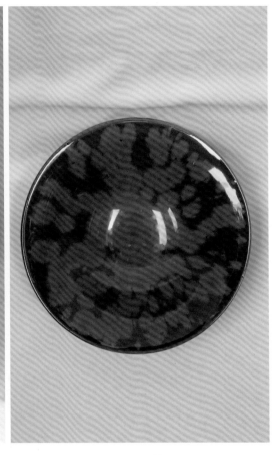

红天目釉

钧红釉

郎窑花釉

铜红釉

铁钛花釉

铁红结晶釉

铁钛花釉

铬结晶釉   铬金星釉

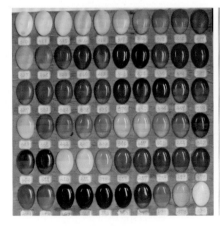

色料配釉   锰七彩釉

作 者 简 介

池至铣，副教授、高级工程师、工艺美术师、国家职业技能鉴定（陶瓷工艺师）高级考评员、福建省硅酸盐学会理事，现任泉州工艺美术职业学院（原德化陶瓷职业技术学院）材料工程系副主任（主持工作）、陶瓷新材料福建省高校应用技术工程中心主任。

1986 年毕业于西北轻工业学院（现陕西科技大学）硅酸盐工程系陶瓷专业。1986 年 7 月至 2000 年 4 月在国营陶瓷厂工作，先后任技术科长、副厂长、工程师、厂长等职务。2000 年 5 月起在泉州工艺美术职业学院从事陶瓷材料生产工艺的教学与科研工作。

主持多项省、市、县陶瓷科研项目，在国家级刊物发表了多篇学术论文，2009 年编写校本教材《陶瓷釉色料及装饰》，是福建省《材料工程技术》精品课程负责人。2014 年主持的"科研助教学，实践强技能"——《陶瓷工艺技术》课程领域教学改革与实践，荣获福建省高职教学成果一等奖。

近三十年来，全心全力地从事陶瓷生产、科研和教学工作，对陶瓷材料、色釉料及其生产工艺有独到的见解，充分利用自己的专业特长和丰富的生产实践经验，为陶瓷产业的技术提升服务，取得了良好的社会效益与经济效益。

前　言

陶瓷为日常生活用品，而釉是陶瓷制品的外衣，其装饰效果直接影响陶瓷制品的脸面。陶瓷制品因为有了一层釉而变得五彩缤纷，更加能满足现代社会人们对实用品艺术化、个性化的要求。

远古以来人类就以各种器物之造型、美术图案来美化生活，考古学家把陶瓷及其装饰视为重要的研究领域。今天在陶瓷色釉料与装饰研究方面已取得极大进展，人们可以根据陶瓷制品的胎体质地、造型、表面装饰要求等，来选择适合的色釉料来装饰。随着科学技术的发展，各种装饰方法及装饰材料层出不穷，本教材在编写过程中也尽量给予收录，同时阐述了一些装饰色釉料的形成机理。

《陶瓷釉色料及装饰》是本人近三十年来做了大量的实验及验证基础上的一个实践性总结，也是本人从事陶瓷生产与教学实践的一个经验性总结。本教材概括了陶瓷釉料、色料和装饰的基本知识、基本原理、原材料的性质与作用，主要内容有釉用原料、陶瓷色料、陶瓷釉的性质和组成、陶瓷釉的配制、陶瓷常用釉、熔块釉、颜色釉、艺术釉和陶瓷装饰。本教材通俗易懂，实用性强，既适合作为大中专院校陶瓷类专业的教材，也适合陶瓷行业配釉人员与装饰人员阅读与参考。

本教材在编写过程中得到领导、师长、同事、相关行业技术人员等的大力支持，也参考了很多专家学者的研究成果和论著。在此，一并向大家致以最诚挚的谢意。

由于本人水平有限，编写过程难免有所疏漏与失误，敬请广大读者提出宝贵意见，以待今后修订时完善。

作者
2015 年 11 月

目　　录

绪　　论

0.1　陶瓷釉的概述

1. 陶瓷釉的概念

塞格尔指出："釉和坯同样是由岩石或瓷土等组成的，但釉比坯更易在火中熔融。当窑内高温使坯体达到烧结时，必须使釉的原料完全熔融成液体状态，冷却后，这种液体凝固而成一种玻璃，这就是釉。正因为制品上覆盖了一层釉，从而使制品的强度提高了，硬度也提高了。同时，使制品具备了耐气体、液体以及酸碱腐蚀的能力，给人们使用时提供了方便。"

概括而言，釉是熔附于陶瓷胎体表面的玻璃质薄层。随着陶瓷历史的发展、功用的不同、外观艺术的需要、涂施技术的创新，釉的涵义也在不断地更新变化中。早期釉的概念与普通硅酸盐玻璃无二：光亮、透明、均匀，兼具玻璃的通性。今天的釉除玻璃质外，也有晶体釉、金属釉、有机与无机材料的复合釉等；外观表面有光亮的、无光的、透明的、乳浊的、润滑的、粗糙的等；内部结构（除气孔相外）有单相的、复相的，纳米级、微米级甚至更粗的；组成也有单一成分、多种成分之分，远远超出传统玻璃的范围。

无论釉的概念如何延伸，其功能不外乎实用性与可观赏性两个方面。一是使瓷体致密度提高从而不透气、不透水；二是遮盖坯体增加陶瓷美感；三是防止坯体污染和易于洗涤。近年来陶瓷釉的发展不仅是艺术性的不断提高，尤以科学性的实用功能不断创新使得陶瓷应用范围日益扩大，如抗菌环保、夜示标牌、绝缘保护等。

人们随着物质文化生活的提高，对陶瓷制品已不只是使用价值的要求和满足。同时，对制品的花色品种、质量提出了更高的要求。用釉来装饰陶瓷制品，对满足人们的物质需求和精神需求有着十分重要的意义，对物质文明建设和精神文明建设都将起到不可低估的作用。

采用釉来装饰制品，可以增加花色品种，有利于不断开发新产品。同时，可以提高制品质量，提高企业经济效益。

2. 釉在陶瓷中的作用

釉是施于陶瓷坯体表面的一层极薄的物质，它是根据坯体性能的要求，利用天然矿物原料及某些化工原料按比例配合，在高温作用下熔融而覆盖在坯体表面的富有光泽的玻璃质层（渗彩釉及自释釉例外）。施釉的目的在于改善坯体的表面性能，提高产品的使用性能，增加产品的美感。一般陶瓷胎体疏松多孔，表面粗糙，即使在坯体烧结良好、气孔率很低的情况下，由于胎体里晶相存在，表面仍粗糙无光，易粘污和吸湿，影响美观、卫生和使用性能（力学性能、化学稳定性、电学性能、热性能等）。釉烧后，不透水、不透气、表面光滑致密，在一定程度上改善了产品性能。同时釉可以着色、析晶、乳浊、消光、变色、闪光等，又可增加产品艺术性，掩盖坯体的不良颜色。釉的作用可归纳如下：

① 使坯体对液体和气体具有不透过性，提高了其化学稳定性。

② 覆盖于坯体表面，给瓷器以美感。如将颜色釉（大红釉、橄榄绿釉等）与艺术釉

1

（铜红釉、铁红釉、油滴釉、闪光釉等）施于坯体表面，则增加了瓷器的艺术价值与欣赏价值。

③ 防止粘污坯体。平整光滑的釉面，即使有粘污也容易洗涤干净。

④ 使产品具有特定的物理和化学性能。如电性能（压电、介电、绝缘等）、抗菌性能、生物活性、红外辐射性能等。

⑤ 改善陶瓷制品的性能。釉与坯体在高温下反应，冷却后成为一个整体，正确选择釉料配方，可以使釉面产生均匀的压应力，从而改善陶瓷制品的力学性能、热性能、电性能等。

3. 釉的特点

一般认为釉是玻璃体，具有与玻璃相似的物理化学性质。如各向同性；由固态到液态或相反的变化是一个渐变的过程，无固定的熔点；具有光泽；硬度大；能抵抗酸和碱的侵蚀（氢氟酸和热碱除外）；质地致密，不透水和不透气等。

但是，釉又和玻璃有不同的地方，归纳起来，有如下几个方面：

① 从釉层显微结构上看，其结构中除了玻璃相外，还有少量的晶相和气泡，其衍射图谱中往往出现晶体的衍射峰。也就是说，釉的均匀程度与玻璃不同。

② 釉不是单纯的硅酸盐，经常还含有硼酸盐、磷酸盐或其他盐类。

③ 大多数釉中含有较多的氧化铝，氧化铝是釉的重要组分，既能改善釉的性能，又能提高釉的熔融温度。而玻璃中氧化铝的含量则相对较少。

④ 釉的熔融温度范围比玻璃要宽一些。有的釉熔融温度很低（比硼砂还低）；有的釉熔融温度又很高，如硬质瓷釉等。

造成釉与玻璃的性质差异的原因很多，但影响釉显微结构的主要因素有以下几方面：

① 釉本身的化学组成和矿物组成。

② 高温反应过程中，釉中组分挥发。

③ 坯釉之间相互反应。

④ 烧成制度对釉熔融的影响。

这样使釉不能成为像玻璃一样的均相物质，而是包含有少量气体，同时还有未反应的石英和新生成的莫来石、钙长石、方石英等晶相。

4. 本课程的研究内容及学习方法

陶瓷釉色料及装饰是陶瓷工艺学的重要分支，也是陶瓷工艺学的延伸和扩充，本课程不仅要研究陶瓷釉生产的一般工艺理论，而更主要的是探讨陶瓷釉的形成机理、着色物质在陶瓷釉中的呈色机理和一些特定釉的典型生产工艺理论等基本原理和基本知识。

由于陶瓷釉的形成与硅酸盐物理化学、陶瓷颜料工艺学、硅酸盐热力学、黏土矿物学以及结晶化学等学科有着不可分割的联系，因此，这些学科的基本知识也要作为陶瓷釉色料及装饰基础予以研究和探讨。

由于陶瓷釉的形成不仅要受到材料科学的制约，而且受到制配工艺条件的影响，诸如材料、器形、加工方法等因素的影响，所以，人们一直都在摸索着前进。近几十年来，随着现代科学技术的发展，对陶瓷釉的研究也在广泛进行，各种论著也日渐增多，但仍缺少带普遍性的规律可循。这给我们学习陶瓷釉色料及装饰带来了相当大的困难，因此，我们只能坚持科学的、实事求是的态度，采取理论联系实际的学习方法，进行探讨性学习。

0.2　陶瓷釉的分类

目前，对陶瓷釉还没有统一的分类方法，主要是由于产地广、品种多、釉色杂，给分类带来一定的难度，按现有的分类方法主要有：

1. 按烧成温度可分为：

高温釉：指烧成温度高于1260℃的陶瓷釉，用于炻器、瓷器等的釉料。

中温釉：指烧成温度在1100～1260℃的陶瓷釉，用于炻器、陶器等的釉料。

低温釉：指烧成温度在1100℃以下的陶瓷釉，主要用于精陶类、高温素烧低温釉烧类陶瓷。

2. 按烧成的焰性可分为：

还原焰陶瓷釉：指釉色的呈现是在还原气氛下烧成时才能形成的釉，如影青、铜红等。一般来讲，还原焰烧成的釉料都是高温釉。少数技术人员也有从事中温还原焰烧成釉料的研究。

氧化焰陶瓷釉：指釉色的呈现是在氧化气氛下烧成时才能形成的釉，如铁红、硅锌结晶釉以及绝大多数色料配的颜色釉等。一般来讲，中温、低温陶瓷釉多属氧化气氛下烧成。

3. 按釉料制备加工方法可分为：

生料釉：配釉时将各种原料直接配成釉浆，而不改变釉料的基本组成的釉料，称生料釉。

熔块釉：配釉浆之前，将釉料配方中易溶于水的、有毒的或难熔的那一部分原料，按要求先经高温制成熔块后，再将熔块与釉料配方中的另一部分原料配成釉浆的釉称为熔块釉。

4. 按制品外观特征分类：

以这种方法分类，应用得较普遍，且易掌握。由于外观特征较多，故应细分为：

（1）根据釉面色彩的数量可分为：

单色釉：釉面上只呈现一种均匀颜色的釉称为单色釉，如釉面上只呈现黑色的乌金釉、釉面上只呈现黄色的黄釉等。

复色釉：釉面上同时呈现两种或两种以上明显可辨颜色的釉，称为复色釉，也称花釉，如乌金花釉、钧红花釉等。

（2）根据釉面光泽程度可分为：

光泽釉：釉面光泽度高的釉。

半光泽釉：釉面光泽度稍差的釉。

无光釉：釉面基本上不反射光的釉。

（3）根据釉层透明程度、纹理情况可分为：

透明釉：釉层透光性能高的釉。

半透明釉：釉层透光性能稍差的釉。

乳浊釉：釉层基本上不透光的釉。

裂纹釉：釉面上分布很多龟裂纹样的釉。

结晶釉：釉面上分布有结晶体的釉。

5. 按主要助熔矿物可分为：

长石釉：主要助熔矿物是长石的釉料，一般是高温釉。

石灰釉：主要助熔矿物是石灰石的釉料，一般是高温釉。

长石-石灰釉：主要助熔矿物是长石和石灰石的釉料。

白云石釉：主要助熔矿物是白云石的釉料。

滑石釉：主要助熔矿物是滑石的釉料。

还有石灰碱釉、黑釉、土釉等。

6. 按主要助熔氧化物的金属元素可分为：

钾钙釉：助熔氧化物主要是 K_2O、CaO 的釉料。

钠钙釉：助熔氧化物主要是 Na_2O、CaO 的釉料。

钙釉：助熔氧化物主要是 CaO 的釉料。

锌釉：助熔氧化物主要是 ZnO 的釉料。

钡釉：助熔氧化物中有相当多的 BaO 的釉料。

镁釉：助熔氧化物中有相当多的 MgO 的釉料。

还有锂釉、锂钙釉、锶釉、铅釉、硼釉等。

7. 按用途可分为：

瓷器釉：用来装饰瓷器的釉料。

炻器釉：用来装饰炻器的釉料。

陶器釉：用来装饰陶器的釉料。

面砖釉：用来装饰面砖的釉料。

彩釉地砖釉：用来装饰地砖的釉料。

琉璃釉：用来装饰琉璃制品的釉料。

还有日用瓷釉、陈设美术瓷釉等。

8. 按釉中主要着色元素可分为：

铁系色釉：釉中主要着色元素是铁的颜色釉。

铜系色釉：釉中主要着色元素是铜的颜色釉。

钴系色釉：釉中主要着色元素是钴的颜色釉。

还有锰系色釉、钛系色釉、铬系色釉等。

9. 综合分类

综合以上各种方法，概括列于表 0-1。

表 0-1　陶瓷釉综合分类表

	釉的名称	外观特征	釉的组成	烧成温度及焰性	用　途
单色釉	铁系色釉 铜系色釉 钴系色釉 锰系色釉 铬系色釉 钛系色釉 钒系色釉 其他色釉	釉面呈现出纯正、均匀、单一的颜色，如影青、豆绿、乌黑、锰棕、铬铝红等	① 基础釉用石灰釉、长石釉、锌釉、铅釉、熔块釉等 ② 着色原料用天然呈色矿物（如钴土矿、乌金土、红土等）、制备的色料（如铬铝红、镨黄、钒锆黄、钒锆蓝等）和化工原料	高温高于 1260℃，中温 1100～1260℃，高中温用氧化焰、还原焰烧成，低温在 1100℃以下，用氧化焰烧成	装饰日用、陈设、建筑、美术陶瓷等

	釉的名称	外观特征	釉的组成	烧成温度及焰性	用　途
复色釉	铁系花釉 铜系花釉 钴系花釉 钛系花釉 其他色釉	釉面上同时呈现两种以上的明显可辨的颜色，如乌金花釉、火焰红、钧红花釉、钛花釉等	以石灰釉、长石釉、熔块釉等作基础釉，以一种熔融温度较高的单色釉作底釉，再以一种熔融温度较低的釉作面釉	高温中温以还原焰或氧化焰烧成，低温釉以氧化焰烧成	美术陈设陶瓷、日用陶瓷等
特殊艺术釉	裂纹釉	釉面呈现龟裂纹理，疏密相当，庄重典雅	以石灰釉、长石釉、熔块釉等作基础釉，以天然矿物或陶瓷色料、化工原料作着色剂		美术陈设陶瓷等
	无光釉	釉面不透明、不起浮光，但釉平滑、细腻、沉着肃穆	以高铝低硅的釉料作基础釉，也可在普通釉料，如石灰釉、长石釉、铅硼釉中添加无光剂，着色原料与裂纹釉相同		美术陈设瓷、建筑瓷、墙地砖等
	结晶釉　细晶釉	釉面呈现微细的晶体。在放大镜下才可看到晶形，釉面古朴雅致，别具一格，如茶叶末、砂金釉等	以石灰釉、长石釉、熔块釉为基础釉，着色原料为氧化铁、氧化铬等化工原料	高温、中温为弱还原焰或氧化焰烧成	仿古瓷、美术陈设陶瓷等
	结晶釉　巨晶釉	釉面晶花较大，甚至有个别单晶体，晶花形状各异，大小各异，色彩众多，如锌、钛结晶釉	以石灰釉、长石釉、熔块釉等为基础釉，添加结晶剂，如 ZnO 等，着色物质可以是天然矿物，或者是着色氧化物、陶瓷色料等	以氧化焰烧成为主	美术陈设瓷、日用瓷等

0.3　陶瓷釉的发展概述

陶瓷是我国发明的。瓷器的发明是我国古代先民对世界物质文明和精神文明的一项巨大贡献，使我们为之骄傲和自豪。国外制造瓷器至少比我国落后十个世纪。

陶瓷的生产和发展经过了由低级到高级、由原始到成熟的发展过程。在这个发展过程中，共有三次飞跃，即釉陶—光泽类玉的半透明釉的瓷—半透明胎的瓷。经过漫长的发展过程才达到今日的水平。下面，我们来回顾和追溯陶瓷发展过程的概况。

最早的陶瓷是什么样子，还不清楚，但陶瓷釉的起源大约是在新石器时代。仰韶文化的彩陶上，施用了陶衣。陶衣是用较细的陶土和水制成泥浆，把它施于陶器表面上，使烧制后的陶器表面光洁美观。陶衣一般呈红、棕、白等颜色，这就接近陶釉了。

　　我们的祖先在烧制白陶和印纹硬陶的实践中，大约在公元前 16 世纪的商代中期，就创烧出了釉陶。釉陶的产生是陶瓷发展史上实现的第一次飞跃，为创烧出瓷器准备了必备的技术条件，也第一次把以铁为着色剂的青釉装饰的釉陶制品带到了人类社会。

　　商代后期，我国先民又创烧出半透明釉的原始瓷器，实现了陶瓷发展史上的又一次飞跃。原始瓷器与釉陶相比，工艺制作技术要复杂得多，主要体现在对原料进行挑选、精加工和配釉讲究，施釉适宜，烧成温度偏高。

　　经过漫长的一千六百余年，原始瓷器的制作有过鼎盛时期，其制作技术、器形、装饰都有极大的发展和提高。而色釉的发展，还是靠天然的铁质原料来维持，主要是以青、青绿、黄绿色釉见长的青釉。

　　直到汉代，铅釉技术开始获得比较快的发展，并且用铜铁原料为着色剂，制造出铜绿釉和铅银釉。这种低温铅釉的发明，使我国陶瓷发展史上增加了一支瑰丽的花朵。它不仅有着翡翠般绿色，而且釉层清澈透明，釉面光泽好，平整光滑，光彩照人。之所以出现铅釉是由于白殷商时代就开始的金属冶炼过程中，我国古代劳动人民对铜、铅、锡、金等金属已有一定的认识，并且采用在青铜中加铅，以提高液态合金的流动性获得成功，从而推动铅釉的发明和使用。

　　铅釉的发明和使用，是汉代先民对陶瓷工艺发展的一个重要贡献。在铅釉中加入少量着色元素的化合物，可以得到各种色调的低温色釉，如唐代就制造出了蓝、紫、白色釉。正是在这种低温色釉的基础上，才创造出了直至今日还被广泛采用的各种釉上彩料和低温色釉。

　　我国先民有意识地将着色化合物加入釉中，制造颜色釉，是从汉代开始的。秦汉原始瓷器与早期的原始瓷器相比，釉色普遍较深，经分析，氧化铁含量较高，还有 TiO_2，这说明在釉料的配制中，有意加入了含 Fe_2O_3、TiO_2 的原料。

　　瓷器出现于距今一千八百多年的东汉时期。由原始瓷器发展成为瓷器，是陶瓷发展史上又一次飞跃，也是我国先民对人类文明的又一伟大贡献。

　　瓷器与原始瓷器相比，釉层显著增厚，釉层透明，表面光泽度强。釉内几乎无残留石英，结晶也少，釉泡大而少。胎釉交界层有大量斜长石晶体自胎向釉生成，形成一个中间反应层，胎釉结合紧密而牢固。这表明这种釉无论从外貌上还是从结构上都已摆脱了原始瓷器的状态，这也表明其烧成温度比原始瓷器要高得多。这时的釉色，除继承和发展了在石灰釉中存在铁质着色的青釉外，还同时出现了黑釉，这表明了已经能较好控制配釉方法。釉料的配制得当，使胎和釉的膨胀收缩趋于一致，附着牢固。

　　三国两晋时，仍以石灰石为主要助熔剂，铁为着色元素的青釉为主，但采用紫金土来配制黑釉，铁量高达 6%～8%（德清窑），这是配制釉料的一个很大进步。饶有意思的是，窑工在配制青釉器时，由于控制不妥，瓷器釉层出现了裂纹，无意中得到至今仍有很高艺术价值的裂纹釉。

　　到了北朝，在瓷器生产上出现了白釉，这是陶瓷发展史上的一个里程碑。说明制瓷工人已经能控制釉料中的含铁量。克服了铁质对呈色的干扰，为陶瓷釉发展开拓了一条新道路。

　　匣钵的发明和使用，是唐人留给后世的一份厚礼，由于匣钵的烧制，白瓷和青瓷达到了很高水平。白瓷主要产地在河北、河南等省；青瓷主要产地在浙江、江西、湖南等省。唐代出现了"北白南青"的局面。

　　此外，还发明黄釉和蓝釉。陶工们用白釉、黄釉、蓝釉装饰在同一制品上，烧出了闻名世界的、至今仍有很高艺术价值的唐三彩。唐三彩的发明，不仅是我国先民对世界陶瓷文化的又一伟大贡献，而且开创了陶瓷颜色釉综合装饰技法的先河。

宋代制瓷工艺对我国陶瓷发展的最大贡献是为陶瓷美学开拓了一个新的境界，宋瓷所创造的新美学境界，不仅重视釉色之美，而且更追求釉的质地之美。景德镇的青白瓷，磁州窑的白釉瓷，北宋的汝瓷，南宋的官窑、龙泉窑的青釉瓷等已不再是稀淡的石灰釉而是黏稠的石灰碱釉。因而"釉汁莹厚如堆脂"，给人以凝重深沉的质感，有观赏不尽的蕴蓄，真是如冰似玉，巧夺天工。宋代陶工在继承和发展前期青釉、白釉的基础上，还创烧出了以铜化合物着色的红釉，如钧窑的玫瑰紫、钧红等窑变色釉，从而打破了青釉独占鳌头的局面。这是颜色釉发展史上又一个新的里程碑。与此同时，在吉州、建阳、山西等窑还创烧了独具风格的微晶结晶釉，即油滴、兔毫、玳瑁等天目釉，这就冲破了有史以来一直采用浮薄浅露的透明玻璃釉来装饰陶瓷的局面，而展现出了质感美的微晶结晶釉的风姿。

宋代不仅在陶瓷釉方面有了长足的发展，而且创烧了釉下青花瓷，开创了陶瓷釉下装饰的新纪元。元朝除沿袭宋瓷的艺术釉成就之外，较为突出的是在景德镇创烧了烧成温度范围较宽的雾蓝釉、卵白釉以及铜红釉；同时烧出了青花、釉里红瓷，首创了青花、釉里红釉下综合装饰的技法。

代表明代制瓷水平的是江西景德镇，青花瓷器是瓷器生产的主流。明初的青花瓷，是青花配青釉，釉精细、青花浓艳、造型多样、纹饰优美、久负盛名，是我国历史上青花瓷的黄金时代。

颜色釉方面的突出成就，是明永乐、宣德时的甜白、霁青、霁红；还有月白釉、米色釉、紫金釉等；还创烧了"铁红釉""翠青釉""珐琅釉"，从而形成了景德镇的传统颜色釉产品。

中国瓷器的生产，在清代前中期达到了历史的高峰。产瓷地比较广，但代表时代水平的仍然是瓷都景德镇。在陶瓷釉方面，继承发展并提高了前期所取得的成就，"唐窑（陶官唐英烧制的窑）几乎无釉不仿"，"釉色兼备，以蛇皮绿、鳝鱼黄、青翠、黄斑点四种尤佳，其浇黄、浇紫、吹红、吹青者亦美。"

青釉和红釉尤其突出。青釉主要仿汝窑和龙泉窑，有卵青、天青、梅子青、粉青等釉，还创烧了东青釉；红釉有铜红、金红，有仿钧红、郎窑红、祭红、桃花片等。还烧制出了炉钧花釉、三阳开泰、茶叶末等名贵色釉。

新中国成立后，陶瓷生产有了很大发展。一方面，以科学技术为指导，挖掘、整理了世代相传的各种传统色釉工艺，恢复了生产，并在此基础上吸收国内外技术，创新了很多陶瓷釉新品种，如景德镇的彩虹釉。此外陶瓷色料在色釉中的应用使艺术釉得到极大的发展，如锰红釉、钒锆黄等新品种就是其例。还有近年来，稀土工业的发展，又为陶瓷釉的发展开辟了一条新途径，先后试制了镨黄釉、铈釉、钕变色釉、大红色釉等。

由于人们生活水平的提高，对陶瓷艺术的要求越来越高，使陶瓷产区逐步扩大。我国已有景德镇、潮州、德化、醴陵、淄博、唐山、佛山、宜兴、邯郸、铜川等陶瓷产区。各产区都有自己的科研机构，生产出了具有各地特色的陶瓷釉品种，以满足国内外人们的需要。

为了促进和加快陶瓷工业发展，国家十分重视陶瓷科技人才的培养，景德镇陶瓷学院就是专门培养陶瓷工业高级技术人才的学府，清华大学、华南理工大学等很多高等院校都设立了陶瓷专业。重点产瓷区都创办了陶瓷中专或高等职业技术院校，为陶瓷工业源源不断地输送大批技术人才。

表 0-2 中列举了我国历代烧制的代表性陶瓷釉釉色品种。

表 0-2 历代代表性陶瓷釉品种表

时 期	陶瓷名称	代表性陶瓷釉釉色品种
新石器时代	彩陶、陶衣	陶衣呈红、棕、白色
商代中期	釉陶	黄绿色、青绿色、豆绿、青灰色
商代后期	原始瓷器	青色、豆绿、酱色、淡黄、绿紫色
西周	原始青瓷	青色、豆绿、黄绿、灰青色
春秋	原始青瓷	青绿、黄绿、灰绿色
战国	原始瓷器	青绿、黄绿、墨绿色
秦汉	原始瓷器 铅釉陶	黄、青绿、淡绿色 低温绿釉
东汉	瓷器	青色、黄色、青灰色、酱色、黑色釉
三国、两晋	瓷器	青色、青渌、米黄、黄绿色釉、裂纹釉、德清天目
北朝	瓷器	白釉、黑釉、铅黄釉（低温）
隋、唐、五代	瓷器 白瓷（用匣钵）	青釉、白釉、黑釉、花釉、黄釉、绞胎 唐三彩、蓝釉、绿釉、釉下彩
宋朝	青白瓷、青瓷 青花瓷、黑釉瓷	天蓝釉、窑变色釉、裂纹釉、月白釉、油滴、兔毫天目釉、钧红、乳浊釉
元朝	青花瓷、釉里红 彩瓷	卵白釉、铜红釉、钴蓝釉、霁蓝釉
明朝	瓷器	青花、霁蓝、霁青、祭红、矾红、翠青、黄釉（浇黄）、蓝釉、绿釉、紫釉、酱色釉
清朝	瓷器	胭脂水、乌金釉、天蓝釉、珊瑚红、秋葵绿、锑黄、孔雀绿等

第1章 釉 用 原 料

釉用原料是各陶瓷产地实用配方中所采用的原料，这些原料可以是天然矿物原料、化工原料，也可以是一些具有特殊用途的地方制备的原料。

一般来讲，釉用原料是指在烧成过程中，能形成玻璃质的组分，或能与其他组分反应生成易熔化合物的组分，或者参与高温反应，能使釉的性能发生改变的组分。

1.1 釉用矿物原料

1.1.1 长石

长石是配制各种釉料必需的熔剂原料之一。由长石引入釉玻璃体形成物质，如二氧化硅、氧化铝和碱性金属氧化物等，最主要的是引入助熔物质 K_2O、Na_2O 等。

按化学组成，长石有下列几种：

钾长石（正长石）：$K_2O \cdot Al_2O_3 \cdot 6SiO_2$

钠长石：$Na_2O \cdot Al_2O_3 \cdot 6SiO_2$

钙长石：$CaO \cdot Al_2O_3 \cdot 2SiO_2$

钡长石：$BaO \cdot Al_2O_3 \cdot 2SiO_2$

自然界中，单种长石较少，大多数是钾、钠长石的混熔物，称为碱长石。钙长石、钡长石自然界也较少见。

一般来讲，钾长石的熔融温度范围宽，高温黏度高，化学稳定性也较强。因而，有利于烧成的控制和防止制品变形。钠长石的熔融温度范围窄，高温黏度较低，助熔作用强，高温时，对石英、黏土及着色剂的溶解能力强，溶解速度快，可使釉的光泽、透明度提高。因此要根据釉的性质来选用。

艺术釉对于长石的质量要求，一般是杂质越少越好，但可根据艺术效果的需要来定。对于长石中所含的磁铁矿、石榴石、黑云母等杂质，可能是需要的成分，也可能是有害杂质。

通过化验长石的化学组成，可判断长石质量情况，一般要求长石（$Na_2O + K_2O$）含量大于 14％，Fe_2O_3 含量小于 0.5％。

鉴别长石质量时，还可以通过试烧来确定长石的性能：

（1）软化温度。

（2）熔融温度范围。

（3）熔体的黏度。

（4）颜色。

杂质较低的伟晶花岗岩、霞石正长岩、釉果、低温石也可作为长石的代用品配釉，如用低温石和一定的石灰质原料，就可配成适用的釉料。

9

1.1.2 石英

石英是釉中二氧化硅的主要来源，把石英加到釉中，可提高釉面的耐磨性、硬度、白度、透明度以及化学稳定性。石英种类主要有：

（1）水晶：这是纯度很高的石英，SiO_2 含量达到 99.8％，结晶良好，透明。水晶中往往因熔有 Fe、Mn、Cu 等的金属氧化物，从而使水晶带色。常见的有烟水晶、紫水晶、蓝水晶等，这些水晶在自然界存量较小，基本不用于配制釉料。

（2）脉石英：属硅质火成岩，是火山爆发熔融岩浆在地壳较浅部分经急冷凝固而成的致密块状结晶体，显脉状，纯度高，SiO_2 含量一般在 98％以上，是目前陶瓷釉料中使用最多的一种石英原料。

（3）石英岩：是变质岩，为石英重结晶的致密块体，含 SiO_2 在 97％以上。

（4）石英砂岩：是由石英颗粒、黏土、碳酸盐、氧化铁等胶结在一起的岩块，含 SiO_2 较低，一般在 90％～95％。

（5）石英砂：有海砂、河砂、山砂等数种。SiO_2 的含量低，成分波动大，颗粒大小不一，一般为白色或浅黄色，以闪闪发光的白石英砂为好。

经煅烧的谷壳、稻草含 SiO_2 很高，可代替石英粉。传统的石灰釉，就是用谷壳拌和烧石灰，经煅烧后配制的釉料。

1.1.3 黏土

黏土是一种颜色多样、细分散的多种含水铝硅酸盐矿物的混合体。当其与水拌和后具有一定的可塑性，能塑造成各种形状并在干燥后保持其形状不变，同时具有一定的机械强度，煅烧后获得岩石般坚硬的性质。

黏土普遍存在于各种类型的沉积岩中，约占沉积岩矿物的 40％以上，是分布最广的地壳的重要组成部分。

各种富含硅酸盐矿物的岩石经风化、水解、热液浊变等作用都可变成黏土。黏土的种类繁多，陶瓷工业所用黏土中的主要矿物为高岭石类（包括高岭石、多水高岭石）、蒙脱石类（包括蒙脱石类、叶蜡石等）和伊利石类（也称水云母）三种。从应用角度来分，主要有瓷土、陶土和耐火黏土。

一般瓷土（亦称瓷石）矿物组成主要由高岭石类（或蒙脱石、或伊利石等）、石英、长石与少量其他类黏土组成，其成分与陶瓷坯料的组成相同或接近，因此有的瓷土可以单独成瓷或调配少量其他原料或瓷土成瓷，故名"瓷土"；陶土与瓷土主要成分相似，但杂质含量较高，所以用作大缸或陶盆等陶器坯料；耐火黏土的铝含量较高，因而熔融温度也较高，可用于耐火材料的生产或与陶土进行调配生产高温陶器等。

釉中引入少量黏土，一方面以其作为 Al_2O_3 的一种来源，另一方面可改善釉的悬浮性和附着性，有利于施釉操作。一般黏土用量不宜超过 10％，如因特殊需要须加入量较高，可将部分黏土煅烧后引入，以防止釉层干燥过程较大收缩，形成开裂和崩落。

1.1.4 钙镁质原料

配釉时，常使用一些钙镁质原料，如方解石、石灰石、白云石、滑石等。由于其中的

CaO、MgO 能和釉中的 SiO_2、Al_2O_3 等形成低共熔化合物，从而降低玻化温度，所以，钙镁质原料属于助熔原料。

1. 石灰石和方解石

石灰石和方解石的主要成分是 $CaCO_3$，理论组成为 CaO 占 56％，CO_2 占 44％。方解石比石灰石更纯，由 $CaCO_3$ 组成的，还有钟乳石、大理石、石笋、白垩等，它们都是釉中助熔剂 CaO 的主要来源。

釉中引入方解石、石灰石等原料能降低釉的熔融温度，降低釉的高温黏度；促使胎釉中间层生成；增加釉的弹性、光泽度和透明度；防止釉面龟裂；防止秃釉、堆釉。但用量过多，会引起釉面析晶而失透，烧成温度范围变窄。在煤窑中烧成，釉面易引起吸烟，使色调阴黄。

2. 萤石（氟石）

萤石的主要成分是 CaF_2，在高温烧成过程中，和 SiO_2、Al_2O_3 等反应，生成 CaO 存在于釉熔体中，生成的 SiF_4、AlF_3 挥发。

釉中引入少量萤石，能降低釉的熔融温度，增加釉的流动性，同时具有乳浊作用，提高釉面白度和光泽度。此外，由于萤石颗粒为粒状，能提高釉浆的悬浮性。若用量偏多，会使釉面发青，同时引起针孔或多气泡的缺陷。萤石还是结晶釉的良好促晶剂。

在下述状态下釉中不能使用氟化钙：

① 施釉产品的烧成中，必须在高温下保温的。

② 烧成后必须缓慢冷却的。

③ 坯与釉化学反应较为显著的。

3. 白云石（镁质石灰石）

白云石是碳酸钙和碳酸镁的复盐。理论组成为 CaO 占 30.4％，MgO 占 21.7％，CO_2 占 47.9％，分解温度为 $730\sim830℃$，主要是作釉料的助熔原料，借以提高釉面的光泽度和透明度。由于在高温下，白云石易和釉成分中 SiO_2 和 Al_2O_3 反应生成硅酸钙和堇青石，故能降低釉的熔融温度。釉中加入白云石，不像加入方解石那样易吸烟，且很少析晶。

4. 滑石

滑石是天然含水硅酸镁矿物，化学式为 $3MgO \cdot 4SiO_2 \cdot H_2O$。在加热过程中，900℃前后，晶格崩溃重排，分离出一部分 SiO_2 变成顽火辉石，反应过程如下：

$$3MgO \cdot 4SiO_2 \cdot H_2O \xrightarrow{900℃} 3(MgO \cdot SiO_2)(\gamma\text{-顽火辉石}) + SiO_2 + H_2O$$

$$\gamma\text{-顽火辉石} \xrightarrow{1000\sim1200℃} \beta\text{-顽火辉石} \xrightarrow{1250\sim1350℃} \alpha\text{-顽火辉石}$$

滑石常用来作釉料的助熔原料，能降低釉料的熔融温度和膨胀系数，提高釉的弹性，促进胎釉中间层生成，增强制品的热稳定性。同时还可增加釉的乳浊性，提高釉的白度。

5. 菱镁矿（菱苦土）

菱镁矿的化学成分主要是 $MgCO_3$，理论组成为 MgO 占 47.62％，CO_2 占 52.38％。菱镁矿在 640℃开始分解，800℃则基本分解完成。$MgCO_3$ 的分解温度低于 $CaCO_3$ 的分解温度。

菱镁矿用作釉的熔剂，能扩大釉的熔融温度范围，在还原焰烧成时，能增加釉的白度，防止釉面龟裂。但用量不可太多，否则釉面光泽不良，甚至引起秃釉。

6. 硅灰石

硅灰石属于具有链状结构的似辉石类矿物。其化学通式为 $CaO \cdot SiO_2$，晶体结构式为 $Ca_3[Si_3O_9]$，理论化学组成为 CaO 48.25%、SiO_2 51.75%。天然硅灰石是典型的高温接触变质岩，主要产于石灰岩与酸性岩浆的接触带，由 CaO 与 SiO_2 反应而生成。常与透辉石、钙铝石榴子石和绿帘石、方解石、石英等矿物共生。

陶瓷工业中硅灰石的用途广泛，可用于釉面砖、日用瓷、低损耗无线电瓷，也可在卫生陶瓷、火花塞瓷以及釉料、磨具等方面应用。

用硅灰石制釉时，可替代石英和石灰石，釉面可避免因石灰石分解放出 CO_2 气体而产生釉泡和针孔。同时硅灰石能降低釉的高温黏度，并改善坯釉结合，釉面质量和产品强度都会有所提高。

7. 透辉石

透辉石化学式为 $CaO \cdot MgO \cdot 2SiO_2$，结构式 $CaMg[Si_2O_6]$，理论化学组成为 CaO 25.9%、MgO 18.6%、SiO_2 55.5%。晶体为无色，但因杂质可呈绿色至深褐色，集合体呈粒状、柱状、放射状等，有玻璃光泽。透辉石本身不具多晶转变，没有多晶转变时所带来的体积效应；透辉石本身不含挥发分（如有机物、结晶水等），也不会分解出 CO_2，故可快速升温；透辉石是瘠性料，干燥收缩和烧成收缩都较小；透辉石热膨胀系数不大，且随温度升高呈直线性变化，有利于快速烧成；透辉石中引入钙、镁组分，构成了硅-铝-镁为主要成分的低共熔体系，可大为降低烧成温度。

透辉石用于配制釉料，由于钙镁玻璃的高温黏度低，对釉面光泽和平整度都有改善。

用透辉石配制陶瓷也和硅灰石一样，具有烧成温度范围较窄的缺点，必须进行调整。

1.1.5 其他矿物原料

1. 霞石正长岩

霞石正长岩系 SiO_2 不饱和岩石。化学成分中 Na_2O 可达 7%~9%，$K_2O + Na_2O > 13%$，主要为碱性长石类矿物，少量铁镁类深色矿物。

在陶瓷工业中常用霞石正长岩代替长石。它的主要矿物组成为正长石、微斜长石及霞石等，其除引入 K_2O、Na_2O，还能引入 Al_2O_3 及 SiO_2，这些都是陶瓷的主要成分。

霞石正长岩已为国外陶瓷生产广泛采用。它是一种很强的熔剂，于 1050℃ 开始烧结，熔点随含碱量不同波动于 1100~1200℃ 之间。在陶瓷坯体中加入霞石正长岩会显著地降低烧成温度，扩大烧结范围，从而利于提高机械强度和减少胎体的变形倾向。

2. 火山玻璃熔岩

本类岩石属酸性岩石中的喷出岩，包括黑曜岩、珍珠岩、松脂岩、浮岩等，以珍珠岩为代表。它们的化学成分很相近，以含水量来区别。一般地，黑曜岩含 $H_2O < 2%$，珍珠岩含 H_2O 2%~6%，松脂岩含 H_2O 6%~10%。它们对陶瓷工业特别有价值。

珍珠岩化学成分：SiO_2 68%~75%，Al_2O_3 9%~14%，Fe_2O_3 0.5%~4.0%，TiO_2 0.12%~0.2%，MgO 0.4%~1%，CaO 1%~2%，Na_2O 0.5%~5%，K_2O 1.5%~4.5%，H_2O 2%~6%。它在高温下开始收缩温度为 1025℃，软化温度为 1175℃，软化温度范围 150℃，熔融范围 325℃。由于珍珠岩的上述特性使之更适合用于釉料中。

3. 磷矿物

釉用磷矿物主要有磷灰石和骨灰，主要成分都是磷酸钙 $Ca_3(PO_4)_2$，化学组成见表 1-1。

表 1-1　釉用磷矿物的主要化学组成　　　　　　　　　　　（%）

化学组成　　含量　　种类	骨　灰	磷灰石
SiO_2	1.80	0.06
$Al_2O_3+Fe_2O_3$	1.30	0.72
CaO	53.30	55.70
MgO	0.30	0.20
碱金属	0.64	0.80
H_2O	—	0.28
F	3.20	3.10
P_2O_5	40.15	39.24

骨灰一般是牛、羊、猪等动物的骨头煅烧后即得。煅烧温度一般为 $900\sim1300℃$，煅烧时应避免碳化发黑。其主要成分是磷酸钙 $Ca_3(PO_4)_2$，另含有少量的碳酸钙及其他物质。骨灰可作助熔剂，其助熔作用较缓慢。可使釉面光泽度提高，色调柔润，如在铜红釉中，会使铜红光润，但过多时会使色调发紫。P_2O_5 含量超过 2% 时，釉面易产生针孔、气泡。同时是釉的良好乳浊剂，可提高釉的白度。试验证明，骨灰引入铁红釉中，可促使液相分离，形成花釉。

配釉时，用化工原料磷酸钙和天然磷灰石来代替骨灰加入釉中，效果基本相同。骨灰瓷胎是 50% 左右的骨灰与高岭土、长石、石英等配制而成。

合成骨粉：骨粉是制备骨灰瓷的重要原料，也可用于某些特殊效果的艺术瓷釉中。山东省硅酸盐研究设计院于 20 世纪 90 年代后期，采用自然界储量丰富的天然原料结合部分化工原料，应用人工合成的办法，拟定了合理的合成工艺和流程设备，克服了合成制品成本高、矿物化学组成和粒度组成难以控制等难题，成功研制了一种可完全替代优质牛骨灰，且使用性能优于优质牛骨灰的合成骨粉。用该合成骨粉研制的骨质瓷，不仅瓷质细腻、釉面光亮，而且白度、透光度、热稳定性均高于传统骨瓷，性能指标达到并超过 GB/T 13522—1992 骨瓷标准，瓷质达到并超过了英、日等发达国家骨瓷水平。合成骨粉的性能指标如下：

① 化学矿物组成：$Ca/P=1.50\sim1.67$；主晶相羟基磷酸钙含量在 99% 以上，成分稳定。

② 粉体特性：小于 $2\mu m$ 颗粒约占 25%，小于 $5\mu m$ 颗粒约占 60%，小于 $10\mu m$ 颗粒约占 90%，中值粒径（D_{50}）为 $3.821\mu m$。

③ 塑性：具微弱可塑性。

4. 锂辉石

锂辉石为典型的伟晶岩矿物，主要富产于花岗伟晶岩脉中，常与绿柱石、电气石、石英、钾长石、钠长石、锂云母共生。属辉石族矿物，单斜晶系晶体，常呈断柱状、板状产出，也见有粒状致密块体或粒状、断柱状集合体。颜色呈黑、暗绿、褐色、灰白、淡黄、淡绿、翠绿或紫色，具玻璃光泽，半透明到不透明；晶体往往粗大，并具粗糙不平的晶面。

化学通式为 $Li_2O \cdot Al_2O_3 \cdot 4SiO_2$，晶体结构式 $LiAl[Si_2O_5]$。理论 Li_2O 含量为 8%，相对密度 3.03~3.2，硬度 6.5~7，熔化温度 1380℃。锂辉石在 1000℃ 左右发生不可逆转化，由 α-锂辉石转变为 β-锂辉石，相对密度也由 3.03~3.2 转变为 2.4 左右。生成的 β-锂辉石属于四方晶系，热膨胀系数非常低。

锂辉石熔解石英的能力比钠、钾长石熔液更大，可与釉中游离石英发生反应，生成热膨胀系数极低的 β-锂铝硅酸盐固溶体。接近透锂长石的理论组成，能有效阻止石英的晶型转变，也就减少了石英晶型转变带来的体积膨胀。

我国锂矿资源已查明的储量居世界首位，分布广泛。我国的锂辉石产于新疆、内蒙古、四川、湖南、江西、浙江、河南等省（区），以新疆最为著名，如富蕴、阿尔泰花岗伟晶岩中黄、绿、紫色均有。内蒙古的宝石级紫锂辉石，是近几年才发现的。目前最常用的是新疆阿尔泰低铁锂辉石和江西宜春锂辉石。

5. 锂云母

锂云母化学通式为 $LiF \cdot KF \cdot Al_2O_3 \cdot 3SiO_2$，理论 Li_2O 含量为 6.43%，相对密度 2.8~2.9，硬度 2.5~4，熔化温度 1168~1177℃，单斜晶系，晶体为短柱状，但非常少见。锂云母通常以小薄片的粗大集合体出现，有时也有平板状锂云母。

6. 透锂长石

透锂长石化学通式为 $Li_2O \cdot Al_2O_3 \cdot 8SiO_2$，理论 Li_2O 含量为 4.9%，相对密度 2.4~2.5，硬度 6~6.5，熔化温度 1350℃。单斜晶系，颜色呈淡灰、白色，少量呈粉红色，有两个互成 38.5° 角的解理方向，底部完全解理。

7. 釉石

一般将可直接用作釉料或调配少量其他原料即成釉料的矿石称为"釉石"，也称"低温石"。原矿呈土块状或粉状的称为"釉土"，也有称其"釉泥"。陶器"土釉"多是用釉土配制而成。

釉石与瓷石的矿物组成基本相似，只是黏土类含量较低，而长石或方解石等含量较高一些，反映在化学组成上 Al_2O_3 含量较低，K_2O、Na_2O、CaO 等含量较高。

一些釉石原料的化学组成与釉料非常接近，虽可以直接用作釉料，但有时工艺性能却不能满足，主要是可塑性较大，需与其他瘠性料配合使用。

1.2　釉用化工原料

1.2.1　碱金属化合物

1. 食盐

食盐化学组成为 NaCl，熔点为 776℃，比熔点温度稍高时即开始挥发。在窑炉烧前预先加入食盐或在烧成中期往窑炉内投入食盐，没有施釉的坯体表面和挥发出来的食盐起反应生成低熔融温度的玻璃体而形成釉，这就是传统的食盐釉的基本原理。食盐也可以用于配制低温熔块釉，在釉浆中加入食盐可防止沉淀。

2. 碳酸钠

碳酸钠也称纯碱，由于它易溶于水，只能用作熔块的配料引入氧化钠，降低熔融温度。

3. 硝酸钠、碳酸钾、硝酸锂

它们在釉料中用途同碳酸钠，但价格较高。

4. 硼砂

硼砂化学式为 $Na_2O \cdot 2B_2O_3 \cdot 10H_2O$，其理论组成为 $Na_2O\,16.3\%$，$B_2O_3\,36.5\%$，结晶水 47.2%。在 741℃放出全部水分，在此温度下烧成的称为烧硼砂。其结晶水的量随温度而变化，所以应存放在温度变化小的地方。在配料之前应先测其含水量。

硼砂广泛用作陶瓷釉料中的助熔剂，氧化硼与二氧化硅一样都有与碱化合再熔融后形成玻璃质化合物的特性。硼砂还具有降低瓷釉黏度的重要作用，添加少量硼砂，就能使许多黏稠的瓷釉形成较好的覆盖。硼砂还具有使瓷釉产生较高光泽度和成熟温度降低的倾向，在生釉中添加 10%硼砂可能有利于瓷釉的熔融，可是，如果加入过量硼砂则会产生许多缺陷，诸如龟裂、起泡、损害釉下彩料，损害瓷釉稳定性以及使瓷釉增稠到难以使用的胶冻状态等。

5. 碳酸锂

碳酸锂 Li_2CO_3，微溶于水，可引入到釉料中。它能降低釉的熔融温度、黏度和热膨胀系数。引入代替碱性氧化物，可降低釉料的热膨胀系数，提高耐酸、耐磨性和光泽度。

6. 玻璃粉

为普通窗玻璃及瓶玻璃的粉碎物。大厂所制的组成及性质大体尚属稳定，组成近于 $0.5Na_2O \cdot 0.5CaO \cdot SiO_2$。有水溶性，因而所制釉浆放置几小时后沉淀物即硬化如水泥，用酸调整其过剩的碱即能防止此缺点。玻璃中的钠含量高，又是已熔化过，引入釉料中，可大幅度降低釉的熔融温度。配锌、钛结晶釉常用玻璃粉。

1.2.2　碱土金属化合物

1. 碳酸钙

理论式为 $CaCO_3$。天然产的矿物中有方解石、石灰石、大理石、白垩等，前面已介绍过，用沉淀法制得的碳酸钙（也称轻质碳酸钙）用作釉原料，助熔效果更明显。

2. 碳酸镁

碳酸镁理论式 $MgCO_3$。加热到 350℃开始分解，在 900℃完全失去二氧化碳，变成氧化镁。难溶于水，天然矿物为菱镁矿。

在瓷釉中，碳酸镁起高温助熔剂的作用。当形成硅酸镁时，可使瓷釉具有弹性和比较低的线膨胀系数。碳酸镁还可用于抑制瓷釉的流动性，这对于结晶釉是非常合乎需要的性能。适量的碳酸镁也可以改善瓷釉的黏着力。

碳酸镁也常用作釉浆内聚剂，使釉浆含水高又很稠，施釉后，釉层没烧就开裂，也适合作收缩釉。

3. 碳酸钡

碳酸钡理论式为 $BaCO_3$。在一定的条件下钡比其他碱土金属能成为更强的助熔剂。氧化焰烧成时用 BaO 能置换一部分 PbO，在 1100℃以上的釉中 PbO 全部可用 BaO 置换，玻璃的折射率增大因而光泽度增强，但其效果不如 PbO。用量过多成为无光釉。无论按怎样的比例置换 CaO 或 ZnO，釉的弹性模数均降低。对热膨胀系数的影响与 ZnO 相同，其效果较碱金属或 CaO 小。

4. 碳酸锶

碳酸锶理论式为 $SrCO_3$。难溶于水，因而不必制成熔块。加少量的即可改善熔融状态。以分子量的比率置换 CaO，则助熔的作用较大，可增大流动性，降低软化温度，热膨胀系数稍增大。与 CaO 等量置换时，增大助熔的作用，增加流动性，降低软化温度，但热膨胀系数无变化。与 ZnO 按分子比等量置换，则增加流动性，减少溶解度，热膨胀系数虽稍有增大，但不影响软化温度。

在日用瓷釉和卫生陶瓷釉中，引入 SrO 则光亮度提高，增大抗酸性及抗釉面龟裂性。对于色料，尤其是粉红、铁红等红色系统，能使之更为明快。

在含锆的釉中加 SrO 则增大流动性，也能减少棕眼，因而容易获得平滑的釉面。如用 SrO 置换 CaO 或 BaO 时可促进与坯体的反应，从而使釉的附着性能更为良好，抗划痕强度也增大，也能减小对于水的溶解度。引入 $SrCO_3$ 还能消除表面的朦胧状态。

1.2.3 其他化合物

1. 氧化锌

理论式为 ZnO。在 1800℃升华变为金属锌。因制法不同其纯度也不同，最纯的氧化锌，是将锌挥发的蒸汽氧化而得。氧化锌在瓷釉中可以起助熔作用，降低膨胀，防止开裂，增加光泽度和白度，对弹性产生有利影响，增大成熟温度范围等。由于氧化锌的收缩作用，可能引起釉卷缩缺陷。因此，氧化锌在使用之前，需经过 1250～1280℃高温煅烧。如果氧化锌加入量较多，产生过饱和就形成硅酸锌结晶，如结晶生长过程保温时间较长，就可以长成很大的晶花。氧化锌对多种色料发色有影响，如不利于铬发绿色，有利于铜发绿色。氧化锌还会改变釉下彩料的色泽，使有些釉下彩的颜色受到损坏，有些则得到改善。

2. 铅化物

铅化物有氧化铅（红丹）、碳酸铅、氢氧化铅等，经烧成最终是以氧化铅存在。氧化铅与 SiO_2 及硼酸较易化合而成为玻璃。铅硅酸盐熔融物具有下列特征：

① 因折射率高而光泽好。
② 与碱金属相比虽可减小热膨胀系数，但铅含量增多时反而增大。
③ 减小弹性模数，即对于拉伸应力来说其延伸率大。
④ 降低熔融物的黏度。
⑤ 显著地扩大熔融温度范围，因而微量的成分之差不至于引起多大的影响。
⑥ 减少失透现象。

相关的还有下述缺点：

① 有毒，因而用量有一定的限制或必须制成熔块。
② 配比不当的釉，易被食物酸或果汁所侵蚀。
③ 有些铅釉长期与大气接触，在表面上遂生成一层薄膜而失去光泽。
④ 烧成操作不当，则使铅釉容易还原而析出金属铅，变成灰色或黑色。
⑤ 铅含量多，则釉面的抗磨性显著下降。
⑥ 铅釉的强度随着碱土金属量的减少而降低。

（1）一氧化铅、密陀僧、铅黄、黄丹

PbO，将金属铅熔液在空气中氧化而得，或为从铅中分离银时的副产品。PbO 熔融后急冷遂生成带红色的黄色结晶，称之为黄丹。在铅熔液的表面上生成的非晶质物质称为铅黄。

PbO 的相对密度为 9.36，在 850℃左右熔融。稍溶于水及氢氧化钾溶液，易与 SiO_2 反应，熔液可将黏土质坩埚熔化。

（2）铅丹

铅丹为深红色或鲜红色，有时杂有黄色，化学式为 Pb_3O_4，一般看作为 PbO 与 PbO_2 的混合物。相对分子量为 685.6，相对密度为 8.9～9.2，加热到 500～530℃分解为一氧化铅和氧。一般陶瓷工业中使用的含 Pb_3O_4 75％，PbO25％。

（3）铅白

铅白化学式为 $2PbCO_3 \cdot Pb(OH)_2$，可得高纯度物质，相对密度仅为 6.5，且颗粒细小，所以多用为釉原料。

加热至 400℃左右即分解放出水分和碳酸气体，此气体起搅拌作用。同时因为坯体尚处于多孔性的情况，与窑内气体中的氧能很好地相反应。但由于这些气体的放出容易造成棕眼或出泡的现象，所以必须采用在釉与坯体熔合之前全部使之脱出的烧成方法。铅白因价格贵和如作为氧化剂使用时，其性质不如铅丹，因而不适于作为熔块原料。

3. 氧化铝

釉中一般都含有氧化铝，铝能改善釉面强度、硬度，影响釉的发色，含量较高时易析晶。钙、镁、钡等无光釉中 Al_2O_3 含量都在 18％以上，引入氧化铝成分的有黏土、长石等。

Al_2O_3 为煅烧氢氧化铝而得，两者均能制成高纯度物质。氢氧化铝因利于釉浆的悬浮，亦能很好地附着于坯体，在熔融的初期也比较容易反应，因而多用为釉原料。但直接用 Al_2O_3 比取自黏土和长石，成为无光釉的倾向性较大。

4. 硼化物

（1）硼酸

H_3BO_3 或 $B_2O_3 \cdot 3H_2O$，为溶于水的软质扁平形结晶，在 100℃脱去结晶水，加热到炽热状态即熔融而成无水 B_2O_3。若需要保持一定的水分，则必须存放在适当的温度之下。精制品约含 H_3BO_3 99％，粗制品则含 80％～90％。其中的不纯物为微量的硫酸盐、氯化物和不溶性物质，还含有微量的氧化铁。

（2）硼砂

本章前面 1.2.1 中已介绍。

5. 锑化物

用在釉中的锑化物主要是氧化锑 Sb_2O_3，氧化锑在釉中用作乳浊剂和着色剂的原料。单独用氧化锑不能制成色玻璃。虽然有时能显出黄色，但这是由于混进去的杂质如氧化铅和氧化铁等原因。仅限于 SK 1 以下的釉料中，才能显示出乳浊的最大效果。氧化锑有毒，制成釉以后对人身无害，稍溶于水。

6. 钛化物

钛与硅在釉中的作用极为相似，对于显色及不透明性的作用也类似。热膨胀系数在普通氧化物中居中等程度。钛化物主要有：

（1）金红石

为不纯的 TiO_2，约含 FeO1％～25％，也有的含 SiO_2、V_2O_5 或 Cr_2O_3。

金红石广用为象牙黄及黄褐色坯体的乳浊剂，也用于瓷牙以使其显示有如真牙的色调。金红石中 TiO_2 约含 85%～98%，因而其显示的色调也有种种变化。

（2）氧化钛

TiO_2 能获得纯度较高的制品。制法为将天然的钛矿加热到炽热状态，通入氯蒸气，使铁化合物变为 $FeCl_3$ 挥发掉。TiO_2 为结晶釉的重要成分。

TiO_2 可用于制造釉下色料。加纯 TiO_2 于熔块中，用作石灰石质陶器铅釉的釉下色料时，显带红色的黄色。如用金红石则因含铁而呈暗黄色。

如用钛置换铬红系统色料中的锡时，则成为良好的带黄红色调的褐色釉下色料。也能制成宝石红。氧化钛对于含铁化合物的锌釉显色有显著影响，如含 0.09g 分子氧化铁本来显示褐色，但加 0.10g 分子 TiO_2 则变为深绿色。如不含氧化铁时虽加 TiO_2 也不过仅显示发青的白色。

用一氧化碳还原 TiO_2 则成为 Ti_2O_3，有时也显示蓝色，金红石与氧化钴并用可得绿色，它为黄色和蓝色光学的混合色。

含氧化钛的釉对气氛、温度很敏感，易发生颜色变化，所以氧化钛是窑变花釉常用的原料。

7. 氧化锡

自古已知氧化锡有乳浊作用，其乳浊作用是由于氧化锡不熔而悬浮于釉中，其熔融量不过 1% 左右。乳浊效果因釉的组成而不同，但氧化锡的粒度也很有影响，通常以平均 $1\mu m$ 左右为宜。氧化锡在釉中添加过量，遂失去光泽而成为无光釉。

SnO_2，天然产有锡石。将金属锡在空气中熔融加热制得。虽然氧化锡几乎不熔于釉液，但如颗粒过小可熔 8%～10%，此为 0.05g 分子以下。其熔融量要随釉的成分和烧成温度而变化。最好的乳浊效果为在含硼酸的熔块中加氧化锡。

在含氧化锡成分的釉中加氧化铬则呈现粉红色或栗皮色。它是最为重要的釉原料。将氧化锡与氧化铬的混合物灼烧，遂成为粉红色色料。在挂锡乳浊釉产品的旁边，放以铬绿色料共同加热时，则因铬的蒸汽而着色。

1.3 着色原料

1.3.1 钴化物

硫酸钴：$CoSO_4 \cdot 7H_2O$，分子量 281.2，为正红色结晶。在 20℃ 的饱和溶液中，其无水盐约含 CoO 26.6%。

氯化钴：$CoCl_2 \cdot 6H_2O$，分子量 238，红色结晶，在 30～35℃ 变为蓝色。在 20℃ 的饱和溶液中，其无水盐约含 CoO 34.9%。

硝酸钴：$Co(NO_3)_2 \cdot 6H_2O$，分子量 291.1，红色结晶，在湿气中溶解。在 18℃ 的饱和溶液中，其无水盐约含 CoO 49.7%。

碳酸钴：$CoCO_3$，分子量 119，红蓝色，不溶于水。

磷酸钴：$Co_3P_2O_8 \cdot 8H_2O$，分子量 511，蔷薇红，不溶于水。

三氧化二钴：Co_2O_3，分子量 165.94，灰黑色粉末。

四氧化三钴：Co_3O_4，分子量 240.9，灰色粉末。

氧化钴：CoO，分子 74.97，灰色粉末。

林曼绿，又名钴绿，将氧化钴（88％）与氧化锌（12％）混合煅烧制得。或将钴盐与锌盐，以氧化物的形态按化学摩尔比混合制得。

将磷酸盐和砷酸盐与钴反应得蓝紫色至暗紫色。有 MgO 同时存在时色调更浓。氧化钴与 TiO_2 按一定比例混合，用于釉中得绿色，但釉表面有裂纹，只能用于工艺品。欲得暗蓝色，加入釉中的 CoO 最大量约为 6％，超过此量呈现不出暗蓝色。

1.3.2　镍化物

氧化亚镍：NiO，分子量 74.7，绿色粉末，又称绿镍。

三氧化二镍：Ni_2O_3，分子量 165.4，黑色粉末，又称黑镍。

三氧化二镍和氧化亚镍混合物为灰绿色。

碳酸镍：$NiCO_3$，分子量 118.68，淡绿色结晶。

配制无光釉时用碳酸镍，易熔于釉而分散之，显均匀的色调。在一般的陶瓷釉中并不用它，因为只能显示脏黄色。在硼酸釉中呈色鲜艳；在含锌多的釉中，ZnO 0.4g 分子以上、PbO 0.2g 分子以下时显淡蓝色、海绿色及蔷薇红。色调因釉的酸度、Al_2O_3 与 SiO_2 的比率、碱性成分的高低等而变化，因而改变其比例可得种种不同色调的釉，改变 $NiCO_3$ 的添加量，其显色也发生变化。

1.3.3　铜化物

氧化铜：CuO，分子量 79.6，黑褐色粉末，在 1233℃时不发生分解而熔融。在碱金属含量高的釉中显土耳其蓝，在铅含量多的釉中则显绿及黄绿色。

氧化亚铜：Cu_2O，分子量 142，正红色结晶粉末，此种形态的氧化铜几乎不直接用作陶瓷器色料。

含钛时会产生种种影响，色调显蓝及带蓝色的绿等，有时发生釉面开裂，含锡的釉则更多些。用其他碱性成分，尤其是用碱金属置换釉成分中的铅时，常变成蓝绿色，如为纯碱金属釉则显蓝色。CuO 在碱金属硅酸盐中显深蓝色，加 B_2O_3 则变蓝绿色。在含铜的釉中加氧化锡会发生很有趣味的变化。

在含锂多的釉中加铜化物也能得出蓝色调。加 1％SnO_2 用还原焰烧成即得铜红，锂在还原时有促使显红色的作用。

纯碱金属硅酸盐显深蓝色，加高岭土则带绿色，这与加 B_2O_3 时情况相同。用 CaO、MgO、BaO 转换时虽带有绿色，但在 0.3g 分子以前并无影响，仍为蓝色。ZnO 对色调的影响很大。不引入 Al_2O_3 用 PbO 置换 K_2O 到 0.4g 分子色调仍不发生变化。在釉中将铜化物加到饱和时，则成为黑色金属状的无光釉。添加时因釉溶液黏度不同而不同，约从 10％到 30％。这样的釉烧成后对于使用有敏感性，如用热手或稍湿的手去拿，釉面上则会出现油状斑点。含有相当量铜化物的釉难以钩金，彩烤后金渗入釉中而无法看出金的纹样。

1.3.4　锰化物

二氧化锰或氧化锰：MnO_2，分子量 86.93，天然产有软锰矿或黝锰矿，MnO_2 含量

60％～95％的，适用于陶瓷器色料。

碳酸锰：$MnCO_3$，分子量114.9，天然产为菱锰矿，是日本的重要锰矿资源。

用氧化锰可制备褐色、紫色及黑色的坯泥或色釉，锰还可以作为淡红色色料用于淡红色瓷器中。

在含铅多的釉中约加4％的锰矿即得褐色釉。在硼酸釉中显紫褐色，在碱金属釉中显很漂亮的紫色。釉成分中碱金属越多，紫色中的红色调越强。在含SnO_2的釉中，少量的锰化物即可显紫色调。

当MnO_2部分熔融时显褐色，全部熔于碱金属硅酸盐中锰变成三价的硅酸盐时显紫色。在无光釉中，锰化物呈现明快的灰黄乃至暗褐等各种色调。当锰化物在釉液中达到过饱和状态，则有金属析出，最后釉面呈金属光泽。

1.3.5　铬化物

重铬酸钾：$K_2Cr_2O_7$，分子量294，为较大的红黄色结晶，约在800℃变成亮红色融液，在1300℃排出氧而分解为铬酸钾和氧化铬。主要用于制桃红色料。

$$2K_2Cr_2O_7\xrightarrow{\quad1300℃\quad}2K_2CrO_4＋Cr_2O_3＋3O$$

铬酸铅：$PbCrO_4$，分子量323，黄色结晶，一般称之为铬黄，在600℃分解。

碱式铬酸铅：$2PbO\cdot PbCrO_4$，分子量546，也称之为铬红。

铬黄和铬红用于制釉上及含铅陶器色釉的色料。有名的珊瑚红为在低温熔块中加碱式铬酸铅而制成的。

在碱性釉中如用黄色中性铬酸铅时，即变为红色的碱式铬酸铅而显示红色。反之在酸性釉中加铬红则变为黄色。铬红结晶釉是在铅含量较多的釉中再多加些氧化铬，于是铬酸铅熔入融液中。

氧化铬：Cr_2O_3，分子量152，暗草绿色结晶质粉末，为多种色料的原料。将氧化铬和氧化锡混合后煅烧的话，可得桃红色料。桃红色料的结构尚不清楚，可能是化学性的化合物，也可能是氧化铬和氧化锡的高分散混合物。

铬用于绿色釉，主要限于高温釉。铬绿色釉中添加ZnO显灰绿色，但用人工光线照射则显蓝色，在含SiO_2少的釉中显黄色。

在SiO_2含量少而铅含量多（如$1.0PbO\cdot0.17Al_2O_3\cdot0.6SiO_2$）的釉中，添加约5％的$Cr_2O_3$，用氧化焰烧成则成为结晶分离的红色釉，其红色物质为碱式铬酸铅。在SiO_2含量多的酸性釉中用同样量同样温度烧成则显绿色。将碱性红色釉的烧成温度提高，则融液中的铅与坯料及釉中的SiO_2化合生成硅酸铜，因此游离铅消失不能生成铬酸铅，而仅剩下绿色的氧化铬，于是釉显绿色。红色铬釉的烧成温度不能超过SK 07a～06a（960～980℃）。红色若不均匀，可添加1％～4％的SnO_2。

氧化铬在釉中几乎不熔解，与氧化锡相同仅仅分散在釉内。因此，可将铬绿预先制成熔块，但不要用还原焰。熔块中CaO成分应多些，B_2O_3尽量少些。B_2O_3会使釉显灰绿色或深褐色，且B_2O_3的含量必须低于Al_2O_3。CaO可使Cr_2O_3显美丽的绿色。ZnO含量以少为佳，因ZnO与Cr_2O_3反应生成褐色的铬酸盐，在含TiO_2的釉中也不显绿色，而显示近似于桃红的色调。

氧化铬的熔点为 1990℃，不是助熔剂，与 Al_2O_3 有相同的作用，因而可提高釉的熔融温度。所以，如在釉中添加 Cr_2O_3，但不改变其熔融温度，则应降低 Al_2O_3 的含量。

1.3.6 铁化物

三氧化二铁：Fe_2O_3，分子量 160.0，红色粉末，在 1370℃ 烧结，1500～1600℃ 熔融，其准确的熔点为 1550℃。

氧化亚铁：FeO，分子量 71.8，黑色粉末，熔点 1377℃。

四氧化三铁：Fe_3O_4，分子量 231.8，黑色粉末。

在氧化焰烧成下，氧化铁对于釉的着色变化为从黄色到红褐色，再从葡萄酒的红色变为褐色。在还原焰的烧成下，呈现与之不同的色调，由蓝灰色到暗灰色。氧化铁在釉中呈过饱和状态时，不是如同锰及铜化物在釉面上析出金属，而仅成为不透明的膜。

自古已知红砖的颜色是因为使用的黏土中含多量的铁所致，在含碱金属的硼酸釉中添加氧化铁时，显葡萄酒的红色。铁红搪瓷釉即利用氧化铁的显色。

在半无光及无光的白釉中加氧化铁时，显亮褐色、黄灰色以及从骆驼毛色到暗褐的色调。

应用氧化铁以显黑色时，均混以氧化钴（或钴化物）或混以锰化物、铜化物。这些混合物为透明釉的黑色着色剂。当然仅用氧化铁也能制成褐色及黑色的色料。

氧化铁在无铅的硼酸釉中能显示美丽的颜色。与氧化钛共用以制黄色无光釉时，百分之几的氧化铁所显的黄色即很浓，但加得过多则变为褐色。

锑黄色釉中加氧化铁，稍显些红色，色调更为良好。

铁金星釉是结晶釉的一种，在釉中析出很小的结晶，当迎着光线看时有如金星闪烁。金星釉为氧化铁熔于釉中达过饱和状态，而在冷却中作为结晶析出。

1.3.7 其他着色化合物

氧化铍：BeO，分子量 25.1，白色粉末，熔点 2500℃。

铍化物通常是无色的，但在还原焰烧成下发深蓝色，并近似亮紫色。在任何情况下用于釉中均为无光状。氧化铍对于多种色料的发色影响较大。如在红色的铀釉中加入 0.5%～3% 的 BeO，则会出现良好而均匀的深红色，对于红色的搪瓷色料也有好的作用。氧化铍为促进结晶釉中结晶的晶化和成长的氧化物。

三氧化二铋：Bi_2O_3，分子量 315.4，熔点 860℃。

铋化物在釉中显黄色，还原焰烧成则从暗褐色变为黑色。铋为所有虹彩釉的主要原料。虹彩为很薄的被膜，在白瓷上低温烧成。氧化铋为搪瓷釉及金水的熔剂。

二氧化钼：MoO_2，分子量 128.0，紫褐色粉末。

三氧化钼：MoO_3，分子量 144.0，无色粉末，熔点 795℃。

钼化物在氧化焰烧成下，对于釉料并不显任何颜色。与锰、钒及铝等化合，为烧成温度 SK 9～14 的蓝色色料。钼与钒在更高的温度下显黑色。钼化物与锰化物的混合物灼烧后显灰色，用铝氧冲淡之可得灰色及紫色。钼可促进釉中结晶的成长，生成美丽的星形结晶。结晶吸收所添加的色料，同时显示出该种色调的结晶。例如在加少量钴的结晶釉中，生成蓝色的结晶，晶体之外为明快的蓝色。

在 SiO_2 含量多、Al_2O_3 含量少的锌结晶釉中加钼化物或者同时加钒或钨，则会促进晶化。

氧化钨：WO_3，淡黄色粉末，熔点 1473℃。

氧化钨在陶器釉及瓷器釉的熔融温度下是无色的，系良好的结晶成长剂，对于 SK 1a 以上锌含量多的釉尤为有效。在自然光线和灯光照射下结晶有虹彩现象。近来已用钨化物作为高火色料的原料。

三氧化二钒：V_2O_3，分子量 150.0，熔点 1970℃，黑色有光泽的粉末。

五氧化二钒：V_2O_5，分子量 182.0，熔点 658℃，橙色或红色粉末。

氧化钒本身并不着色，与氧化锡化合为粉红色。在 1100℃ 左右有极为显著的晶化作用。近来用为高火黄色及蓝色色料的原料。在氧化焰烧成下，特别是在含有 Zn-Ti-Zr 的釉中，V_2O_5 显黄色。V_2O_5 有减小表面张力的功能，因而釉面有时缩为点滴状，在黏度稍大的釉中可以看到此种现象。

钨与钼和钒在釉中共存时，在釉内生成色调极为优美的结晶，显示出七色的虹彩。

1.4 釉用原料的选择和开发

1.4.1 釉用原料的选择原则

天然原料受产地及地质条件的影响，同一名称的原料有可能成分变化较大或成分不稳定，加之不同原料中又可能含有某一相同的成分，像同一种氧化物可以从不同的化合物中得到一样，这就使得每一个釉式都可以通过不同的途径或采用不同的原料来满足，因此正确选择釉用原料就变得很关键。它不仅影响到釉的性能、质量，还与成本甚至推广的范围直接相关。釉用原料的选用主要应考虑以下因素：

① 用天然原料的不要用化工原料代替，这不仅能降低成本，而且釉的某些工艺性能也易于满足。

② 使用可溶性原料或有毒性的原料时，一定要将其预先制成熔块。

③ 使用含有两种或多种氧化物的天然原料，代替直接加入含有一种氧化物的天然原料，如以白云石代替白垩秋菱镁矿来引入 CaO 和 MgO，不仅效果更好，而且使配方简单易于操作，给生产和管理带来方便。

④ 在低温快烧釉中，像滑石、氧化锌等烧成过程收缩较大或有大量反应气体放出的原料，最好是煅烧以后再引入。

⑤ 釉中引入生瓷土，不仅是为了引入 Al_2O_3，而且可以起到悬浮作用，但用量一般不宜超过 15%，黏性较大、可塑性较高的黏土引入量还应更低一些，否则会造成生釉收缩过大，引起缩釉等缺陷。

1.4.2 釉用原料的开发

（1）价格、节能是陶瓷原料工业的首要条件。

随着时间的推移，陶瓷工业使用的传统原料遇到了新的挑战。尤其日用陶瓷和建筑陶瓷行业如何降低能耗，采取较低的烧成温度，缩短烧成周期，以期节约能源，降低成本，成为一个重要的课题。因而首先必须解决如何选用适应温度低、快烧的原料问题。目前已开发的低温快烧原料有：叶蜡石 $Al_2[Si_4O_{10}](OH)_2$、硅灰石 $Ca_3[Si_3O_9]$、透辉石 $CaMg[Si_2O_6]$、透闪石 $Ca_2Mg_5[Si_4O_{11}]_2(OH)_2$ 等。

（2）天然原料标准化，优质优用，劣质巧用。

应用天然岩石是当今世界陶瓷生产的发展趋向，但是天然矿物最大的缺陷是成分不稳定和杂质含量问题。因此，必须对天然矿物进行捡选、精加工、分级。一方面改进其性能，另一方面使原料品级标准化、系列化，做到优质优用，劣质巧用。不仅可以满足不同用户的要求，而且可以保证终端产品的质量稳定。例如，一般传统陶瓷制品基本都是"白色"，因而主要研究利用的只能是一些颜色指数较低的浅色岩浆岩。而今，在一些色瓷象文化砖、广场砖中，突破了"白色"界限，使一些颜色较深的原料得到应用，而且获得了特殊的艺术效果。

迄今为止，已被作为陶瓷原料但还未研究应用的岩浆岩有霞石正长岩、正长岩、粗面岩、珍珠岩、花岗岩、花岗伟晶岩、英安岩、凝灰岩等。

（3）变废为宝，改善环境。

综合利用工业废渣等是环保和提高资源效益的根本要求，有必要对陶瓷新原料组织人力研究开发。在对那些节能型非金属矿产资源进行合理配置，提高综合利用水平同时，对各类天然矿物岩石和各种工业尾矿、废渣等在陶瓷工业中的直接应用应该得到大力推广，像煤矸石、粉煤灰、废玻璃、高炉矿渣等。当今世界是日益重视环保的时代，节省资源，发挥资源效益，功在当代，利国利民，而且也有可能降低原料成本。

第2章　陶　瓷　色　料

2.1　色料制备方法

陶瓷色料的制备多采用传统的固相反应法，也有近些年来发展起来的液相合成法和微波烧成工艺。这里仅介绍一般通用制备方法及有关注意事项。

2.1.1　原料的加工处理

制备色料所采用的原料通常为工业纯或化学纯的化工原料，要严格控制它们的化学组成、矿物组成和颗粒组成。制备色料用原料按其作用可分为着色剂、载色母体和矿化剂三大类。着色剂是指色料中的着色原料，常用各种着色氧化物或相应的氢氧化物、碳酸盐、硝酸盐、氯化物、磷酸盐、硫酸盐、铬酸盐、重铬酸盐等。

要求着色原料有一定的颗粒细度和颗粒组成，细颗粒能使固相反应进行完全，色调均匀。根据不同品种，生产工艺不同，其细度的要求也不同，通常在200～400目范围内。

载色母体通常用无色氧化物、盐类、较纯的天然矿物或固溶体等。

矿化剂通常用碱性氧化物、碱盐、硼酸、氟化物、钼酸铵、钼酸和熔块等，根据色料种类与制备方法的不同选择相应的矿化剂。

载色母体和矿化剂所用原料的细度要与着色原料的一致，通常在200～400目范围内。

色料生产上常用的着色剂和载色母体用原料见表2-1。

表2-1　常用的着色剂和载色母体用原料

化学成分	原　　　料	备　注
SiO_2	脉石英、石英岩、石英砂、高岭土等	载色母体
Al_2O_3	工业氧化铝粉、氢氧化铝、高岭土等	载色母体
TiO_2	板钛矿、锐钛矿、金红石、钛白粉（TiO_2）	
ZrO_2	锆英粉、斜锆石粉（ZrO_2）	载色母体
Sb_2O_5	化学纯 Sb_2O_3、Sb_2O_5	
SnO_2	SnO_2、H_2SnO_3	载色母体
CaO	石灰石、方解石、白垩、轻质碳酸钙、白云石、萤石（CaF_2）	载色母体
MgO	白云石（$CaCO_3$、$MgCO_3$）、滑石（$3MgO \cdot 4SiO_2 \cdot H_2O$）	载色母体
ZnO	工业纯、化学纯 ZnO	
PbO	铅丹（Pb_3O_4）、氧化铅（PbO）、铅白［$2PbCO_3 \cdot Pb(OH)_2$］	载色母体
V_2O_5	V_2O_5、NH_4VO_3	
Cr_2O_3	氧化铬、重铬酸钾（$K_2Cr_2O_7$）、铬酸铅（$PbCrO_4$）	
MnO_2	二氧化锰、碳酸锰（$MnCO_3$）、磷酸锰（$MnHPO_4$）	

续表

化学成分	原　　料	备　注
Fe_2O_3	铁红（Fe_2O_3）、硫酸亚铁 $FeSO_4·7H_2O$（绿矾）	
CoO	氧化钴（CoO、Co_3O_4）、碳酸钴（$CoCO_3$）、磷酸钴[$Co_3(PO_4)_2$]	
NiO	氧化镍（NiO）	
CuO	碳酸铜[$CuCO_3$、$Cu(OH)_2$]、氧化铜（CuO）	
CdO	硫化镉（CdS）、氧化镉（CdO）、碳酸镉（$CdCO_3$）	
SeO_2	金属硒粉（Se）、无水亚硒酸（SeO_2）	
Pr_6O_{11}	氧化镨	
CeO_2	氧化铈	

色料生产上常用的矿化剂见表 2-2。

表 2-2　色料工业常用矿化剂

分　类	矿　化　剂
碱金属盐	氟化锂（LiF）、碳酸锂（Li_2CO_3）、氯化钠（$NaCl$）、氟化钠（NaF）、氯化钾（KCl）、碳酸钠（Na_2CO_3）、硼砂（$Na_2B_4O_7·10H_2O$）、钼酸钠（Na_2MoO_4）、钨酸钠（Na_2WO_4）、钒酸钠（$Na_2V_2O_6$）
碱土金属盐	萤石（CaF_2）
氧化物	硼酸（H_3BO_3）、氧化钒（V_2O_5）、氧化钼（MoO_3）、氧化钨（WO_3）、氧化铅（PbO、Pb_3O_4）
铵盐	NH_4Cl、钼酸铵[$(NH_4)_2MoO_4$]
熔块	低熔点的铅玻璃（熔块）或硼玻璃（熔块）

2.1.2　配合料的制备

色料的最终色调和品位，受加入色料中各种成分的影响，为使每批色料显色相同，必须严格按配方称量，并充分混合，研磨均匀，制成配合料。

混合方法有湿法和干法两大类。湿法是将各种原料称量配合后装入湿式磨机（如球磨机、搅拌磨等）中细磨并混合，然后过筛干燥。湿法混合有继续磨细的作用，对原料的细度要求不高，但要求混合均匀，混合后要过筛干燥，工序比较繁琐。

干法混合是将各种已加工好的原料准确配合后，放入干式混合机中混合，这种方法适合原料中有可溶性物质的混合，由于它只有混合而没有磨细的作用，故对原料的细度要求较高（最好 99％的过 400 目筛）。目前，国内所引进主要设备和软件的大型色釉料厂家，除某些品种如宝蓝、金棕等采用湿混工艺外，多采用干混工艺。干法混合所用的混合设备为不锈钢材质，混合机类型有 V 型混合机、双锥型混合机、犁刀型混合机等。

2.1.3　烧成（固相反应）

将混合均匀并干燥好的配合料，按不同类色料的要求分别采用敞装、盖装、封装及松散、压实等方式装入耐火匣钵内煅烧，煅烧的目的是为了合成稳定的着色矿物。煅烧温度、烧成时间、烧成气氛是由色料的种类和配方决定的，它们对色料的品位影响很大。煅烧温度通常可分为高温和低温两种。低温煅烧温度在 700～1100℃，如镉硒红、铬绿、锆英石系色料的合成。高温煅烧温度在 1200～1300℃，如玛瑙红色料、尖晶石系色料等。大部分色料的合成温度则在 1000～1300℃。烧成时间通常为 10～16h，烧成周期平均为 30h。最先进的色料烧成工艺为微波烧成，烧成周期不超过 8h。

除某些色料须采用还原气氛烧成外，通常都采用氧化气氛烧成。通常采用一次烧成，个别特殊的品种也有采用二次甚至三次烧成的。

煅烧用窑炉多使用间歇式的梭式窑，也可使用推板窑。应配备温度和气氛自动控制和检测系统。

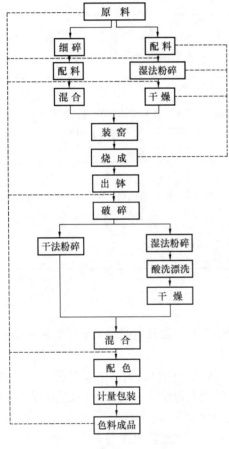

图 2-1　色料制备工艺流程图

2.1.4　烧成物的处理（细碎→洗涤→包装）

煅烧后的色料要进行细碎，每种色料都有它最佳的呈色颗粒细度和颗粒分布曲线（如宽分布、正分布或负分布）。通常色料颗粒的平均粒径在 3～10μm，色料太粗则呈色不均匀。随着一定范围内细度的增加，呈色能力也增强，但如超过极限，由于色料在釉中的溶解，呈色能力反而下降。所以，色料的细碎工艺十分重要。细碎又可分为干法和湿法两种。干法粉碎适用于煅烧完全、硬度小和不含有可溶性物质的色料，其特点是工艺简单、效率高、能耗低。粉碎设备一般使用锤式粉碎机，其细度要求全部过 250 目筛（最好是 400 目筛），也有的工厂采用特殊内衬的干式球磨机进行研磨，合格的粉料用真空吸走以保证细度。湿法粉碎是用湿式球磨机进行研磨，也可使用搅拌磨等，其细度同样要求全部过 250 目筛（最好是 400 目筛）。湿法粉碎后的色料，根据色料的要求，无可溶性物质的即可进行干燥，有可溶性物质的则应根据可溶盐的溶解性能分别采用冷水、热水或稀盐酸等反复进行洗涤，直到水变得清亮为止。随后将色料浆放入搪瓷盘或不锈钢盘中，抽去料上的清水后送入干燥室内干燥，干燥周期通常为 24h，然后打粉过筛，最后经配色包装得到成品。色料制备工艺过程大致如图 2-1 所示。

2.2　尖晶石类色料

2.2.1　概述

尖晶石类色料是一种历史悠久的传统色料，它是以尖晶石作为主要组成矿物的一类色料。尖晶石的化学通式是 AB_2O_4，它又可分为两种，一种是 A 为 +2 价金属阳离子，B 为 +3 价金属阳离子；另一种是 A 为 +4 价金属阳离子，B 为 +2 价金属阳离子。其中，+2 价的金属阳离子有：Mg^{2+}、Mn^{2+}、Fe^{2+}、Co^{2+}、Ni^{2+}、Cu^{2+}、Zn^{2+}、Cd^{2+} 等；+3 价的金属阳离子有 Al^3、Cr^{3+}、Fe^{3+}、V^{3+}、In^{3+} 等；+4 价的金属阳离子有 Ti^{4+}、Sn^{4+}。通过这些元素的组合可得到很多化合物，这些化合物的颜色非常丰富，见表 2-3。

表 2-3　尖晶石类化合物及其颜色

化学通式	颜　色	化学通式	颜　色
$MgO \cdot Al_2O_3$	白色	$CoO \cdot MgO \cdot SnO_2$	暗蓝绿色
$ZnO \cdot Al_2O_3$	白色	$CoO \cdot Al_2O_3$	蓝色
$MnO \cdot Al_2O_3$	亮茶色	$CuO \cdot Al_2O_3$	茶色
$NiO \cdot Al_2O_3$	淡青色	$FeO \cdot Al_2O_3$	褐色
$MgO \cdot Cr_2O_3$	暗绿色	$CoO \cdot Cr_2O_3$	孔雀蓝
$ZnO \cdot Cr_2O_3$	茶绿色	$CuO \cdot Cr_2O_3$	黑色
$MnO \cdot Cr_2O_3$	灰绿色	$FeO \cdot Cr_2O_3$	泛黄的黑色
$NiO \cdot Cr_2O_3$	绿色	$CdO \cdot Cr_2O_3$	亮绿色
$MgO \cdot Fe_2O_3$	印度红色	$CuO \cdot Fe_2O_3$	青灰色
$ZnO \cdot Fe_2O_3$	砖红色	$CdO \cdot Fe_2O_3$	灰黑色
$NiO \cdot Fe_2O_3$	泛红的黑色	$FeO \cdot Fe_2O_3$	黑色
$CoO \cdot Fe_2O_3$	泛红的黑色	$ZnO (0.2Cr_2O_3 \cdot 0.8Cr_2O_3)$	品红色
$(0.5CoO \cdot 0.5MgO) Cr_2O_3$	绿色	$MgO (0.2Cr_2O_3 \cdot 0.8Cr_2O_3)$	泛黄的品红色
$(0.5CoO \cdot 0.5NiO) Cr_2O_3$	暗绿色	$ZnO (0.5Al_2O_3 \cdot 0.5Fe_2O_3)$	亮茶色
$(0.5CoC \cdot 0.5ZnO) Cr_2O_3$	绿色	$NiO \cdot ZnO \cdot SnO_2$	亮绿色
$2CoO \cdot SnO_2$	孔雀蓝	$NiO \cdot MgO \cdot SnO_2$	亮绿色
$2CoO \cdot TiO_2$	绿色		

尖晶石类化合物还以 $(A_1 A_2)(B_1 B_2)_2 O_4$ 的复合形式出现，如表 2-3 中的 $(0.5CoO \cdot 0.5ZnO)Cr_2O_3$，$ZnO(0.2Cr_2O_3 \cdot 0.8Al_2O_3)$，$NiO \cdot ZnO \cdot SnO_2$ 等。此外，有的 A 和 B 的比例不一定为 1:2，其结构更加复杂，称为不完全尖晶石，如 $MgO \cdot 2Al_2O_3$，$CoO \cdot 1.5Al_2O_3$，$NiO \cdot 1.5Al_2O_3$，$NiO \cdot 2.5Al_2O_3$ 等。

这些情况在尖晶石类陶瓷色料中广泛存在，因而同类色料存在多种配方，它们之间存在一定差别。特别对尖晶石类的棕色和黑色色料更是这样。

尖晶石类色料对釉的化学稳定性，总体来说还不错，但还有不少问题有待进一步研究，如镍铝尖晶石型淡青色色料用在釉中常在 1000℃ 以上呈色不稳定，还有钴铝尖晶石型的海碧色料同样存在这种问题，但它们作为釉上彩料却是很稳定的，其原因还不清楚。铬铝红要求基釉中含较多的氧化锌，否则呈色就不稳定等，也有待进一步研究。以氧化锡作为主要成分的尖晶石型色料作为低温釉上彩很稳定，但一旦温度高了往往会发生变色等问题。

2.2.2　陶瓷色料中常使用的尖晶石类色料

（1）锌-铬-铁系、锌-铝-铬-铁系以及在该系统中再添加锰的棕色和红棕色色料（表 2-4）

表 2-4 ZnO-Al_2O_3-Cr_2O_3-Fe_2O_3 系尖晶石类色料

编 号	ZnO	Al$_2$O$_3$	Fe$_2$O$_3$	Cr$_2$O$_3$	颜 色
1	47	45	8	—	淡黄泛红
2	47	45	—	8	淡紫色、红藤色、粉红带紫色
3	54	40	16	—	明快的黄中带红、微黄红
4	54	40	8	8	明快的茶色
5	54	40	—	16	红中带灰
6	41	32	27	—	黄茶、黄土色
7	41	32	18	9	可可色
8	41	32	9	18	可可色
9	41	32	—	27	灰粉红
10	40	24	27	9	红棕
11	40	24	18	18	红棕
12	40	24	9	27	明快的茶色、棕色

（2）钴-铬-铁系、钴-锰-铬-铁系或再添加镍的黑色色料

黑色色料中除（Cr，Fe）O$_3$ 为刚玉型外，均为尖晶石类色料。在尖晶石类黑色色料中，CoO 是鲜明的黑色所不可缺少的成分。Mn 有益于黑色的呈色，但它往往会导致釉中产生气泡。这些黑色色料在石灰釉中呈色最好，它们还要求基釉无锌、无镁，或低锌、低镁。它们在钙镁釉中是最不稳定的，多数情况下是生成别的晶体，成为灰色或黄灰色的消光釉，有时也会变成灰蓝绿色。它们在钙锌釉中虽然稳定，但颜色不正，黑色带红棕，而且容易起泡。

（3）CoO-ZnO-Al$_2$O$_3$-Cr$_2$O$_3$ 系蓝色和绿色色料（表 2-5）

表 2-5 CoO-ZnO-Al$_2$O$_3$-Cr$_2$O$_3$ 系尖晶石类色料

编 号	组 成（mol）	颜 色
1	0.2CoO · 0.8ZnO · Al$_2$O$_3$	蓝色
2	0.2CoO · 0.8ZnO · 0.8Al$_2$O$_3$ · 0.2Cr$_2$O$_3$	紫蓝色
3	0.2CoO · 0.8ZnO · 0.1Al$_2$O$_3$ · 0.9Cr$_2$O$_3$	紫红色
4	0.5CoO · 0.5ZnO · Al$_2$O$_3$	蓝色
5	0.5CoO · 0.5ZnO · Cr$_2$O$_3$	紫红色
6	CoO · Al$_2$O$_3$	蓝色
7	CoO · Cr$_2$O$_3$	紫蓝色

该类色料在石灰釉 $\left.\begin{matrix} 0.20KNaO \\ 0.70CaO \\ 0.10BaO \end{matrix}\right\}$ · $0.45Al_2O_3$ · $4.0SiO_2$ 中出现透明性好的颜色，通常

淡颜色比原色带有更多蓝的色调；在钙镁釉中 $\left.\begin{matrix} 0.20KNaO \\ 0.60CaO \\ 0.20MgO \end{matrix}\right\}$ · $0.30Al_2O_3$ · $3.50SiO_2$ 产生失

透，明朗的蓝绿色容易改变；在钙锌釉中强烈失透，容易变成模糊的色调。

（4）$CoO-MgO-SnO_2$ 系天蓝色色料

该系色料为有名的天蓝色色料，可呈现非常鲜艳的蓝色，在 $xCoO \cdot (2 \sim x) MgO \cdot SnO_2$ 配方（$x = 0.2 \sim 0.5$）中，具有标准的天蓝色。

（5）$ZnO-CoO-Al_2O_3$ 系海碧色料

这种色料用在各种中、高温釉中均易变质而呈模糊的蓝色的消光釉。

（6）$CoO-Al_2O_3-SiO_2$ 系绀青色料

这种色料无论在什么釉中均会产生浓浓的带紫的蓝色。

（7）$ZnO-Al_2O_3-Cr_2O_3$ 系桃红色色料

这种色料用在釉中时，要求基釉为 ZnO 含量较多的钙锌釉，它在组成为 $\left. \begin{array}{l} 0.20KNaO \\ 0.70CaO \\ 0.10BaO \end{array} \right\} \cdot$

$0.30Al_2O_3 \cdot 3.50SiO_2$ 的石灰釉中完全变色而成为淡橄榄色。最稳定呈色的基釉组成为 $\left. \begin{array}{l} 0.20KNaO \\ 0.60CaO \\ 0.20ZnO \end{array} \right\} \cdot 0.45Al_2O_3 \cdot 4.0SiO_2$ 。

2.2.3　常见尖晶石色料的化学组成

标准的尖晶石是由 1mol 的 RO 和 1mol 的 R_2O_3 构成，还有的由 2mol 的 RO 和 1mol RO_2 构成，而在陶瓷颜料的实际应用中，既有 RO 过剩，也有 R_2O_3 或 RO_2 过剩的情况，且它们之间含量的比例关系是很明显的。由三种以上成分构成的混合型尖晶石在实用颜料中也不少。另外，尖晶石型色料和锆系色料不同，它们间通常不能相互混合以得到调和色，尖晶石型色料多属于固溶体类。

一些常见尖晶石型色料的基本化学组成如下：

（1）棕色色料

① $2.4ZnO \cdot 0.5Fe_2O_3 \cdot 0.5Cr_2O_3$，$ZnO : (Fe, Cr)_2O_3 = 2.4 : 1$

② $3.0ZnO \cdot 0.5Al_2O_3 \cdot 0.5Cr_2O_3 \cdot 0.5Fe_2O_3$，$ZnO : (Al, Cr, Fe)_2O_3 = 2 : 1$

③ $4.0ZnO \cdot 1.0Al_2O_3 \cdot 0.5Cr_2O_3 \cdot 0.5Fe_2O_3$，$ZnO : (Al, Cr, Fe)_2O_3 = 2 : 1$

（2）深棕褐色色料

$1.0 MnO \cdot 0.5Cr_2O_3$，$MnO : Cr_2O_3 = 2 : 1$

（3）蓝绿色色料

① $2.0CoO \cdot 0.5Cr_2O_3 \cdot 1.5Al_2O_3$，$CoO : (Cr, Al)_2O_3 = 1 : 1$

② $0.5ZnO \cdot 0.33CoO \cdot 0.166Cr_2O_3 \cdot 1.0Al_2O_3$，$(Co, Zn)O : (Cr, Al)_2O_3 = 1 : 1.4$

③ $0.9ZnO \cdot 0.08CoO \cdot 0.04Cr_2O_3 \cdot 1.0Al_2O_3$，$(Co, Zn)O : (Cr, Al)_2O_3 = 1 : 1$

（4）镍-铬系暗绿色色料

$2.0NiO \cdot 0.5Cr_2O_3$，$NiO : Cr_2O_3 = 4 : 1$

2.2.4　一些尖晶石类色料对基釉的基本要求

（1）黑色尖晶石系色料

该类色料除 Co-Mn-Fe 系外，均含有 Cr，它们的共同点是组成中均不含有 ZnO，这点是为了防止 ZnO·Cr_2O_3 尖晶石的生成而影响呈色，该类色料要求基釉中无锌或低锌。黑色尖晶石类石料在石灰-钡釉和含铅熔块釉中会呈现非常鲜明的黑色。

该类色料对于熔块釉，除(Co，Ni)O·(Cr，Fe)$_2O_3$ 尖晶石固溶体外，在与(Co，Ni)$_2SiO_4$ 橄榄石型固溶体共存时，无论是对呈色还是对釉面性状均有所裨益。该色系 Co-Ni-Cr-Fe-Si 中的 Si 也就是 SiO_2，是作为橄榄石型固溶体的成分，而不是固溶在尖晶石结构中的。

（2）桃红色尖晶石系色料

这是一种 ZnO-Al_2O_3-Cr_2O_3 系中 Cr_2O_3 含量少的色料（属固溶体型色料），在石灰釉

$$\left.\begin{array}{l}0.20KNaO\\0.70CaO\\0.20BaO\end{array}\right\} \cdot 0.30Al_2O_3 \cdot 3.50SiO_2$$ 中完全变色，成为淡橄榄色。它必须用在 ZnO 含量较

多的钙锌釉中，还要求基釉中 Al_2O_3 含量也较高。

（3）棕色尖晶石系色料

与黑色色料一样，在棕色色料中大部分为尖晶石型色料。ZnO 是尖晶石型棕色色料的主要成分之一。ZnO·(Al，Cr，Fe)$_2O_3$ 是尖晶石型固溶体。通过改变固溶体中 Al^{3+}、Cr^{3+}、Fe^{3+} 间的比例，可以得到从肤色到棕黄、棕红、巧克力色、棕黑等范围的各种颜色。

该系色料在石灰釉中呈色相当稳定，在钙镁釉 $$\left.\begin{array}{l}0.20KNaO\\0.60CaO\\0.20MgO\end{array}\right\} \cdot 0.30Al_2O_3 \cdot 3.50SiO_2$$ 中则强

烈失透，变为稍带白色调的黄棕色。

（4）蓝绿色尖晶石系色料

这是一种 ZnO-CoO-Al_2O_3-Cr_2O_3 系色料，在石灰釉 $$\left.\begin{array}{l}0.20KNaO\\0.70CaO\\0.10BaO\end{array}\right\} \cdot 0.45Al_2O_3 \cdot 4.0SiO_2$$

中出现透明性好的颜色，通常淡颜色比原色带有更多蓝的色调；在钙镁釉 $$\left.\begin{array}{l}0.20KNaO\\0.60CaO\\0.20MgO\end{array}\right\}$$

0.30Al_2O_3·3.50SiO_2 中产生失透，明朗的蓝绿色容易改变，在钙锌釉中也强烈失透，且蓝绿色变得模糊。

尖晶石型色料因种类不同，颜色不同，对基釉的化学组成的要求也有所不同，但它们之间也有共同之处，如尖晶石型色料通常不能用在钙镁釉中，它会使颜色变质，成为半消光釉并改变颜色。尖晶石型色料有着悠久的历史，其种类非常丰富，在长期使用中人们也积累了十分丰富的经验。当今，它作为一种传统色料似乎没有多少工作可做了。其实不然，不仅那些重要的呈色元素均与尖晶石有关，而且尖晶石固溶体的组成非常多，还有很多空白有待研究和开发。此外，有关尖晶石色料的呈色机理、使用方法和使用范围还有待进一步完善。由于尖晶石色料中有许多是相当不稳定的，必须选择能稳定使用的釉与之匹配。此外，通过烧成，在高温下使釉中生成新的尖晶石，从而得到一些特殊效果的艺术釉，这方面也是很有发展前途的。

2.3 锡基色料

2.3.1 概述

人们对以 SnO_2 和 $CaSnSiO_5$ 为载体掺杂各种价态的过渡金属离子和镧系稀土金属离子，以及以 TiO_2 或 ZrO_2 取代 SnO_2 等合成色料进行过较详细的研究，常用锡基色料见表 2-6。

表 2-6   常用主要锡基色料

色料名称	主晶格	着色离子价态及结合状况
锡钒黄	SnO_2 锡石	锡石粒子吸附松散，包裹 V^{5+}，另有极少量 V^{4+} 溶入 SnO_2（约 1%）
锑锡灰	SnO_2 锡石	Sb^{3+} 溶入 SnO_2
锡铬紫	SnO_2 锡石	Cr^{4+} 溶入 SnO_2，另有极少量 Cr^{3+} 溶入
铬锡红	$CaO \cdot SnO_2 \cdot SiO_2$ 锡榍石（马来西亚石）	Cr^{4+} 溶入榍石 SnO_2 晶格位置，或有少量 Cr^{3+} 溶入
锡铬钴紫	$CaO \cdot SnO_2 \cdot SiO_2$ 锡榍石（马来西亚石）	Cr^{4+} 溶入榍石 SnO_2 晶格位置，或有少量 Cr^{3+} 溶入，Co^{2+} 同时溶入

进一步研究证明，锡钒色料有些例外，V_2O_5 是由蒸汽溅落在 SnO_2 粒子表面上，或在 SnO_2 包围起的缝隙中呈现黄色的。进入 SnO_2 晶格中的是 V^{4+}，它只占 V_2O_5 总量的 0.9%。在锡钒色料固溶体中，钒的价态是可变的，但 V^{4+} 离子半径为 0.058mm，Sn^{4+} 离子半径为 0.069nm，V_2O_5 在 SnO_2 中的固溶极限是 8mol%，而固溶 V^{4+} 量则不到 1mol% V_2O_5。

锡铬固溶系统中，Cr^{4+} 离子半径为 0.055nm，与 V^{4+} 相近，所以 Cr^{4+} 固溶量也只是不到 1mol% Cr_2O_3，这个范围很窄。Cr^{3+} 固溶量更小，只有 0.034mol% Cr_2O_3。

在锡铬（$Cr\text{-}SnO_2$）固溶体中引入 ZrO_2 后，发现有脱色现象，紫色消失。因为原来固溶在 SnO_2 表面层晶格中的 CrO_2 被 ZrO_2 晶格上的缺陷聚集后，变成了 Cr_2O_3。

2.3.2 锡基色料的合成

配位数为 6 的 Sn^{4+} 和 Sb^{3+} 离子半径（分别为 0.069nm 和 0.076nm）相近，所以 $Sb\text{-}SnO_2$ 固溶体比较容易合成。

锡钒黄 $V\text{-}SnO_2$ 中大部分 V_2O_5 吸附在 SnO_2 颗粒表面和由 SnO_2 颗粒形成的夹缝中，且系气相沉淀结晶发育不良的 V_2O_5。这种 V_2O_5 比结晶发育好的 V_2O_5 熔点低 30℃。所以合成温度和保温时间很重要，必须使沉积的 V_2O_5 吸附牢固，发育良好，并用充分的氧化气氛烧成。

最难合成的是 SnO_2 基 Cr/Sn 紫，因 Cr^{4+} 固溶量有限，Cr/（$CaO \cdot SnO_2 \cdot SiO_2$）玫瑰红也有同样的问题，且与 CaO、$SnO_2$、$SiO_2$ 配比有关。合成这两种色料更为关键的是选择优化的矿化剂。比较可靠的做法如下：

① 载色体主晶相组成最好为 $CaO \cdot SnO_2 \cdot SiO_2$（锡榍石）和 SnO_2（锡石），不能存在 $CaSiO_3$ 晶相，否则会呈现棕色；最好也不存在 $CaSnO_3$（表 2-7），而宁可出现过剩的 SnO_2。

表 2-7　在相同条件下制备的不同载色体矿物组成的锡铬色料在釉中的呈色效果

组成点	载色体矿物组成及比例	在锡釉中的呈色
1	SnO_2	丁香紫
2	SnO_2：$CaSnO_3$＝3：1	丁香紫颜色发脏
6	SnO_2：$CaSnSiO_5$＝3：1	丁香紫带粉基
4	SnO_2：$CaSnO_3$＝1：3	红棕色
5	$CaSnO_3$	棕色带粉基
9	$CaSnO_3$：$CaSnSiO_5$＝3：1	紫红
13	SnO_2：$CaSnSiO_5$＝1：3	紫红
14	$CaSnO_3$：$CaSnSiO_5$＝1：3	紫红
15	$CaSnSiO_5$	紫红
16	SnO_2：$CaSnSiO_5$＝1：7	紫红
17	$CaSnO_3$：$CaSnSiO_5$＝1：7	紫红

② 矿化剂以硼酸、硝酸钾为好。硼酸加入量（质量百分数）为 6％～7％，还可同时加入 KNO_3 3％～5％。Cr^{4+} 以 $K_2Cr_2O_7$ 和 $PbCrO_4$ 引入为好，尤以 $K_2Cr_2O_7$ 为佳。

③ 烧成温度。不加矿化剂时，锡楣石需要在 1400℃ 以上煅烧，并长时间保温才能达到 60％ 以上的合成比例。根据矿化剂用量的不同，合成最低温度不应低于 1200℃。条件允许时，应保证尽可能使等摩尔比配合料全部形成为马来西亚石（锡楣石）。

④ 洗涤后重烧是使 Sn/Cr 红色料在釉中呈色稳定的又一因素。

2.3.3　锡基色料的应用

锡基色料被广泛用于釉上、釉中、釉下彩和颜色釉中。使用要求如下：

① 全部锡基色料必须在氧化气氛下使用，任何使 SnO_2 还原的烧成条件均会破坏其稳定性。尤其是锡钒黄对还原气氛更敏感，因为除 SnO_2 被还原外，V^{5+} 也易被还原成 V^{4+}，甚至 V^{3+}。

② 铬锡红类色料，应在无锌或低锌（＜4％）釉中使用。釉中 SiO_2、CaO 含量较高，并含 SnO_2 或锆英石乳浊剂，会使釉产生半乳浊效果。锡钒黄在 SnO_2 乳浊釉中呈色更加绚丽。

2.4　锆基色料

2.4.1　概述

自 20 世纪以来陶瓷色料发展上总体进展不大，但有一个例外，即锆基色料的研究、开发和应用。它几乎席卷了除黑色以外的所有颜色领域。其影响之大和深刻是过去的传统色料所远远不及的。

任何一种色料要得到广泛应用，都必须具备两个基本条件：一个是呈色的稳定性要好；另一个是呈色能力要强。呈色能力不只是一个呈色强度的问题，它还有一个光泽度高低的问题。如传统色料中的维多利亚绿和玛瑙红（铬锡红），它们的光泽就比相近颜色的锆系色料和锡系色料好。还有一点也很重要，即不同颜色色料的混溶性。混溶性好就可以制备多种调和色。其应用范围就大大扩大了。在这一点上，锆基色料具有巨大的优势，特别是在卫生瓷颜色釉中的应用。我们要求制品烧成时，在高温和腐蚀性环境下色料的呈色必须稳定。尽管色料的颗粒尺寸很小（约 $10\mu m$），但要求它在熔融釉中的溶解度越低越好，并要求它不能因与熔融物质的接触而发生反应放出气体，此外色料不得分解，也不应形成新的化合物。这些要求将色料限制在少数几种难溶体系中，它们自身能反应完全形成稳定的矿物，但对分散介质却是惰性的，只有这样才能保证呈色稳定。恰恰锆系色料具有这方面的良好性能。

2.4.2　锆钒蓝色料

1949 年 5 月，一种新型陶瓷色料由克雷仑斯·斯布莱特（C. A. Seabright）以专利的形式发表了。该色料基本上由锆、硅和钒的氧化物组成，其呈色为蓝绿色，化学组成见表2-8。

表 2-8　锆钒蓝的化学组成

成　分	ZrO_2	SiO_2	V_2O_5
质量百分数（%）	35～80	10～55	3～17

合成锆钒蓝所用的矿化剂分别是钠、钾、锂的卤化物，该色料的主要矿物组成的锆英石，呈色离子 V^{5+} 进入 $ZrSiO_4$ 的晶格中。该色料的基本合成反应式为：

$$ZrO_2 + SiO_2 \longrightarrow ZrSiO_4$$

在有矿化剂存在的前提下，该反应的温度范围为 850～1100℃，反应要求氧化气氛。

在没有矿化剂存在的情况下也能形成色料，但反应的温度明显提高了。其温度是配方中钒含量的函数。无矿化剂时合成色料呈现的颜色不是蓝绿偏蓝，而是绿色。其原因很可能是由于没有使用矿化剂造成进入 $ZrSiO_4$ 晶格中的钒的含量少于 2%。

为开发出呈色能力强的蓝色色料，就必须使用优良的矿化剂。为此，矿化剂的研究便成了色料制备中的关键。实践证明，采用碱金属的氟化物作为锆钒蓝合成的矿化剂，其效果最好。

通过进一步的研究，斯布莱特建议采用表 2-9 所示的四组化学组成。

表 2-9　四种锆钒蓝及所用矿化剂的组成

组　成（%）	锆钒蓝配方	A	B	C	D
色料组成	ZrO_2	63	63	63	63
	SiO_2	31	31	31	31
	V_2O_5	6	6	6	—
	NH_4VO_3	—	—	—	6
矿化剂组成（外加）	NaF	5	5	5	5
	NH_4Cl	2	—	—	2
	NaCl	—	4	—	—
	NaBr	—	—	3	—

由表 2-9 可知，采用了复合矿化剂，其组成主要是氟化物，这点很重要。

斯布莱特以钠盐作为矿化剂来比较几种阴离子的矿化作用后，发现 NaF 对锆钒蓝的合成具有最强的矿化作用。最后，他又发现适当过量地使用矿化剂可使合成的色料呈色更为鲜明，而过量地使用偏钒酸铵则会使色料呈色不鲜艳。

另一些专利中介绍了采用矿化剂的效果。如采用硫的含氧酸盐，如（NH_4）$_2SO_4$、NH_4HSO_4，它们的矿化作用很明显。另一份研究报告中介绍了采用某些有机矿化剂的效果，例如采用卤化烃之类作为矿化剂，由于它们能在合成色料的过程中逐渐释放出卤元素，也起到了明显的矿化作用。除了碱金属和卤化物外，加入一定量的 Ba^{2+} 可使锆钒蓝合成的颜色增强。还有的研究报告中提出用硫酸铵作为第五种矿化剂，它对锆钒蓝合成的矿化效果比表 2-9 中所列出的四种矿化剂的矿化效果更好。

尽可能提高 V_2O_5 在锆英石中所渗入的百分含量，不只是为了提高色料的呈色强度，另一个重要原因是这样可减少残留的游离 V^{3+}，如果游离的 V^{3+} 多了，就需要多次冲洗，以除净它。否则，未反应的 V_2O_5 可水解并反应生成钒酸盐，如 $NaVO_3$。它会与釉料中的成分，特别是其中的钙反应生成钒酸钙，还会降低釉的表面张力，并在附近产生波纹。

2.4.3 钒锆黄色料

在斯布莱特的原始专利中，记述了 Zr-V-Si 氧化物系统中一个很宽的组成范围。随着 SiO_2 的减少，色料的色调由蓝变绿，最后变成草黄，当 SiO_2 的含量减到零时，就形成了钒锆黄色料。这种色料是所发现的第一种有实际工业价值的，以斜锆石（ZrO_2）为基体的色料。其典型组成是：ZrO_2 95%，V_2O_5 5%。它的色调可通过加入少量的 Al_2O_3、TiO_2、TiO_2、SiO_2 或硼酸（H_3BO_3）来改变。

对该系统色料的研究表明，色料中 V_2O_5 的最佳含量是 5%，色料的最佳合成温度是 1250℃，且合成温度越高（可高达 1500℃），颜色也越深。与以锆英石为最终晶相的色料（如锆钒蓝）所不同的是，ZrO_2-V_2O_5 黄色料是一种媒染色剂，其中钒吸附在 ZrO_2（斜锆石）原始晶体的表面而形成黄色色料，并且要求相应的氧化锆晶体必须是有单斜晶型的部分稳定型的 ZrO_2，全稳定型的 ZrO_2 不能用作基体。

2.4.4 锆镨黄色料

钒锆黄色料缺乏清晰明快的色调，且常带有褐色。到了 20 世纪 50 年代后期，终于开发出了一种鲜明的呈柠檬黄色的锆英石型色料，即锆镨黄色料（Pr-Si-Zr）。

1952 年，日本学者通过在 ZrO_2 和 SiO_2 中加入含有镨的稀土混合物，经高温合成得到一种柠檬黄色的锆英石基色料。四年以后终于开发出了在以上成分中加入以 NaCl 和 Na_2MoO_4 为矿化剂所合成的锆英石黄色色料。这次研究还表明采用稀土金属氧化物镨能合成出鲜明的柠檬黄色锆基色料，稀土氧化物中的氧化镧和氧化铈会使颜色变暗。

斯布莱特（C. A. Seabright）详细地研究了这些资料。表 2-10 中列出了锆镨黄色料及所使用矿化剂的化学组成。

这些配方再一次表明，加入一定量的碱金属氧化物、氟化物或溴化物作为矿化剂能降低合成温度，并使色料的呈色能力大大增强。

表 2-10　四种锆镨黄色料及所用矿化剂的化学组成

组　成（％）	锆镨黄配方	A	B	C	D
色料组成	ZrO_2	63	63	63	63
	SiO_2	31	31	31	31
	$Pr_2 (C_2O_4)_3$	6	6	10	6
矿化剂组成（外加）	NaF	3	3	3	6
	NH_4Cl	4	—	—	—
	NaCl	—	4	4	3
	LiF	—	—	—	—

与钒锆蓝色料一样，这种色料烧成后的主晶相也是锆英石。锆镨黄呈现鲜明的黄色，其色调对 ZrO_2 与 SiO_2 的比例不敏感，且氧化镨的加入量有限，最多不超过 5％。

与高温陶瓷黄色色料相比，锆镨黄的呈色更为清晰明亮，它既不带有锡钒黄所带有的红灰色，也不带有钒锆黄所带有的黄褐色。同时，锆镨黄使用时有一个很宽的温度范围。锆镨黄已广泛地用作釉用色料，其使用温度范围为 SK 06 号锥到 SK 12 号锥（980～1350℃）。

锆英石系色料的相互混溶性很好，可广泛用来配出调和色。如将锆钒蓝和锆镨黄以一定的比例混合可制得绿色色料，它在釉中呈现非常鲜明的绿色。锆英石系色料合成的机理在于着色离子在矿化剂的作用下，在 SiO_2 与 ZrO_2 形成 $ZrSiO_4$ 的过程中进入 $ZrSiO_4$ 晶格。有关这方面的呈色机理已通过严格的科学实验得以确认。

2.4.5　锆铁红色料

（1）概述

1960 年几乎同时在几种刊物上报道了锆铁红锆英石色料的诞生。1961 年在一项专利中公布了合成新型珊瑚红色料的技术专利。表 2-11 列出了不同锆铁红色料和所用矿化剂的化学组成。专利中着重强调了在锆铁红粉红色色料的配方中，如何正确、严格地选择原料，例如在生产中要求使用 CaO 含量高达 1％的 ZrO_2。

表 2-11　6 种锆铁红色料及所用矿化剂的化学组成

组　成（％）	锆铁红色料配方	珊瑚红色锆铁红			粉红色锆铁红		
		A	B	C	D	E	F
锆铁红色料	ZrO_2	63	63	63	58.2	59.3	53.2
	SiO_2	31	31	31	25.9	28.2	24.6
	Fe_2O_3	—	—	12	—	—	—
	$Fe(OH)_3$	—	—	—	13.6	10.0	20.0
	$FeSO_4$	8	20	—	—	—	—
矿化剂	NaF	3	6	—	—	—	—
	NaCl	4	7.5	—	—	—	—
	Na_2SiF_6	—	—	14	2.3	2.5	2.2

通过标记试验，揭示了锆铁红之所以难以合成的真正原因。

试验表明，如果将含氧化铁的原料粉和矿化剂混合在惰性标记物质的两边，加热反应后，锆铁红只在 ZrO_2 一边的界面上形成，却不出现在坩埚的整个周边。这表明 SiF_4 挥发了，但铁却没有挥发。当铁粉只与 ZrO_2 混合，SiO_2 中不加铁粉，那么无论有没有矿化剂存在，在 ZrO_2 一边的界面上都有锆铁红生成。如果只把铁粉混合在 SiO_2 层这一边，由于 SiF_4 的气相扩散，在 ZrO_2 这一边有锆英石生成，但因为其中不含铁，所以形成不了锆铁红，结果仍然是无色的锆英石。

将以上结果与钒和镨相比较，就足以说明铁是难以扩散移动的。也说明了锆铁红色料是一种生产难度较大的色料，因为它要求在反应中必须有铁，它不可能通过扩散途径，扩散到反应带。

（2）锆铁红色料合成工艺要点

通过深入研究得到以下几点结论，可供合成锆铁红色料时参考。

总的说来，改善氧化铁与 ZrO_2 的反应活性是锆铁红色料合成工艺的关键。本关键技术的要点是：以适当的温度预烧 ZrO_2 和氧化铁；采用干法对 ZrO_2 和氧化铁进行预磨处理；选择活性较高的氧化铁。

① 差热分析（DTA）研究表明，锆铁红配合料在 300℃、410℃、570℃ 和 700℃ 处发生了反应，采取在 570℃ 预烧 ZrO_2 和氧化铁，然后再配入 SiO_2 和矿化剂方法，可得到改良的锆铁红色料。

② 通过在配制色料前将氧化铁和 ZrO_2 干法预球磨混合的工艺，也可得到改良的锆铁红色料，而采用将所有原料预混合球磨的方法则起不到上述作用。

③ 用黄色氢氧化铁 $Fe(OH)_3$ 比用红色氧化铁（Fe_2O_3）制得的锆铁红色料红度值高。氧化铁的粒径较细，合成色料的红度值也较高。

通过上述技术可以得到极限浓度的锆铁红色料。这些技术的核心是如何确保氧化铁和 ZrO_2 的反应进行得更充分、更完全。通过预烧实验得出最佳的预烧温度是 570℃。

2.5 包裹色料

2.5.1 概述

陶瓷色料以其高温时在釉和坯中独特的稳定性而著称。不同色料在釉中稳定存在的温度范围为 800～1300℃。具体的温度高低取决于色料的组成。根据色料呈色稳定的温度范围及性质，分别适用于硬质瓷釉、软质瓷釉、墙地砖釉或卫生瓷釉。色料在坯体中的稳定温度范围为 1100～1400℃。具体温度取决于坯用色料的组成。

通过电子显微镜观察发现，均匀的呈色是由平均粒径为微米级的细颗粒粒子形成的。为了提高色料的呈色能力和稳定性，一个基本的要求是尽可能降低色料粒子在釉玻璃中的溶解度。

二氧化锡（SnO_2）、氧化锆（ZrO_2）和硅酸锆都是玻璃熔剂中的乳浊剂，因此，它们具备作为色料包裹层的基本条件。

许多无机色料具有很好的色泽和呈色能力，但它们的高温稳定性差，在釉玻璃中的溶解度太高。因此，大大限制了它们的使用范围。

将这些色料的优良呈色性能和陶瓷用乳浊剂的稳定性结合起来,即将这些色料包裹在高温稳定性好的晶体中,就可制得多种新型陶瓷色料。

2.5.2 ZrSiO$_4$/Cd (S, Se) 包裹色料

该系列色料已商品化,它广泛应用在工艺瓷、墙地砖和卫生瓷装饰上。

它的基本组成之一是 Cd(S$_x$, Se$_{1-x}$),随 x 值不同,其呈色从大红转变为橙,继而转变为黄。然而,美中不足的是 Cd(S, Se)系色料在釉中的高温稳定性很差。通常到 800℃ 以上就要分解。通过将这些色料用稳定的 ZrSiO$_4$ 晶体包裹,便可制得在高达 1400℃ 的温度下仍然稳定的色料。

当控制 Cd(S, Se)微晶的成核,使晶核数目多且生长速度慢,并使 ZrSiO$_4$ 微晶的生长速度快时,就可得到包裹率高、呈色强度高、呈色鲜艳的包裹色料。

由于合成时 Cd(S$_x$, Se$_{1-x}$)不能全部被包裹,对留在 ZrSiO$_4$ 表面未被包裹的 Cd(S$_x$, Se$_{1-x}$) 必须用化学方法清洗掉。

(1) ZrSiO$_4$/Cd(S, Se)包裹色料的性质

① 呈色性

从理论上分析,由于 Cd-S-Se 系统可形成完整系列的混晶(固溶体),因此,ZrSiO$_4$/Cd(S, Se)包裹色料可呈现从大红→橙→黄的所有过渡色。

但实际上,目前商品化了的该系列包裹色料只有大红、橙和黄三种,而且它们对基釉有严格的要求。它们之间可以混溶,从而配制出各种调和色。

由于 ZrSiO$_4$ 的折射率约为 1.96,为获得较好的色调,应选择具有高折射率釉的釉玻璃组成。

② 高温稳定性

将 ZrSiO$_4$/Cd (S, Se) 应用在釉中时,熔融态基釉的高温黏度对它的呈色稳定性影响很大。

有的釉会溶解包裹在 Cd (S, Se) 混晶外的 ZrSiO$_4$ 保护层,使不稳定的 Cd (S$_x$, Se$_{1-x}$) 色料分解,从而导致包裹色料的颜色发生变化。包裹色料的稳定性是指在尽可能长的烧成周期和尽可能高的烧成温度下,保持它在釉中呈色的稳定。

③ 化学稳定性

包在 Cd (S, Se) 混晶周围的锆英石包裹体除了提高色料的高温稳定性外,还能很好地防止 Cd (S, Se) 色料被化学物质腐蚀。我们用盐酸对色料粉末进行酸溶分析(将 10g 试样放入盛有 150mL、0.1mol/L 的 HCl 玻璃容器中,在室温下放置 15min),结果发现,只有 0.01%~0.02% 的 Cd^{2+} 溶出。用 4% 醋酸侵蚀后进行测定,其 Cd^{2+} 溶出量低于 0.005mg/L。该数据符合 Cd^{2+} 溶出的极限保护要求。

(2) ZrSiO$_4$/Cd (S, Se) 包裹色料应用须知

为了在熔块釉中较好地应用包裹色料,建议采用以下措施来获得色泽鲜艳的 ZrSiO$_4$/Cd(S, Se)大红色。

① 对熔块基釉的化学组成要求 (质量百分数%):

碱含量<5%;SiO$_2$ 含量<50%;PbO 含量<50%;碱土金属和硼的含量不可太高。

② 对色料与基釉混合球磨工艺的要求:

应尽量降低包裹色料与熔块釉一起球磨的时间,以防止锆英石包裹体被破坏。基本原则

是只要达到混合均匀即可。为此，基釉和色料应在混合球磨前已达到要求的细度。

（3）包裹色料在卫生瓷釉领域中的应用

卫生瓷在 $1200 \sim 1300℃$ 下烧成，由于卫生瓷釉通常均采用 $ZrSiO_4$ 作为乳浊剂，因而 $Cd(S_x，Se_{1-x})$ 包裹色料的稳定性得到了保证。

目前，应用在卫生瓷釉中的包裹色料主要是 $Cd(S_x，Se_{1-x})$ 大红包裹色料，在使用时需注意以下几点：

① 应在卫生瓷釉料接近细度要求时加入包裹色料，混合球磨时间不宜超过 2h，以免破坏 $ZrSiO_4$ 包裹体。

② 釉料配方中不能加入 ZnO，以防止产生针孔。

③ 减少 $BaCO_3$ 的用量，以减轻它对呈色的副作用。

④ 不要加入透锂长石。

⑤ 采用高梯度强力磁选机对釉浆进行磁选，以清除有害杂质。

此外，凡是可以应用陶瓷色料的场合，如颜色釉、釉上彩、彩绘、花纸、商标，均可应用 $Cd(S_x，Se_{1-x})$ 包裹色料。但使用时应避免还原气氛，特别是强还原气氛。

2.5.3 包裹色料的新型制备方法——化学共沉淀法

要获得高质量的釉下高温包裹色料，必须显著提高色剂在锆英石晶体中的渗入量，即提高包裹率。过去的固相法其色剂渗入的有效率不超过 $5\% \sim 10\%$，不能满足使用的要求。为得到高包裹率的优级包裹色料，必须采用液相法，如化学共沉淀法和溶胶-凝胶法。这里介绍化学共沉淀法。

在该方法中，使色料的先导物质（先驱物）、氢氧化锆、硅酸依次从盐的水溶液中沉淀出来。沉淀、包裹过程示意图如图 2-2 所示。

采取这种方法，包裹有效率可达 $30\% \sim 50\%$；可有 $7\% \sim 12\%$ 的硫硒化镉色料渗入锆英石晶体晶格。在这个水平上，被保护色料才有足够的呈色强度。

除产生优良的呈色效果外，包裹方式还赋予了这些色料在高达 $1400℃$ 时仍具有良好的热稳定性。此外，虽然红色色料是潜在的最令人感兴趣的一种色料，且前不久已商品化，但它带给人们的启示和影响却远远大于该色料本身。因为包裹方法具有广泛性，它不仅适用于硫硒化镉色料体系，也同样适合于呈色稳定性差的色料。

包裹色料的高温稳定性和化学稳定性使

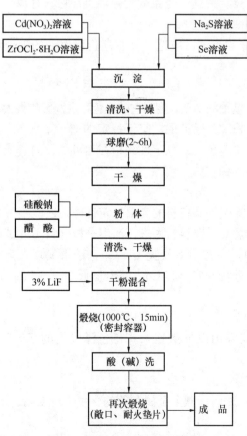

图 2-2 沉淀、包裹过程示意图

它们可用在釉下和釉中装饰。这种新的包裹技术已逐渐得到推广。

2.5.4　新型包裹色料的开发

包裹色料的开发不仅仅局限于硫硒化镉系列包裹色料，其品种还大有扩展的趋势，目前它至少已被考虑用在四种色料上。

（1）金红色包裹色料

由于它在釉上装饰的应用中所呈现的独特颜色，可以断定釉下金红色料的开发将极大促进色料制备新工艺、新技术的开发。

（2）炭黑包裹色料

开发一种中性、无钴的灰色或黑色色料，将给釉下黑色色料和灰色色料的制造商和用户带来可观的经济效益和一定的社会效益。

（3）铬绿包裹色料

传统的铬绿色料似乎是稳定的，但实际上它给用户带来的麻烦最多。一是色差对烧成气氛的敏感性；二是在使用传统铬绿色料过程中，常伴随有针眼和剥釉等常见缺陷。

可以预见，新一代铬绿包裹色料的开发，将从根本上杜绝由于使用传统铬绿色料所带来的一系列麻烦。

（4）钴蓝包裹色料

传统钴蓝色料和钴系色料一样，呈色能力很强，但易于迁移和流动，从而使得装饰时比较难以定位，难以产生准确、规范的图案。如果将钴蓝包裹在锆英石晶体中，则上述问题将迎刃而解。

在上述四类色料中，金红色色料是最适合于采用包裹技术的。因为金红色色料本身的制备就是基于液相沉淀法的。

试图通过共沉淀来制备金红色包裹色料的努力已取得了突破。现已制备出从紫罗兰到紫红色的包裹色料。现已查明，金胶体的微粒尺寸还不能达到完全控制的程度，而胶粒尺寸的控制正是成败的关键，这为该色料的开发指明了方向。

另一方面，制备一种独特的黑色陶瓷色料的尝试表明，如果在氧化锆沉淀阶段中加入一种有机物质，那么煅烧过程中会有显著量的碳渗入到锆英石晶体的晶格中。必须确保有较高的包裹率，以保证较高的呈色强度。所得色料的颜色在很大程度上取决于所采用的有机物的种类。某些有机物比起无机物来更易于被 ZrO_2、SiO_2 沉淀所吸附。虽然要成功地开发出烟黑色包裹色料还需进一步研究，但它已引起了很多学者的关注。包裹型的黑色和灰色色料的开发，与传统的钴黑和锡-锑灰色色料相比，无论是在呈色上，还是在制造成本上，都是一种巨大的挑战。

关于铬绿包裹色料，需要指出的是，如果采用类似于制备镉色料时所用的标准沉淀过程，则在锆英石晶格中渗入足够量的铬氧化物以产生一种深色色料，其难度要小些。形成的铬绿包裹色料将是非常稳定的，其性能要明显优于传统的铬绿色料。

制备钴蓝包裹色料的最初实验表明，最主要的是保证在包裹过程发生之前使钴着色剂能充分形成。研究人员发现，即使是沉淀物质一起，钴酸盐或钴的硅酸盐的形成速率也要比锆英石的形成速率慢。因此在合成包裹色料时，必须降低锆英石的形成速率，以便能与相应的钴色基的形成速率同步或匹配。如通过改善和优化煅烧条件，则可获得一定范围内的钴蓝包裹色料。这些色料可用于釉下装饰，而且比起传统色料来具有高得多的准确度。

以上工作表明，包裹晶体（微晶）将其稳定性传给被它所包裹的欠稳定的色剂的能力，对于将来色料制备技术的发展有激动人心的划时代意义。它将使一大批迄今认为不能应用于釉下装饰的釉上装饰色料被改造为高温稳定的釉下装饰色料。

2.6 液体色料

将贵金属或过渡金属的有机或无机盐溶解后制成膏状、黏稠液状或溶液状，直接用于彩饰。相对于无机固体粉末状色料，我们将这种色料称为液体色料。

按装饰方法、用途、色料成分等的不同对液体色料可进行分类，见表 2-12。

表 2-12　液体色料的分类

Ⅰ	Ⅱ	Ⅲ
釉上装饰用	贵金属膏溶液	金水——亮金水、磨光金水 白金水——亮铂水 仿金水——合金的钯、银有机溶液
	光泽彩溶液	各种电光水
	喷涂金属光泽溶液	以铁为主的金属溶液
坯体装饰用	可溶性盐溶液	过渡金属有色离子可溶性盐溶液或加黏稠剂制成的溶液或印刷调料

2.6.1　亮金水

亮金水是三氯化金与硫化香膏结合形成的硫化香膏金的复合物。根据制法不同，构成略有差异。

（1）制造金水的基本材料

① 黄金，用王水溶解制成三氯化金。

② 铑或铱、铝、钍、锡等，为防止金析晶引入的铑为金量的 1%。

③ 金属熔剂，使黄金固着于釉面。常用硝酸铋或铅、铯、铀、铬、镉的盐类，或铋的盐类与上述金属盐的混合物。

④ 硫化香膏。

（2）制备方法

将黄金在王水中按 1∶10 溶解，用相当于王水 1.5 倍质量的蒸馏水稀释，再加入与王水等质量的精馏乙醚，振荡，使氯化金与水分离，排出水溶液。

将硫化钾 1 份溶解在 50 份蒸馏水中，加入 10 份硝酸分解。将沉淀的硫磺水洗、干燥后溶解在松节油和核桃油混合液中，再用薰衣草油稀释。上述过程中各种原料溶剂的用量比为：

硫化钾 4 份，蒸馏水 200 份，硝酸 40 份，松节油 5 份，核桃油 1 份，薰衣草油 5 份。

将三氯化金溶液和硫化香膏溶液混合，水浴加热浓缩成糖浆状，加入氧化铋和硼酸铅。混合比例为：

黄金 1 份，硫化钾 2 份，氧化铋 0.15 份，硼酸铅 0.15 份。

使用时加薰衣草油和松节油等量混合液，稀释至合适浓度即可。

2.6.2　电光水

各种普通金属的树脂酸盐溶解在一些精制的香精油中，例如：松节油、薰衣草油，涂施在上釉表面，经 $600\sim800℃$ 彩烤，釉面的金属或金属氧化物与釉层形成的化合物膜层，具有类似贵金属装饰的光泽、金属光泽、珍珠或虹彩的效果，俗称电光水装饰。表 2-13 为各种金属电光水彩的颜色。

表 2-13　不同离子电光水彩的颜色

金　属	电光水彩色调	金　属	电光水彩色调
镉	黄红色	铜	棕红
铁	淡红、浅棕、金色	锰	棕
铀	绿黄	铬、铅	黄
镍	浅棕	金	红味金
钴	棕	铂	银白

电光水分干法和湿法两种传统制备方法。两种方法制成的树脂酸盐都在松节油或薰衣草油中溶解。

（1）湿法工艺

将松香粉末放入浓碱水中，加热至沸腾，直到所有松香溶解后，加热停止，反应完成。将溶液稀释，再加热至沸腾，冷却。把金属氯化物或硝酸盐加到松香皂溶液中，沉淀、分离、洗涤、干燥后避光保存。

（2）干法工艺

将松香熔化，再慢慢将金属盐搅拌进去。由于很黏，需加松节油或薰衣草油稀释。铋、锌、铅、贵金属都可用干法制成树脂皂，从而制成电光水。其配比为：

① 铋电光水：结晶硝酸铋 10 份，松香 30 份，薰衣草油 75 份。
② 锌电光水：醋酸锌 1 份，松香 2.5 份，溶解到薰衣草油中。
③ 铅电光水：醋酸铅 1 份，松香 3 份，溶到薰衣草油中。
④ 贵金属电光水：黄金 1 份，铋 5 份，为铜色电光水；黄金 1 份，铋 $2\sim3$ 份，为带金色的蓝紫色电光水；黄金浓度再高，可得蓝—紫—玫瑰紫—玫瑰红色电光水。

2.6.3　釉面喷涂金属光泽液体色料

将无机或有机金属离子的盐类溶液喷涂在釉面上，盐类溶液被蒸发并受热分解，所产生的金属离子氧化物与釉中硅氧结合，形成一层带金属光泽的装饰，谓之釉面热喷涂装饰。

在陶瓷制品釉玻璃活化温度（大概相当于釉玻璃的转变温度以上、软化温度以下）下，釉玻璃网络中的硅氧键即可发生上述反应：釉玻璃熔融后，热分解反应产物可能全熔入釉玻璃中。所以，对于釉面热喷涂液体色料最重要的就是要求可溶性盐类必须在 $600\sim700℃$ 前完全热分解。

热喷涂溶液，可以用有机溶剂，也允许用水或溶液作溶剂配制成的含金属离子的溶液。为此，所选择的色料和溶剂最好还能同时满足以下要求：

① 色料盐类在相应溶剂中溶解度大。

② 可溶性盐类分解产物与溶剂挥发成分，对人体、装备和窑炉及环境不造成危害。

③ 价格便宜。

因此，釉面热喷涂液体色料多由有机金属化合物和有机溶剂构成。

2.6.4 坯体渗透装饰液体色料

这是在成型后或素烧后的坯体上，或往成型粉粒中渗透进可溶性盐溶液，使坯体着成规定颜色或纹样装饰图案。目前应用最多的是玻化砖渗透印花装饰。

渗透印花用液体色料，在玻化砖生产中又称为渗透印花调料或简称为渗花釉。它由可溶性盐、成糊剂、溶剂、助渗剂四部分构成。如果只用于坯体或坯料粉料的染色，则不加成糊剂。

① 可溶性盐

理论上，凡是能溶于水的过渡金属的有机和无机盐，都可以单独或复合用作玻化砖渗透印花釉的发色源。Co、Cu、Cr、Fe、Mn、Ni 的氯化物、硝酸盐、硫酸盐，或这些金属的含氧酸盐中溶解度大的化合物，如重铬酸盐等，都可作为可溶性盐类使用。常用的有：

钴盐：$CoCl_2 \cdot 6H_2O$，$Co(NO_3)_2 \cdot 6H_2O$，$CoSO_4 \cdot 7H_2O$，$CoCl_3$

铜盐：$Cu(NO_3)_2 \cdot 3H_2O$，$Cu(NO_3)_2 \cdot 6H_2O$，$CuCl_2 \cdot 2H_2O$，$CuSO_4 \cdot 5H_2O$

铁盐：$FeCl_3 \cdot 6H_2O$(液体)，$FeCl_3$，$FeSO_4 \cdot 7H_2O$，$Fe(NO_3)_2 \cdot 6H_2O$

镍盐：$Ni(NO_3)_2 \cdot 6H_2O$，$NiCl_2 \cdot 6H_2O$，$NiSO_4 \cdot 6H_2O$

铬盐：$Cr(NO_3)_3 \cdot 9H_2O$，$CrCl_3 \cdot 6H_2O$，$CrCl_3$，$(NH_4)_2Cr_2O_7$

锰盐：$Mn(NO_3)_2 \cdot 4H_2O$，$MnCl_2 \cdot 4H_2O$，$MnSO_4 \cdot H_2O$

② 成糊（增稠、调黏）剂

它是能使可溶性盐水溶液黏度增加，适于丝网印刷的物质。该物质不与可溶性盐溶液发生化学反应，不沉淀，不结块。调整加入量和溶剂的比例，能调到要求黏度，不粘网，不堵网。

这类材料包括甘醇、甘油、聚乙二醇、二甘醇、三甘醇等脂肪族醇类黏稠液体，能溶于水成黏稠态的 CMC、海藻酸钠、阿拉伯树胶等固态物质以及小麦淀粉、白糊精、可溶性淀粉等成糊物质。

③ 溶剂

最廉价的溶剂是水，水质越纯净越好。

④ 助渗剂

它是能显著降低水的表面张力，从而促进水在坯体毛细管中浸润渗透的物质，如酒精、甲醇、正戊酸、正癸酸等醇和酸类物质，烷基磺酸钠（As）、顺丁烯二酸二仲辛酯磺酸钠（快速渗透剂 T）以及拉开粉 BX、促渗剂 JEC-2 等表面活性剂类润湿剂、渗透剂。

2.7 色料配方实例

2.7.1 红色料

（1）锰红

① 磷酸锰 30，氢氧化铝 70；煅烧温度 1200℃。

② 碳酸锰 17.3，氢氧化铝 71.3，硼砂 11.4；煅烧温度 1200℃。

说明：① 所用矿化剂也可采用磷酸铝、磷酸铵，此时往往采用二氧化锰、碳酸锰。

　　　② 烧成制得的锰红粉碎后最好用稀盐酸处理，再经漂洗以除去可溶性的锰盐。

（2）铬铝粉红（尖晶石型，Zn-Al-Cr 红）

① 三氧化二铬 12，氢氧化铝 47，氧化锌 32，硼酸 9；煅烧温度 1280℃。

② 三氧化二铬 11，氧化铝 50，氧化锌 30，硼酸 9；煅烧温度 1280℃。

（3）铬锡红（玛瑙红）（榍石型）

① 二氧化锡 47.7，硅石 17.0，轻质碳酸钙 28.3，硼砂 4.0，重铬酸钾 3.0；煅烧温度 1200℃。

② 铬酸铅 5，二氧化锡 47，硅石 18，石灰石 30；煅烧温度 1280℃。

（4）锆铁红（珊瑚红）

① 二氧化锆 50，硅石 33.4，硫酸亚铁 16.4，氟化钠 6；煅烧温度 1000℃

② 二氧化锆 60，硅石 30，硫酸亚铁 10，氟化钠 3，氯化钠 3；煅烧温度 1000℃。

（5）镉硒大红

硫化镉 83.6，金属硒粉 13.4，氧化镁 3.0；煅烧到 600℃ 左右急冷，加热时间因烧成量不同而异，约 30min。

2.7.2　黄色料

（1）锡钒黄

① 二氧化锡 91，偏钒酸铵 9；煅烧温度 1280℃。

② 二氧化锡 95，五氧化二钒 5；煅烧温度 1280℃。

（2）钒锆黄

① 二氧化锆 91，偏钒酸铵 9；煅烧温度 1300℃。

② 二氧化锆 95，五氧化二钒 5；煅烧温度 1300℃。

（3）铬钛黄

① 二氧化钛 88.5，三氧化二锑 8.9，重铬酸钾 2.6；煅烧温度 1200℃。

② 二氧化钛 91.0，钨酸铵 4.5，铬酸铅 4.5；煅烧温度 1200℃。

（4）锑黄（拿浦尔黄）

① 铅丹（Pb_3O_4）51.0，五氧化二锑 35.0，氧化铝 14.0；煅烧温度 1000℃。

② 铅丹（Pb_3O_4）45.4，五氧化二锑 18.2，二氧化锡 27.3，氢氧化铝 9.1；煅烧温度 1000℃。

（5）锆镨黄

① 二氧化锆 65，石英粉 35，氧化镨 4，氟化钠 6；煅烧温度 1000℃。

② 二氧化锆 60，石英粉 40，氧化镨 4，氟化钠 5，钼酸铵 5；煅烧温度 1000℃。

2.7.3　绿色料

（1）铬绿（维多利亚绿）

① 重铬酸钾 37，萤石 21，轻质碳酸钙 21，石英 21；煅烧温度 1200℃。

② 重铬酸钾 36，萤石 12，硅石 20，石灰石 20，氯化钙 12；煅烧温度 1150℃。

③ 三氯化二铬 22.7，石英 27.1，轻质碳酸钙 45.2，氟化锂 5.0；煅烧温度 1150℃。

（2）孔雀绿（孔雀蓝、蓝绿）

氧化钴 17.1，氧化锌 12.5，氧化铬 46.4，氢氧化铝 24.0；烧成温度 1300℃。

（3）苹果绿

锆镨黄 60，锆钒蓝 40；煅烧温度 1150℃。

2.7.4　蓝色料

（1）海碧

① 氧化钴 18，氢氧化铝 74，氧化锌 8；煅烧温度 1280℃。

② 氧化钴 20，氧化铝 60，氧化锌 20；煅烧温度 1280℃。

（2）钴蓝

① 氧化钴 10，氧化铝 35，氧化锌 5，长石 30，硼砂 20；煅烧温度 1250℃。

② 氧化钴 30，石英 70；煅烧温度 1250℃。

（3）绀青

氧化钴 17.0，高岭土 83.0；煅烧温度 1200℃。

（4）锆钒蓝

① 二氧化锆 48.0，石英 32.0，偏钒酸铵 8.0，氯化钠 12.0；烧成温度 1000℃。

② 二氧化锆 63，石英 31，五氧化二钒 6，氟化钠 6；煅烧温度 1000℃。

2.7.5　棕色料

（1）铁-铬-锌-铝棕

铁红 17.0，三氧化二铬 16.0，氢氧化铝 16.0，氧化锌 51.0；烧成温度 1200℃。

（2）铁-铬-锌棕

氧化锌 55，三氧化二铬 22，三氧化二铁 23；烧成温度 1220℃。

（3）铬钛棕

二氧化钛 30.7，石英 23.0，碳酸钙 38.3，重铬酸钾 3.0，氯化钠 5.0；烧成温度 1250℃。

2.7.6　灰色料

（1）锑锡灰

二氧化锡 95.0，五氧化二锑 5.0；烧成温度 1300℃。

（2）锆镍灰

二氧化锆 56，二氧化硅 31，氧化镍 10，氧化钴 3；煅烧温度 1100℃。

2.7.7　黑色料

① 三氧化二铬 8，三氧化二铁 42，二氧化锰 25，氧化钴 25；煅烧温度 1250℃。

② 三氧化二铬 43，三氧化二铁 45，氧化钴 12；煅烧温度 1250℃。

③ 三氧化二铬 31，三氧化二铁 39，氧化镍 30；煅烧温度 1250℃。

④ 三氧化二铬 30，三氧化二铁 30，氧化镍 18，氧化铜 22；煅烧温度 1250℃。

第 3 章　陶瓷釉的性质和组成

3.1　釉的熔融性质

3.1.1　釉熔体的状态

釉是一种硅酸盐或硅硼酸盐玻璃体，釉熔体是组成釉料中各种成分综合反应的结果，而 SiO_2 在釉熔体中的作用是主要的。

釉是以 $[SiO_4]^{4-}$ 四面体为基本结构单元的物质。由于硅氧比不同，硅氧四面体可连成链状、岛状、层状、网状、架状结构的硅酸盐。同时，硅氧四面体还有可能被 $[AlO_4]^{5-}$、$[BO_4]^{5-}$ 等阴离子团取代，正因为在各种结构的硅酸盐中存在着 $[SiO_4]^{4-}$、$[AlO_4]^{5-}$、$[BO_4]^{5-}$ 等带负电荷的阴离子团，所以它们就能和阳离子成键，形成复杂的硅酸盐。

按照与氧结合的键型不同，Si^{4+}、P^{5+}、B^{3+}、Ti^{4+} 等电负性大的阳离子与氧形成共价键，阴离子团与强阳离子形成离子键。

$[SiO_4]^{4-}$ 阴离子团内部以很强的定向共价键键合，形成硅酸盐稳定的骨架。升高温度，直至熔化，这种骨架都不易断键，但阴离子骨架会松动，使熔体获得流动性，决定着熔体的黏度。

骨架外部是阴离子团与碱金属或碱土金属等阳离子形成的离子键。这种离子键的键力与硅离子对 O^{2-} 的亲和力相比要小得多。因而，在熔化状态下，这些金属离子具有很大的流动性和迁移性，决定着熔体各过程的速度。

从上述来看，硅酸盐熔体似乎应为均匀的离子液体。实际上，硅酸盐熔体与离子液体是不同的。

在硅酸盐系统中，由于 $[SiO_4]^{4-}$ 等络阴离子团几乎不离解出 Si^{4+} 和 O^{2-} 离子，其形成化合物的机会是不均等的，即硅酸盐熔体是不均匀的。

产生不均匀的原因主要是：熔体中各种阴离子和阳离子的能量不同，即阴离子和阳离子相互作用的键能不同，因而，引起熔体内离子位置的附加调整，在熔体中出现相当大的有序结构基团。这种基团或者主要含有相互作用力强的离子，或者是主要含有相互作用弱的离子。这些基团内部的数个离子临时缔合，可形成络离子。

如 Fe^{3+} 和 O^{2-} 相互作用的键能大大超过其余离子对（如 Ca^{2+}、Ba^{2+} 和 O^{2-}、Ca^{2+} 和 $[SiO_4]^{4-}$ 等离子对）的键能。因而，Fe^{3+} 和 O^{2-} 往往彼此相邻，而迫使 $[SiO_4]^{4-}$ 络离子不能接近 Fe^{3+}，使 $[SiO_4]^{4-}$ 主要分布在 Ca^{2+}、Ba^{2+} 等与 O^{2-} 相互作用力弱的离子周围，以形成各自的基团。即使 SiO_2 再增加，在熔体中形成更多的 $[SiO_4]^{4-}$ 络离子，这些新形成的 $[SiO_4]^{4-}$ 络阴离子也主要分布在与 O^{2-} 离子相互作用力弱的阳离子周围，而与 O^{2-} 相互作用强的 $[FeO]^{n+}$ 基团仍保持有序结构，其组成也基本不变。

其次，在硅酸盐熔体中，由于 Si^{4+} 离子电荷高，使它具有被尽可能多的氧离子包围的能力，倾向于形成相当大的、形状不规则的、近程有序的聚合体。但又由于Si^{4+}的半径小，形成聚合体时，O^{2-}的密度增大，又互相排斥，从而放出游离O^{2-}阴离子。聚合过程如下：

$$[SiO_4]^{4-}+[SiO_4]^{4-}\longrightarrow[Si_2O_7]^{6-}+O^{2-}$$

$$[SiO_4]^{4-}+[Si_2O_7]^{6-}\longrightarrow[Si_3O_{10}]^{8-}+O^{2-}$$

$$[SiO_4]^{4-}+[Si_3O_{10}]^{8-}\longrightarrow[Si_4O_{13}]^{10-}+O^{2-}$$

$$[SiO_4]^{4-}+[Si_nO_{3n+1}]^{(2m+2)-}\longrightarrow[Si_{n+1}O_{3(n+1)+1}]^{[2(n+1)+2]-}+O^{2-}$$

表 3-1 为熔体硅氧比不同时，所形成的相应阴离子聚合体的结构示意图。

表 3-1   硅酸盐聚合结构示意

O∶Si	名　称	负离子团类型	共氧离子数	每个硅负电荷数	负离子团结构
4∶1	岛状硅酸盐	$[SiO_4]^{4-}$	0	4	
3.5∶1	组群状硅酸盐	$[Si_2O_7]^{6-}$	1	3	
3∶1	六节环（三节环）	$[Si_2O_{10}]^{12-}$ $[Si_3O_9]^{6-}$	2	2	
3∶1	链状硅酸盐	$[Si_2O_6]^{4-}$	2	2	
2.75∶1	带状硅酸盐	$[Si_4O_{11}]^{6-}$	2.5	1.5	
2.5∶1	层状硅酸盐	$[Si_4O_{10}]^{4-}$	3	1	如上，二维方向无限延伸
2∶1	架状硅酸盐	$[SiO_2]$	4	0	如上，三维方向无限延伸

熔体中的硼、锗、磷、砷等氧化物也会形成类似的阴离子聚合体。这些聚合体构成玻璃体的网络，把这些能和氧离子形成网络的阳离子称为网络形成离子。

Al^{3+}在硅酸盐中能形成$[AlO_4]^{5-}$阴离子，取代$[SiO_4]^{4-}$进入网络结构，或者置换网络中的Si^{4+}。进入网络结构的Al^{3+}虽不能单独形成网络，但可以参与网络结构。把这种参与网络结构作用的阳离子，称为居间阳离子。Fe^{3+}、Ti^{4+}、V^{5+}等结构与Si^{4+}差不多的阳离子可以是网络居间阳离子。

碱金属氧化物进入熔体中，情况就不同了。这些氧化物由于键力小，在熔体中会解离为阳离子和O^{2-}阴离子，使熔体中O^{2-}的浓度增大，从而破坏了原来的硅氧比，使阴离子聚合体解聚。而碱金属阳离子就占据阴离子解聚后断裂O^{2-}键的中间位置，从而使熔体的网络结构基元变小。这些阳离子称为网络修饰阳离子。碱金属、碱土金属以及电荷少、半径大的一些低价阳离子都可以是修饰阳离子。图 3-1 表示Na_2O与$[Si_2O_7]^{6-}$发生反应，使其解聚为

$[SiO_4]^{4-}$ 的过程。

釉中的 K_2O、CaO、ZnO 等也与 Na_2O 一样可使硅氧聚合体解聚，使熔体的网络结构基元变小，只是变小的程度不同而已。

综上所述，釉熔体的状态，可以认为是：大小不等的结构基元连成玻璃结构的不均匀熔体。

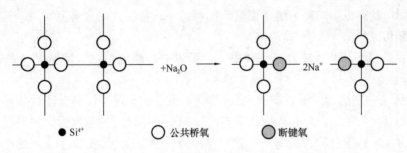

图 3-1　Na_2O 与 Si—O 网络发生反应示意图

3.1.2　熔融温度范围

釉和玻璃一样无固定的熔点，只是在一定温度范围内逐渐熔化。釉的熔融温度范围是指始融到完全熔融之间的温度范围。始融温度指釉的软化变形点，称为熔融温度下限；完全熔融温度即流动温度，也称为熔融温度上限。釉的烧成温度在熔融温度范围内选取，一般选釉充分熔化并在坯上铺展成为平整光滑的釉面时的温度。釉的熔融性质直接影响釉面品质。若始熔温度低、熔融范围过窄，则釉面易出现气泡、针孔等缺陷，特别是快速烧成时更容易出现这种现象。釉的熔融温度范围愈宽，则釉的适用性就愈广。表 3-2 列出了釉的熔融温度范围。

表 3-2　釉的熔融温度范围　　　　　　　　　　　　　　　　（℃）

制　品	收缩温度	烧结温度	始融温度	流动温度
瓷器	1100～1150	1140～1180	1120～1250	1250～1280
精陶	700～750	850～900	1000～1100	1080～1150
低温瓷	750～1070	750～1070	900～1060	1120～1160
炻器瓷	1080～1090	1100～1150	1110～1180	1200～1220
彩陶	720～780	820～860	920～960	960～1000

影响釉熔融温度范围的因素很多，但主要与釉的化学组成、矿物组成、细度、混合均匀程度等有关。

组成对釉熔融温度范围的影响主要取决于釉式中的 SiO_2、Al_2O_3、碱组分的含量和配比以及碱组分的种类，其中以熔剂的种类和配比影响最大。熔剂可分为碱金属氧化物和碱土金属氧化物两大类，也可以按习惯分为软熔剂和硬熔剂。软熔剂包括 Li_2O、Na_2O、K_2O、PbO，大部分属于 R_2O 族；硬熔剂包括 CaO、MgO、ZnO，属于 RO 族。BaO 属于硬熔剂，但在制造熔块时，它的助熔作用与 PbO 相似，因此又属于软熔剂。据报道，助熔剂在瓷釉中的作用能力有如下关系：

1molCaO 相当于 1/6mol K_2O；1mol CaO 相当于 1/2mol ZnO；1mol CaO 相当于 1/6mol

Na_2O；1mol CaO 相当于 1mol BaO。

当然，这只是大致的关系，助熔剂在不同釉中的作用能力有所不同。Al_2O_3 的含量对釉的熔融温度和黏度影响很大，其含量增加将使釉的熔融温度和黏度增加。SiO_2 也用来调节釉的熔融温度和黏度，SiO_2 的含量愈多，釉的烧成温度愈高。另外，适量增加 K_2O 和 MgO 的含量可以扩大釉的熔融温度范围。

釉料的物理状态也影响釉的熔融温度。釉料的颗粒愈细，混合得愈均匀，其熔融温度和始熔融温度都相应愈低。

釉的熔融温度可以通过试验方法获得，也可以通过酸度系数、熔融温度系数大致进行推测。

① 试验方法。把磨细的釉料制成 3mm 高的小圆柱体，用高温显微镜观察，当其受热至棱角变圆时的温度为始熔温度；当软化至与底盘面形成半球时的温度为熔融温度；其高度降至 1/2 半球高度时的温度称为流动点，亦称为釉的成熟温度（烧成温度）。或者采用测温锥法，向釉料加适量水或胶粘剂制成截头三角锥，然后与标准温锥一起放入电炉中，以三角锥顶点弯曲接触底盘的温度定为釉的熔融温度（软化温度）。

② 酸度系数法。采用酸度系数法只是用来间接比较瓷釉的烧成温度的高低。酸度系数愈大，则烧成温度愈高。

酸度系数是指釉组分中的酸性氧化物与碱性氧化物的摩尔比，一般以 C·A 表示：

$$C \cdot A = \frac{2n(RO_2)}{2n(RO) + 2n(R_2O) + 6n(R_2O_3)} = \frac{n(RO_2)}{n(RO) + n(R_2O) + 3n(R_2O_3)} \tag{3-1}$$

计算釉酸度系数时各氧化物的分类情况见表 3-3。

对于精陶器含硼的釉（除铅釉外），Al_2O_3 与 B_2O_3 的影响在一定情况下是相似的，计算时将它们都归为碱性氧化物，那么：

$$C \cdot A = \frac{n(SiO_2)}{n(RO) + n(R_2O) + 3n(Al_2O_3) + 3n(B_2O_3)} \tag{3-2}$$

对于精陶器含铅釉，Al_2O_3 是酸性强化剂，计算时将 Al_2O_3 与 RO_2 放在一起；这时 B_2O_3 是减弱耐酸性的，故计算时应将 B_2O_3 放在 R_2O_3 中，则：

$$C \cdot A = \frac{n(SiO_2) + n(Al_2O_3)}{n(RO) + n(R_2O) + 3n(B_2O_3)} \tag{3-3}$$

表 3-3　计算釉酸度系数时各氧化物的分类情况

酸性氧化物	碱性氧化物		
RO_2	R_2O	RO	R_2O_3
SiO_2	K_2O	CaO	Al_2O_3
TiO_2	Na_2O	MgO	Fe_2O_3
$B2O_3$	Li_2O	PbO	Mn_2O_3
As_2O_3	Cu_2O	ZnO	Cr_2O_3
P_2O_5		BaO	
Sb_2O_5		FeO	
Sb_2O_3		MnO	
		CdO	

釉的酸度系数增加，釉的烧成温度提高。例如瓷釉的烧成范围为：

硬质瓷　　$(RO+R_2O) \cdot (0.5 \sim 1.4)Al_2O_3 \cdot (5 \sim 12)SiO_2$

　　　　　$C \cdot A = 1.8 \sim 2.5$，烧成温度 $1320 \sim 1450℃$

软质瓷　　$(RO+R_2O) \cdot (0.3 \sim 0.6)Al_2O_3 \cdot (3 \sim 4)SiO_2$

　　　　　$C \cdot A = 1.4 \sim 1.6$，烧成温度 $1250 \sim 1280℃$

③ 釉熔融温度计算。首先计算釉的熔融温度系数 K，计算公式见式(3-4)：

$$K = \frac{a_1 w_{a1} + a_2 w_{a2} + \cdots + a_i w_{ai}}{b_1 w_{b1} + b_2 w_{b2} + \cdots + b_i w_{bi}} \tag{3-4}$$

式中　a_1、$a_2 \cdots a_i$——易熔氧化物熔融温度系数；

　　　b_1、$b_2 \cdots b_i$——难熔氧化物熔融温度系数；

　w_{a1}、$w_{a2} \cdots w_{ai}$——易熔氧化物质量分数；

　w_{b1}、$w_{b2} \cdots w_{bi}$——难熔氧化物质量分数。

釉组分中各氧化物的熔融温度系数见表 3-4。

表 3-4　釉组分中各氧化物的熔融温度系数

易熔氧化物				难熔氧化物	
氧化物种类	系数 a	氧化物种类	系数 a	氧化物种类	系数 b
NaF	1.3	C_OO	0.8	SiO_2	1
B_2O_3	1.25	NiO	0.8	$Al_2O_3(>3\%)$	1.2
K_2O	1.0	MnO_2、MnO	0.8	SnO_2	1.67
Na_2O	1.0	Na_3SbO_3	0.65	P_2O_5	1.9
CaF_2	1.0	MgO	0.6		
ZnO	1.0	Sb_2O_5	0.6		
BaO	1.0	Cr_2O_3	0.6		
PbO	0.8	Sb_2O_3	0.5		
AlF_3	0.8	CaO	0.5		
$NaSiF_6$	0.8	$Al_2O_3(<0.3\%)$	0.3		
FeO	0.8				
Fe_2O_3	0.8				

根据计算所得 K，由表 3-5 查出釉的相应熔融温度 t。

表 3-5　K 与 t 的对照表

K	2	1.9	1.8	1.7	1.6	1.5	1.4	1.3	1.2	1.1
t (℃)	750	751	753	754	755	756	758	759	765	771
K	1.0	0.9	0.8	0.7	0.6	0.5	0.4	0.3	0.2	0.1
t (℃)	778	800	829	861	905	1025	1100	1200	1300	1450

例如，湖南某瓷厂高档瓷釉的化学组成为：

SiO_2 72.81%，CaO 2.32%，MgO 2.22%，K_2O 6.11%，Al_2O_3 15.05%，Na_2O 1.39%，Fe_2O_3 0.12%

按照上述方法计算出易熔性系数为：

$$K=\frac{0.8\times0.12+0.5\times2.32+0.6\times2.22+1\times6.11+1\times1.39}{1\times72.81+1.2\times15.05}=0.111$$

查表 3-5 及推算可知，该釉熔融温度为 1433℃，比实际烧釉温度略高。因此，这种根据经验数据计算的结果准确程度是有限的。

3.1.3　釉熔体的高温黏度、表面张力、润湿性

釉熔体能否在坯体表面平滑铺展，与其黏度、表面张力和润湿性有关，下面分别加以介绍。

1. 黏度

黏度是流体的一个重要性质，釉熔融时的黏度可以作为判断釉的流动情况的尺度。在成熟温度下，釉的黏度过小，流动性大，则容易造成流釉、堆釉及干釉等缺陷；釉的黏度过大，流动性差，则容易引起橘釉、针眼、釉面不光滑、光泽不好等缺陷。流动性适当的釉，不仅能填补坯体表面的一些凹坑，而且还有利于釉与坯之间的相互结合，生成中间层。

影响釉黏度的最重要因素是釉的组成和烧成温度。釉熔体中由 [SiO_4] 相连的网络结构的完整程度，是决定黏度的最基本的因素，石英玻璃 O/Si 的摩尔比为 2，是硅氧系统玻璃中具有最大黏度的玻璃。组成中加入碱金属氧化物后，破坏了 [SiO_4] 网络结构，随着 O/Si 的摩尔比增加，黏度随之下降。对于碱金属氧化物，在同样质量分数时其氧化物摩尔质量愈小，则所引入的阳离子数量愈多，黏度下降的幅度也愈大。对玻璃黏度的降低，Li_2O 的作用最大，其次是 Na_2O，再次是 K_2O。二价金属氧化物 CaO、MgO、BaO，在高温下降低釉的黏度，而在低温时却增加釉的黏度。但 CaO 引起黏度增长的范围较小，在冷却时易使瓷器产生应力，造成不利影响；MgO 可以使釉在高温时具有较高的黏度，但比 Al_2O_3 的影响小。二价的金属氧化物，除了 R^{2+} 对 O/Si 比例影响与一价离子相同外，极化对黏度也有显著影响。极化使离子变形，共价键成分增加，减弱了 Si—O 键力，因此具有 18 电子结构的 Zn^{2+}、Cd^{2+}、Pb^{2+} 等比 8 电子结构的 R^+ 具有更低的黏度（Ca^{2+} 有些例外）。碱土金属阳离子降低黏度顺序为：

$$Pb^{2+}>Ba^{2+}>Cd^{2+}>Zn^{2+}>Sr^{2+}>Ca^{2+}>Mg^{2+}$$

三价金属氧化物和高价氧化物，如 Al_2O_3、SiO_2、ZrO_2 等都增加釉的黏度，引入 TiO_2 没有引入 ZrO_2 效果明显。而 B_2O_3 对釉黏度的影响比较特殊，常出现"硼反常"现象，当加入量较小（一般<15%左右）时，B_2O_3 处于 [BO_4] 状态，黏度随 B_2O_3 含量的增加而增加，超过一定量时又起降低黏度的作用，当然这与釉中 R_2O、RO 的含量有关。Fe^{3+} 比 Mg^{2+} 能显著降低釉的黏度，而水蒸气、CO、H_2、H_2S 也降低釉熔体的黏度。

综合上述情况可见：

① 三价及高价氧化物，如 Al_2O_3、SiO_2、TiO_2 等都会提高釉的黏度。

② 碱金属氧化物会降低釉的黏度。当釉中 O/Si 摩尔比很高时，黏度按 $Li_2O\rightarrow Na_2O\rightarrow K_2O$ 的顺序递减，由于这时 R_2O 含量较多，网络破坏严重，[SiO_4] 多以较小的集团存在，[SiO_4] 四面体之间主要靠 R—O 键力相连，而 Li—O 键力最大；但当釉中 O/Si 摩尔比很小时，SiO_2 含量较多，网络较完整，R^+ 对网络的破坏起主要作用，Li^+ 的极化力量大，减弱 Si—O—Si 键的作用也最大，故黏度按 $Li_2O\rightarrow Na_2O\rightarrow K_2O$ 的顺序递增。

③ 碱土金属氧化物对黏度的影响较复杂。在无硼或无铅釉中，一方面由于 RO 极化能力强，使氧离子变形，它们能使大型四面体群解聚，降低黏度，在高温下这个效果是主要的；另一方面由于碱土金属阳离子为二价，离子半径不大，键力较碱金属离子大，有可能将小型四面体群的氧离子吸引到自己周围，使黏度增大，这一效果主要在低温下呈现。不同温度下极化能力与离子半径对黏度的影响是不同的。一般认为，CaO、MgO、ZnO、PbO、BeO 在高温下会降低釉的黏度（如引入 10%～15%CaO 在 1200℃ 以上时会使釉的黏度迅速降低），在低温下却增大其黏度，只是 ZnO、BeO、PbO 对釉冷却时黏度的增加速度影响较小。

莱曼等提供了陶瓷釉高温黏度的近似计算公式：

$$\eta = \frac{92}{k_i - 0.32} \tag{3-5}$$

$$k_i = \frac{100}{w_{SiO_2} + w_{Al_2O_3}} - 1 \tag{3-6}$$

式中　　　　η——高温黏度，Pa·s；

　　　　　　k_i——黏度指数；

$w_{SiO_2} + w_{Al_2O_3}$——釉组成中两组分的质量分数之和。

注：上式只适用于低温釉，否则要进行修正。

【例】某精陶釉的化学组成见表 3-6，该釉料的烧成温度为 1160℃，试计算釉料在该温度下的高温黏度。

表 3-6　某精陶釉的化学组成　　　　　　　　　　　　　　　　　　（%）

氧化物	PbO	K_2O	Na_2O	MgO	ZnO	Al_2O_3	SiO_2	B_2O_3	合计
组　成	22.2	5.8	3.8	0.5	1.1	10.1	47.8	8.7	100.00

【解】

$$k_i = \frac{100}{w_{SiO_2} + w_{Al_2O_3}} - 1 = \frac{100}{47.8 + 10.1} - 1 = 0.727$$

$$\eta = \frac{92}{k_i - 0.32} = \frac{92}{0.727 - 0.32} = 226(Pa·s)$$

故此精陶釉在烧成温度下的高温黏度为 226Pa·s。

詹姆斯和诺里斯研究了在卫生陶瓷、釉面砖上铅釉和无铅釉的高温黏度，见表 3-7。

表 3-7　陶瓷釉的高温黏度 lgη

温度 釉	1000℃	1100℃	1200℃	1300℃
无铅釉	4.25	3.3	2.65	2.35
无铅釉	3.45	2.75	2.3	2.05
无铅釉	3.4	2.8	2.3	1.9
无铅釉	3.5	2.85	2.3	—
铅　釉	1.9	1.7	—	—

布雷蒙德认为釉的黏度 $\lg\eta=4$ 不能与坯结合；等于 3 则与搪瓷釉相似；小于 3 才能完全成熟；等于 1.6 则高温黏度过低，釉呈过烧状态，气泡布满釉面。釉的熔融温度范围与黏度变化范围有关，一般陶瓷釉在成熟温度下的黏度值为 $200Pa\cdot s$ 左右。

2. 表面张力

釉的表面张力对釉的外观品质影响很大。表面张力过大，阻碍气体排除和熔体均化，在高温时对坯的润湿性不利，容易造成"缩釉"（滚釉）缺陷；表面张力过小，则容易造成"流釉"（当釉的黏度也很小时，情况更严重），并使釉面小气泡破裂时形成难以弥补的针孔。

釉表面张力的大小，取决于其化学组成、烧成温度和烧成气氛。在化学组成中，碱金属氧化物对表面张力影响较大。前苏联学者曾研究氧化物阳离子半径大小对硅酸盐熔体表面张力的影响，认为其规律为，熔体的表面张力随碱金属及碱土金属离子半径的增大而减小，随过渡金属离子半径的减少而降低，碱金属离子的半径愈大，其降低效应愈显著（表 3-8）。表面张力由大至小顺序为：$Li^+>Na^+>K^+$。二价金属离子中钙、钡、锶的作用相近，在 1300℃ 时，其离子半径愈大，表面张力愈小，但不如一价金属氧化物明显，即：$Mg^2>Ca^{2+}>Sr^{2+}>Zn^{2+}>Cd^{2+}$。PbO 明显降低釉的表面张力。三价氧化物，如 Fe_2O_3、Al_2O_3、B_2O_3 等的影响随阳离子半径的增大而增大，B_2O_3 以 $[BO_3]$ 平面结构平行排列于表面而降低表面张力。四价氧化物对表面张力的影响类似于三价氧化物，且取决于其在网络中的位置。一般来说，网络形成体降低表面张力，网络外体则增加表面张力。SiO_2 对表面张力的影响取决于其他的硅酸盐成分，当 Na^+ 存在时，其降低表面张力，而在铅-硅熔体中，SiO_2 有时增加表面张力（根据铅含量的高低有所不同）。

表 3-8 某些氧化物在不同温度下的表面张力

氧化物	表面张力（mN/m）				阳离子半径
	900℃	1200℃	1300℃	1400℃	（nm）
K_2O	0.1	—	—	−0.75	1.33
Na_2O	1.5	1.27	—	1.12	0.98
Li_2O	4.6	—	4.5	—	0.78
MgO	6.6	5.7	5.2	5.49	0.78
CaO	4.8	4.92	5.1	4.92	1.06
ZnO	4.7	—	4.5	—	0.83
NiO	4.5	—	—	—	—
CoO	4.5	—	4.3	—	—
MnO	4.5	—	3.9	—	—
BaO	3.7	—	4.7	3.8	1.46
PbO	1.2	3.7	—	—	0.84
Al_2O_3	6.2	5.98	5.8	5.85	0.72
Fe_2O_3	4.5	4.5	—	4.4	0.67
B_2O_3	0.8	0.23	—	−0.23	0.31
V_2O_5	0.1	—	—	—	0.59
SiO_2	3.4	3.25	2.9	3.24	0.39
TiO_2	3.0	—	2.5	—	0.64
ZrO_2	4.1	—	3.5	—	0.87
CaF_2	3.7	—	—	—	

由表 3-8 可知，各种氧化物对釉料表面张力的影响也是各不相同的。阿宾根据经验将氧化物对硅酸盐熔体表面张力的影响分为三类：① 非表面活性氧化物，如 Al_2O_3、V_2O_3、Li_2O、CaO、MgO 等及一些稀土元素氧化物（Nd_2O_3、La_2O_3 等），它们会提高釉料的表面张力。② 弱表面活性氧化物，如 P_2O_5、B_2O_3、Bi_2O_3、PbO、Sb_2O_5 等，引入量较多时往往会降低硅酸盐熔体的表面张力。③ 强表面活性氧化物，如 MoO_3、Cr_2O_3、WO_3、V_2O_5 等，若引入量较少时也会降低表面张力。

硅酸盐熔体表面张力随温度的提高而降低，表面张力的温度系数较小，为－（4～7）×10^{-5}N/（m·℃）[即温度每升高 1℃，表面张力降低（4～7）×10^{-5}N/m]。但对于不对称离子，如 Pb^{2+} 离子，由于其结构表现有极性和定向性，其表面张力的温度系数为正值。熔体的表面张力在高温时没有多大变化，但在低温时则显著增大。

此外，窑内气氛对釉熔体的表面张力也有影响。在还原气氛下的表面张力约比为氧化气氛下大 20%。在还原气氛下釉熔体表面发生收缩，其下面的新熔体就会浮向表面。利用这种现象，在色釉尤其是在熔块釉烧成时，采用还原气氛可使其着色均匀。基于这个原因，采用还原焰烧成容易消除釉中气泡。

在设计釉配方的时候要考虑表面张力对釉面品质的影响，其计算可采用以下两种方法。

① 表面张力与温度的关系，可按式（3-7）计算：

$$\sigma = \sigma_0(1-b\Delta T) \tag{3-7}$$

式中　σ——T 温度下的表面张力，N/m；

　　σ_0——T_0 温度下的表面张力，N/m；

　　ΔT——$T-T_0$，K；

　　b——经验系数。

② 表面张力与化学组成的关系，可采用公式（3-8）计算：

$$\sigma_{釉} = w_{a1}\sigma_1 + w_{a2}\sigma_2 + w_{a3}\sigma_3 + \cdots \tag{3-8}$$

式中　　$\sigma_{釉}$——熔融釉的表面张力，N/m；

w_{a1}，w_{a2}，…——不同组分（氧化物）的质量分数，%；

σ_1，σ_2，…——不同组分的表面张力，N/m。

不同组分在不同温度下表面张力可查表 3-8，在不同温度下釉的表面张力值，可按每增加 100℃，釉的表面张力平均降低 1%～2% 估算，计算的结果与实验测定值的误差约为 1%，一般釉的表面张力值约为 0.3N/m。

【例】某厂铅釉的化学组成见表 3-9。

表 3-9　某厂铅釉的化学组成　　　　　　　　　　　　　　　　（%）

氧化物	SiO_2	Al_2O_3	PbO	Fe_2O_3	CaO	MgO	K_2O	NaO	合计
组　成	28.5	1.5	65	3.8	0.20	0.22	0.45	0.14	99.81

试分别计算该釉料在 900℃和 1000℃时的表面张力值各为多少？

【解】按公式（3-8）和表 3-8 提供的系数计算：

$\sigma_{900℃} = (28.5 \times 3.4 + 1.5 \times 6.2 + 65 \times 1.2 + 3.8 \times 4.5 + 0.2 \times 4.8 + 0.22 \times 6.6 +$

$\qquad 0.45 \times 0.1 + 0.14 \times 1.5) \times 10^{-3} = 0.204 \times 10^{-3}(N/m)$

1000℃时釉料的表面张力可按每升高 100℃降低 1%～2% 进行估算：

$$\sigma_{1000℃} = 0.204 \times 10^{-3} \times (1 - 1.5\%) = 0.21 \times 10^{-3} (\text{N/m})$$

3. 润湿性

釉熔体对坯体的润湿性可以用釉熔体与坯体的接触角来表示。润湿性与釉熔体的表面张力密切相关。其测定方法可将干釉制成直径 10mm、高 10mm 的圆柱体试样，置于坯体上，烧后测定其接触边角，以此来判别它的润湿性。

从图 3-2 可以看出，熔融釉与坯体接触边角 $\theta > 90°$ 时，熔体不能将坯体润湿；$\theta < 90°$ 时，则坯表面被完全润湿；$\theta = 0°$ 时，熔体扩散开。θ 值愈大，润湿性愈不好。熔体润湿表面并扩散开来是由于重力的影响。如果附着张力大于或等于熔体的表面张力，釉不能润湿坯体。即使釉熔体的黏度再小，因其表面张力较大，釉也不能在坯体表面铺展开，所以表面张力仍是影响润湿性的重要因素。

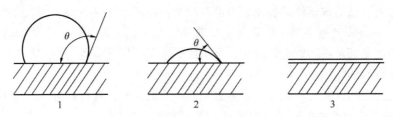

图 3-2　瓷釉在固体表面上的状态

1—不润湿（$\theta > 90°$）；2—润湿（$\theta < 90°$）；3—熔体扩散开

虽然釉料相同，但如果所用坯体不同，那么其接触边角也不同。接触边角最小时流动性大，而且润湿的程度较高。釉在成熟前必须将坯体全部润湿。熔融温度相同的釉，如果坯体不同，那么其成熟温度有时差 4 个塞格尔锥号。

3.2　釉的化学性质

3.2.1　釉熔融过程中的化学变化

坯与釉之间的反应直接影响釉的化学性质及釉面状态。釉的化学组成应与坯体的化学组成既要接近，但又要保持适当的差别。这样，釉与坯体在高温下相互作用，使釉中的组分，特别是碱性氧化物和坯体充分反应而渗入坯体；同时也促进坯体中的成分进入釉层，形成晶体。因此，釉的化学组成非常复杂。

釉在坯体表面熔融过程中，会发生一系列物理和化学变化。其中包括：

① 釉本身的物化反应，如制釉原料脱水、分解、氧化、熔融等。

② 釉与坯体接触处的物化反应。釉料中某些组分渗入坯体，坯体中成分与釉料反应，形成坯釉中间层。一般坯釉中间层从坯体中引入 SiO_2、Al_2O_3 等成分，而从釉内引入 RO 和 R_2O 等成分。坯釉中间层的化学组成和性质介于坯釉之间，并逐渐由坯过渡到釉，无明显界限。坯釉中间层能调和釉与坯性质上的差异，能增强坯釉结合。为了获得良好的坯釉中间层，在坯体酸性较高的情况下，即 SiO_2/RO 的摩尔比高，则应该采用中等酸性的釉料；如果坯体的酸性弱，则釉应该是接近中性或弱碱性，否则由于两者之间化学性质相差过大，相互作用强烈，会使釉被坯体吸收，出现"干釉"现象。需要说明的是，在后面的章节中我们

会了解到，坯与釉之间的化学反应除与化学性质有关外，还与其烧成制度有关。

3.2.2　化学稳定性

在使用过程中，施釉的陶瓷制品常和水、酸液或碱液接触。釉的表面不同程度地和这些介质发生离子交换、溶解或吸附效应，结果降低釉面光泽，形成薄层干涉色，甚至溶出釉中的一些阳离子。例如，果汁或食物酸会从釉中萃取铅、镉等离子；用施釉的陶瓷容器盛放酒液会溶出铝、钙及镁离子；半导体釉因受到环境的化学侵蚀而改变其电阻。因此化学稳定性是釉的一个重要的性质。

1. 釉层受水侵蚀的机理

釉的侵蚀机理和玻璃相似，经历一个复杂的过程。它不仅涉及溶解，也涉及某些离子对玻璃结构的渗透与作用。侵蚀反应开始时是在网络结点上的离子与溶液中的离子之间进行，接着会从釉结构中萃取出一价及二价阳离子。下面从水、酸、碱等方面分析釉的侵蚀机理。

① 水对釉的侵蚀。水溶液对釉面的侵蚀过程，首先是水中的氢置换碱金属离子：

$$\equiv\!Si\!-\!O\!-\!R + H\cdot OH \longrightarrow \equiv\!Si\!-\!OH + R^+OH^-$$

然后，羟基离子与釉结构网络中的 Si—O—Si 反应：

$$\equiv\!Si\!-\!O\!-\!Si\!\equiv + OH^- \longrightarrow \equiv\!Si\!-\!OH + \equiv\!Si\!-\!O^-$$

断裂的桥氧和其他水分子作用产生羟基离子，又重复上述反应：

$$\equiv\!Si\!-\!O^- + H\cdot OH \longrightarrow \equiv\!Si\!-\!OH + OH^-$$

H^+ 置换 R^+ 形成类似硅凝胶[可写为 $Si(OH)_4\cdot nH_2O$ 或 $SiO_2\cdot xH_2O$]的薄膜，除一部分溶于水溶液中外，大部分附着在釉层表面，具有一定的抗水与抗酸能力。由此可见，釉中 SiO_2 含量多时会降低釉被侵蚀的程度。釉中若有二价或多价离子存在，它们对 Na^+ 的抑制效应常常能阻碍碱金属离子扩散，抵制侵蚀作用的进行。所以上述反应进行得很慢。从潮湿的墓葬中挖掘出来的低温绿釉陶器，往往全部或局部釉面呈现银色。张福康等人的研究认为，银色沉积物的形成和绿釉表面受到水或大气的轻微溶蚀和沉积作用有关，在釉面与水及大气接触先后沉积了多层薄膜。沉积层达到一定厚度时，由于光线的干涉作用和沉积层具有轻微的乳浊性，产生银白色的光泽。这是釉面受水侵蚀的实例。

② 碱对釉的侵蚀。碱对釉的侵蚀作用如下：

$$\equiv\!Si\!-\!O\!-\!Si\!\equiv + Na^+OH^- \longrightarrow \equiv\!Si\!-\!OH^+ + \equiv\!Si\!-\!O^-Na^+$$

溶液中呈现的碱金属离子使其 pH 值增加，从而加大硅酸的萃取速度，逐渐溶解在溶液中。碱虽破坏硅氧骨架（即≡Si—O—Si≡），但又不会形成硅凝胶薄膜，因此釉面会脱落。溶液和釉发生作用而溶出的离子量是衡量其化学稳定性的标志。

③ 酸对釉的侵蚀。一般的酸（除氢氟酸外）并不会直接和釉起反应，而是通过水的作用来侵蚀。因此，浓酸对釉的侵蚀作用低于稀酸。氢氟酸对釉的作用是直接破坏其结构中的 Si—O—Si 键。

$$\equiv\!Si\!-\!O\!-\!Si\!\equiv + H^+F^- \longrightarrow \equiv\!Si\!-\!OH^+ + \equiv\!Si\!-\!F$$

对釉来说，氢氟酸的作用是剧烈的，生产中用它来制作"腐蚀釉"，即类似蒙砂的效果。釉面上涂层石蜡，要求磨蚀成图案的部位则将石蜡刻除。用 2 份盐酸（38%）和 1 份氢氟酸（40%）配成酸液，将釉在此溶液中浸泡，就会得到所需图案。有些釉受有机酸的侵蚀比 pH 值低的无机酸侵蚀更强烈。有机阳离子在溶液中形成复合离子会增加釉的溶解度。

2. 釉的组成与化学稳定性

低温釉含碱量较多，碱金属离子溶出的速度随着碱含量及离子半径的增大而增加。若低温釉中含多种一价、二价或多价元素，则金属离子溶出的速度会降低。

许多餐具釉面装饰颜料中含有铅，它对釉的耐碱性影响不大，但会降低釉的耐酸性。多年来大家都在注意铅离子从釉表面溶出的问题。为了使釉及颜料中的铅不致影响人体健康，要求铅以不溶解的状态（如二硅酸铅玻璃）存在于釉中。在一些耐化学腐蚀的釉和颜料中常用硼酸配制无铅熔块，但其使用范围是有限制的。若熔块中加入 B_2O_3，呈四配位的形式，成为网络形成体进入玻璃结构中，可使釉的化学稳定性增强。但 B_2O_3 增至一定数量时，由于硼反常现象，会成为三配位而易溶于酸中。故 B_2O_3 的含量应适当控制。

若以 SiO_2 为基准来考虑耐水釉料的组成，则 SiO_2 的含量应大于 50%，如一次烧成卫生瓷釉料含 SiO_2 通常为 60%，化工陶瓷釉料的 SiO_2 含量为 75%。

氧化铝、氧化锌会提高釉的耐碱性，氧化钙、氧化镁、氧化钡能有效地提高釉的化学稳定性，含大量锆的釉特别耐酸和碱的侵蚀。

3.3　釉的物理性质

3.3.1　力学强度和硬度

力学强度也是釉的重要性质。通常釉抵抗张应力的能力比抵抗压应力的能力小许多倍，因此，必须使釉受压应力而不受张应力。从坯与釉的相互影响来说，可以通过调整膨胀系数来达到。釉的硬度对于日用瓷来说是一个不可忽视的指标。划痕硬度就是餐具瓷釉面能否承受刀叉的经常磨刻而不致出现刻痕的一种性能。为了提高划痕硬度，釉成分可以作如下调整：

① 减少 B_2O_2 的含量。

② 用 Li_2O 置换部分 K_2O，用 Li_2O 和 BeO 置换 Na_2O。

③ 用 ZnO、BaO 及 MgO 置换 PbO。

此外，适当的 B_2O_3 含量以及增加 Al_2O_3、BeO、MgO 都对提高划痕硬度有利。釉的硬度随网络结构的改变而改变，一般随网络外体氧化物离子半径的减小和化合价的上升而增加，这与结构网络对其他性质的关系相同。由此可见，碱金属氧化物含量增加将导致釉料硬度的降低。

若釉层中析出硬度大的微晶，而且高度分散在整个釉面上，则釉的硬度会明显增加，尤其是析出针状晶体时，效果更为明显。一些研究结果表明，在釉层中析出锆英石、锌尖晶石、镁铝尖晶石、金红石、莫来石、钙长石等晶体，釉面的耐磨度将会增加。因此，从这个角度来说，在成熟温度相同的情况下，乳浊釉和无光釉的耐磨度比透明釉的要高。

另外，调节釉中玻璃相的膨胀系数和弹性模量，使釉面产生压应力而且有较大的弹性，则釉的耐磨性会相应提高；烧成工艺也会影响釉面硬度，石英含量较高的釉料在较高温度下烧成，冷却后的釉面具有较高的硬度。烧成引起的任何釉面缺陷，如气泡、针孔、裂纹等都会降低釉面的耐磨度。

釉面硬度一般采用莫氏硬度和显微硬度（维氏硬度）来表示。瓷器釉面的硬度为：莫氏硬度 7～8，维氏硬度 5200～7500MPa。釉的抗张强度为 110～350MPa，抗压强度为 400～700MPa。

3.3.2　热膨胀性和弹性

1. 热膨胀性

釉层受热膨胀主要是由于温度升高时，釉层内部网络质点热振动的振幅增大，导致其间距增大。这种由于热振动而引起的膨胀，其大小决定于离子间的键力，键力愈大则热膨胀愈小，否则反之。

釉的热膨胀通常用一定温度范围内的长度膨胀率或线膨胀系数来表示。在室温 T_1 和加热至温度 T_2 之间的长度膨胀率 ε 为：

$$\varepsilon = \frac{T_2 \text{ 时的长度} - T_1 \text{ 时的长度}}{T_1 \text{ 时的长度}} \times 100\% = \frac{L_{T2} - L_{T1}}{L_{T1}} \times 100\% \tag{3-9}$$

而热膨胀系数为：

$$\alpha_{(T_2 - T_1)} = \frac{1}{T_1 \text{ 时的长度}} \times \frac{T_2 \text{ 时的长度} - T_1 \text{ 时的长度}}{T_2 - T_1} = \frac{L_{T2} - L_{T1}}{L_{T1}} \times \frac{1}{\Delta T} \tag{3-10}$$

由以上二式可知：

$$\alpha = \varepsilon / \Delta T \tag{3-11}$$

由于组成的不同，受热行为的差异，各种陶瓷坯体、釉的膨胀系数是不同的，其范围列于表 3-10 中。

表 3-10　陶瓷坯体与釉的热膨胀系数

材　质		$\alpha_{(20\sim700℃)}$（$\times 10^{-6}/℃$）	
		坯　体	釉
普通陶瓷	硬质瓷	4.5～5.0	3.5～4.8
	软质瓷	5.5～6.3	5.0～5.5
	普通日用瓷	4.1～5.0	3.0～5.0
	低温瓷	4.5～6.5	4.3～5.8
	耐热炻瓷	4.6～5.4	4.5～4.9
	彩饰炻瓷	5.7～7.1	5.6～6.6
	硬质精陶	7.0～8.0	—
	黏土精陶	8.8～9.8	7.0～8.1
	石灰精陶	5.0～6.0	5.0～5.8
	艺术彩陶	7.0～9.1	6.7～8.0
特种陶瓷	刚玉瓷	5.0～5.5	—
	莫来石瓷	4.0～4.5	—
	滑石瓷	6～7	5～6

釉的膨胀系数和其组成密切相关。SiO_2 是网络形成体，有很强的 Si—O 键。若其含量高，则釉的结构紧密，热膨胀小。含碱的硅酸盐釉料中，引入的碱金属与碱土金属离子削弱了 Si—O 键或打断了 Si—O 键，使釉的热膨胀增大。一般说来，碱金属离子增大釉膨胀系数的程度超过碱土金属离子。除了 SiO_2 外，有人认为釉中 Al_2O_3 加入量在 0.3mol 以下时，

会使釉的膨胀系数下降，而含 SiO_2 少的硼釉中，若 Al_2O_3 量超过 0.2mol 则釉的膨胀系数会增大。又如增加硼酸或用 SiO_2 等量代替硼酸会降低釉的膨胀系数，而硼酸量超过 17％ 则会显著提高釉的膨胀系数。维克尔曼及肖特等得出，釉的膨胀系数和组成氧化物的质量分数符合加和性原则。而实际上利用加和性公式计算的膨胀系数与实测结果有一定偏差，但用摩尔分数表示各种氧化物含量时，计算出来的 α 值与实测数字比较吻合。

2. 弹性

弹性表征材料的应力与应变的关系。弹性大的材料抵抗变形的能力强。对于釉来说，它是能否消除釉层因应力而引起缺陷的重要因素。通过用弹性模量来表示材料的弹性，它与弹性呈倒数关系。釉层的弹性主要受下列四方面影响。

① 釉的组成。当釉中引入离子半径较大、电荷较低的金属氧化物（如 Na_2O、K_2O、BaO、SrO 等）时，往往会降低釉的弹性模量；若引入离子半径小、极化能力强的金属氧化物（如 Li_2O、BeO、MgO、Al_2O_3、TiO_2、ZrO_2 等），则会提高釉的弹性模量。但在碱-硼-硅系统釉中存在硼反常现象，当 B_2O_3 的含量小于 15％ 时，以 B_2O_3 取代 SiO_2 后，形成的 ［BO_4］ 和 ［SiO_4］ 四面体形成紧密的网络，使釉的弹性模量升高。但 B_2O_3 增加至一定数量（15％～17％）后，增加的 B_2O_3 会形成 ［BO_3］ 三角体，结构松散，受力后易变形，弹性模量也就降低。各种氧化物对釉弹性模量的提高作用的强弱顺序是：$CaO>MgO>B_2O_3>Fe_2O_3>Al_2O_3>BaO>ZnO>PbO$。

② 釉的析晶。冷却时析出晶体的釉（如乳浊釉、析晶釉、结晶釉等）其弹性模量的变化取决于晶体的尺寸与分布的均匀程度。若晶体尺寸小于 0.25nm，而且分布均匀，则会提高釉的弹性。反之，若晶体的尺寸大，而且大小相差悬殊，则会显著降低釉的弹性。

③ 温度的影响。一般来说，釉的弹性会随温度升高而降低，主要是由于釉中离子间距因受热膨胀而增大，使离子间相互作用力减弱，弹性便相应降低。

④ 釉层厚度。实际测定弹性模量的结果表明，釉层愈薄，弹性愈大。

实际测得玻璃与釉的弹性指标列于表 3-11 中。

表 3-11　釉与玻璃的弹性模量和泊松比

材料名称	弹性模量（$\times10^4$MPa）	泊松比 μ
瓷釉	5.71～6.48	0.2～0.3
钠-钙-硅玻璃	6.76	0.24
钠硅酸盐玻璃	8.42	0.25
硼硅酸盐玻璃	6.17	0.20
石英玻璃	7.05	0.16

3.4　釉的光学性质

3.4.1　釉的光泽度

当光线投射到物体上时，它既会按照反射定律向一定方向反射，又会散射。若表面光滑平整，则光线在镜面反射方向上的强度比其他方向要大，因而光亮得多。若表面粗糙不平，则光线向各方向漫反射，表面呈半无光或无光。由此可见，物体的光泽主要是该物体镜面反射所引起的，它反映着表面平整光滑程度。光泽度就是镜面反射方向光线的强度占全部反射光线强度的比例系数。

我国国家标准 GB 3295—1996 中规定，测定釉面光泽度时，用黑色平板玻璃作为标准板。釉面对黑玻璃平板的相对反射率（釉面对光量与黑玻璃反光量之比）即为釉面的光泽度，用百分比表示。

釉的光泽与其折射率有直接的关系。折射率愈大，釉面的光泽愈强，因为高折射率使镜面方向的反射分量增多。而折射率与釉层的密度成正比，因此，在其他条件相同的情况下，精陶釉和陶釉中因含有 Pb、Ba、Sr、Sn 及其他大密度元素的氧化物，所以它们的折射率比瓷釉大，光泽也强。TiO_2 能强烈地提高釉的光泽度。目前流行的水晶釉是典型的建筑陶瓷高光泽度釉。

不少学者指出，凡能剧烈降低熔体表面张力、增加熔体高温流动性的成分，有助于形成平滑的镜面，从而提高其光泽；表面活性较大并具有变价阳离子的晶体也能改善釉面的平滑度与光泽度。

实践经验证明，急冷会使釉面光泽度增大。这并不是由于折射率的影响（因为急冷的釉比慢冷的折射率小，一般低 2.2%），而是由于急冷时釉层不会失透和析晶的缘故。

3.4.2 白度

对有些陶瓷产品而言，白度是很重要的光学性能之一，特别是对于日用瓷、卫生瓷和釉面砖，白度是评价其外观性能的重要指标。对于高级日用细瓷，白度要求达到 70% 以上，而一般细瓷则要求达到 65% 以上。

通体呈白色是由于它对白光的选择吸收少，透过率也小，散射量大而造成的。若物体对白光的选择吸收少，而散射也小，则该物体是透明的。由此可见，白度的高低有三个条件：第一，对白光吸收少；第二，透过率小；第三，有极强的散射。在此情况下，白光能量一部分用于反射，其他能量进入釉的内部，经过多次散射以后，以漫反射的形式表现出来。白度可用公式（3-12）表示：

$$W = (I_R/I_0) \times 100\% \tag{3-12}$$

式中　I_R——漫反射光强度；

　　　I_0——入射光强度。

I_R 的测定结果是相对于化学纯的氧化镁而言。

影响白度的因素主要有以下几方面：第一，坯釉的化学组成。如果着色氧化物的含量高，则白度低。一般说来，如果着色氧化物的含量小于 0.5%，则白度能达到 80% 左右。第二，烧成气氛的影响。原料中如果 Fe_2O_3 含量多而 TiO_2 少，则用还原气氛烧成会使白度增加（如南方日用瓷）；反之，原料中 Fe_2O_3 含量少而 TiO_2 多，则用氧化气氛烧会使白度增加（如北方日用瓷）。为了增加白度，一般采用如下措施：降低釉中着色氧化物的含量，或加入磷酸盐等使着色剂形成络合物，以增加散射，提高白度。另外，加入适量滑石也可以提高白度。在烧成中，应控制烧成气氛，还要防止碳的沉积。

3.4.3 颜色釉的主波长、色饱和度和明度

对于建筑卫生陶瓷及其他使用颜色釉的瓷器而言，其颜色的主波长、色饱和度和明度也

是其重要的光学性能之一。主波长决定了色釉的色调，而色饱和度则取决于颜色的深浅，明度取决于颜色的明快程度。关于色釉颜色的具体描述及表示，将在后面装饰及色料等相关章节中加以讨论。

3.5 釉的组成与性状

3.5.1 釉的组成

釉是由酸性氧化物（SiO_2 或 B_2O_3）和碱性氧化物（K_2O、Na_2O、CaO、MgO、BaO、PbO、ZnO 等）组成。在高温下熔成液态，而在冷却过程中逐渐凝固，最后形成玻璃态的硅酸盐或硼硅酸盐。从物理化学方面来看，釉与玻璃有很多相似之处，如各向同性，无固定的熔点，具有光泽透明、不透水等特性。但就化学组成、制作方法以及应用方面来看，釉与玻璃有本质区别。按照各成分在釉中所起的作用，可将釉的组分归纳为以下几类：

1. 网络形成剂

玻璃相是釉的主相。釉的结构和玻璃的结构是相似的。形成玻璃的主要氧化物（如 SiO_2、B_2O_3 等）在釉层中以四面体的形式相互结合为不规则网络，所以又称它为网络形成剂。

长期以来，许多学者从热力学、动力学、结晶化学诸方面提出许多玻璃形成的假说。虽然这些假说不够完善，实际玻璃形成的条件尚有例外，但是还可以作为多数情况下判断的依据。

① 氧化物阳离子场强（取决于阳离子电荷与其离子半径平方之比）要大。一般说来，电荷较高、离子半径较小的阳离子及其化合物都是玻璃网络形成剂。表 3-12 列出一些氧化物的阳离子场强与玻璃形成能力。

表 3-12 阳离子场强与其形成玻璃的能力

氧化物	阳离子半径 r（nm）	阳离子电荷 Z	阳离子场强 Z/r^2	形成玻璃的能力
SiO_2	0.042	4	2267	形成硅酸盐玻璃
B_2O_3	0.023	3	5670	形成硼酸盐玻璃
P_2O_3	0.035	5	4080	形成磷酸盐玻璃
GeO_2	0.053	4	1420	形成锗酸盐玻璃
Li_2O	0.068	1	220	
Na_2O	0.097	1	110	
K_2O	0.133	1	60	
CaO	0.099	2	210	
MgO	0.066	2	460	不能形成玻璃
SrO	0.112	2	160	
BaO	0.134	2	110	
ZnO	0.074	2	360	
PbO	0.12	2	140	

注：本表摘自 "Table of Lonic Radii"，Handbook of Chemistry and Physics PPE214～215CRC Press Inc. 1979。

② 氧化物的键强要大。这样难以有序排列，形成玻璃倾向性大。孙光汉提出，单键强度（化合物的分解能与阳离子配位数之比）大于 335kJ/mol 的化合物都是网络形成剂；而单键强度在 250～335kJ/mol 的化合物，属于网络中间体；而小于 250kJ/mol 的化合物，一般不能形成玻璃。罗生（Rawson）在 1956 年提出，玻璃形成能力不仅与单键强度有关，而且与破坏原有键使之熔化所需要的热能有关。他提出，单键强度/熔点的比值大于 0.21kJ/（mol·K）的化合物是玻璃形成剂，单键强度/熔点的比值小于 0.063kJ/（mol·K）者不能形成玻璃，是玻璃修饰体。从表 3-13 可见，当 Al^{3+} 的配位数为 4，Zr^{4+} 的配位数为 6 时，它们也可形成玻璃体。

表 3-13　网络形成氧化物的单键能

氧化物	阳离子价数	氧化物的分解能 （kJ/mol）	配位数	M—O 的单键能 （kJ/mol）	（单键能/熔点） [kJ/（mol·K）]
B_2O_3	3	1490	3	498	0.686
SiO_2	4	1770	4	444	0.222
GeO_2	4	1803	4	452	0.326
Al_2O_3	3	1862～1326	4	423～330	—
B_2O_3	3	1490	3	372	0.51
P_2O_5	5	1850	4	464～368	0.435～0.548
V_2O_5	5	1878	4	469～377	0.397～0.498
As_2O_5	5	1460	4	364～293	—
Sb_2O_5	5	1818	4	356～285	—
ZrO_2	4	2029	6	339	—

③ 凡有离子键向共价键过渡的混合键（又称极性共价键）的氧化物较易形成玻璃态，都属于玻璃形成剂。因为这种混合键既具有离子键易改变键角、易形成不对称变形的趋势，又具有共价键的方向性和饱和性、不易改变键长与键角的倾向。前者有利于造成玻璃的远程无序，后者则赋予玻璃近程有序。表 3-14 列出一些氧化物的键性形成能力的关系。

表 3-14　氧化物的键性与玻璃形成能力

氧化物	配位数	结构类型	键的离子性（%）	形成玻璃的能力
SO_2	4	分子结构	20	不能形成玻璃
B_2O_3	3 或 4	层状结构	42	形成玻璃
SiO_2	4	三维空间结构	50	形成稳定玻璃
GeO_2	4	三维空间结构	55	形成稳定玻璃
Al_2O_3	4 或 6	刚玉型结构	60	难成玻璃
MgO	4 或 6	NaCl 型结构	70	不能形成玻璃
Na_2O	6 或 8	CaF_2 型结构	80	不能形成玻璃

表 3-14 的数据表明，极性共价键中离子性占 39%～55% 的氧化物能形成稳定的玻璃。在 SiO_2 玻璃中，在 ［SiO_4］ 内体现为共价键性，其 O—Si—O 键角符合理论值 109.4°，而四面体以顶角相互连接时，O—Si—O 键角能在较大范围内无方向性连接，表现了离子键的特

性。可以认为，键角分布小、作用范围小的纯共价键物质及成键无方向性、作用距离长的纯离子键物质，形成玻璃的可能性小；而处于两者之间的混合键物质及分子间作用力（范德华力）很弱的有机物容易形成玻璃。

④ 熔体的结构也是能否形成玻璃的重要因素。当熔体中阴离子团聚合程度大，例如以三维空间结构为主的结构，则形成玻璃的倾向大，否则反之。因为高聚合的阴离子团难以位移和重排，结晶激活能较大，不易形成晶体。此外，阴离子团聚合程度大，其结构愈复杂，熔体的黏度大，有利于玻璃的形成。如 SiO_2、GeO_2、B_2O_4 三者熔点下的黏度分别为 10^{10}、10^6、$10^7 Pa \cdot s$，都是玻璃形成体。

阴离子团的对称性低，也容易形成玻璃。在 SiO_2 玻璃中 Si—O—Si 的键角变动于 $120°\sim$ $180°$，键角的不规则分布，造成阴离子团的几何不相对称，决定其结构无序、玻璃化的倾向大。

2. 助熔剂

在釉料熔化过程中，这类成分能促进高温分化反应，加速高熔点晶体（如 SiO_2）化学键的断裂和生成低共熔物。助熔剂还起着调整釉层物理化学性质（如力学性质、膨胀系数、黏度、化学稳定性等）的作用。它不能单独形成玻璃，一般处于玻璃网络之外，所以又称为网络外体或网络修饰剂、网络调整剂。常用的助熔剂化合物为 Li_2O、Na_2O、K_2O、PbO、CaO、MgO、CaF_2 等。

这类氧化物 M—O 键的单键强度均小于 $250kJ/mol$。它们的离子性强。当阳离子的电场强度较小时（如碱金属氧化物），氧离子易摆脱阳离子的束缚，起断网作用，使玻璃网络结构松散，膨胀系数增大，化学稳定性和黏度、硬度均下降。当阳离子的电场强度较大时（如碱土金属氧化物），却能使断键积聚（但这与釉中 R_2O+RO 的含量有关）。

3.5.2 釉的性状

釉料的性状是指釉料在一定的烧成温度下，釉料中玻璃相、晶相的组成以及釉面的光泽程度，熔融程度，透明程度等与组成的关系。釉性状主要取决于釉中的碱性成分和配比以及 Al_2O_3 与 SiO_2 的含量与比值，也取决于工艺条件。根据釉性状，可找出具有不同性质的釉组成范围。

在图 3-3 中，下部表示碱组成，其分子数的总和为 1；中部为中性氧化物，以 Al_2O_3 的分子数表示；上部为酸性氧化物，以 SiO_2 的分子数表示。由图知，当碱组分的总分子数保持为 1 时，无论碱组分的种类如何改变，釉的成熟温度总是随着 Al_2O_3 与 SiO_2 分子数的增加而相应提高，而且在 Al_2O_3 缓慢增多的同时 SiO_2 迅速增加。

图 3-4 为典型石灰釉组成与性能图。根据塞格尔的研究，固定 $0.3K_2O \cdot 0.7CaO$ 不变，改变 Al_2O_3 和 SiO_2 的比例，在 SK 11 号锥下烧成时的釉性状如图 3-5 所示。图 3-4 中，AB 实线表示光泽最好的釉组成，AB 称为光泽轴。在 AB 实线附近的釉组成，光泽度都较好。同组成的釉由于工艺条件改变，釉性状也发生不同程度的变化，如图中的石灰釉，若在 SK 9 号锥下烧成时，光泽釉就是 CD 了，同时，不熔区、无光区都会向光泽透明区递进。

配艺术釉时，往往在基础釉中添加着色原料、辅助原料等，这些原料的引入，也会不同程度地引起釉性状的变化。色剂不仅会带来颜色的变化，也会使釉的光泽、析晶、乳浊等性状发生变化，例如，碱性组成为 $0.2KNaO$、$0.18MgO$、$0.62CaO$ 的 Al_2O_3-SiO_2 性状图表明，在 SK 9 号锥下烧成时，光泽透明釉区在 Al_2O_3∶SiO_2＝7～10；当向釉中添加 4％的骨灰时，则在 Al_2O_3∶SiO_2＞9 时就出现乳浊现象；当 Al_2O_3 增多时，则生成无光釉。

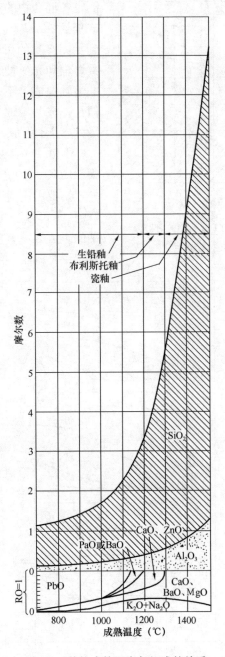

图 3-3　釉的成熟温度与组成的关系

碱性成分不同的釉，它们与 Al_2O_3-SiO_2 的性状图也有很大变化，有各自不同特征的性状图。但它们之间的性状有明显的相同之处，就是 Al_2O_3∶SiO_2＝8～10 时，大体都为光泽釉；Al_2O_3∶SiO_2＜6 时，易形成无光釉性；Al_2O_3∶SiO_2＞10 时，易形成失透釉、乳浊釉或结晶釉。

根据釉性状，找出釉料最低共熔物及釉料的变形温度，也是研究釉料的有效方法。

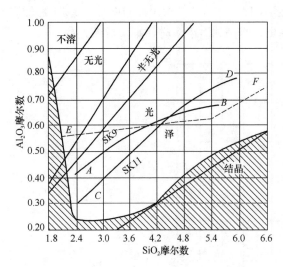

图 3-4　石灰釉（$0.3K_2O \cdot 0.7CaO$）性能
与 Al_2O_3、SiO_2 摩尔数关系

塞格尔研究的 $0.3K_2O \cdot 0.7CaO$ 为标准的碱性成分，改变 SiO_2 和 Al_2O_3 的比例，测定各混合物的变形温度，并将最低共熔组成描述在 Al_2O_3-SiO_2 的坐标图中时，就得到了图 3-4 的 EF 线——共熔轴。从图知，共熔轴和光泽釉组成不一定相同，即找出了共熔轴组成，不一定就得到了好的釉组成。但是，在共熔轴与光泽轴相交的附近，是光泽好的釉组成，如 $0.3K_2O \cdot 0.7CaO \cdot 0.6Al_2O_3 \cdot 4.0SiO_2$ 就是变形温度最低（约为 1220℃）的光泽好的釉组成。

烧成温度对釉面性状影响也很大，从图 3-5 所示可以看出，不同烧成温度下，光泽釉的组成区域有较大的变化。因此烧成温度决定了基础釉的组成要求。

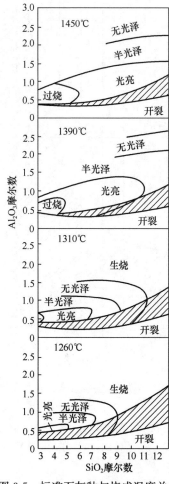

图 3-5　标准石灰釉与烧成温度关系

3.6　主要制釉氧化物的作用

釉用原料分为两种：天然矿物原料（如石英、长石、高岭土、石灰石、方解石、滑石、锆英石等）和化工原料（如 ZnO、SnO_2、硼酸、硼砂等）。制釉所用的原料能给釉的组成提供一种或一种以上的氧化物，这些氧化物决定着釉的性质，下面分别说明主要制釉氧化物的作用和特点。

3.6.1　SiO_2

SiO_2 主要由石英引入，另外黏土和长石也可引入一部分。SiO_2 是釉的主要成分，一般含量在 50% 以上，通过 $SiO_2/(R_2O+RO)$ 的摩尔比可初步判断釉的熔融性能，摩尔比为 $2.5\sim4.5$ 之间的较易熔，4.5 以上的则较难熔。

SiO_2 可提高釉的熔融温度和黏度，给釉以高的力学强度（如硬度、耐磨性），提高釉的白度、透明性、化学稳定性，并降低釉的膨胀系数。

3.6.2　Al_2O_3

Al_2O_3 主要由黏土、长石、氧化铝、氢氧化铝等引入，是形成釉的网络中间体，既能与 SiO_2 结合，也能与碱性氧化物结合。Al_2O_3 能改善釉的性能，提高化学稳定性、硬度和弹性，并能降低釉的膨胀系数。熔块釉中适当的 Al_2O_3 可防止釉面龟裂。Al_2O_3 还能提高熔融温度，增加熔体的高温黏度，使釉在成熟温度下具有必要的稳定性。同时，对建筑制品还可提高抗风化和抗化学侵蚀能力。在实际应用中，Al_2O_3 的加入量因碱性成分的种类和数量不同而异，因其会大大提高釉的熔融温度和高温黏度，一般其用量不能太高。另外，可通过调整 Al_2O_3/SiO_2 摩尔比来控制釉的光泽。在明亮的光泽釉中，Al_2O_3/SiO_2 的摩尔比在 $1:6\sim1:10$ 之间；在无光釉中为 $1:3\sim1:4$。增加 Al_2O_3 的含量，能获得好的无光效果。

3.6.3　Li_2O、Na_2O、K_2O

Li_2O 来源于锂云母、锂辉石、钛酸锂、硅酸锂、锆酸锂、碳酸锂等，Na_2O 来源于钠长石、硼砂、碳酸钠、硝酸钠等，K_2O 来源于钾长石、碳酸钾、硝酸钾等。Li_2O、Na_2O、K_2O 都是强助熔剂，它们能降低釉的熔融温度和黏度，能增大熔体的折射率，从而提高其光泽度，降低釉的化学稳定性、力学强度。Li_2O 在无铅釉中少量使用，可显著改变釉的熔融性和表面张力，同时可解决部分棕眼及釉面不平整等表面缺陷，锂釉与钾釉、钠釉相比，虽价格较贵，但熔体能多熔解石英，热膨胀系数小，光泽度高，抗酸性强。锂釉用于陶器可减少釉面开裂，增加光泽度，并提高抗机械冲击强度及抗热冲击强度；用于建筑制品，可以增加釉面的耐磨性。Na_2O 作为助熔剂，其效果不如 Li_2O，但比 K_2O 强。主要用于低温釉中，能增加半透明性，但光泽性差，Na_2O 在碱金属中，膨胀系数最大，会降低制品的弹性和抗张强度，从而引起釉的开裂。K_2O 作为熔剂，其性能优于 Na_2O，与钾长石和钠长石相比，钾长石高温黏度大，熔融温度范围宽，釉面光泽度好，K_2O 能降低釉的膨胀系数，提高釉的弹性，对热稳性有利，但用量不能太高，用量太多也会产加釉的热膨胀，引起釉的开裂。实际应用过程中，K_2O 与 Na_2O 一般同时引入，其最佳摩尔比为 $2\sim4$。

3.6.4　MgO、CaO、BaO、SrO

1. MgO

MgO 主要由菱镁矿、白云石、滑石等引入。MgO 在低温时起耐火作用，但 MgO、CaO 混合使用时，耐火性降低。在高温下，MgO 与 CaO 类似，是强的活性助熔剂，可提高釉熔体的流动性；可促进坯釉中间层的形成，从而减弱釉面的龟裂；可提高釉面硬度，用作建筑瓷釉可提高釉面耐磨性，作卫生瓷釉可耐酸碱。MgO 在用作低温无光釉组分时，以滑石加入，有提高乳浊性的作用；与锆英石同时引入，乳浊效果更为明显，可提高白度，但其乳浊效果和白度不如 ZnO、SnO₂；而以白云石引入则无乳浊作用；以滑石引入时，即使用量较高，釉面也不易收缩；而以菱镁矿引入时，MgO 用量不超过 3%，否则釉面品质难以控制。但 MgO 少量使用时可成为光亮釉，在低温釉中，加入量不能太高，否则釉料难以熔融，且促使结晶生成。MgO 常和 CaO 同时引入，对于高温瓷来说，一般应使 CaO/MgO 摩尔比小于 1。

2. CaO

CaO 主要由方解石、大理石、白云石、石灰石（工业重钙、沉淀碳酸钙）、白垩、硅灰石、钙长石等引入。CaO 在釉中是重要助熔剂，在 SK 4 温度以上，它可以降低高硅釉的黏度，提高釉的流动性和釉面光泽度。对有些色釉可增强釉的着色能力（如铬锡红釉），但会使釉面白度降低（对日用瓷而言）。一般其用量不超过 18%，过多会使釉析晶，导致釉层失透，形成无光釉，这也是形成无光釉的普遍方法之一。CaO 能提高釉的化学稳定性，即增加对水、酸、风侵蚀的抵抗力和耐磨性。CaO 资源丰富，应用也较为普遍。配料中常采用 CaCO₃，其密度小，易悬浮在釉浆中，并且能增强釉的悬浮性。

3. BaO

BaO 由碳酸钡、硫酸钡、氯化钡引入，BaO 在建筑瓷釉和卫生瓷釉中多以 BaCO₃ 引入，也可作无光釉的助熔剂。用量较大时（通常大于 0.15mol），起耐火作用，可提高熔融温度；如用量较小时（通常小于 0.15mol），可改善制品釉面的光泽度和力学强度，目前流行的建筑瓷水晶釉中就含有 BaO，BaO 在一定程度上可增加釉抗有机酸侵蚀的能力。BaO 以任何比例取代 CaO 和 ZnO 均使釉的弹性模量降低，但大部分钡的化合物有毒性，使用时应注意。

4. SrO

SrO 由碳酸锶引入。可降低釉的熔融温度，提高光泽，扩大烧成范围。与 BaO 相似，SrO 也要限量的使用，它具有 BaO 在釉中的全部优点，而无毒性，在含硫的气氛中和 BaO 一样有造成制品缺陷的趋势。在含锆釉中，以锶化合物代替 BaO 和 CaO，可促进坯釉中间层的化学反应，提高坯料适应性；在低温釉中可用来取代铅，但釉烧时，需相应延长保温时间；在石灰釉中，替代 CaO，可增加釉的流动性，降低软化温度，增大石灰釉的烧成温度范围，改善釉的适应性，提高釉的硬度。

3.6.5　ZnO、PbO、B₂O₃

1. ZnO

ZnO 直接以氧化锌或碳酸锌引入。ZnO 可使釉易熔，降低高温釉的烧成温度，对釉的力学强度、弹性、熔融性能和耐热性能均能起到良好的作用，还能增加釉的光泽度、白度，增大釉的成熟温度范围。一般 ZnO 用量不宜过多，用量过多，可提高耐火度、黏度，使釉不易熔融，但釉面光泽并不降低。当达到饱和时，ZnO 析晶，形成结晶釉。ZnO 和 SnO_2 共同使用时，能获得良好的乳浊效果。在建筑陶瓷及艺术瓷大红釉中，ZnO 是不可缺少的成分。ZnO 在使用前，要经过 1250～1280℃ 的高温煅烧，其原因是：①减少釉在烧成过程中的收缩；②减少因收缩而出现的秃釉和气泡、针孔等缺陷；③增加其密度，避免因密度小而使釉浆呈"豆腐脑"状，从而改善生釉性能。

2. PbO

PbO 由铅丹（Pb_3O_4）、铅白[$2PbCO_3 \cdot Pb(OH)_2$]、密陀僧（PbO）引入。PbO 是最强的助熔剂，PbO 与 SiO_2 极易反应生成低熔点的硅酸铅，由于硅酸铅折射率高，因而可形成光泽度高的釉面。与碱金属氧化物相比，PbO 作为熔剂具有以下特点：适量 PbO 降低釉膨胀系数；使热稳定性提高，并可降低熔体黏度，使釉具有良好的流动性；同时可增加釉的熔融温度范围；提高釉面弹性、光泽度，增加抗张强度；PbO 的加入使釉中有少量析晶和失透倾向。PbO 使用时需要注意：PbO 具有毒性，且易挥发；对于生铅釉，如果操作不当，易被还原，使釉面呈现灰黑色；而且由于其挥发性，对操作工人危害较大，一般做成熔块使用（但在琉璃釉中，Pb_3O_4 的含量可高达 70% 左右）。含 PbO 的釉在大气中长期暴露，釉面会失去光泽，易裂，而且 PbO 使釉面硬度降低。

3. B_2O_3

B_2O_3 由硼砂、硼酸、硼钙石、硼镁石、方硼石引入。B_2O_3 是釉的重要组分，是强助熔剂，B_2O_3 能与硅酸盐形成低熔点的混合物，降低釉的熔融温度。低温时形成高黏度玻璃，温度升高，使釉熔体黏度降低，流动性增大，易于铺展成平整的釉面。B_2O_3 的加入能增大釉的折射率，提高光泽度。用量适当，可降低热膨胀；用量过多，热膨胀反而增大，同时也降低釉的耐酸和抗水侵蚀能力。B_2O_3 含量高时，釉面的硬度会随之降低，烧成范围变窄，且易引起颜色扩散，含 B_2O_3 多的釉不适于长周期和明焰烧成。调整 B_2O_3 和 SiO_2 的相对含量可达到最佳坯釉适应性。B_2O_3 形成的熔体不但本身不易结晶，而且有阻止其他化合物结晶的倾向。所以加入 B_2O_3 可避免釉失透现象发生。需要注意的是，B_2O_3 在 1000℃ 左右时挥发加快，故在配方设计时，需考虑此项损失。

除此之外，在釉料中也常加入骨灰、瓷粉、乳浊剂、色料等。骨灰可提高光泽，还可促进釉料分相；使用瓷粉取代长石调节釉料，可提高釉的熔融温度，降低釉的高温黏度，减少釉面针孔，提高白度。在釉料中使用的乳浊剂有 SnO_2、TiO_2、ZrO_2、$ZrSiO_4$、锑化物、磷酸盐等；在釉料中使用的着色剂含有 Mn、Cr、Co、Fe、Ni、Cu、V、Pr 等的氧化物、化合物或合成颜料。

3.7　釉在烧成过程中的变化

由配釉的原料转变为最终的釉层是非常复杂的过程，难以完全解释清楚其形成过程。主要有以下几个原因：① 釉的种类繁多，组成差别很大；② 配釉原料多，它们同时参与反应，相互制约，一些反应之间的联系尚未完全研究清楚；③ 釉烧时的高温处理温度与烧成时间及保温时间因釉的种类和要求而异，很难描述其规律。

釉在加热过程中，会发生一系列复杂的物理化学变化，如脱水，有机物、碳酸盐、硫酸盐、磷酸盐等的分解和固相反应，原料自身熔化、相互熔解形成低共熔物以及坯釉之间在加热过程中的反应等。

3.7.1 釉料在加热过程中的变化

不同釉料在加热过程中的热分析表明，其发生的物理化学反应归纳起来有以下几类：① 原料的分解；② 化合与固相反应；③ 釉中组分的挥发；④ 烧结；⑤ 熔融。这些变化往往重叠交叉出现或重复出现。

1. 原料的分解

釉用原料如黏土脱水，有机物挥发，碳酸盐、硫酸盐、磷酸盐、硝酸盐、硼砂、硼酸、石灰石、方解石等分解，对于釉的形成非常重要。在适当的温度进行保温，使气体充分排除，以便形成平整光滑的釉面。现将几种常用的原料分解温度列于表 3-15。

表 3-15　原料的分解温度

原料	分解温度(℃)	备　注
黏土	405～650	主要在 450℃脱水(高岭土)
碳酸钙	886～915	依照颗粒大小，有的在 610℃以下可分解
碳酸镁	800～900	$MgCO_3 \longrightarrow MgO + CO_2$
碳酸钠	>1150	熔点 851℃
碳酸钾	>1100	熔点 894℃
碳酸锌	296	$ZnCO_3 \longrightarrow ZnO + CO_2$
碳酸钡	1421	$BaCO_3 \longrightarrow SrO + CO_2$
碳酸锶	1289	$SrCO_3 \longrightarrow SrO + CO_2$
石灰石	894	$CaCO_3 \longrightarrow CaO + CO_2$
白云石	750～760	两个阶段，碳酸镁先分解，碳酸钙后分解
硝酸钡	664	$Ba(N 同 O_2)_3 \longrightarrow BaO + NO_2$
硝酸钾	400	$KNO_3 \longrightarrow K_2O + NO + O$(熔点 333℃)
硝酸钠	388	$NaNO_3 \longrightarrow Na_2O + N_2 + O_2$(熔点 311℃)
亚硝酸钠	>320	$4NaNO_2 \longrightarrow 2Na_2O + 2N_2 + 3O_2$
硫酸铝	757	$Al_2(SO_4)_3 \longrightarrow Al_2O_3 + 3SO_2$
硫酸钙	1200	$CaSO_4 \longrightarrow CaO + SO_3$
硫酸铁	707	$Fe_2(SO_4)_3 \longrightarrow Fe_2O_3 + 3SO_3$
硫酸亚铁	665	$Fe_2SO_4 \longrightarrow FeO + SO_3$
硼酸	185	分两个阶段，200℃脱水，990℃完全脱水
硼砂	320	$Na_2B_4O_2 \cdot 10N_2O \longrightarrow Na_2B_4O_7 + 10H_2O$
铅丹	>550	$Pb_3O_4 \longrightarrow 3PbO + O$
铅白	400	$2PbCO_3 \cdot Pb(OH)_2 \longrightarrow 3PbO + CO_2 + H_2O$
五氧化二锑	450	$Sb_2O_3 \longrightarrow Sb_2O_3 + O_2$
五氧化二砷	400	$As_2O_5 \longrightarrow As_2O_3 + O_2$
三氧化二铁	>1250	$Fe_2O_3 \longrightarrow FeO + O_2$
长石	1150	$K_2O \cdot Al_2O_3 \cdot 6SiO_2 \longrightarrow K_2O \cdot 4SiO_2 + 2SiO_2$

需要指出，杂质的存在会降低化合物的分解温度，例如纯白云石的分解温度为 $750\sim760℃$，而含 $5\%Na_2CO_3$ 或 K_2CO_3 的白云石分解温度则为 $630℃$，而 1% 的 NaCl 会使白云石分解温度降低 $100℃$ 左右。

从表 3-15 可以看出，在 $575\sim900℃$ 温度范围内，碳酸盐、硫酸盐、纯碱、菱镁矿、白云石等分解形成氧化物，硝酸盐分解放出氮气和氧气等。由于大量气体的排出，这一阶段应缓慢升温，充分地排除气态产物以防止气泡产生及釉面针孔、裂纹等缺陷形成。随后，易熔氧化物、化合物(H_3BO_3、$Na_2B_4O_7$)等开始熔融。

长石中由于杂质的存在，在高于 $800℃$ 时，会放出大量所吸附的气体，如水气、酸性气体、氮气等，也需要合理控制烧成制度，防止釉面针眼出现。同时，黏土中吸附的碳素在 $500\sim800℃$ 之间要挥发掉，为了防止针孔和黑点，此阶段应特别注意。

2. 化合与固相反应

在釉料中出现液相之前，除了分解反应发生外，同时还有许多化合物间的固相反应发生。在温度继续升高时，易熔氧化物同 Al_2O_3 和 SiO_2 等发生反应，形成了新的共熔物。

有研究表明，Na_2CO_3 和 SiO_2 在 $700℃$ 以下能发生完全固相反应，在 $800℃$ 时能发生少量烧结现象。PbO 和 SiO_2 在 $580℃$ 时能发生固相反应生成 $PbSiO_3$，而在 $670\sim730℃$，其固相反应速度显著增加。在 $700\sim750℃$，$BaCO_3$ 和 SiO_2 能生成 $BaSiO_3$，其反应速度取决于反应物之间的比例，而在 $1155℃$ 时就完全反应了。$CaCO_3$ 和 SiO_2 固相接触可反应生成偏硅酸钙($CaSiO_3$)，如果加热时间很长，在 $610℃$ 以下可以起反应，在 $800℃$ 时反应剧烈，$950℃$ 可完全形成可熔性硅酸盐，$1150℃$ 时成为流动性熔体。此外，ZnO 也能和 SiO_2 通过固相反应生成硅锌矿($2ZnO\cdot SiO_2$)。在固相反应中，当一些原料熔融或出现低共熔体时，能促进固相反应的进行。

有人对 $CaCO_3$ 和黏土之间的固相反应进行了详细研究，发现其反应过程如下：

$800℃$ 以下：生成 $CaO\cdot Al_2O_3$ 或有 $CaO\cdot Fe_2O_3$ 生成。

$800\sim900℃$：生成 $CaO\cdot SiO_2$。

$900\sim950℃$：生成 $3CaO\cdot 2SiO_2$。

$950\sim1200℃$：生成 $2CaO\cdot SiO_2$。

$3CaO\cdot SiO_2$ 由于低温不稳定，直至 $1200℃$ 以上有液相存在时才出现。

3. 釉中组分的挥发

釉中所有组分在加热过程中都有一定程度的挥发，其挥发的大小取决于各组分蒸气压、加热时间、窑炉气氛等因素。氧化铅、硼砂、硼酸、钠和钾盐、氧化锑、芒硝等均会有不同程度的挥发，这些物质中硼酸和钾盐类较易挥发。

有研究表明，下列氧化物自 $1040℃$ 起开始挥发，其挥发难易程度的次序是：硼 $450℃$，铅 $850℃$，铬 $1000℃$。莱特于 1921 年指出，玻璃熔体中 Al_2O_3 挥发量为 $0.5\%\sim5\%$，氧化硼为 $1\%\sim5\%$，而 Na_2O 和 K_2O 的挥发量可达 5%。釉中着色剂在高温下也往往会挥发，如硒镉红釉超过 $1020℃$，显色效果不佳，就是由于硒化物挥发的缘故。现代研究生产的硅酸锆包裹硒镉红颜料，其挥发量大大降低，$1250℃$ 时仍能呈现鲜艳的大红色调。釉中成分挥发与釉的组成、制备方法及原料种类有密切关系。如果增加 SiO_2 含量，就相应地提高了釉的挥发温度，烧成时保温时间愈长，釉中挥发物的损失就愈多。因此，在熔块制作过程中，釉中挥发物的损失就很多，要给予充分考虑。

4. 烧结

烧结是指将粉末状态的物质经过加热转化为具有一定强度的凝集块状物质的过程。烧结也是吸收热能，从而降低颗粒表面能的过程。烧结受诸多因素的影响，现归纳如下：

① 烧结温度和保温时间的影响。烧结温度愈高，保温时间愈长，愈有利于烧结，但多晶材料应注意晶粒的"异常生长"。

② 原料粒度的影响。原料颗粒愈细，则比表面积愈大，颗粒相互接触面积就愈大，发生反应的机会就愈多，则熔点降低，有利于烧结。反之，颗粒愈大，则不利于烧结。

③ 添加剂的影响。根据添加剂的不同可促进或阻止烧结过程。

④ 原料类型不同，烧结速率就有很大差别。

⑤ 颗粒表面如粘附着熔融物，则有利于烧结。

⑥ 在合适的温度下，扩散作用可以补偿结构缺陷，粒子边缘的破碎也受其影响。

⑦ 小颗粒的原料由于表面能较大，不断向大颗粒移动，大小颗粒结合而形成更大颗粒，降低了表面能，促进了烧结。

5. 熔融

熔融是釉料在高温下反应的最终结果，釉熔融出现液相有两方面原因：一是自熔，即指釉料中长石、碳酸盐、硝酸盐、氧化铅及熔块等易熔物的熔化；二是共熔，是指釉料中几种物质形成各种低共熔物，例如碳酸盐与长石、石英，铅丹与石英、黏土，硼砂、硼酸与石英及碳酸盐，氟化物与长石、碳酸盐，乳浊剂（ZrO_2、SnO_2）与含硼原料、铅丹、ZnO 等。

随着温度升高，釉层中最初出现的液相使粉料由固相反应逐渐转化为有液相参与的反应，并不断地熔解釉料成分，最终使液相量急剧增加，绝大部分成分变成熔体。而温度的继续升高，使液态充分流动，对流作用使釉的组成逐渐均匀化，这种对流作用随温度升高而加强，因为高温降低了熔体黏度的同时也进一步加速了扩散和化学变化，促进了釉层均匀化。事实上，釉层不可能完全均匀，在釉中仍然存留着石英或方石英以及未熔的乳浊剂和着色剂颗粒，同时还有少量的气体存在。

釉料熔融的均匀化及彻底程度直接影响釉面品质。因此，在实际生产中，要控制好工艺因素，使其完全熔融，从而提高釉的表观性能。影响熔融和均化的一些因素归纳如下：

① 釉料内部的高温排气。在高温下，釉料内气泡的排出会在釉熔体中起搅拌作用。温度愈高，釉黏度下降愈大，搅拌作用愈强，而且随搅拌作用的加强，颗粒间接触面积增大，反应速度也会加快，从而釉层均化较好。

② 原料的状态。原料颗粒愈细，混合得愈均匀，愈能降低熔化温度，大大缩短熔化时间，增强均匀程度。

③ 釉烧时间和温度。釉烧时间长，温度高，会使釉化和均化更充分。

3.7.2 釉层冷却时的变化

熔融的釉层在冷却时经历的变化和玻璃一样，如图 3-6 所示，要经过三个阶段：

① 从低黏度的流动状态冷却到软化温度（T_f）。

② 黏度增加，经过黏性状态。

③ 超过转变温度（T_g）后凝固形成玻璃体。

第一阶段，黏度小于 10Pa·s，温度与黏度大致成直线关系，釉处于熔融状态。第二阶

段，随温度降低，熔体黏度增加，黏度在
$10\sim100Pa\cdot s$，为硬化阶段或转变区域，此
范围内釉还处于黏性状态，由于结构变化随
温度的改变出现"滞后"现象，釉层出现应
力，但大部分应力在短时间内可消除，这个
阶段温度的改变范围约为 $40\sim80℃$。第三
阶段，黏度大于 $100Pa\cdot s$，温度低于转变
温度点(T_g)时，釉面由黏性状态进入脆性
状态，釉面硬化；釉的硬化温度愈低，其硬
化所需的时间愈长，釉的适用范围愈广；这
一温度约为 $400\sim700℃$，低于这一温度，
在釉中可能出现应力。

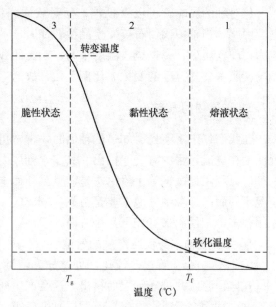

图 3-6　釉溶液在冷却过程中的三个阶段

考查釉的热膨胀是了解釉层冷却过程中
状态变化的最好方法。图 3-7 中的 1 为典型
的退火膨胀曲线，A 点（转变温度）以下由于
成为固态而不能消除应力或者虽能消除也极
为缓慢。AC 之间为釉的膨胀随着温度的上升而增大的范围，在 A 点附近的低温处，应力能
在短时间内消除，在 C 点（软化点）则迅速消
除。在 A 点以下及 C 点以上范围内，膨胀率与
温度发生直线变化。自 A 点至 C 点为松弛区，
釉内部结构调整或重排。各种物理性质呈异常
变化。玻璃的 A 点在 $350\sim450℃$，而釉则在
$450\sim550℃$。

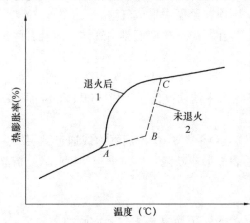

图 3-7　釉退火试样（1 号）与未
退火试样（2 号）的热膨胀率曲线

图 3-7 中 2 为未退火玻璃的热膨胀率，可
见，2 号试样在常温下的物理性质与 1 号试样
不同。消除其应力即退火，应在 A 点以下。在
不发生软化的温度下缓慢地进行。对于未退火
的热膨胀曲线 A 点以上部分，在其松弛与温度
范围内曲线有个短暂的平缓区。该膨胀率的减
少表示釉的收缩，到 B 点再度膨胀，到 C 点与已退火的试体平行地膨胀，C 点为软化开始
的温度，与 C 点相对应，B 点为硬化的临界温度。表 3-16 是陶瓷器釉的软化温度和相应应
力的情况。

表 3-16　陶瓷釉的软化温度和釉内应力情况

种　类	软化温度(℃)	烧后应力情况
炻器	$340\sim480$	釉内应力很小
软瓷	$530\sim570$	釉内应力大
硬瓷	670	釉内应力小

对于炻器釉而言，由于其软化温度小于石英的晶型转化温度($570℃$)，在冷却时石英晶

型转化对釉的影响就可以被抵消；而对软质瓷釉而言，其软化温度和石英晶型转化温度相近，因此，当釉中残留石英发生晶型转变时，釉处于脆性状态，不能抵消应力，故产生较大应力；硬瓷属玻化瓷，烧成温度很高，釉内的残余石英量较少，石英的晶型转化量少，而且釉的膨胀系数随温度的变化成比例变化，故产生较小的应力。

3.7.3　釉层内的气泡

在我们仔细观察光滑如镜的釉面时，常常可以看到有 $0.01\sim0.1mm$ 深度的小针孔，这说明釉在烧成过程中有气泡排出。其实，釉层内普遍存在气泡，即使是表面平滑、光泽良好的釉层，利用显微镜等手段也总是能见到断面上存在着气泡，只是气泡的大小、数量与分布情况不同而已。釉中气泡主要是由 N_2、水汽、CO、O_2、SO_2、H_2 等引起，釉层产生气泡的原因很多，归纳起来有如下几个方面：

1. 由于坯釉本身反应产生的气泡

① 坯体中存在着很多气孔，可以分为两类：开口气孔和闭口气孔。在温度升高时，开口气孔体积膨胀并进入釉层而排出。这会产生两种釉面缺陷：一种是小气泡在釉中汇集成大气泡冲击釉面会形成火山口，若釉层黏度较小，则可以拉平，但也会出现针孔；另一种是由于气泡的排出会产生釉面的凹坑，例如油滴釉中的凹坑缺陷。另外，随温度升高，釉层熔融将坯体湿润，由于釉对坯体的熔解作用可以打开原来已封闭的闭口气孔，也会使其通过釉层排出而形成如上所述缺陷。对于没有排出的气孔，则留在釉层中形成气泡。

② 坯釉中含有 CO_3^{2-}、SO_4^{2-}、NO_3^-、Pb_3O_4 等，在高温下分解而排出气体，而且有些矿物在高温下排出结晶水也会产生气泡。

③ 熔块中溶入的水分在高温下逸出，形成气泡。阿当姆发现，熔块的红外光谱上的一些吸收带有—OH官能团的特征，说明水分子分解后进入熔块网络中形成—OH和Si原子相结合。将熔块加热则会放出水汽而形成釉中气泡。

④ Fe_2O_3 在高温下发生分解反应生成 FeO 和 O_2，O_2 在釉层中形成气泡或通过釉层产生缺陷。油滴釉就是釉组分高温分解放出气体在釉层表面形成缺陷，然后 Fe_2O_3 在缺陷处析晶而形成油滴。

2. 由于炭素形成的气泡

这包括两方面的原因：一方面，烧成气氛中的 CO 气体容易被方石英所吸附，而且 CO 在高温下裂解产生 CO_2 和 C，CO_2 气体在釉层形成气泡；另一方面，裂解的 C 沉积在釉表面，在高温下氧化而形成 CO_2 引起釉层出现气泡。

3. 由工艺因素影响而形成的气泡

① 干燥后的釉层透气性较差，坯体孔隙中的气体不易排出，而在高温时坯中气体通过釉面而产生气泡。

② 在施釉时将一部分气体封闭在釉层中，也会产生气泡，或者在釉中加入一些添加剂而引入气泡。

③ 在烧釉或烧制熔块时，窑炉中的燃烧产物会夹带进入釉层中形成气泡。

④ 快速烧成时，坯釉中气体来不及排出，被已烧融并硬化的釉层封闭在其中形成气泡。

布莱克列研究长石、石英、黏土系统中气泡的形成过程，其观察结果如图3-8所示。从图中可以看出，气泡在 $900℃$ 时开始出现，$1025℃$ 时气体容积率最大，到 $1100℃$ 时，气泡从熔体中逐渐消失。在偏光显微镜及热台显微镜下观察了釉中气泡的形成、移动与排除过程，在 1240℃ 左右釉料已熔化，出现大量小气泡，大部分分布在釉层中部。随温度升高，釉熔体的黏度逐渐降低，气相量和玻璃相逐渐增多，由于表面张力的作用，小气泡移动合并，由小变大，由多变少，而且逐渐上升，有的突破釉层表面。若熔体黏度大，表面张力小，则无法使破口拉平，形成像火山爆发一样的"喷口"，而未破口的气泡，冷却后体积缩小形成凹坑。温度升至 1300℃ 时气泡上升与增大的速度稍为减慢，在正常情况下达到釉成熟温度，而未排出的气泡多半在釉层深处坯釉接触的地带，而且体积较小，对釉面外观品质影响不大。

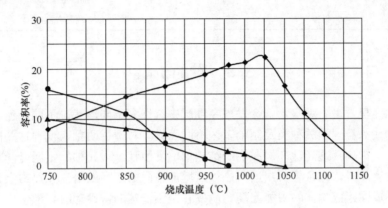

图 3-8　釉加热过程中，石英、长石的熔融及气泡的发生情况
◆—气泡；●—长石；▲—石英

图 3-9 为釉层中气泡的分布区域图。从图 3-9 中可看出，釉层中气泡数量随釉层厚度增加而增多，气泡尺寸随烧成温度的升高和烧成时间的增长而增大，气泡尺寸大多集中在 $10 \sim 30 \mu m$。

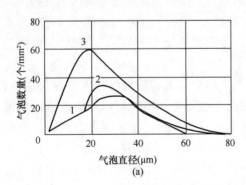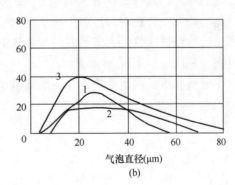

图 3-9　釉层中气泡的分布区域
（a）施釉坯体上侧的釉层；（b）施釉坯体下侧的釉层
1—薄釉层（厚 $120 \sim 180 \mu m$）；2—正常釉层（厚 $210 \sim 240 \mu m$）；3—厚釉层（厚 $380 \sim 480 \mu m$）

釉中气泡的存在，会给釉面性能带来很大影响。在外观品质上，气泡的存在使釉面透光度降低，同时针孔、凹坑及不平整等缺陷增加，使外观品质下降。釉中气泡的大小也会对釉的外观产生很大影响，其影响见表 3-17。另一方面，釉中气泡还会严重影响釉面

的理化性能，釉中存在气孔，则釉面耐磨程度下降，耐酸碱腐蚀能力也下降，力学强度也有所下降。

表 3-17　气泡大小与釉面外观状态关系

气泡大小(μm)	外　观
80	变化不明显
80～100	釉面呈阴暗状态
100～200	釉面呈蛋壳状
200～400	釉面呈橘皮状
400～800	釉面有棕眼

3.8　釉的析晶

成熟的釉在显微镜下观察，就会发现在釉层中有许多不同形状、不同颜色、不同尺寸大小的晶粒，这些晶粒因釉的种类及制釉工艺不同而异。对于透明釉来说，这些晶粒是不需要的，因为这样会影响其透光性。但在烧制结晶釉、乳浊釉、无光釉、金属光泽釉、铁红釉以及某些有色釉产品时，却希望析出适当晶体以增加釉面的艺术效果。从热力学角度看，釉熔体的内能比形成同组成晶体的内能要高，所以它是不稳定的，冷却时，釉熔体有降低内能趋势，则有析出晶体的趋势，但是它不一定会析晶，因为析晶受熔体的温度及烧成工艺等动力学因素的影响。

3.8.1　釉熔体的析晶过程

在釉熔体中析出晶体，一般经历两个阶段，即晶核的形成和晶体的生长。晶核的形成有两方面的原因，其一是釉熔体中未熔化的残余微晶充当晶核，如乳浊釉中引入的乳浊剂晶核等；其二是釉熔体在冷却过程中原子重新排列而形成的。成核的速率与晶体生长速率二者之间都是过冷度的函数。大多数硅酸盐熔体的成核最大速度在较低温度下，而晶体生长的最大速度在较高的温度下(图 3-10)。

在成核与生长曲线重叠部分的温度范围内，黏度适中，既有晶核生成，晶体又能生长。因此，在烧制透明釉时，希望迅速冷却越过此范围以免析晶；在烧制乳白釉时，希望在此范围内保温一段时间。温度冷却至 A 点以下，虽然晶核易于形成，但是无法长大，只可能出现微晶。熔体成核与生长曲线的最高点分离得愈远，数值愈小，则熔体愈稳定，反之则愈易析晶。

由于釉熔体组成不同，成核速率曲线与生长速率曲线也偶尔出现两者几乎完全重合或完全分离开来的情况，而要得到一定数量和尺寸大小的晶体则要采取不同的烧成制度。当成

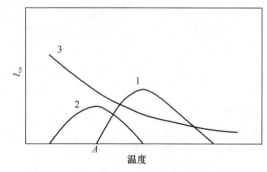

图 3-10　熔体的成核速度与晶体生长速度曲线
1—晶体生长速度 I_v；2—熔体的成核速度 μ；
3—熔体黏度 u

核速率曲线和生长速率完全重合时，则釉熔体冷却到成核温度进行保温，此时晶核形成和晶体生长同时进行。而当两曲线完全分离的情况时，则在冷却过程中首先需要在较低温度（晶核形成温度）下保温形成晶核，然后快速升温至较高温度（晶体生长温度）再保温以使晶核长大。

3.8.2　影响釉熔体析晶的因素

釉熔体析晶受诸多因素如烧成制度、化学组成等的影响，归纳起来有如下几个方面：

1. 釉的组成

晶体的形成因釉的种类不同而不同，晶体的化学组成也因此而异，如铁红釉中为 Fe_2O_3 结晶，而钙无光釉中则是析出了钙长石等晶体。因此，釉料的组成是熔体析晶能力的内在因素。利用釉料主要组成系统的相图可以了解该系统的析晶特性。假定系统达到平衡态，如果釉料的组成对应于有关相图中一定化合物的组成或处于某晶体的初晶区，则此釉料容易析晶，若釉料的成分接近于相图中的相界线特别是落在低共熔点上，则可能会析出两种或两种以上晶体，它们会互相干扰，从而阻碍了析晶。因此，要在配料时适当控制釉料的组成以达到析晶或不析晶的目的。实际生产中，为了析晶一般采用如下几种方法：

（1）加入晶核剂

即加入乳浊剂，在制作乳浊釉时，加入磨细的 SnO_2、ZrO_2、TiO_2、P_2O_3 等。这些氧化物配位数较高，阳离子场强大，在热处理过程中易从硅酸盐网络中分出来导致分相、析晶。

（2）引入某种组分

引入某种组分使其与玻璃熔体中的组分形成化合物而析出，如增加石灰石用量会析出钙长石或硅灰石，增加釉中的 Al_2O_3 或 BaO 可析出莫来石或钡长石。

（3）适当引入碱金属或碱土金属氧化物

加入 RO 能够在高温时降低熔体的黏度，加速扩散作用，使熔体有利于析晶。素木洋一认为，RO 组对晶化效果顺序是：

$$Na_2O > K_2O > PbO > MgO$$

舒雷科探讨了铁金星釉在广泛温度范围中的生成条件，并阐明了其中釉组成对析晶的影响，得出了如下结论：

① Na_2O 作为碱是唯一有效的组分，其用量的大小对晶体生长的比例和大小有重要的作用。K_2O 的效果相当小，即使用 Li_2O 置换 Na_2O 也显示不出促使金星发达的作用。引入 Li_2O 时生成细小的结晶，但若与氧化铬共存表现为明显的无光。

② PbO 经常使用，但 PbO 少而 Na_2O 多时，虽然促使晶化，但光泽度降低。根据不同的成熟温度，CaO 可能用到 0.2mol。

③ Al_2O_3 的量必须减少到使釉有适当的黏度，而又不过于流动的程度。

2. 釉的黏度

釉的黏度是抑制或促进熔体中生成较大结晶或微晶的重要因素，因而通过黏度的调整也可获得乳浊釉和透明釉。一般说来，釉熔体黏度大的其扩散阻力大，因而不利于晶体长大；反之，釉熔体黏度小，其扩散作用就十分明显，则有利于粒子的定向排列，有利于晶体生长。因而，结晶釉往往是黏度较小的釉。

因此，为了在釉中获得好的结晶，必须要提高温度及加入碱金属氧化物以降低釉的高温黏度，使得结晶体易于形成，但是釉的黏度太小又容易引起流釉粘坯现象。在生产实际中，必须协调好二者之间的关系，以获得较理想的效果。

3. 分相

近年来，陶瓷研究者们发现在铁红釉、钛乳浊釉及许多古代瓷釉（油滴釉、铜红釉、兔毫釉等）中都有液相分离的结构。分相对釉熔体的析晶也有显著的影响，晶核形成和晶体生长机理十分复杂，目前尚未完全弄清楚，但可概括为以下几方面：

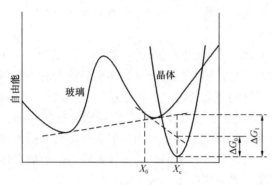

图 3-11　分相与析晶热力学势垒的变化关系

① 分相提供成核的推动力。从热力学的角度考虑，分相与析晶热力学势垒的变化关系如图 3-11 所示，从组成 X_0 的玻璃中析出 X_c 晶体时，由于分相，使自由熔的差从 ΔG_0 增大到 ΔG_1，因而析晶速率增大。

② 一些实验表明，熔体分解的液相比原始相更接近化学计量。愈接近化学计量的组成其结晶倾向愈大。因为熔体中含该种化合物的浓度愈大，饱和度也愈大，自然易于析晶。

③ 分相所产生的界面提供成核的有利部位。

④ 分相使两液相中的一个相具有比均匀的母相更大的原子迁移率，使总的成核速率加大。

⑤ 分相使加入的晶核剂富集在一相中。当富集到一定程度时，起着晶核的作用，便析出晶体。

4. 烧成制度

釉料在烧成时，往往经历着晶体的生长与熔解过程，如在高温时，部分析出的晶体开始熔解，而在冷却时，残余的微晶又成为晶核而析出晶体。因此，在烧成过程中，若想获得结晶良好的釉，则需要在晶核形成及晶体生长的交叉温度区进行长时间保温。若不想获得结晶的釉面，则快速通过该温度区。因此，一般来说，快速冷却可以在一定程度上避免釉层析晶。

由于化学组成不同，釉熔体偶尔也会出现如前所述的晶核形成温度区及晶体生长温度区完全分离及完全重合的情况，在这种时候，为了析出晶体，可采用如图 3-12 所示的烧成制度进行。

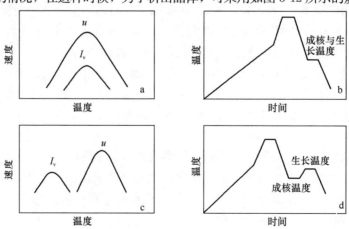

图 3-12　不同情况下的烧成制度曲线

a—两种速度曲线重合；b—对应于 a 的烧成曲线；c—两种速度曲线分离；d—对应于 c 的烧成曲线

3.9 坯釉适应性

坯釉适应性是指熔融性能良好的釉熔体，冷却后与坯体紧密结合成完美的整体，釉面不致龟裂和剥脱的特性。影响坯釉适应性的因素是复杂的，究其根源，是由于釉层中不适当的应力所致。产生釉层不适当应力主要有四个方面的原因：即坯釉之间的膨胀系数差、坯釉中间层、釉的弹性与抗张强度及釉层厚度等。坯釉之间不能协调好，往往会产生釉裂或剥釉，特别是对于坯釉性能差异较大的产品如日用精陶瓷器皿等，要仔细控制，特别是在制釉中控制釉的膨胀系数是非常关键的，当然，釉的抗张强度、弹性和施釉厚度也应注意。

3.9.1 膨胀系数对坯釉适应性的影响

由于釉和坯是紧密联系在一起的，如果二者之间膨胀系数不一致，釉在冷却固化后，在釉层中便会有应力出现，会影响釉在坯体上的附着性能，归纳起来，有如下三种情况：

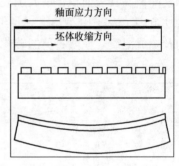

1. 釉的膨胀系数大于坯的膨胀系数（$\alpha_{釉} > \alpha_{坯}$）

如图 3-13 所示，当 $\alpha_{釉} > \alpha_{坯}$ 时，在坯釉冷却过程中，釉层的收缩大于坯体的收缩，坯体受到了釉层的压缩，受到压应力；而釉受到了坯体的拉伸受到了张应力。当张应力超过了釉层的抗张强度时，就出现导致釉层断裂的网状裂纹。膨胀系数相差愈大，龟裂程度就愈大。当应力较小时，出窑后几天才会发生大的网状裂纹。利用

图 3-13 釉面受张应力的情况

这种性能，可以通过调整釉的配方使 $\alpha_{釉} > \alpha_{坯}$，从而制作裂纹艺术釉。

2. 釉的膨胀系数小于坯的膨胀系数（$\alpha_{釉} < \alpha_{坯}$）

如图 3-14 所示，当 $\alpha_{釉} < \alpha_{坯}$ 时，在冷却过程中，坯的收缩大于釉，则釉受到坯体的压缩作用，在釉中产生压应力，如果这种应力较大，当大于釉的抗压强度时，则容易在釉中产生圆圈状的裂纹，甚至引起釉层的剥落。从另一个角度出发，如果这种压应力不是太大的情况下，可以抵消一部分由于热应力或外加于釉面的机械力产生的张应力，从而提高釉面的抗拉强度和热稳定性。因为一般釉的耐压强度很大，通常大于其抗张强度约 50 倍，因此，只有当坯釉膨胀系数相差太大，出现了相当大的压力下才会出现剥落现象。

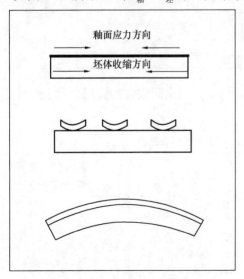

图 3-14 釉面受压应力的情况

3. 釉的膨胀系数等于坯的膨胀系数（$\alpha_{釉} = \alpha_{坯}$）

当 $\alpha_{釉} = \alpha_{坯}$ 时，在冷却过程中，釉中既不会出现张应力也不会出现压应力，釉层和坯体

结合完美，但这只是最理想的状态，坯和釉的膨胀系数不可能完全一致。因此，在实际配制釉的时候，应配制出膨胀系数略小于坯的釉料，使釉中产生不大的压应力，可以在提高釉的热稳定性及力学强度的情况下而不出现裂纹。

判断釉面究竟处于何种应力状态可以采用下面几种方法：

① 敲击法。用重物瞬时猛击制品，当釉面受张应力时，裂纹成 120° 角度叉开；当釉面受压应力时，裂纹成圆圈状。

② 平板弯曲试验法。将施釉的薄板状坯体置炉内加热，观察其弯曲情况，当釉面受张应力时，坯体成凹状变形；当釉面受压应力时，坯体成凸状变形。

③ 偏光显微镜法。在偏光显微镜下，釉面受压应力时呈绿色，受张应力时呈黄色。

坯釉膨胀系数值的大小还取决于坯的矿物组成和釉的化学组成，而坯的矿物组成又与化学组成、原料细度和烧成制度有关。从表 3-18 中可以发现，坯体中方石英膨胀系数最大，要使坯体膨胀系数增大，就希望在坯中生成一定数量的方石英，这就要求坯料中 SiO_2 含量要尽量高一点，而且要有 CaO、MgO 等矿化剂存在。其二，要增加坯料的细度。因为增加细度能提高其表面积，增大了表面能，根据固相反应动力学原理，其晶型转化成方石英的数量才愈多。表 3-19 列出了坯料细度对膨胀系数的影响。其三，在烧成中，注意控制保温时间及烧成温度，使方石英的转化能顺利进行。

表 3-18　各种矿物相的膨胀系数值　　　　　　　　（$\times 10^{-6}/℃$）

矿物相名称　　　　　坯　料	A（1）	B（2）
石英	19.0（0~800℃）	8~13
莫来石	4.5	5.7
方石英	30.0（0~800℃）	23.9
玻璃相	3.0	6.8

表 3-19　坯料细度对膨胀系数的影响

试样号	万孔筛余（%）	烧成温度（℃）	保温时间（h）	吸水率（%）	膨胀系数（$\times 10^{-6}/℃$） 200℃	膨胀系数（$\times 10^{-6}/℃$） 300℃
1	2.45	1305	4	11.25	8.05	7.95
2	0.73	1305	4	10.70	8.50	8.80
3	0.06	1305	4	8.85	11.50	11.40

釉的膨胀系数受其化学组成和釉烧制度影响，据索特和文凯尔曼的资料，形成玻璃态氧化物的体膨胀加和性系数见表 3-20。

表 3-20　形成玻璃态氧化物的体膨胀加和性系数

氧化物名称	体膨胀加和性系数（$\times 10^{-7}/℃$）	氧化物名称	体膨胀加和性系数（$\times 10^{-7}/℃$）
Na_2O	10.0	CaO	5.0
K_2O	8.5	Na_2SiF_3	5.0
NaF	7.4	AlF_3	4.4
Cr_2O_3	5.1	CaO	4.4
Mn_2O_3	5.0	TiO_2	4.1
Al_2O_3	5.0	$NaSbO_2$	4.1

氧化物名称	体膨胀加和性系数 （$\times 10^{-7}$/℃）	氧化物名称	体膨胀加和性系数 （$\times 10^{-7}$/℃）
Fe_2O_3	4.0	ZnO	2.1
NiO	4.0	SnO_2	2.0
Sb_2O_3	3.6	P_2O_3	2.0
BaO	3.0	Li_2O	2.0
PbO	3.0	Ag_2O_3	2.0
CaF_2	2.5	SiO_2	0.8
MnO_2	2.2	B_2O_3	0.1
CuO	2.2	MgO	0.1

因此，要降低釉的膨胀系数，就要在工艺许可的条件下少用 Na_2O 和 K_2O，而用其他如 Li_2O 等代替，同时提高釉烧温度和延长高温保温时间，会使釉料中石英熔融，从而降低釉的膨胀系数，提高了坯釉结合强度，也可采用与钢化玻璃生产相似的方法，经快速冷却在釉表面形成压应力以避免开裂。

3.9.2　中间层对坯釉适应性的影响

在釉烧时，釉中一些组分迁移到坯体的表层，而坯体中有些组分也会扩散到釉中，在釉中熔解，通过这种相互的扩散、熔解和渗透，使坯釉接合部位的化学组成及物理性质均介于坯与釉之间，结果形成了中间层，中间层的形成可促使坯釉间热应力均匀，发育良好的中间层填满坯体表面缝隙，有助于釉牢固附着在坯体上。

1. 中间层对坯釉结合性的具体影响

① 降低了釉的膨胀系数，消除釉裂。釉烧后由于釉中的 Na_2O、K_2O 等向坯体扩散而含量减少，但坯体中 Al_2O_3 和 SiO_2 则相应向釉中扩散。这一交换的结果，使釉的膨胀系数降低，甚至可由 $\alpha_{釉} > \alpha_{坯}$ 变为 $\alpha_{釉} < \alpha_{坯}$，即釉由承受张应力而转变为压应力，从而消除了釉裂。

② 若中间层生成了与坯体性质相近的晶体，则有利于坯釉结合；反之，则不利于坯釉结合。例如在瓷质产品坯釉中间层生成了渗入釉层的莫来石晶体，起着楔子一样的作用，加强了坯釉结合，但如莫来石晶体在中间层过分发育，反而有产生釉层崩落缺陷的可能，影响了坯釉结合，有研究表明，在高铝质精陶中，虽然中间层极薄，然而坯釉的结合并不差，釉裂几率很小，主要是由于中间层生成了致密的尖晶石所致；而钙长石类晶体可能起有害作用。实践证明，含硅高的坯料适应于长石质釉；铝含量高的坯料适应于石灰釉；含钙高的坯料适应于硼釉、硼铅釉。

③ 釉熔解了部分坯体表面，并渗入坯体，坯釉接触面积增大，有利于釉的粘附，增加了坯釉适应性。

总之，中间层对提高坯釉结合性有利，但其具体的影响还受坯釉种类以及中间层厚度的影响。当坯釉组成相似，膨胀系数相差不大时，这时中间层的影响就很小，例如瓷器的坯釉结合，而当坯釉膨胀系数相差较大时中间层就起着非常重要的作用。

2. 影响中间层发育的主要因素

中间层是坯釉反应之产物，影响发育的因素主要是坯釉化学组成和烧成制度。

① 坯釉组成对中间层发育的影响。若坯釉化学组成相差愈大，则反应得愈激烈，中间层形成速度快而且厚，发育较好。实践证明，含 PbO、B_2O_3 的釉，中间层发育较好。素木洋一认为，坯体中含 CaO、Al_2O_3 和石英，则容易被熔体侵蚀，提高了在釉烧过程中釉的化学活性，所以能促进中间层的生成，有利于坯釉结合。

② 烧成制度对中间层发育的影响。烧成温度愈高，烧成时间愈长，则釉的熔解作用愈大，釉中组分的扩散作用愈强，则坯釉反应愈充分，中间层发育良好，则坯釉结合性变好。

③ 釉料的细度和厚度。釉料愈细则愈适于坯釉反应，扩散作用加强，中间层发育良好。釉层薄，熔化后釉组分变化大，中间层相对厚度增加，发育较好。

因此，在实际生产中，要在生产工艺许可条件下，尽量提高烧成温度，延长烧成时间，增加釉料细度等以增加坯釉结合性。

3.9.3　釉的弹性、抗张强度对坯釉适应性的影响

釉的弹性和抗张强度是抵抗和缓和坯釉应力的另一个重要因素。一般来说，具有较低弹性模量的釉，其弹性形变能力大，弹性好，抵抗坯釉应力或外界机械张力及热应力的能力强，于坯釉适应有利，而釉的抗张强度大，也可抵消部分坯釉应力，对坯釉结合也非常有益。

从弹性的角度出发，要求使釉的弹性模量适合于坯，也就是说使之相互接近。因为无论坯釉，弹性模量大者，弹性形变能力变小，如釉的弹性形变能力低于坯，对坯釉适应极为不利。从抗张强度的角度出发，釉的抗张强度愈高，坯釉的适应性愈好，釉面愈不容易开裂。但事实上釉的弹性和抗张强度很难同时统一起来，因为釉的弹性和抗张能力极大程度上取决于釉的化学组成和釉层厚度。在釉中，有的氧化物弹性模量小，但是其强度因子却很低，见表 3-21。

表 3-21　一些氧化物的热膨胀系数、弹性模量和抗张强度因子

氧化物	热膨胀系数 A_v（0～100℃）（$\times10^{-7}$）	弹性模量 E（$\times10^2$ MPa）	抗张强度因子（MPa）
CaO	4.4	416	2.0
MgO	0.1	250	0.1
ZnO	1.8	346	1.5
BaO	3.0	356	0.5

从表 3-21 中可看出，MgO 虽然抗张强度因子很小，但因为其弹性模量小，弹性好，从而弥补了其抗张强度小的弱点，故引入 MgO，坯釉结合很好。如引入 CaO，釉的抗张强度虽然明显提高，然而釉面开裂反而增多，原因是釉的膨胀系数和弹性模数都明显提高。因此，泽曼认为，在精陶釉中加入 MgO，釉面开裂最少，加 ZnO、BaO 次之，加 CaO 则最多。但是，如果在生料釉中，钙质釉却和铝质坯结合得非常好，所以在不考虑釉的膨胀系数的情况下，究竟是釉的弹性还是抗张强度对坯釉结合影响大还很难定论，依坯釉种类不一而异。

3.9.4　釉层厚度对坯釉适应性的影响

釉层的厚薄，在一定程度上，对坯釉适应性也有一定影响，一般来说，薄的釉层对坯釉

适应有利，原因有以下两方面：

　　① 薄釉层在煅烧时组分的改变比厚釉层相对变动大，釉的膨胀系数变化得也多，使坯釉膨胀系数相接近，同时中间层相对厚度增加，故有利于提高釉的压应力，使坯釉结合良好。当釉层较厚时，坯釉中间层厚度相对降低，因而不足以缓和两者之间膨胀系数差异而出现的有害应力。目前建筑陶瓷新产品"抛光釉"，其烧成后釉层厚度可达 3mm 左右，然后抛光，这些产品更应考虑坯釉结合问题。

　　② 釉层厚度愈小，釉内压应力愈大，而坯体中张应力愈小，这样有利于坯釉结合。比杰尔于 1952 年证明了这一点，其结论如图 3-15 所示。

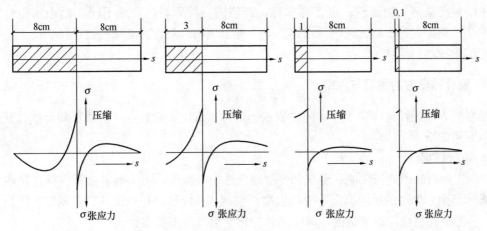

图 3-15　釉层厚度对坯体和釉内应力影响

　　需要指出，釉层太薄容易发生干釉现象，因此，釉层的厚度应根据工艺需要适当控制，一般小于 0.3mm。如精陶透明釉厚度一般为 0.1mm 左右。

第 4 章　陶瓷釉的配制

4.1　釉配方的设计

釉的种类很多，釉用原料也多种多样，即使同一种原料，产地不同在釉中作用也有差异。因此任何配方都没有普遍的适应性。一个能够应用的配方，必须经过设计、配制、反复实验调试才能趋向成功。

4.1.1　设计釉配方的依据与原则

釉料配方的设计是陶瓷生产中的主要基础工作，直接影响到产品的质量和价值。其设计依据与原则如下：

1. 设计依据

（1）根据制品的使用性能、要求和坯体理化性能、特点，初步确定釉料应该达到的理化性能指标范围，如釉的始熔温度、成熟温度、白度、光泽度、热稳定性、色调等。

（2）根据理化性能指标范围，确定釉料的化学组成范围和实验式。

（3）根据原料的化学组成与理化性能，选择釉用原料的种类和规格。

（4）根据釉的实验式和原料的水溶性及毒害性，确定采用生料釉还是熔块釉，以及熔块的种类。

（5）进行配方计算，确定各种原料的用量以及熔块的配方组成及用量。

（6）根据计算结果，拟定几个配方，平行进行釉料配方小型试验，并测试主要的工艺性能及理化性能。

（7）根据测试结果，进行比较优选。

（8）将符合设计要求的配方，进行小批量生产试验，抽查釉浆、施釉、烧成情况以及坯釉的适应性，从中再选出满意的配方进行中间试验，而后进行扩大试验。

（9）通过扩大试验，确定工艺路线。

（10）按工艺路线再扩大试验，批量投产，直至质量稳定，各项性能指标完全满意后，就全面投入生产。

（11）如果在小型试验或中间试验中发现个别配方不符合要求，应重新进行配方设计，重新试验，如果在试验中只有个别性能指标尚差，则可以对釉料配方进行局部调整，增减某种原料，再进行试验，直至全部符合要求为止。

2. 设计原则及注意事项

（1）设计原则

① 料配方的化学组成要满足制品的性能要求，保证质量原则。

② 不影响质量的前提下，可对化学组成作适当变动，优先满足制品的物理性能的原则。

③ 优先考虑坯釉相适应的原则。

④ 工艺路线的确定，要从实际出发，以工厂的生产设备、工作条件作依据。

⑤ 强调就地取材，达到降低成本，提高经济效益的目的。

（2）注意事项：

① 了解和掌握制品的使用性能，原料的来源，化学组成，工艺性能以及生产条件等。

② 使用原料的种类愈少愈好，且宜用含有多种氧化物的原料，少用单一氧化物原料，如釉中同时要求含有氧化镁、氧化钙，则应选用白云石，而不是石灰石和碳酸镁。

选用配釉原料时，应全面考虑其对制釉过程、釉浆性能、釉层性能的作用和影响。配釉原料既有天然原料也有化工原料。为了引入同一种氧化物可选用多种原料，而且某一种氧化物往往对釉层的几个性能发生影响，有时甚至是相互矛盾的。若未做综合考虑，则有可能使釉料的化学组成符合要求，而烧成后的釉面质量不一定能获得预期的效果。

例如生料釉中的碱金属氧化物只能用天然原料（如长石）引入，而不能用化工原料引入。因为后者大多是水溶性化合物，会影响釉浆的流变性能和釉层成分的均匀性及釉面质量。

③ 生料釉能满足时则不用熔块釉，配生料釉应避免用可溶性及有毒性原料。

④ SiO_2 的引入，应先加入高岭土、长石后，再以石英补足。

⑤ Al_2O_3 以高岭土、长石加入，尽量避免以氧化铝、氢氧化铝的形式加入。

⑥ 配熔块釉时，先进行熔块配方设计。

4.1.2　设计釉配方的方法

1. 借助经验配方

釉的种类繁多，因此设计配方时应根据制品所要求的釉性状、烧成温度等参数，参照文献资料及其他生产厂家成功的经验初选目标，然后结合本地区的原料、现有原料以及可能取得的原料，通过计算、调整和试验，获得所需要的釉料配方。必须指出，釉的配方成功与否，化学组成仅是一个方面，除此之外，所用原料的种类、物理性质（如细度、粒度分布）、化学成分等都对其有直接影响，同时受所用坯料的组成、性质、工艺措施和烧成条件影响，如烧成条件、气氛、窑型甚至燃料也对其有不可忽视的影响。因此一个成功的釉料配方，其配方的原则是基本的先决条件，而试验中多种因素配合，综合优选调试是取得成功配方的重要依据。

2. 参考测温锥的标准成分来确定

国际上所用的标准测温锥主要是塞格尔锥和奥顿锥，我国主要用塞格尔锥，其锥号与成分组成见表 4-1。

表 4-1　塞格尔测温锥的成分与软化温度

锥　号	化学成分（mol）							熔融软化温度（℃）
	K_2O	Na_2O	CaO	MgO	Al_2O_3	SiO_2	B_2O_3	
1a	0.198	0.109	0.571	0.122	0.639	5.320	0.217	1100
2a	0.220	0.085	0.599	0.096	0.652	5.678	0.170	1120
3a	0.244	0.056	0.630	0.067	0.667	6.083	0.119	1140
4a	0.260	0.043	0.649	0.048	0.676	6.339	0.086	1160

续表

锥 号	化学成分（mol）							熔融软化温度（℃）
	K_2O	Na_2O	CaO	MgO	Al_2O_3	SiO_2	B_2O_3	
5a	0.274	0.028	0.666	0.032	0.684	6.565	0.056	1180
6a	0.288	0.013	0.658	0.014	0.693	6.801	0.026	1200
7a	0.3		0.7		0.7	7.0		1230
8a	0.3		0.7		0.8	8.0		1250
9a	0.3		0.7		0.9	9.0		1280
10	0.3		0.7		1.0	10.0		1300
11	0.3		0.7		1.2	12.0		1320
12	0.3		0.7		1.4	14.0		1350
13	0.3		0.7		1.6	16.0		1380
14	0.3		0.7		1.8	18.0		1410
15	0.3		0.7		2.1	21.0		1435
16	0.3		0.7		2.4	24.0		1460
17	0.3		0.7		2.7	27.0		1480
18	0.3		0.7		3.1	31.0		1500

测温锥在达到其标定温度时，呈半熔融软化状态，使锥体弯倒，锥顶接触底座，这与在同一温度下对釉料达到熔融呈半流动状态的要求，有明显的差别。一般配料时，可选择低于烧成温度 4～5 号测温锥的成分作为参考，通过实验确定配方。

对于某些釉种来说该方法因组成简单不方便使用，有时会加大实验的工作量，因此只是一个参考而已。

3. 参考相图配方

石灰釉的基本组成可换算成相应的 CaO-Al_2O_3-SiO_2 三组分（图 4-1）。在三元相图中找出组成点的位置，发现优质光泽釉的组成都处于 Al_2O_3：SiO_2＝1：7～1：11.5 的线段间阴影区域内。其中 a，b，c，d，e 五种标准光泽釉配方的实验式（釉式）的组成是：

a 釉：$\left.\begin{array}{l}0.3K_2O \\ 0.7CaO\end{array}\right\} \cdot 0.5Al_2O_3 \cdot 4.0SiO_2$

b 釉：$\left.\begin{array}{l}0.3K_2O \\ 0.7CaO\end{array}\right\} \cdot 0.6Al_2O_3 \cdot 4.0SiO_2$

c 釉：$CaO \cdot 0.4Al_2O_3 \cdot 4.0SiO_2$

d 釉：$CaO \cdot 1.2Al_2O_3 \cdot 9.0SiO_2$

e 釉：$CaO \cdot 0.345Al_2O_3 \cdot 3.11SiO_2$

a、b、e 釉在 SK 9～11 温度下烧成，c 与 d 在 SK 11～13 温度下烧成。

对于上述碱性组成 0～0.3K_2O（Na_2O）、CaO 为 0.7～1.0 的光泽釉，其组成区域以共晶线 X-Y 和 Y-Z 为界线，并略向鳞石英析晶区伸展。由于 Al_2O_3：SiO_2＝1：7 的线段通过共晶点 X，而且和共晶线 X-Y 极为靠近，因此只要 Al_2O_3 略有增加，组成点就会进入钙长石析晶区。当 Al_2O_3：SiO_2＞1：11.5（即 SiO_2 量增多）时，釉中将析出方石英，釉面失去光泽。所以光泽釉的允许组成范围为：小于 0.5mol 的碱，$Al_2O_3：SiO_2＝1：7～1：11.5$。硅酸约为碱性和中性氧化物总量的 2～3 倍，约为 Al_2O_3 量的 8～10 倍。

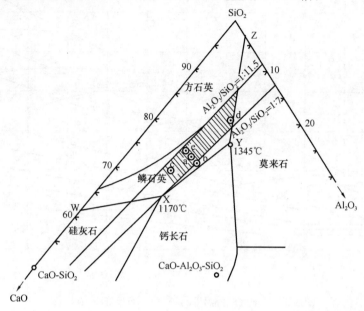

图 4-1　石灰釉在 $CaO-Al_2O_3-SiO_2$ 相图中的组成范围

石灰釉中少量的 Al_2O_3 可增加釉的流动性，但量多时却显著地减少釉的流动性，提高釉的烧成温度和黏度，且釉面光泽黯淡或无光。

用 ZnO、MgO 等成分替代部分 CaO 时，釉的性能也会发生较大变化，除此，石灰釉对气氛和燃料的种类也很敏感，如生石灰釉在煤或油窑中烧成容易"吸烟"，在传统柴窑烧成釉面效果就比较好。因此，成功的配方亦需要在生产中进行大量的试验研究才可推广应用。

4. 利用釉的组成-温度图

一般透明光泽的成熟温度与釉的组成关系密切，按实验式的要求制成的图解，如图 4-2 所示。按图可以找出所需成熟温度下釉的实验式中的硅铝比和相应的量。

按图中硅铝比，再结合实验进行修改，反复调整，不难得出合理适用的釉料配方。

4.1.3　设计釉配方的步骤

确定釉配方一般遵循如下步骤：

① 研究了解制品的性能要求和特点，以便确定瓷釉的化学组成并决定特殊成分的引入。

② 对现有生产设备和生产条件进行分析，以便确定工艺条件、分析工艺因素，确定生产方法。

③ 考察原料矿山，了解原料的产地、储量、日开采量、质量品位、运输和价格等情况，以便确定所使用的原料。

④ 分析和测定原料的一些性能，主要包括化学成分、可塑性、结合性、烧结性、烧后白度、收缩和加热过程中的变化（差热分析）等。了解各种原料对产品性能和坯料性能的影响，以便调整釉料性能，决定原料的选用。

⑤ 对现有经验和资料的分析、研究，以便总结经验，不断改进同类产品质量。

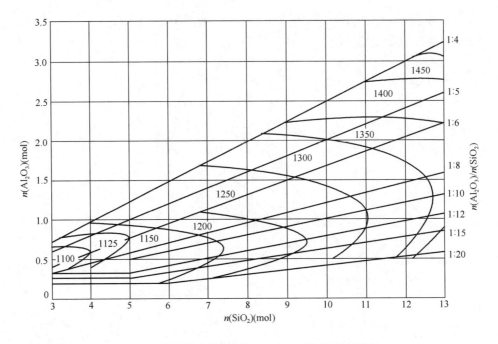

图 4-2　瓷釉的成熟温度与 Al_2O_3、SiO_2 的量的关系

1. 选择初步釉料配方

在掌握第一手资料的基础上，选择初步配方。首先选定化学组成，确定釉式，先按成分满足法初步计算组分比例，定出基础釉料配方。然后，在三角坐标图中，参照现有经验配方，选定以主要原料为基元的基础组分，并与上者比较调配，初步确定配方。第三，在初步配方的基础上，调整小份原料加入量，最后，根据上述考虑，综合各方面情况，按不同区域选定几个配方，以备试验比较。

2. 进行小型和扩大工艺试验

按以上配方，首先确定工艺条件、烧成制度，进行小型工艺试验。对瓷质进行鉴定和物性检验，选择优良试样，找出改进方向，进一步试验、比较、调整，选出最佳配方、工艺条件和烧成制度，并进行扩大工艺试验后，制定合适的生产配方方案。

3. 确定正式生产配方

在上述试验的基础上，再经过反复多次试制，以其中稳定成熟者，作为生产的釉料配方，在进行了中等规模的生产试验后，投入使用。

以上只是一些基本做法，涉及问题很多，还得依靠实践予以解决。

4.2　釉料配方的计算

4.2.1　釉料的表示方法

釉料的表示方法有以下四种：实验式表示法、化学组成表示法、示性矿物组成表示法、配料量表示法。这四种表示方法在科研生产和文献资料上经常用到，所以应首先了解釉料的表示方法，然后再找出这几种不同表示方法间的关系，并进行换算，才能对釉料配方进行计算。

1. 实验式表示法

实验式表示法是以各种氧化物的摩尔量（mol）的比例来表示，又称化学实验式表示法。釉料实验式表示法，又简称为釉式，釉式中往往取碱性氧化物的摩尔量的总和为 1，例如：浙江龙泉青瓷釉的实验式为：

$$\left.\begin{array}{l} 0.807CaO \\ 0.169K_2O \\ 0.024Na_2O \end{array}\right\} \cdot \left.\begin{array}{l} 0.549Al_2O_3 \\ 0.032Fe_2O_3 \end{array}\right\} \cdot 3.909SiO_2$$

化学实验式表示法反映了各氧化物之间的关系，釉料中各氧化物的组成一目了然。从釉式中可以估计出釉的烧成温度。

软质瓷釉式：一般为 $(R_2O+RO) \cdot (0.3 \sim 0.6)R_2O_3 \cdot (3 \sim 4)SiO_2$
　　　　　烧成温度：$1250 \sim 1280 ℃$
硬质瓷釉式：$(R_2O+RO) \cdot (0.5 \sim 1.4)Al_2O_3 \cdot (5 \sim 12)SiO_2$
　　　　　烧成温度：$1320 \sim 1450 ℃$

所以可初步判断浙江青瓷釉为软质瓷，烧成温度为 $1250 \sim 1280 ℃$。

2. 化学组成表示法

以釉料中各种氧化物组成的质量分数来表示配方组成的方法，称为化学组成表示法，也称氧化物质量分数表示法，表示时列出 SiO_2、Al_2O_3、Fe_2O_3、TiO_2、MgO、CaO、K_2O、Na_2O、B_2O_3、ZnO、PbO、BaO、灼减量等质量分数数据，这种表示法能较准确地表示釉料组成，同时据其含量估计烧成温度的高低和釉的熔融性能。

3. 配料量表示法

以原料的质量分数来表示配方组成的方法，称配料量表示法，这种方法在工厂中应用最普遍，称为实际配方。这种方法的优点是易称量，便于记忆，表示简单、直观，缺点是它只适用于本地工厂，对其他产区的参考意义不大，因为各地原料所含成分差异甚大，只要其中一种主要原料的成分不同，所配制釉料差异就会很大。

4. 示性矿物组成表示法

釉料配方组成以纯理论的黏土、石英、长石等矿物来表示的方法，称为示性矿物组成表示法，又称示性分析法，简称矿物组成法。但由于陶瓷釉矿物种类繁多，性质也有很大差异，因此，这种表示方法只能粗略地反映釉的组成，故不常用。

4.2.2　釉式的计算

1. 从化学组成计算釉式

若知道了釉料的化学组成，可按下列步骤计算釉式：

① 若釉料中的化学成分含灼减量成分，首先换算成不含灼减量成分的化学组成。

② 计算各氧化物的摩尔量。

$$n = \frac{氧化物的质量分数}{摩尔质量} \qquad (4-1)$$

③以碱性氧化物的量总和，分别除各氧化物的量，即得到一套以碱性氧化物摩尔总数为 1 的各氧化物摩尔数的系数。

④ 将得到的各氧化物摩尔数系数按 RO、R_2O_3、RO_2 的顺序排列为釉式。

【例1】 某釉料的化学组成如下，试计算其釉式。

组成	SiO_2	Al_2O_3	Fe_2O_3	CaO	MgO	K_2O	Na_2O	ZnO	灼减	合计
质量分数(%)	69.57	14.63	0.12	0.79	3.43	6.32	1.68	1.5	1.96	100

【解】 ① 先将该釉料换算成不含灼减的化学组成质量分数：

不含灼减的质量分数为：

组成	SiO_2	Al_2O_3	Fe_2O_3	CaO	MgO	K_2O	Na_2O	ZnO
质量分数(%)	70.96	14.92	0.12	0.81	3.50	6.45	1.71	1.53

② 将各氧化物的质量分数组成除以各氧化物的摩尔质量，得到各种氧化物的摩尔数组成：

组成	SiO_2	Al_2O_3	Fe_2O_3	CaO	MgO	K_2O	Na_2O	ZnO
n (mol)	1.1807	0.1464	0.0008	0.0144	0.0868	0.0685	0.0276	0.0188

③ 将碱性氧化物的摩尔总数算出：

$$0.0144+0.0868+0.0685+0.0276+0.0188=0.2161$$

④ 用碱性氧化物的摩尔总数除各氧化物的摩尔数得到一套以 $RO+RO_2$ 系数为 1 的各氧化物系数：

组成	SiO_2	Al_2O_3	Fe_2O_3	CaO	MgO	K_2O	Na_2O	ZnO
系数	5.464	0.677	0.004	0.067	0.401	0.317	0.128	0.087

⑤ 将所得系数按规定顺序排列，即得到所要求的实验式：

$$
\left.\begin{array}{l}
0.317K_2O \\
0.128Na_2O \\
0.067CaO \\
0.401MgO \\
0.087ZnO
\end{array}\right\} \cdot \left.\begin{array}{l}
0.677Al_2O_3 \\
0.004Fe_2O_3
\end{array}\right\} \cdot 5.464SiO_2
$$

2. 从配方计算釉式

计算步骤如下：

① 首先要知道所使用各原料的化学组成，即各种原料所含每种氧化物的质量分数，将各原料化学组成换算成不含灼减量的质量分数。

② 将每种原料的配料量（质量）乘以各氧化物的质量分数，得各种氧化物的质量。

③ 将各原料中共同氧化物质量加在一起，得釉料中各氧化物的总质量。

④ 以各氧化物的摩尔质量分别除它的质量，得各氧化物物质的量。

⑤ 以碱性氧化物的摩尔质量总和去除各氧化物的物质的量，得到一系列以碱性氧化物（$RO+RO_2$）系数为 1 的一套各氧化物的摩尔系数。

⑥ 按规定顺序排列各种氧化物，即为所要求的实验式。

【例2】 某建筑瓷锆釉的配方为：长石 25.6%，石灰石 18.4%，石英 32.2%，氧化锌 2%，黏土 10.0%，锆英石 11.8%。

各原料的化学组成于表 4-2 中，试计算其釉式。

表 4-2　原料的化学组成　　　　　　　　　　　（%）

原　料	SiO$_2$	Al$_2$O$_3$	Fe$_2$O$_3$	CaO	MgO	Na$_2$O	K$_2$O	ZnO	ZrO$_2$	灼　减	总　计
长石	65.04	20.40	0.24	0.8	0.18	3.74	9.38	—	—	0.11	99.89
黏土	49.82	35.74	1.06	0.65	0.6	0.82	0.95	—	—	10.0	99.64
石英	98.54	0.28	0.72	0.25	0.35	—	—	—	—	0.2	100.34
石灰石	1.0	0.24	—	54.66	0.22	—	—	—	—	43.04	99.52
氧化锌	—	—	—	—	—	—	—	100	—	—	100
锆英石	38.81	5.34	—	0.4	0.2	—	—	—	55.10	—	99.85

【解】　按上述步骤的方法计算釉中各氧化物的含量：

① 釉中氧化物的含量见表 4-3。

表 4-3　釉中氧化物的含量　　　　　　　　　　（%）

原　料	釉料配比	化学组成									
		SiO$_2$	Al$_2$O$_3$	Fe$_2$O$_3$	CaO	MgO	Na$_2$O	K$_2$O	ZnO	ZrO$_2$	灼　减
长石	25.6	16.65	5.22	0.06	0.20	0.05	0.96	2.4	—	—	0.03
黏土	10.0	4.98	3.57	0.11	0.07	0.06	0.08	0.1	—	—	1.00
石英	32.2	31.73	0.09	0.23	0.08	0.11	—	—	—	—	0.06
石灰石	18.4	0.18	0.04	—	10.06	0.04	—	—	—	—	7.99
氧化锌	2	—	—	—	—	—	—	—	2	—	—
锆英石	11.8	4.58	0.63	—	0.05	0.02	—	—	—	6.5	—
总计		58.12	9.55	0.40	10.46	0.28	1.04	2.5	2	6.5	9.08
除去灼减		63.97	10.51	0.44	11.5	0.31	1.14	2.75	2.2	7.15	

② 釉式的计算步骤见表 4-4。

表 4-4　釉式的计算步骤

项　目 ＼ 化学组成	SiO$_2$	Al$_2$O$_3$	Fe$_2$O$_3$	CaO	MgO	Na$_2$O	K$_2$O	ZnO	ZrO$_2$
质量百分数(%)	63.97	10.51	0.44	11.5	0.31	1.14	2.75	2.2	7.15
相对分子质量	60.1	102	160	56.1	40.3	62	94.2	81.2	123.2
n (mol)	1.064	0.103	0.003	0.205	0.008	0.018	0.029	0.027	0.058
n (R$_2$O+RO) (mol)	0.287	0.287	0.287	0.287	0.287	0.287	0.287	0.287	0.287
$\dfrac{n}{n(\text{R}_2\text{O}+\text{RO})}$	3.707	0.359	0.010	0.714	0.028	0.063	0.101	0.094	0.202

③ 计算所得釉式为：

$$
\left.\begin{array}{l}
0.101\text{K}_2\text{O}\\
0.063\text{Na}_2\text{O}\\
0.714\text{CaO}\\
0.028\text{MgO}\\
0.094\text{ZnO}
\end{array}\right\}\cdot
\left.\begin{array}{l}
0.359\text{Al}_2\text{O}_3\\
0.010\text{Fe}_2\text{O}_3
\end{array}\right\}\cdot
\left.\begin{array}{l}
3.707\text{SiO}_2\\
0.202\text{ZrO}_2
\end{array}\right\}
$$

4.2.3　釉料配方的计算

1. 生料釉配方的计算

与熔块釉相对而言，生料釉是以生料配方经混合磨细后施釉烧成的。配方计算过程中首先是要选择生料釉的釉式，要结合坯体的化学组成和主要性能及国内外实际情况来确定。配釉料一般选用较纯的原料，计算时一般先用长石来满足钾（钠）含量，同时平衡部分氧化铝，然后用黏土平衡掉剩余的氧化铝，再逐项平衡其他组成，最后未被平衡的组成采用化工原料加以平衡。

【例3】　已知某长石质瓷的釉料，其釉式为：

$$\left.\begin{array}{l} 0.4860K_2O \\ 0.4490MgO \\ 0.0650ZnO \end{array}\right\} \cdot 0.6670Al_2O_3 \cdot 6.6920SiO_2$$

试用钾长石、高岭土、石英、氧化锌、滑石这五种原料进行配料。

【解】　① 根据釉式计算各原料的量，见表4-5。

表 4-5　原料中的氧化物含量　　　　　　　　　　（mol）

釉料组成量	SiO_2	Al_2O_3	MgO	K_2O	ZnO
使用原料	6.6920	0.6670	0.4490	0.4860	0.0650
钾长石（$K_2O \cdot Al_2O_3 \cdot 6SiO_2$）0.4860	2.9160	0.4860		0.4860	
余量	3.7760	0.1810	0.4490	0	0.0650
高岭土（$Al_2O_3 \cdot 2SiO_2 \cdot 2H_2O$）0.1810	0.3620	0.181			
余量	3.4140	0	0.4490		0.0650
滑石（$3MgO \cdot 4SiO_2 \cdot H_2O$）0.1490	0.5960		0.4490		
余量	2.8180		0		0.0650
石英（SiO_2）2.8180	2.8180				
余量	0				0.0650
氧化锌（ZnO）0.0650					0.0650
余量					0

② 根据各原料的摩尔量计算配料量，见表4-6。

表 4-6　配料量的计算

原　料	n（mol）	相对分子质量	配料量（g）	质量百分数（%）
钾长石	0.486	556.8	270.6	49.3
高岭土	0.181	258.2	46.7	8.5
滑石	0.149	379.3	56.5	10.3
石英	2.818	60.1	169.4	30.9
氧化锌	0.065	81.4	5.3	1.0

2. 熔块配方计算

当采用易溶于水的碳酸钠、碳酸钾、硼砂、硼酸等原料配釉时，在施釉过程中釉容易被坯体吸收，使坯体的烧结温度降低，而釉的成熟温度因釉浆成分改变而提高。坯体干燥后，这些水溶性盐类又随水分蒸发而集中在坯体表面，烧后产生缺陷。此外在釉中常要引入一些毒性原料（铅的化合物、钡盐、锑盐等），它们作为生料直接引入釉中会造成生产工人操作中毒。因此，需要把上述毒性原料和其他原料预先熔制成不溶于水或微溶于水、无毒的硅酸盐熔块（但渗彩釉则是用可溶性发色原料配制成釉液，直接渗入坯体中而制造渗彩玻化砖）。此外烧制熔块过程中原料挥发物的排除，有利于后序制品的烧成，使难熔原料变得易熔，使釉料成分均匀，扩大了配釉原料的种类等。

（1）配制熔块的原则

① K_2O、Na_2O 除长石带入外，其他含 K_2O、Na_2O 的原料均需置于熔块原料之中，含硼化合物（除硼钙石、硼镁石外）也置于熔块成分之内。

② $(RO_2+R_2O_3)/(R_2O+RO)=1:1\sim3:1$，这样可保证适当的熔化温度，因温度过高，碱盐易于挥发。

③ $(R_2O)/(RO)<1$，按比例制成熔块，可难溶或不溶于水。

④ $(SiO_2)/(B_2O_3)>2$，因硼盐的溶解度较大，提高氧化硅含量可降低其溶解度。

⑤ 熔块配料中 Al_2O_3 的用量应控制在 0.2mol 以内。如 Al_2O_3 太多，则高温黏度大，熔化困难，因而不能得到均匀的熔块，且熔化温度较高，会导致碱性物的挥发损失大。

⑥ 氧比（SiO_2 所带入的氧与其他氧化物所带入的氧之比）应为 $2\sim6$，按下式计算：

$$OR（氧比）= \frac{2n(SiO_2)}{n(RO) + 3n(Al_2O_3)} \qquad (4\text{-}2)$$

这些规则有助于正确的配制熔块，但必须同时结合实际进行。

（2）由配合料质量计算熔块熔融后的质量（产率）

配制熔块的许多原料在熔融时因排除了水分、二氧化碳、五氧化二氮、氧、三氧化硫、氟（四氟化硅）而灼减。归纳起来，有以下几个类型。

① 排除结晶水或结构水。例如硼酸、五水硼砂、氢氧化铝、高岭石、滑石等。

② 碳酸盐分解。碳酸钾、碳酸钡、碳酸钙、碳酸镁等会分解放出二氧化碳。

③ 硝酸盐分解。例如硝酸钾、硝酸钠等分解后只留下氧化钾和氧化钠。

④ 氧化物分解。例如铅丹的摩尔质量为 669.6g/mol，1mol 铅丹分解后生成 3mol 的氧化亚铅，质量变为 653.6g。另外，还有过氧化铅等的分解也会造成质量减轻。

⑤ 硫酸盐的分解。例如生石膏、硫酸钾、硫酸钠等的分解。

以上这些物质的分解，最终的产物都是金属氧化物，由其损失量可以计算出最终熔块的产量，当然还要考虑各环节的人工及机械造成的损失。

（3）熔块的配料计算

若已知熔块的化学组成，可按前述的方法计算釉式后再进行配料计算。

【例 4】　某熔块的釉式如下所示，计算其配料量。

$$
\left.\begin{array}{l}
0.150K_2O \\
0.288Na_2O \\
0.375CaO \\
0.187PbO
\end{array}\right\} \cdot 0.150Al_2O_3 \cdot \left\{\begin{array}{l}
2.150SiO_2 \\
0.614B_2O_3
\end{array}\right.
$$

【解】　① 可列表进行计算，先计算原料的引入的量，见表 4-7。

表 4-7　各原料中氧化物的量　　　　　　　　　（mol）

氧化物 引入原料	K_2O	Na_2O	CaO	PbO	Al_2O_3	B_2O_3	SiO_2
	0.150	0.288	0.375	0.187	0.150	0.614	2.15
钾长石 $(K_2O \cdot Al_2O_3 \cdot 6SiO_2)0.150$	0.150				0.150		0.90
余量	0	0.288	0.375	0.187	0	0.614	1.25
硼砂 $(Na_2O \cdot 2B_2O_3 \cdot 10H_2O)0.288$		0.288				0.576	
余量		0	0.375	0.187		0.038	1.25
碳酸钙$(CaCO_3)0.375$			0.375				
余量			0	0.187		0.038	1.25
$Pb_3O_4 0.187 \times (1/3)$				0.187			
余量				0		0.038	1.25
硼酸$(H_3BO_3)0.038 \times 2$						0.038	
余量						0	1.25
石英$(SiO_2)1.25$							1.25
余量							0

② 再由原料的引入量计算出配料量，见表 4-8。

表 4-8　原料的配料量

原料名称	原料量（mol）	相对分子质量	配料量（g）	质量百分数（%）
钾长石	0.15	557	83.5	23.6
硼砂	0.288	382	110.0	31.1
碳酸钙	0.375	100	37.5	10.6
Pb_3O_4	$0.187 \times (1/3)$	658.6	42.6	12.1
石英	1.25	60	75.2	21.3
硼酸	0.038×2	62	4.7	1.3
合计				100

3. 熔块釉配方计算

熔块釉分为全熔块釉（熔块一般 95% 左右）和半熔块釉（熔块含量 30%～85%，根据釉烧温度的高低）一般情况下生料组分由黏土、氧化锌、石灰石等组成，其中黏土主要起悬浮作用；熔块和生料二者的比例可根据制品烧成温度和生产工艺确定。

由熔块的实验式和熔块釉的实验式来计算熔块釉的配方，计算方法如下所示。

【例 5】　已知熔块的实验式为：

$$\left.\begin{array}{l} 0.4444PbO \\ 0.1111K_2O \\ 0.2778Na_2O \\ 0.1667CaO \end{array}\right\} \cdot \left.\begin{array}{l} 0.1500Al_2O_3 \\ 0.5556B_2O_3 \end{array}\right\} \cdot 1.0000SiO_2$$

要求配制的釉的实验式为：

$$\left.\begin{array}{l} 0.4000PbO \\ 0.1000K_2O \\ 0.2500Na_2O \\ 0.2500CaO \end{array}\right\} \cdot \left.\begin{array}{l} 0.2000Al_2O_3 \\ 0.5000B_2O_3 \end{array}\right\} \cdot 1.50SiO_2$$

熔块所用的原料均为工业纯，计算该熔块釉的配方。

【解】　① 先计算出熔块的"分子量"，见表 4-9。

表 4-9　计算熔块的"分子量"

氧化物种类	氧化物相对分子质量	氧化物摩尔量（mol）	氧化物质量（g）
PbO	223.2	0.4444	99.19
K_2O	94.2	0.1111	10.47
Na_2O	62.0	0.2778	17.22
CaO	56.1	0.1667	9.35
Al_2O_3	101.9	0.1500	15.29
B_2O_3	69.5	0.5556	38.61
SiO_2	60.1	1.0000	60.10

熔块"分子量"=250.23

② 根据熔块的实验式列表进行熔块的配料计算，见表 4-10。

表 4-10　配料计算 （mol）

使用原料　　熔块组成	PbO	K_2O	Na_2O	CaO	Al_2O_3	B_2O_3	SiO_2
熔块组成	0.4444	0.1111	0.2778	0.1667	0.1500	0.5556	1.0000
氧化亚铅(PbO)0.4444	0.4444						
余量	0	0.1111	0.2778	0.1667	0.1500	0.5556	1.0000
钾长石($K_2O \cdot Al_2O_3 \cdot 6SiO_2$)0.1111		0.1111			0.1111		0.6666
余量		0	0.2778	0.1667	0.0389	0.5556	0.3334
硼砂($Na_2O \cdot 2B_2O_3 \cdot 10H_2O$)0.2778			0.2778			0.5556	
余量			0	0.1667	0.0389	0	0.0334
碳酸钙($CaCO_3$)0.1667				0.1667			
余量				0	0.0389		0.3334
高岭土($Al_2O_3 \cdot 2SiO_2 \cdot 2H_2O$)0.0389					0.0389		0.0778
余量					0		0.2556
石英(SiO_2)0.2556							0.2556
余量							0

③ 计算熔块的生料配合量及配料比（表 4-11）。

表 4-11　熔块的生料配合量及配料量

原料种类	相对分子质量	配料摩尔量（mol）	配合量（g）	质量百分数（%）
氧化亚铅	223.2	0.4444	99.19	32.09
钾长石	556.7	0.1111	61.85	20.01
硼砂	381.4	0.2778	105.95	34.28

续表

原料种类	相对分子质量	配料摩尔量（mol）	配合量（g）	w（%）
碳酸钙	100.1	0.1667	16.69	5.40
高岭土	258.1	0.0389	10.04	3.25
石英	60.1	0.2556	15.36	4.97
		生料配合量＝309.08		合计 100.00

④ 根据釉式对熔块釉进行列表配料计算（表4-12）。

表4-12　配料计算　　　　　　　　　　　　　　（mol）

化学组成	K_2O	Na_2O	CaO	PbO	B_2O_3	Al_2O_3	SiO_2
使用原料	0.10	0.25	0.25	0.40	0.50	0.20	1.50
熔块 0.90	0.10	0.25	0.15	0.40	0.50	0.135	0.90
余量	0	0	0.10	0	0	0.065	0.60
碳酸钙 0.1			0.10				
余量			0			0.065	0.60
高岭土 0.065						0.065	0.13
余量						0	0.47
石英 0.47							0.47
余量							0

注：在配制熔块釉时，根据釉的烧成温度不同，一般引入 0.85～0.95mol 的熔块（此例引入 0.9mol），其余不足部分由生料引入。

⑤ 计算熔块釉的配料量及配料比，见表4-13。

表4-13　熔块釉的配料量及配料比

原料种类	相对分子质量	原料量（mol）	配料量（g）	质量分数（%）
熔块	250.23	0.90	225.21	80.36
碳酸钙	100.1	0.10	10.01	3.57
高岭土	258.1	0.065	16.78	5.99
石英	60.1	0.47	28.25	10.08
		总配料量＝280.25		合计 100.00

4.3　釉配方试验方法

由于釉料组成与性质之间的关系十分复杂，为了获得有既定性能的釉料配方或进行原料的替代等尚需经过多次试验。若能有规律地进行系统调试，则可事半功倍，短期内得到希望的效果，否则不仅会因试验次数过多造成人力物力的浪费，也有可能因试验时间的拖长而错失商机。一般釉料试验中常用的调试方法有以下几种：

4.3.1　孤立变量法

孤立变量法是釉料常用的调节方法之一，即固定釉料配方中其他成分不变，只改变其中一个组分，而改变一个组分时可以用优选法进行调节。即确定要引入或者要替代组分可能的最大和最小用量试验，后在其二分之一处取点确定下一次的引入量，依此重复直到得到获得最佳引入量。

4.3.2　等密度体积混合法

改变配方中三至四个组分时，用等密度体积法很有效。

三个变量时用三角形等密度体积法，如图 4-3 所示：A，B，C 三个点分别代表三个变量的最大值与其他固定组分的和。

如果相邻配方中各点含量变化 1/4 的量，则 A-B，B-C，C-A 各边的点上成分如图 4-3 所示。

同理可以算出中心三个点组成为：

E 点：$2/4A$，$1/4B$，$1/4C$

F 点：$1/4A$，$2/4B$，$1/4C$

G 点：$1/4A$，$1/4B$，$2/4C$

应用中可根据实验配方的具体要求变化相邻点的量，如可以是 1/3，1/4，1/5，1/10······例如，在一个配方中要综合调试石灰石、锆英石和 ZnO 的量，设 D 为除这三个组分以外的其他成分（长石＋石英＋熔块＋······）量之和，则 A、B、C 三个点的组成分别是：

A：D＋石灰石（在釉中的最高含量，设 20％）

B：D＋锆英石（在釉中的最高含量，设 20％）

C：D＋ZnO（在釉中的最高含量，设 15％）

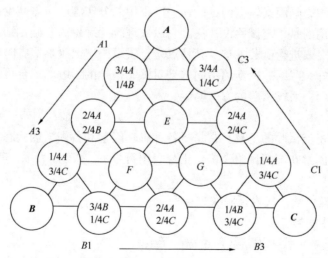

图 4-3　三角形等密度体积法示意图

则，E 点为：D＋10％石灰石＋5％锆英石＋3.75％ZnO

$A2$ 点为：D＋10％石灰石＋10％锆英石＋0％ ZnO

在其他如色釉、艺术釉、色料等的配方试验中，此方法仍可使用，并能明显反应出颜色的变化趋势。

四角形等密度体积法适用于四个变量的调试中，如图 4-4 所示。

各点成分的计算方法：四个边上点的计算方法与三角形相似，以 15 点为例，中间点组成的计算方法为：

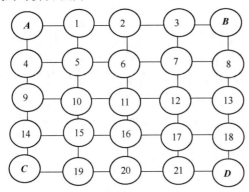

单从水平轴看其组成为 $3/4A$、$1/4B$，或 $3/4C$、$1/4D$；从垂直轴看为 $3/4C$、$1/4A$，或 $3/4D$、$1/4B$。那么其组成算法有两种：

方法一：$A_1 = 3/4A \times 1/4$

$C_1 = 3/4A \times 3/4$

$B_1 = 1/4B \times 1/4$

$D_1 = 1/4B \times 3/4$

方法二：$A_1 = 3/4C \times 1/4$

$C_1 = 3/4C \times 3/4$

$B_1 = 1/4D \times 1/4$

$D_1 = 3/4D \times 1/4$

图 4-4　四角形等密度体积法示图

4.3.3　正交试验法

在工艺改革、新产品开发和配方调整等生产实践中，影响结果的往往都不是一种因素，而是众多因素。如果按逐个因素进行全面试验，当试验因素及其水平数较多时，全面试验次数会急剧增加。若试验还要设重复试验，试验规模就更大了，以至于在实践中几乎不可能实施。例如，某配方有 8 种原料，每种原料取三种配料量值，即水平数为 3，若进行全面试验，则试验次数为 $3^8 = 6561$ 次，这实际上是做不到的。但如果用正交试验只需做 27 次。所以，在实践中，对于影响因素较多的试验，一般采用部分实施法，以减少试验次数，缩短试验周期，其中最常用的是正交试验设计法。它以数理统计理论为基础，结合生产实际经验利用一套规格化的正交表进行试验安排。其特点是：①试验次数少，节省时间和消耗，试验点具有代表性，效果好；②同一因素的不同水平对试验指标的影响的综合可比性强。试验结果的影响因素主次分明，后续试验的方向明确。

（1）正交表

正交表是进行正交试验的工具。它是将各种影响因素和各因素的状态抽象出来，同时又反映各种因素和各因素状态的试验表格；正交表用符号 $L_m(A^n)$ 表示，其中

L：正交表的代号；

m：正交表的横行数，代表试验次数；

A：各因素的水平数；

n：正交表的列数，代表因素数，也称因子数。

根据因素的水平数，正交表可以分为水平数相同的等水平正交表和水平数不同的混合水平正交表，$L_m(A^n)$ 型为等水平正交表；$L_m(A^n \times B^g)$ 型为混合型正交表。

在正交试验设计中，常把正交表写成表格的形式，并在其左旁写上行号（试验号），在其上方写上列号（因素号）。正交表中间的字码代表水平。

（2）正交试验设计的基本程序

① 明确试验目的，确定试验指标　试验指标是由试验目的确定的，因此在试验设计之

前，必须明确试验目的，而且要求试验目的能用数据表示出来，这些数据就是试验指标的反映。指标有定量指标和定性指标之分，定量指标如釉面的光泽度、白度、强度等，可以用仪器测定出具体数据。定性指标如釉面裂纹、斜孔、色调等，这些指标要使其定量化，转化为数据，以方便后期的分析。

② 选择试验因素，确定水平，列出因素水平表　根据试验指标，选择因素。应首先选取对试验指标影响大的因素、尚未完全掌握其规律的因素和未曾被考察因素。根据试验指标、选择的因素及实践经验，选择好每种因素的水平。

③ 选择合适的正交表　在能安排下试验因素和要考察的交互作用的前提下，尽可能选用小号正交表，以减少试验次数。

④ 表头设计　所谓表头设计，就是将试验因素分别安排到所选正交表的各列中去的过程。如果因素间无交互作用，各因素可以任意安排到正交表的各列中去，如果要考察交互作用，各因素不能随意安排，应按所选正交表的交互作用表进行安排。

⑤ 进行试验　根据正交表的试验号进行试验。试验时，可依次进行，也可以根据因素的水平，改变试验次序，或同时进行几个试验号的试验，以节约时间和能耗。要注意的是，除按试验号中各因素及因素的水平不同外，条件都应尽可能相同。

⑥ 分析处理试验数据　对试验结果的数据进行极差分析或方差分析，得出最佳的工艺条件和因素的主次关系。

（3）正交试验的应用举例

影响金光釉釉面效果的组分因素较多，为了快速准确并尽可能以少的试验次数，找出影响金光釉的主要组分及加入量，试验拟用正交试验法。选用 $L_9(3^4)$ 正交表安排试验。

第一步，明确试验目的，确定试验指标。

从题可知，试验指标就是釉面效果，为定性化指标，我们可以依据模糊理论，通过目测评分将釉面效果量化。

第二步，选择因素，确定水平。

众所周知影响金光釉釉面效果的主要组分因素为配方中氧化铁、氧化锰、氧化铜、五氧化二钒的含量。根据实践经验确定它们的水平，结果见表 4-14。

表 4-14　因素水平表 　　　　　　　　　　　　　　　　（%）

因素 水平	氧化铁	氧化锰	氧化铜	五氧化二钒
1	1	2	1	0.4
2	2	8	3	1.2
3	3	10	5	2.0

第三步，选择正交表。

由于有四种原料，每种原料中有三个水平，选用 $L_9(3^4)$ 正交表安排试验。

第四步，排表头，排水平。

将各种原料排在表的列号的位置上，每个列号排一种，将各种原料的水平依次排在水平位置上，见表 4-15。就得到由四种原料的配料量为三个取值的九个配方试验方案。

表 4-15　试验结果分析

试验号	氧化铁(A)	氧化锰(B)	氧化铜(C)	五氧化二钒(D)	长石	铅丹	硼砂	锂云母	D熔块	综合评分
1	1	1	1	1	45	15	6	4	20	60
2	1	2	2	2	45	15	6	4	20	95
3	1	3	3	3	45	15	6	4	20	65
4	2	1	2	3	45	15	6	4	20	70
5	2	2	3	1	45	15	6	4	20	55
6	2	3	1	2	45	15	6	4	20	80
7	3	1	3	2	45	15	6	4	20	70
8	3	2	2	3	45	15	6	4	20	85
9	3	3	1	1	45	15	6	4	20	75
Ⅰ	220	200	225	190						
Ⅱ	205	235	240	245			655			
Ⅲ	230	220	190	220						
R	25	35	50	55						

第五步，进行试验。

在其他因素都保持尽可能稳定的固定状态，对九个试验配方进行平行试验。

第六步，测定并记录数据。

对试样的釉面效果进行评分并填入表的试验结果栏内。

第七步，处理数据，分析结果。

计算极值：在正交表中的试验号下方，列有数码Ⅰ、Ⅱ、Ⅲ……代表极值。水平数相同的正交表中各列极值的数目相同。每一列极值的计算公式是：

第 i 列极值 $Ⅰ_i$＝第 i 列的第一水平对应指标的数据和。

第 i 列极值 $Ⅱ_i$＝第 i 列的第二水平对应指标的数据和。

第 i 列极值 $Ⅲ_i$＝第 i 列的第三水平对应指标的数据和。

依次将列的极值计算出来，填入表 4-15 中。到此，数据处理就算完成。因素对指标影响的主次顺序，只要根据极差的大小来判断。即极差大的，影响大，是主要影响因素；极差小的，是次要因素。其中，五氧化二钒的极差达 55，是最大的，所以，是最主要的影响因素；其次，氧化铜、氧化锰，影响最小的是氧化铁。

较佳加入量的确定：根据极值来确定。综合评分越高越好，所以，只要用极值大的对应水平组合起来。较佳加入量为：五氧化二钒 1.2％、氧化铜 3％、氧化锰 8％、氧化铁 3％。

为了更直观地反映组分因素对金属光泽釉釉面效果的影响规律和趋势，以因素水平为横坐标，指标的平均值为纵坐标，绘制因素与指标趋势图，如图 4-5 所示。由图可以看出，氧化铁的最佳含量应该大于 3％，因此，在进一步试验时可以提高氧化铁的含量，以寻求更佳的配方组成。

（4）多指标正交试验结果的处理

实际生产中，衡量试验结果的指标往往不止一个，而是多项指标。就安排试验的方法而

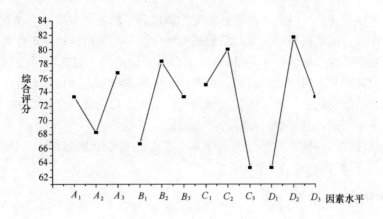

图 4-5 因素与指标趋势

言，与前述是相同的。要研究的是处理数据和分析结果。对多指标试验的分析，通常采用的方法有以下两种：

综合平衡法：这种方法是按各个指标单独测定数据，再综合平衡。当各因素对每项影响的主次顺序一致时，就只要将多指标按单指标综合平衡处理就行；当各因素对每项指标影响的主次顺序不一致时，就应优先照顾主要指标的因素主次顺序，次要指标只要能达到要求就可以了。

综合评分法：此法是对主要指标给予加"权"评分，对次要指标酌情评分，然后，将每个指标的评分相加得总分。这样，就将多指标化为单指标了。

（5）水平数不同的正交试验结果的处理

利用混合型正交表安排正交试验时，安排试验的方法与前述相同；要指出的是，当各因素水平数相同时，只要比较极差 R 就可确定因素对指标影响的主次顺序，当水平数不同时，直接比较极差 R 是不能确定因素主次的。常用下列方法来处理：

计算极值的平均值：从前可知，极值是同因素同水平的指标数据之和，如果各因素的水平数不同，则极值相差很大。如果取极值的平均值 K，那就可以通过比较极差 R 来确定因素的主次关系了。

极差系数折算：将各因素的极差 R 利用公式折算出新的极差 R'，按 R' 来确定因素的主次。计算公式是：

$$R' = dR\sqrt{n} \tag{4-3}$$

式中　R——因素的极差；

　　　n——每一水平重复数；

　　　d——不同水平时的折算系数。

极差折算系数见表 4-16。

表 4-16　极差折算系数

水平数	2	3	4	5	6	7	8	9	10
折算系数	0.71	0.52	0.45	0.40	0.37	0.35	0.34	0.32	0.31

（6）计算机软件优化法

计算机软件优化法是一种实用而快速的配方调试方案制定的方法，它建立于一定的计算机语言下的操作。目前陕西科技大学、景德镇陶瓷学院等陶瓷研究教学工作者都已开发成功此类软件，陕西科技大学的软件是用 depher 语言编写而成的，在其打开的菜单窗口可以发现有存储的和写入常用原料的化学组成，可以显示的和继续写入的目标组成，在选定目标组成后，计算机自动给出配方组成，同时可以在目标组成点周围选定调试范围，这样引进结合试验结果再进一步调试，就能找到最佳的配方组成。

配方优化软件对坯和釉都能进行组成计算及相关表达式及性能计算，在更换原料、调整配方计算中尤其方便、快速、实用性强。

4.3.4　釉配方试验方法举例

（1）变更釉料的 1 个组分

若需配制适用于坯体烧成温度为 1000℃ 的生铅釉，并要求釉与坯的收缩相适应，可从调整釉中 SiO_2 含量着手。根据实践和理论的知识或查阅有关资料先拟定基本釉式：

$$\left.\begin{array}{l} 0.6PbO \\ 0.3CaO \\ 0.1Na_2O \end{array}\right\} \cdot 0.2Al_2O_3 \cdot 1.6SiO_2$$

变动釉中 SiO_2 含量，即将 SiO_2 分别加减 0.2mol 则得到两种釉组成：一个为高硅釉，SiO_2 为 1.8mol；另一个为低硅釉，SiO_2 为 1.4mol。将这两个基础釉采用逐相平衡法计算其配方，然后在相同的条件下进行加工（破碎、球磨等），并将两种釉浆调至同一密度，按一定的体积比进行混合，则可得到不同组成的釉料（表 4-17 中列出 SiO_2 含量不同的这 9 种釉料）。然后，将它们施在试片上（最好是同一种试片），在同一条件下煅烧，烧后结果绘成图 4-6。由此可判断，SiO_2 为 1.65mol 的釉料适于这种坯体。

表 4-17　变动釉料 1 个组分的试验方案

基础釉	A	0.6PbO 0.3CaO 0.1Na₂O	0.2Al₂O₃	1.4SiO₂
	B	0.6PbO 0.3CaO 0.1Na₂O	0.2Al₂O₃	1.8SiO₂

A 釉的体积（mL）	B 釉的体积（mL）	n（SiO₂）（mol）
100	0	1.40
87	13	1.45
75	25	1.50
62	38	1.55
50	50	1.60
38	62	1.65
25	75	1.70
15	85	1.75
0	100	1.80

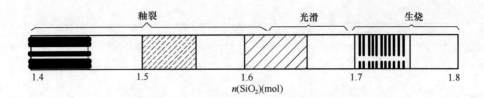

图 4-6　SiO$_2$ 的含量对釉面品质的影响

（2）变更釉料中的 2 个组分

上述方法也可用于改变釉料的 2 个组分而进行调试，这种方法也常称为四角配料法。例如欲配制在 1390℃下成熟的瓷釉，可通过变动 SiO$_2$ 及 Al$_2$O$_3$ 含量来找到性能最佳的配方。首先，根据经验或查阅资料，得出一个合适的瓷釉釉式。如下所示：

$$\left.\begin{array}{l}0.3K_2O\\0.7CaO\end{array}\right\} \cdot 1.5Al_2O_3 \cdot 8.0SiO_2$$

然后，分别变动 SiO$_2$ 及 Al$_2$O$_3$ 含量，变动的范围可视具体情况而定，例如本调试设计中作如下变动：

Al$_2$O$_3$：1.5±1（即 0.5、2.5）　　　　SiO$_2$：8.0±4（即 4、12）

则这时可得到四个基础釉：高硅（12）、低硅（4）、高铝（2.5）、低铝（0.5），其釉式如下：

A $\left.\begin{array}{l}0.3K_2O\\0.7CaO\end{array}\right\} \cdot 0.5Al_2O_3 \cdot 4.0SiO_2$　　　　B $\left.\begin{array}{l}0.3K_2O\\0.7CaO\end{array}\right\} \cdot 0.5Al_2O_3 \cdot 12.0SiO_2$

C $\left.\begin{array}{l}0.3K_2O\\0.7CaO\end{array}\right\} \cdot 2.5Al_2O_3 \cdot 4.0SiO_2$　　　　D $\left.\begin{array}{l}0.3K_2O\\0.7CaO\end{array}\right\} \cdot 2.5Al_2O_3 \cdot 12.0SiO_2$

变动釉料 2 个组分的试验方案见表 4-18。

表 4-18　变动釉料 2 个组分的试验方案

各基础釉料体积（mL）				$n(SiO_2)(mol)$	$n(Al_2O_3)(mol)$
A	B	C	D		
100	0	0	0	4	0.5
75	0	25	0	4	1.0
50	0	50	0	4	1.5
25	0	75	0	4	2.0
0	0	100	0	4	2.5
75	25	0	0	6	0.5
56	19	19	6	6	1.0
38	12	38	12	6	1.5
19	6	56	19	6	2.0
0	0	75	25	6	2.5
50	50	0	0	8	0.5
38	38	12	12	8	1.0
25	25	25	25	8	1.5
12	12	38	38	8	2.0
0	0	50	50	8	2.5

各基础釉料体积（mL）				$n(SiO_2)(mol)$	$n(Al_2O_3)(mol)$
A	B	C	D		
25	75	0	0	10	0.5
19	56	6	19	10	1.0
12	38	12	38	10	1.5
6	19	6	19	10	2.0
0	0	25	75	10	2.5
0	100	0	0	12	0.5
0	75	0	25	12	1.0
0	50	0	50	12	1.5
0	25	0	75	12	2.0
0	0	0	100	12	2.5

同样将上述基础釉在同一条件下加工，然后调至同一密度，再按体积进行混合，施在试条上煅烧，检查其效果（表 4-19）。

表 4-19　瓷釉烧后外观品质

$n(SiO_2)(mol)$	$n(Al_2O_3)(mol)$				
	0.5	1.0	1.5	20.	2.5
4	开裂	半无光	半无光	半无光	半无光
6	开裂	光泽好	半无光	半无光	半无光
8	开裂	光泽好	光泽好	半无光	半无光
10	开裂	光泽好	光泽好	半无光	无光
12	开裂	开裂	半无光	无光	无光

图 4-7 为该四角配料的组成方框图。由表 4-19 所示的结果可知，光泽良好的釉组成为：

$$\left.\begin{array}{l}0.3K_2O\\0.7CaO\end{array}\right\} \cdot 0.5Al_2O_3 \cdot 4.0SiO_2$$ ，而无光釉的组成为：$$\left.\begin{array}{l}0.4K_2O\\0.7CaO\end{array}\right\} \cdot 1.0Al_2O_3 \cdot 8.0SiO_2$$

（3）变动釉料的 3 个组分

为了获得优质釉层，有时需调整 3 个组分，这种方法也叫三角配料法。例如基础釉 A 的釉式为：

$$A \left.\begin{array}{l}0.3K_2O\\0.7CaO\end{array}\right\} \cdot 0.6Al_2O_3 \cdot 3.8SiO_2$$

为了考察不同熔剂的作用效果，分别以 0.3mol 的 BaO 和 MgO 取代 CaO，则可得釉式为 B 和 C 的两种釉料，其釉式如下：

$$B \left.\begin{array}{l}0.3K_2O\\0.4CaO\\0.3BaO\end{array}\right\} \cdot 0.6Al_2O_3 \cdot 3.8SiO_2 \qquad C \left.\begin{array}{l}0.3K_2O\\0.4CaO\\0.3MgO\end{array}\right\} \cdot 0.6Al_2O_3 \cdot 3.8SiO_2$$

同样将以上 A、B、C 三种釉调至同一密度，按体积比混合成一系列新釉料。图 4-8 表示釉料的三元组成图，三角形中任何一点组成都由三顶点成分所构成，共可配成 12 种釉料。

用前述的方法也可选出最优配方或配方范围。瓷釉的碱性氧化物组成如图 4-9 所示。

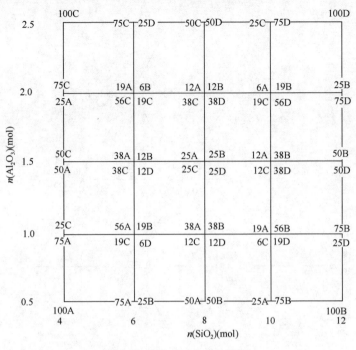

图 4-7　瓷釉试验组成方框图

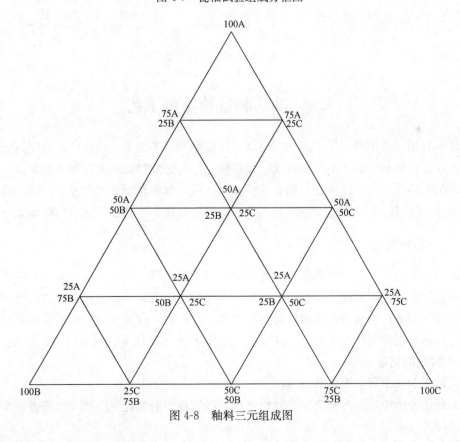

图 4-8　釉料三元组成图

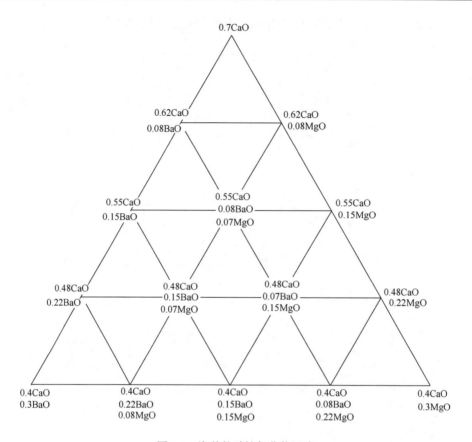

图 4-9　瓷釉的碱性氧化物组成

4.4　釉浆制备及施釉工艺

尽管一般釉层的用料量远小于坯用料（日用瓷釉约为坯质量的 1/11），但釉的质量却直接影响产品的性能和等级，给人以直观的视觉感觉。良好的釉面，可以极大地提高陶瓷制品的外观质量及装饰效果，从而提高制品的档次。所以，除釉料配方要合理外，还要特别重视釉浆的制备和釉浆的工艺性能。釉浆的质量和性能，直接影响制品烧成后的釉面质量。

4.4.1　釉浆的制备

釉浆的制备就是将釉用原料按釉料配方比例称量配制后，在磨机中加水、电解质等磨制成具有一定细度、密度和流动性浆料的过程。生料釉由釉用原料直接称重配制；熔块釉包括熔块和生料两部分；釉浆制备研磨时可将所有料一起研磨，也可先将瘠性硬质原料研磨至一定细度（为防止沉淀可加入 3‰～5‰ 的黏土）后，再加入软质原料一起研磨。

1. 生料釉的制备

生料釉的制备流程如图 4-10 所示。

如果所用硬质原料均为合乎要求的粉状料，则流程中的粗碎工序都可以省去，直接配料入球磨机即可。

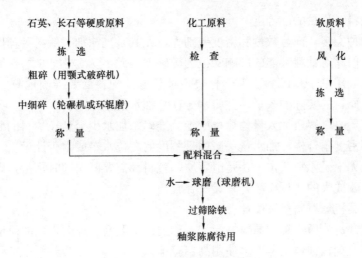

图 4-10　生料釉的制备流程

2. 熔块釉的制备

熔块釉就是将水溶性原料、有毒原料及部分（或全部）原料先制成熔块，再与部分生料配比制成熔块釉，所以制备熔块釉首先必须制备熔块。

① 熔块的制备　熔块的制备流程如图 4-11 所示。

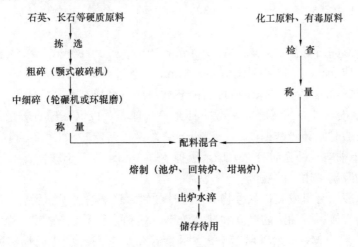

图 4-11　熔块的制备流程

② 熔块釉的制备　熔块釉的制备过程与生料釉基本相同，只是把熔块也当作一种"原料"，其流程如图 4-12 所示。

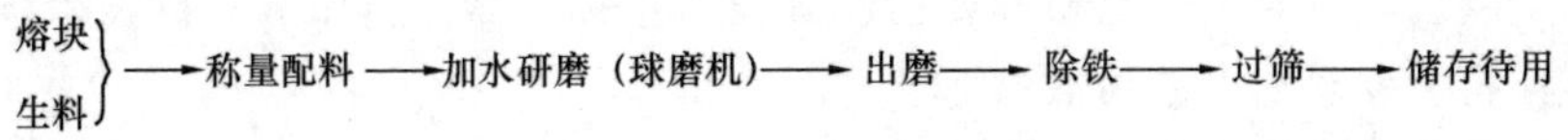

熔块 ⎫
生料 ⎭ ⟶ 称量配料 ⟶ 加水研磨（球磨机） ⟶ 出磨 ⟶ 除铁 ⟶ 过筛 ⟶ 储存待用

图 4-12　熔块釉的制备流程

3. 釉浆制备注意问题

釉用原料比坯用原料要求更加纯净，含杂质少。因此要注意原料的纯度，同时还要特别注意储放时避免污染，要保证现场的清洁。此外，釉浆制备过程中还必须要注意以下问题：

（1）保证配料时称量的准确度

釉用原料的种类多，而且数量和密度差别大，尤其是乳浊剂、颜料等辅助原料的用量远比主体原料少，但它对釉料性能的影响却极为敏感。因此，按釉料配方配制釉料时要保证称量的准确度，一般用电子秤配料。电子秤要定期校验。配料前要准确地测定湿原料的含水率，并计算出湿原料的实际加入量，并将水分在总加水量中扣除。

釉料的加水量、电解质加入量计算也应十分准确。加水少会延长釉料的研磨时间，加水多会造成釉浆的密度不合格，加水量一般用带刻度的高位水箱或水表计量。

在配料时，无论是原料、水，还是电解质、色料都需要两人同时称量，以确保配料的准确。配料错误会酿成大的质量事故，并无法补救。

（2）控制球磨机球石质量及配比

釉料制备通常是将所有釉用原料一起加入球磨机中湿磨，球磨机用的研磨介质一般是鹅卵石或高铝瓷球，现在釉料制备大多使用高铝瓷球。

① 对球石总的质量要求是：硬度大、密度高，莫氏硬度 >7，鹅卵石密度 $>2.6g/cm^3$，无裂缝、无麻孔；高铝瓷球石密度 $>3.45g/cm^3$。若球石质量不好，不但影响球磨机的研磨效率，而且被磨掉的成分较多进入釉浆后，会使釉浆的组成发生变化，影响釉浆的工艺性能。

② 对球石的大小和配比的要求为：大球（$\phi38mm$）：中球（$\phi32mm$）：小球（$\phi25mm$）＝（20%～25%）：（30%～50%）：（30%～50%）。

球石的大小：

天然燧石与鹅卵石直径：大球 $\phi80\sim100mm$，中球 $\phi60\sim80mm$，小球 $\phi40\sim60mm$；高铝瓷球直径：大球 $\phi60\sim70mm$，中球 $\phi35\sim45mm$，小球 $\phi30\sim35mm$。

③ 球磨机球石的装载量：球磨机球石的装载量应占磨机有效容积的 50%～55%。

④ 球石的磨损与补充：每磨完一磨应补充一次球石，以保证球石数量的相对稳定，从而较好地控制研磨时间和研磨细度。一般补充量为：高铝瓷球 1.5～2kg/t 干釉料；鹅卵石球 30～50kg/t 干釉料。补充时补充大球，去掉 $\phi5\sim16mm$ 以下小球。

（3）重视釉浆制备用水的质量

水中杂质一般为有机或无机悬浮物，可溶性的钙、镁、钠的碳酸氢盐，硫酸盐及氧化物等。这些杂质会直接影响釉浆的黏度和球磨效率，使釉浆容易"触变"，稳定性差。釉浆的制备用水中含 Ca^{2+}、Mg^{2+} 及 SO_4^{2-} 离子应尽量减少，它们容易造成釉浆凝聚，流动性下降。一般要求水中 Ca^{2+}、$Mg^{2+}\leqslant10\sim15ppm$（$10^{-6}$）；$SO_4^{2-}\leqslant10ppm$（$10^{-6}$）。水的纯度一般为：地下井水＞泉水＞湖水＞河水＞海水。

（4）控制及检测釉浆出球磨机时的质量

釉料经研磨后，釉浆出球磨机前要检测其技术指标并做先行试验，待技术指标和先行试验烧制的试样符合要求后，才可放磨。

釉浆出球磨机前要检测的技术指标如下：

① 细度：用 0.063mm 万孔筛（250 目筛）的筛余或激光粒度仪来控制。一般控制 0.063mm 万孔筛筛余为 0.02%～0.05%；$10\mu m$ 以下颗粒占 92% 以上。

② 密度：可以用 200mL 釉浆的质量表示（g/200mL），也可以用单位体积釉浆的质量表示（g/mL），一般釉浆密度为 1.35～2.0g/mL 或 270g/200mL，其中喷釉 1.69～2.0g/mL

或 338～400g/200mL；浸釉 1.35～1.6g/mL 或 270～320g/200mL。

③ 黏度：可以用恩勒黏度计或福特杯测定。一般用 t_0 和 t_{15} 表示，它与釉浆密度有关。t_0 是即刻黏性，一般在 25～65s（福特杯流速）；t_{15} 是釉浆静止 15min 后的流速，其值比 t_0 大 15s 左右。当 t_{15} 很大时，釉浆不能使用，否则，施釉后釉层会出现开裂。

（5）釉浆出球磨机要过筛与除铁

釉浆的过筛与除铁对釉面质量影响很大，所以，要求比坯料泥浆严格得多，过筛一般分 2～3 次进行，出磨时过 3.3mm 筛，再过 0.125mm 和 0.075mm 筛。最终将大于 0.075mm 的粗颗粒全部除去。过筛时，要经常检查筛网有无破损，定期更换筛网。筛网材质要求是尼龙或不锈钢。

釉浆中的铁会使釉料烧后产生斑点，影响美观，所以，出磨使用前要除铁。除铁可采取往复式永久除铁与电除铁器串联起来，有时将两台电除铁器串联起来，以增加除铁效果。

4.4.2　釉浆的工艺性能要求

为了获得一定厚度、均匀无缺陷的釉层，必须满足施釉的工艺要求。釉浆的工艺性能对实现施釉的工艺要求起着重要的作用。对釉浆的工艺性能要求主要有以下几个方面：

（1）具有合适的细度

釉浆的细度直接影响釉浆的黏度和悬浮性，也影响釉浆与坯体的粘附能力，影响釉浆的熔化温度、坯釉烧成后的性能和釉面质量。一般来说，釉浆的细度越细，浆体的悬浮性越好，釉的熔化温度相应降低，釉与坯体粘附紧密且两者高温下的相互反应充分，因而可改善釉层组织，提高釉层质量。但过细的釉浆也会带来许多麻烦，釉浆磨得过细，浆体黏度过大，浸釉时会形成过厚的釉层，而且坯从釉取出时很难甩净余釉，造成局部堆釉，干燥时釉层开裂，烧后釉层卷缩或脱落。当釉的高温黏度和表面张力较大时尤为严重，即使不发生缩釉和脱釉，也会由于釉层过厚而降低产品的机械强度和热稳定性甚至造成釉裂。当釉层厚度适中时，因釉料过细，高温反应过急，使坯体中的气体难于排除而产生釉面棕眼或干釉。对含铅熔块釉，会因粉磨过细而增高熔块的铅溶出量。根据研究，研磨时间从 12h 或 16h 增加至 20h，釉面质量确有明显改善，但超过 20h 后，性能的改善已极不明显，因此过长时间研磨是不经济的。

随着釉浆细度的增加，不仅提高熔块的铅溶出量，而且长石中的碱和熔块中的钠、硼等离子的溶解度也都有所增加，致使浆体的 pH 值明显变化。另一方面，釉料中的黏土要发生离子交换，故湿磨过程中釉浆稠度变化是复杂的。一般熔块釉的 pH 值随粉磨时间延长而不断提高，生料釉浆的 pH 值开始随粉磨时间延长而增高，一定时间后反而下降。

（2）具有适中的釉浆密度

对同样组分釉料来说，釉浆密度系指浆体的浓度，其对上釉速度和釉层厚度同样起着决定性作用。浓度大的釉浆会使上釉时间缩短，反之浓度过小就需增加施釉时间，否则就因釉层稀薄烧成时产生干釉。浓度需要随坯体的性质和形状进行调整。一般规定釉浆密度波动于 1.28～1.80g/cm³ 之间。

一般对低温素烧坯及干燥生坯，要求釉浆密度为 1.43～1.47g/cm³；中温素烧坯为 1.50～1.60g/cm³；烧结坯为 1.60～1.70g/cm³。

（3）具有合适的黏度和触变性

增加水量虽可以稀释釉浆以及增大流动性，然而浆体的密度却随之降低，甚至会丧失触变性，减少釉在坯上的粘附量，并使浆体中的料粒迅速下沉。为保证不改变密度而达到调节黏度和触变性的目的，往往需引入添加剂或采取陈腐工艺来解决釉浆细度与黏度等性能之间的矛盾。

陈腐对含黏土釉浆的效果特别明显，可以改变釉浆的流动性和吸附量并使釉浆性能稳定。经过陈腐的釉浆，附着值会发生明显的变化，达到一定附着值时所需的黏土用量减少。通常附着值的变化取决于黏土的种类和釉组成。一般将釉陈腐2～3天，最好7天。

陈腐会延长生产周期，占用很多厂房，因此可在釉浆中添加少量解胶剂和絮凝剂来调节黏度和触变性，加强釉在坯上的附着强度，并缩短陈腐时间。为防止粗重离子下沉和釉层干燥开裂并提高附着量，除加一定数量膨润土外，还可加入絮凝剂如石膏、MgO、石灰、硼酸钙等物质，使釉料粒子发生某种程度的凝聚，宛如含水海绵。单宁酸及其盐类、水玻璃、三聚磷酸钠、羧甲基纤维素钠以及阿拉伯胶等为解胶剂，可增大釉浆流动性。添加剂的引入量取决于釉的细度、黏土含量和种类以及陈腐的程度等因素。例如阿拉伯胶的加入量为干釉质量的 0.2%～0.3%，它在水中带负电起解胶作用，同时还起保护胶体的作用，不仅使釉具有碱性，而且可防止吸附在固体粒子表面上的盐类溶于水中。

4.4.3　施釉工艺

施釉前，生坯或素烧坯均需进行表面的清洁处理，以除去积存的尘垢或油渍，以保证釉层的良好粘附。清洁处理的方法，可以用压缩空气在通风柜内进行吹扫，或者用海绵浸水后进行湿抹，或以排笔蘸水洗刷。

1. 施釉方法

施釉工艺视器形和要求不同而采用不同的施釉办法。目前，陶瓷生产中常用的施釉方法有以下几种：

（1）浸釉法

浸釉法普遍用于日用陶瓷器皿的生产，以及便于用手工操作的中小型制品的生产。浸釉时用手持产品或用夹具夹持产品进入釉浆中，使之附着一层釉浆。附着釉层的厚度由浸釉时间的长短和釉浆密度、黏度来决定。国内日用瓷厂对盘类施釉采用的飘釉法也是浸釉法的一种。

随着陶瓷生产的机械化与自动化，有些过去采用浸釉法施釉的已改为淋釉法施釉，有些则采用机械手浸釉。

（2）喷釉法

喷釉法是利用压缩空气将釉浆喷成雾状，使之粘附于坯体上的方法。喷釉时坯体转动或运动，以保证坯体表面得到厚薄均匀的釉层。喷釉法普遍用于日用陶瓷、建筑卫生陶瓷的生产中。喷釉法可分为手工喷釉、机械手喷釉和高压静电喷釉。

① 手工喷釉：手工喷釉采用喷釉器或喷枪，有静压喷釉和压力喷釉两种方式。

静压喷釉是指釉浆放在离地面 1.8～2m 的高位槽内，釉浆靠高位静压流向喷枪，这时喷枪釉浆压力仅有 0.025～0.035MPa。由于釉浆的压力较低，釉浆出枪量小，釉浆颗粒的喷出速度也较小，釉层附着力较低，很难保证釉层达到足够的厚度。压力喷釉是利用压力罐或泵向釉浆施加 0.1～0.3MPa 的压力，压力高的釉浆通入喷枪，加大了釉浆出枪量和喷出速度，提高了喷釉效率和釉层厚度，也提高了产品质量。国内大部分瓷厂采用压力喷釉。

②机械手喷釉：机械手喷釉是用电脑控制的机械手完成人工喷釉作业的施釉技术。喷釉雾化、沉积原理与人工喷釉相同，所使用的釉浆工艺参数、喷釉厚度等也与人工喷釉一样，所不同的只是以机械手模仿人手的动作，完成喷釉工作。机械手喷釉的优点是每件产品间喷釉质量差别小，喷釉工离喷釉柜远，操作环境好。但也存在价格昂贵，变换产品品种灵活性差等缺点。

机械手主要分两类，一种是示教式机械手，一种是编程式机械手。示教式机械手在使用前由一名熟练喷釉操作人员直接操作机械手上的喷枪，实际喷完一件产品示教，电脑即自动将工人的操作编制成程序预置起来，以后即可自动重复，操作相同产品的喷釉动作。一般用六个自由度的示教式机械手。编程式机械手的自控程序是人工根据坯体实物形状尺寸编制计算机语言输入电脑的，喷釉的质量与该程序编制的合理性密切相关。

机械手只能完成喷枪的动作。因此，机械施釉线还要配置坯体传输联动线，联动线上的承坯台在机械手喷釉时，能按程序转动角度，配合完成喷釉全过程。机械手喷釉，每条线产量 400～700 件/（台·班）。

③高压静电喷釉：高压静电喷釉是一种以高压静电为核心动力的施釉工艺，带电的釉浆颗粒在高压静电场的作用下向陶瓷坯体表面吸附，喷枪向坯件施釉的速率取决于雾化的质量，没有因压力增高或降低造成"锤打"及"褶皱"现象。在静电施釉过程中，雾化粒子在 10 万伏高压下相互作用，并使粒子反弹获得极佳的雾化效果，从而保证釉面平滑光润，不起波纹。

雾化后带正电的粒子总是会被吸引到最近的接地物体——湿润的坯体上，釉浆粒子对坯体形成"全包"效果。因此，坯体不会出现人工极易产生的丢枪、釉薄缺陷，釉浆粒子受高压电场的作用，在坯表面加速运动，形成高致密吸附层。使瓷产品，如卫生陶瓷的边角挂釉这一技术难题得以解决。

高压静电施釉这种新技术具有三大优点：①产品釉面质量将会大幅度提高；②劳动强度大幅度降低而工作效率将成倍增长，整个生产过程将在 PC 机的精密控制下自动完成；③施釉过程将在一个密闭的设备内进行，整个施釉操作全部自动完成，彻底改变了施釉工的作业环境，可避免操作工人的硅沉着病（矽肺病）职业病危害。此外，高压静电施釉，采取双层施釉，利用万能输送带输送方式，可以连续对坯件进行任意形式、任意角度的施釉加工。可保证高质量的釉层厚度，它避免了常规施釉方法（人工或机器人施釉）所造成的坯件边棱釉薄缺陷，使施釉工艺技术发生了根本性变化。经高压静电完成的施釉坯件釉面致密牢固，可减少釉面棕眼、釉针孔，克服釉面波面纹，增加釉层厚度，减免搬运过程的机械损伤，提高成瓷的等级率。它还能更好地进行釉料回收而且更换颜色较快，大幅度地降低工人的劳动强度，工作效率成倍提高。

高压静电施釉利用万能传送带的连续运转改变了常规施釉方法时间长、占地多的间断生产方式，降低了施釉成本费用，是目前陶瓷行业，特别是卫生陶瓷施釉工序设计最先进、工艺技术水平最高的施釉方法。

高压静电施釉与传统施釉方法对比有：①产量高，其产量水平与 4 台机器人相当，一般来说，静电施釉可达到 1500 件/d，相当于 18 名工人的工作量；②质量高，可进行双层施釉，对不合格的产品进一步校正处理，同时具有较高的自动化水平，对坯件表面可实现全包效果，这一特点是人工以及机器人难以做到的，甚至说是不能做到的；③灵活性较强，可以喷施各种形状的新型产品，随机性很强，不需重设程序；而机器人则需对每一个品种设定一次程序，而人工施釉则需有一段自适应阶段；④变产快，仅 20min，静电施釉便可以从一种釉色变到另外一种釉色，而机器人或人至少需要 40min 才可完成；⑤工艺过程简单，高压静电施釉，可随意更改产品类型，工艺过程简单可靠；⑥施釉质量均匀一致，无色差，对机器人来讲，在 1 个月内尚可保证其良好的再现性，而时间一长便会出现偏差，同样，人工出现这种偏差的可能性会更大。

（3）浇（淋）釉法

手执一勺舀取釉浆，将釉浆浇到坯体上的施釉方法叫浇釉法。对大件器皿的施釉多用此法，如缸、盆、大花瓶的施釉。在陶瓷墙地砖的生产中，施釉使用的淋釉和旋转圆盘施釉也可归类为浇釉法，是浇釉法的发展。

陶瓷墙地砖生产中使用的施釉装置，有淋釉装置、钟罩式施釉装置和旋转圆盘施釉装置。

淋釉装置是釉浆从扁平的缝隙中流出，这一设备特别适用于均匀施釉，釉浆密度较小，1.40～1.45g/mL。采用此种装置施釉，在砖的边缘部位施的釉较中部少，因釉浆与设备边缘的摩擦力影响，使其流速较中部慢。

钟罩式施釉装置的作用与淋釉装置相同，由于易于管理，比淋釉装置使用更为广泛。该装置可以使用高密度釉料，因而可用于一、二次烧成内墙砖的施釉。

旋转圆盘施釉装置由几十个直径为 120～180mm，每个厚度为 2mm 的圆盘组合而成，其厚度为 50～100mm，进行旋转离心施釉。该设备对高密度及低密度釉料都可以使用，施釉量可从几克变化到上百克，还可以使用不同的釉料，进行多次施釉，并获得相当均匀的表面。该方法施釉使砖坯边缘不带任何釉料，无需进行刮边的清理工作。

（4）刷釉法

刷釉法不用于大批量的生产，而多用于在同一坯体上施几种不同釉料。在艺术陶瓷生产上采用刷釉法以增加一些特殊的艺术效果。刷釉时常用雕空的样板进行涂刷，样板可以用塑料或橡皮雕制，以便适应制品的不同表面。曲面复杂而要求特殊的制品，需用毛笔蘸釉涂于制品上，特别是同一制品上要施不同颜色釉时，涂釉法是比较方便的，因为涂釉法可以满足制品上不同厚度的釉层的要求。

（5）荡釉法

适用于中空器物如壶、罐、瓶等内腔施釉。方法是将釉浆注入器物内，左右上下摇动，然后将余浆倒出。倒出多余釉浆时很有讲究，因为釉浆从一边倒出，则釉层厚薄不匀，釉浆贴着内壁出口的一边轴层特厚，这样会引起缺陷。有经验的操作者倒余釉时动作快，釉浆会沿圆周均匀流出，釉层均匀。

由荡釉法发展而来的有旋釉法或称轮釉法，日用瓷的盘、碟、碗类放在辘轳车上施釉的应属于旋釉法，如国内南方一些陶瓷厂制成的生坯强度较差，不能用浸釉法施釉，施釉时将盘碟放在旋转的辘轳车上，往盘的中央浇上适量的釉浆，釉浆立即因旋转离心力的作用，往盘的外缘散开，从而使制品的坯体上施上一层厚薄均匀的釉，甩出多余的釉浆，可以在盘下收集循环使用。

2. 施釉控制

施釉时，要适当选择釉浆的浓度。釉浆浓度过小，釉层过薄，坯体表面上的粗糙痕迹盖不住，且烧后釉面光泽度不好。釉浆浓度过大，施釉操作不易掌握，坯体内外棱角处往往施不到釉，且干燥过程中釉面易开裂，烧后制品表面可能产生堆釉现象。釉料细度过细，则釉浆黏度大，含水率高，在干燥坯上施釉，釉面易龟裂，甚至釉层与坯体脱离，烧后缩釉。釉层越厚，这种缺陷越显著。釉料细度达不到要求，则釉浆粘附力小，釉层与坯体附着不牢，也会引起坯釉脱离。

施釉操作不当也会造成施釉缺陷。浸釉时两手拿着坯体通过釉浆，整体上釉，易造成手指印迹缺陷，并易使制品中心釉层过厚，使釉下彩发朦不清。浇釉时易产生釉缕。盘、碟、碗类先旋内釉后浸外釉时，易造成外釉包裹内釉的卷边痕迹。喷釉不当会堆砌不平，涂釉不当会凹凸不平等。

为保证施釉质量并快速了解釉浆性能，有人提出用釉料的吸收值 P、附着量 C 和坯体的收容量 R 之间的关系作为工厂质量控制的项目。釉料的吸收值 P 为单位面积坯体所吸收的釉料量（g/cm^2）；附着量 C 是用一定尺寸的光滑试样（一般为玻璃片），以固定角度、固定速度通过釉浆时，单位面积玻璃片上附着的釉浆量（g/cm^2）；坯体的收容量 R 为单位面积坯体的吸水量（g/cm^2）。三者之间存在着一定的关系。

P、C、R 三者之间有一定的关系，如图 4-13 所示。当 C 一定时，R 与 P 应为线性关系，但并不全为直线，C 为某一数值时就出现转折，转折点对应的收容量称为临界收容量，表明不同性质的坯（R 不同）欲获一定厚度的釉层（P 值一定），则必须配制一定稠度（C 一定）的釉浆。如果使用倾斜直线，即临界 R 以上部分的釉浆，则釉层就会产生极多缺陷。图 4-14 亦说明，当 R 和 C 为定值时，釉层厚度只能在一定范围内波动才能得到优质釉面，玻片吸附水量为 0.001（g/cm^2）。

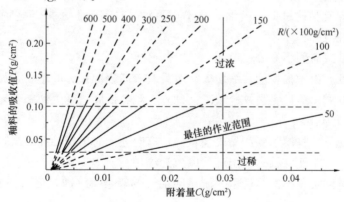

图 4-13　釉料的吸收值 P 与附着量 C 变动时等 R 线图（锌釉）

当施釉时间不变时，随时可由釉层厚度（P 值）与 R 线相交点得知所对应的附着量 C，检测釉浆稠度以便即时进行调整。

4.4.4　釉浆制备及施釉引起的常见缺陷及防止方法

1. 釉浆制备引起的常见缺陷及防止方法

（1）釉面铁点

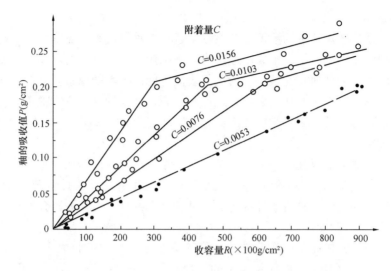

图 4-14　C 值一定时收容量 R 值和釉料的吸收值 P 的关系

当电除铁器发生故障时，除铁效果不好，釉浆中的铁会造成釉面铁点，严重影响产品的外观质量，所以，对除铁器必须及时清洗和检查，以保证除铁效果。

（2）釉层过薄或过厚

当釉浆的密度控制不好时，釉层出现过薄或过厚，使制品的光泽、色泽不稳定，色差加大，无法保持产品的一致性，特别是机械手喷釉，由于喷釉的程序已设定，釉浆参数的控制更应严格。

（3）开裂及流釉

当釉浆的干燥速度、黏性控制不好时，施釉后会出现釉面开裂，烧成后出现滚釉或缩釉。干燥速度过大或黏性过低，喷釉时会出现流釉。釉浆性能不好，施釉后会出现釉面不平，烧成后会出现波釉。

（4）研磨过度或研磨不充分

釉料研磨过度，由于釉料的收缩增大，对具有较高表面张力的釉料，如锆乳白釉，将产生不利的影响，易产生缩釉、裂纹等缺陷；此外，釉料研磨过度会使施于坯体上的釉浆较难干燥。

釉料研磨不充分，将使陶瓷产品表面粗糙，有时还同时出现针孔等缺陷，由于研磨不充分的釉浆易于沉淀，常使施釉出现困难，以致无法进行。

避免上述问题的唯一办法是严格控制每磨釉浆的筛余率（即粒度大小），合格后方可投入使用。

（5）釉料缺乏"塑性"

这里所提到的釉料"塑性"是指釉料粘附于坯体上的能力。这种缺陷常出现在制品的边缘部位和凸起的部位，制品经过烧成后，会呈现釉层厚度不均匀的缺陷。为防止这种缺陷的产生，应在釉浆中加入 CMC、高岭土和膨润土等来改善釉料塑性，高岭土用量应在 4%～10%，膨润土用量不应超过 5%。

加入高岭土和膨润土除了具有改善釉料"塑性"外，还起到悬浮剂的作用，防止釉浆中颗粒沉降分离，保持施釉釉浆密度稳定均匀。

（6）釉料烧成范围小

这种釉料对温度变化和烧成气氛变化非常敏感，导致釉面出现釉坑或针孔等缺陷。由于陶瓷制品在烧成过程中受热情况不同，釉料烧成范围小，常导致窑炉中不同部位的制品间产生色差。釉料熔融范围小的原因之一是由于釉料组成中的化合物较少，使釉料性质与最低共熔点组成相类似，在固定的温度产生共熔。

（7）釉料熔融过度或熔融不充分

这种缺陷都是由于釉料组成而引起的。釉料过度熔融将导致釉面起泡，在制品边缘或釉层较薄的部位，由于釉料与坯体发生反应而使表面非常粗糙，解决这种缺陷必须重新研制适应的釉料配方。

（8）熔块熔制不完全

这种缺陷是由釉料中加入的熔块所引起的，引起的缺陷通常有两种类型：一是由于在熔块熔制过程中没有完全分解的物质放出气体，导致釉面起泡等表面缺陷；二是由于在熔块熔制过程中，部分水溶性化合物没有充分形成非水溶性化合物，引起缺陷。熔块中的水溶性化合物将影响釉浆的 pH 值，造成釉浆沉淀，以致无法使用。因此要严格控制生产中使用的熔块质量。

2. 施釉引起的常见缺陷及防止方法

（1）缺釉

这种缺陷是由于坯体表面的灰尘、油污在施釉前未擦净；釉浆密度过大使浸釉操作不易掌握造成棱角处缺釉。解决这种缺陷必须控制好釉浆的工艺性能以方便施釉操作，施釉前将坯体上的灰尘、油污用海绵擦净。

（2）厚度不均匀

施釉后如果釉层薄厚不均，会使产品出现色差，影响外观质量。手工施釉要按操作标准操作，机械手施釉要调整好操作程序。无论是手工施釉还是机械手施釉，都需要保证釉层厚度的均匀一致。

（3）边角出现龟裂

当喷釉、浸釉、淋釉操作不当时，很容易在制品内边角处出现堆釉，致使釉层过厚，产生小裂，如不处理，烧成后就会滚釉。所以应将其擦掉，重新补釉。

（4）釉面不平

釉面不平时，烧成后的釉面难以平整，影响产品的外观质量。产生的原因是喷嘴雾化不好；釉浆的干燥速度过快，流动性不好或密度太大，施釉操作不熟练。防止方法是用整形锉修整喷枪的喷嘴，使其雾化好；调整好釉浆的工艺性能；对施釉工加强技术培训。

（5）釉滴

这种缺陷是使用机械甩盘甩釉和喷釉的施釉线上最常出现的缺陷。这种缺陷是由聚集在施釉箱内壁的釉滴掉落在坯体上而产生的。釉滴产生的原因有釉箱吸尘装置的吸力不足，而使釉雾在釉箱内壁聚集或设备运行引起釉箱产生振动等。因此，产生釉滴缺陷时应检查施釉箱是否振动；清理吸尘系统，增大吸尘系统吸力。

（6）釉料凝块

这种缺陷是使用机械甩盘甩釉和喷釉的施釉线上最常出现的缺陷。釉料凝块产生的原因与釉滴类似，是由施釉箱内壁釉料凝块落到制品上引起的。这种缺陷产生的原因有：①吸尘系统吸力过大，当釉料受到过大吸力的影响而撞到釉箱壁上，则容易凝结成硬块；②釉料配方中使用的塑性料过高，如墙地砖使用的底釉，由于其配料中塑性料含量高，因此，更易产生釉料凝块；③釉箱振动加速了凝块的脱落。解决这种缺陷的方法之一是经常清洗施釉釉箱。

（7）施釉量不同引起的色差

坯体施釉量不同会使制品产生色差。施釉导致色差的原因有：①釉浆密度发生了变化；②坯体吸附釉料或坯体温度发生变化；③输釉管堵塞造成施釉量变化。釉浆密度要定期检测，使其保持稳定，特别是当向施釉罐中添加新釉料时，要检测调整好后再加入。

第5章 陶瓷常用釉

5.1 常用基础釉组成

虽然釉的品种多，组成各异，性质不同，适合装饰的制品也不同，但是其基本组成都可以表示为由基础釉和某些能起特定艺术效果的原料组成。如石灰釉为基础釉，添加含铁的着色原料，在还原气氛下可制得青釉；又如用玻璃质釉，添加结晶剂 ZnO，在氧化气氛下可制得硅酸锌结晶釉。

作为基础釉，常用的有长石釉、石灰釉、玻璃质釉、硼铅釉、铅釉等。它们的原料组成、性质及适用范围表示在表 5-1 中。此外，还有锆釉、硼釉、锌釉、钡釉等也可作基础釉。基础釉的构成与玻璃相似，是以大小不等的硅氧四面体或硼氧四面体聚合体为主，再配以铝氧四面体（在普通玻璃网络中是没有的）以及碱金属和碱土金属的氧化物多面体共同构筑成的三维空间网络。人们就是用石英、高岭土、长石、石灰石等原料，经过配方计算得到能满足釉料在烧成后构筑成三维空间网络的配方。

作为能起特定艺术效果的原料，则根据釉面艺术性能的需要，可选用着色剂、无光剂、乳浊剂、结晶剂等原料。

表 5-1　常用的基础釉组成

名　称	所用原料	釉烧温度（℃）	釉的性质特点	适用范围	组成特点
长石釉（难熔釉）	长石、石英、高岭土、滑石、方解石、白云石、氧化锌、熟料等，主要熔剂为长石		属生料釉，釉面透光性好，光泽度高，硬度大，高温黏度大，熔融温度高，烧成温度较宽	可配色釉、乳浊釉、裂纹釉等	$R_2O \geq RO$
石灰釉（高温釉）	长石、石英、高岭土、滑石、方解石、白云石、氧化锌、熟料等，主要熔剂为方解石、石灰石	1260～1350	属生料釉，釉面透光度好，光泽度高，弹性好，强度高，膨胀系数低，黏度较小，烧成温度较窄	可配色釉、乳浊釉、无光釉、结晶釉、花釉等	$CaO \geq 0.7$
石灰-长石混合釉（高温釉）	长石、石英、高岭土、滑石、方解石、白云石、氧化锌、熟料等，主要熔剂原料为石灰石、长石		属生料釉，兼有长石釉、石灰釉的特点		$CaO \approx 0.7$ $R_2O > 0.2$
铅釉（易熔釉）	铅化合物，石英，少量高岭土、长石、石灰石，主要熔剂是铅化合物	800～1000	可配生料釉，但主要是配熔块釉，釉烧温度低。釉面透明度好，光泽度高，硬度小，色釉颜色鲜艳。PbO 过多时，易龟裂	可配色釉、无光釉、花釉等	$PbO > 0.5$ $Al_2O_3 \approx 0.2$ 不含 B_2O_3

名　称	所用原料	釉烧温度 (℃)	釉的性质特点	适用范围	组成特点
硼釉 （易熔釉）	长石、石英、石灰石、硼化合物等，主要熔剂是硼化合物	800～1200	用硼砂、硼酸，一定要制熔块釉。釉烧温度低，釉面光泽度高，透明度好，弹性大，硬度低。色釉颜色鲜艳	可配色釉、无光釉、花釉等	$B_2O_3 \approx 0.2$ $Al_2O_3 \leqslant 0.3$ 不含 PbO
铅硼釉 （易熔釉）	长石、石英、黏土、硼砂、铅粉及铅硼化合物，主要熔剂是铅硼化合物	900～1200	属熔块釉，釉面透明度好、光泽度高。弹性好，颜色鲜艳，黏度小，熔融温度低，膨胀系数小	可配色釉、乳浊釉、无光釉、花釉等	$PbO+B_2O_3 \geqslant 22\%$
玻璃釉	玻璃粉、石英、长心、黏土、石灰石、氧化锌等，主要熔剂为玻璃粉、石灰石	1200～1300	属熔块釉，釉面光泽度、透明度好，黏度较小，膨胀系数稍大	可配结晶釉、颜色釉等	$R_2O \leqslant RO$ $Al_2O_3 \leqslant 0.3$

5.2　长石-石灰釉

5.2.1　长石釉

长石釉以长石为主要熔剂，由长石向釉中引入 K_2O 及 Na_2O 等碱性组分。在釉式中 K_2O+Na_2O 的摩尔数等于或稍大于碱土金属氧化物摩尔数的总和，如：

$$\left.\begin{array}{l} 0.5KNaO \\ 0.5CaO \end{array}\right\} \cdot (0.2 \sim 2.2)Al_2O_3 \cdot (4 \sim 26)SiO_2$$，参见表 5-2 中 1～10 号釉。它属于生料釉，主要由长石、石英、黏土、石灰石或方解石、白云石、氧化锌等原料配制而成。釉的特点是硬度大，光泽强，透光性好，略呈乳白色，有柔和感，烧成范围宽，与高硅坯体结合良好，适用于釉上彩绘。主要适用于日用瓷、硬质瓷、硬质精陶等产品。

5.2.2　石灰釉

该釉以石灰石或方解石为主要熔剂。由石灰石或方解石向釉中引入 CaO 组分，可含有少量的也可不含碱性组分。在釉式中 CaO 的摩尔数至少应大于其碱金属和碱土金属氧化物摩尔数的总和。其标准石灰釉釉式为：

$$\left.\begin{array}{l} 0.3K_2O \\ 0.7CaO \end{array}\right\} \cdot 0.5Al_2O_3 \cdot 4.0SiO_2$$

若釉式碱性组分中只含单一 CaO 则称为纯石灰釉，参见表 5-2 中 11～16 号釉。石灰釉也属生料釉，所用主要原料的种类与长石釉相同。该釉的特点是高温黏度小，釉层弹性好，透光性强，光泽好，机械强度高，外观有刚硬感，膨胀系数低，但烧成范围窄且易烟熏，与高铝质坯体结合良好，并有利于色料的呈色。主要适用于日用瓷、硬质瓷、硬质精陶以及建筑卫生陶瓷等产品。

5.2.3　长石-石灰混合釉

我国古代瓷釉开始时均为石灰釉，自唐宋以后，为改善釉的性能，开始在石灰釉中引入长石，即引入部分 K_2O、Na_2O 作助熔剂，因而人们又称为长石-石灰混合釉或石灰-碱釉。目前，陶瓷界并未严格划分石灰釉与石灰-碱釉（或长石釉与石灰-碱釉）的界限，实际上也很难区分开来。但通常人们习惯认为，在釉式碱性氧化物中，当 CaO 摩尔数大于等于 0.7～0.8（约相当于 CaO 质量百分含量大于等于 10％～13％）时则属于石灰釉；而当 CaO＜10％，R_2O＞3％时则属长石-石灰混合釉，参见表 5-2 中 17～26 号釉，目前应用最为广泛的仍是长石-石灰混合釉，该釉使用的原料及应用范围与石灰釉相同，具有与石灰釉相近的优点，但在一定程度上克服了石灰釉的缺点，如适当拓宽了烧成范围。

表 5-2　长石釉、石灰釉及长石-石灰混合釉配方、化学组成及主要参数

| 釉　号 | 化学组成（质量百分数％） | | | | | | | | 釉烧温度（℃） | 应用范围 |
	SiO_2	Al_2O_3	Fe_2O_3	TiO_2	CaO	MgO	K_2O	Na_2O		
1	70.98	14.77	0.07		1.43	0.70	7.66 ZrO_2 4.40		1250～1270	彩釉砖底釉
2	70.6	16.8	0.7		1.3	0.2	4.2	4.9		日用瓷釉
3	74.99	14.80	0.37		1.09	0.36	4.31　3.49 ZnO　0.65			日用瓷釉
4	75.59	12.66	0.10		0.32	3.01	8.06	8.06		日用瓷釉
5	77.02	14.78	0.61		1.42	0.40	2.94	3.04		日用瓷釉
6	74.10	16.10			1.26	0.81	4.30	2.04		日用瓷釉
7	76.16	14.53	0.32		2.67	0.53	5.00	1.78		日用瓷釉
8	72.90	14.62	0.39		0.18	3.61	8.31			日用瓷釉
9	79.63	11.80	0.08		0.36	3.00	5.77			色釉基釉
10	73.29	15.15	0.13		2.33	2.23	6.16	1.40		
11	60.31	15.78	0.30		14.59	6.57	2.45		1260～1280	色釉基釉
12	72.93	16.05			9.46		1.57		1320	
13	64.68	14.98	0.31		13.12	0.23	3.49	3.19	1370	日用瓷釉
14	67.41	12.63			12.55		7.4		1225	
15	68.39	14.84			10.14	1.30	5.33			陶瓷釉
16	68.20	13.88			9.59	1.65	6.07 ZnO　0.62			缎光釉
17	67.42	12.37	0.17		9.99	2.63	5.92	1.46		
18	63.82	13.88	0.15		10.43	5.11	4.30　1.72 ZnO　6.33			炻器釉
19	72.73	13.70	0.23		1.48	3.65	6.03	2.19	1340	日用瓷釉
20	72.81	15.05	0.12		2.32	2.22	6.11	1.39		日用瓷釉
21	66.73	16.50			5.19	1.12	10.46			炻器釉

釉 号	化学组成（质量百分数%）								釉烧温度（℃）	应用范围
	SiO_2	Al_2O_3	Fe_2O_3	TiO_2	CaO	MgO	K_2O	Na_2O		
22	68.73	15.43	0.61	2.11	4.41	0.19	3.84　2.53 ZnO　2.15		1280~1320	色釉
23	62.70	17.20	0.95	0.05	1.97	2.65	7.63　1.27 BaO　5.57		1290~1310	青瓷釉
24	69.64	12.03	0.20		3.17	3.19	6.98			日用瓷釉
25	74.0	13.7	0.17	0.1	3.7	3.14	3.85	1.30	1280~1300	日用瓷釉
26	64.32	11.24			7.35	0.09	4.80　1.69 Li_2O　0.48 BaO　4.62 ZnO　5.41		1180~1280	

5.3 铅、硼低温釉

5.3.1 简单铅釉

简单铅釉是指仅以 PbO 作唯一熔剂的釉。主要用于彩饰色料的熔剂及少量艺术陶瓷制品，也用于琉璃瓦等制品。

PbO 和 SiO_2 在任何比例下都可形成玻璃。作为简单铅釉使用时，其组成一般在原硅酸铅至三硅酸铅之间。PbO-SiO_2 系统的最低共熔点在原硅酸铅和三硅酸铅之间，其组成为 PbO 84.6%、SiO_2 15.4%。这是釉上彩，尤其是墙地砖丝网印花腐蚀釉常用的熔剂，其熔化温度为 715℃±10℃。

简单铅釉往往在水中或酸中有较大的溶解度。选择合适的组成，尽量降低铅溶出，对保护人身健康和环境极为重要。

为了降低铅溶出量，提高釉的耐水、耐酸性，可在简单铅釉中加入氧化铝。PbO-Al_2O_3-SiO_2 系统低共熔组成为：$PbO \cdot 0.254 Al_2O_3 \cdot 1.91SiO_2$。该组成的熔块玻璃完全熔化温度只有 770℃，1150℃时黏度很小，其耐酸性比二硅酸铅高出约 5 倍。当（Al_2O_3＋R_2O＋RO）/SiO_2（摩尔比）<0.5 时，铅溶出量可以符合卫生要求。作为餐饮具用釉或彩饰，最好用无铅釉。

5.3.2 铅硼釉

在铅釉中加入 R_2O 的称为碱铅釉；加入碱土金属氧化物 RO 的称为碱土铅釉；加入 B_2O_3 的称为硼铅釉或铅硼釉；同时含有 PbO、R_2O、RO、B_2O_3 的则相对于简单铅釉称之为复杂铅釉，是在陶瓷制品中有应用价值的釉类。表 5-3 为各种硼铅釉的组成范围与相应的使用温度。

表 5-3　传统铅硼釉的化学组成及使用温度

釉编号	化学组成（mol）									使用温度（℃）
	PbO	K$_2$O	Na$_2$O	CaO	MgO	ZnO	Al$_2$O$_3$	B$_2$O$_3$	SiO$_2$	
1	0.65	0.10	0.05	0.10	0.05	0.05	0.23	0.30	3.00	900
2	0.65	0.10	0.07	0.22	—	—	0.12	0.13	1.84	920
3	0.25	0.20	0.25	0.30			0.28	0.50	2.10	960
4	0.30	0.15	0.20	0.25	0.05	0.05	0.30	0.40	2.50	1000
5	0.25	—	0.25	0.50			0.30	0.50	3.00	1020
6	0.33	—	0.33	0.33	—	—	0.13	0.53	1.73	1040
7	0.40	0.10	0.25	0.25			0.20	0.50	1.50	1060
8	0.30	0.20	0.05	0.45			0.30	0.30	3.00	1080
9	0.21	0.06	0.21	0.53			0.28	0.41	3.54	1100
10	0.30	0.20	0.15	0.35			0.28	0.31	3.00	1120
11	0.25	0.06	0.19	0.49			0.28	0.38	2.81	1140
12	0.50	0.15	0.15	0.20			0.30	0.50	2.60	1160
13	0.20	0.20	0.10	0.30		0.20	0.30	0.30	3.00	1180
14	0.20	0.30	0.25	0.25			0.35	0.30	3.00	1200
15	0.45	0.05	0.05	0.50			0.27	0.32	2.70	1230

表 5-4 为我国日用精陶产品使用的铅硼釉配方的化学组成及釉烧温度范围。釉式变化范围如下：

$$
\left.\begin{array}{l}
(0.0\sim0.3)\ \text{K}_2\text{O} \\
(0.0\sim0.3)\ \text{Na}_2\text{O} \\
(0.0\sim0.4)\ \text{CaO} \\
(0.0\sim0.1)\ \text{MgO} \\
(0.0\sim0.3)\ \text{ZnO} \\
(0.1\sim0.35)\ \text{PbO}
\end{array}\right\} \cdot (0.2\sim0.4)\ \text{Al}_2\text{O}_3 \cdot \left.\begin{array}{l}
(2.0\sim3.5)\ \text{SiO}_2 \\
(0.1\sim0.5)\ \text{B}_2\text{O}_3
\end{array}\right\}
$$

表 5-4　我国日用精陶铅硼釉化学组成及釉烧温度范围

类别	釉编号	化学组成											釉烧温度（℃）
		SiO$_2$	Al$_2$O$_3$	Fe$_2$O$_3$	CaO	MgO	K$_2$O	Na$_2$O	ZnO	PbO	B$_2$O$_3$	F$_2$	
质量百分数组成（%）	1	44.67	6.25	0.22	8.35	0.63	5.17	1.73	9.04	13.21	10.40	—	1060~1160
	2	48.59	7.42	0.14	4.61	0.11	3.81	4.15	7.19	15.19	8.81	—	1080~1160
	3	50.50	7.04	0.10	4.64	0.05	5.15	2.17	7.48	14.86	8.01	0.89	1100~1200
	4	53.20	6.88	0.14	6.20	0.07	2.58	5.44	2.15	14.82	8.00	—	1080~1180
	5	51.30	9.06	0.25	4.37	1.13	0.84	3.91	4.68	15.80	8.68	—	1100~1200
	6	49.80	8l.9	0.50	4.95	0.20	2.94	4.54	—	20.40	7.76	—	1100~1200
	7	43.72	6.58	0.08	5.55	0.37	1.37	6.52	8.90	14.66	12.5	—	1020~1100

续表

类别	釉编号	化学组成											釉烧温度（℃）
		SiO_2	Al_2O_3	Fe_2O_3	CaO	MgO	K_2O	Na_2O	ZnO	PbO	B_2O_3	F_2	
相对摩尔组成（mol）	1	1.78	0.14	0.01	0.356	0.04	0.13	0.07	0.266	0.141	0.36	—	1060～1160
	2	2.318	0.21	0.01	0.235	0.01	0.12	0.19	0.258	0.195	0.36	—	1080～1160
	3	2.530	0.21	0.01	0.249	0.01	0.16	0.11	0.276	0.201	0.34	0.14	1100～1200
	4	2.832	0.22	0.01	0.330	0.05	0.09	0.28	0.085	0.212	0.36	—	1080～1180
	5	2.796	0.29	0.01	0.255	0.02	0.03	0.21	0.188	0.231	0.41	—	1100～1200
	6	2.860	0.30	—	0.305	0.02	0.11	0.23	—	0.317	0.33	—	1100～1200
	7	1.805	0.16	0.01	0.246	0.03	0.6	0.26	0.272	0.162	0.45	—	1020～1100

表 5-5 为国外精陶铅硼釉的化学组成及釉烧温度范围。

表 5-5　国外精陶铅硼釉的化学组成及釉烧温度范围

国　别	化学组成（质量百分数%）										釉烧温度（℃）
	SiO_2	Al_2O_3	Fe_2O_3	CaO	MgO	K_2O	Na_2O	ZnO	PbO	B_2O_3	
日本	56.49	9.18	0.04	5.48		8.07	0.86	2.37	11.42	6.14	1100～1200
日本	45.00	7.86	0.05	5.06		4.25	3.73	—	23.51	1.54	1050～1100
英国	53.96	7.28	0.05	6.37		1.87	4.11	—	18.00	8.00	1110
英国	4830	7.83	0.10	7.17		5.64	0.36	3.82	18.50	8.26	1080
美国	48.70	8.57	—	9.02		5.74	0.70	3.51	17.08	6.67	1100～1180
德国	47.91	14.71	—	11.01		4.01	0.61	—	17.51	4.13	1135～1170
前苏联	50.92	11.13	0.04	4.07		3.42	3.01	—	18.93	8.49	1200
前苏联	45.97	12.18	—	—		9.33	2.28	10.91	4.89	5.05	1050～1150

由表 5-4 和表 5-5 可以看出，精陶铅硼釉烧成范围很宽。按摩尔比 $\dfrac{SiO_2}{R_2O+RO}=2.5\sim3$，$\dfrac{SiO_2}{Al_2O_3}=9.5\sim12$。这些釉不仅适用于二次烧成的日用精陶、釉面砖，也可以应用于二次烧成低温釉烧的软层瓷釉。

5.4　钙锌釉、钙镁釉、钙钡釉

5.4.1　钙锌釉和锌釉

钙锌釉是指在石灰釉基础上加入氧化锌作熔剂的釉，在赛格尔式中，ZnO 的摩尔数小于 0.5。如果 ZnO 摩尔数大于 0.5，则应称之为锌釉。

加入氧化锌后，釉的组成基本上可以看作 K_2O-CaO-ZnO-Al_2O_3-SiO_2 五元系统的复杂共熔物。

正长石和石英构成的系统，最低共熔点组成为 KNaO·Al_2O_3·6.4SiO_2；而 CaO-Al_2O_3-SiO_2 系统的三元最低共熔点组成为 CaO·0.35Al_2O_3·2.48SiO_2；ZnO-Al_2O_3-SiO_2 系统的最低共熔点组成为 ZnO·0.318Al_2O_3·0.81SiO_2。由上述三个低共熔物的混合物所组成的最低共熔（三角锥变形）温度只有 1040℃，其组成大致为：

$$\left.\begin{array}{l} 0.4KNaO \\ 0.3CaO \\ 0.3ZnO \end{array}\right\} \cdot 0.6Al_2O_3 \cdot 3.55SiO_2$$

该点配料组成为（质量百分数％）：

钾长石 59.62，方解石 8.03，氧化锌 6.50，高岭土 13.81，石英 12.04

在该系统中组成的釉，可以在 1140～1420℃ 范围内使用。其中组成如下式的釉，这是个典型的釉，烧成温度为 1200～1230℃，被称为标准钙锌釉。

$$\left.\begin{array}{l} 0.35KNaO \\ 0.35CaO \\ 0.30ZnO \end{array}\right\} \cdot 0.55Al_2O_3 \cdot 3.30SiO_2$$

往高温釉中增加少量锌，可以降低釉的烧成温度，这是许多无铅釉中多少加一些 ZnO 的原因。

设计含锌量高的钙锌釉，主要是为了制取 1200℃ 以下烧成的光泽釉。一般来说，当 ZnO 和 CaO 摩尔数大体相当，或 ZnO 略多一些，且釉式中 Al_2O_3/SiO_2 比值在 1/5.5～1/7.0 范围内时，均可构成 1200℃ 以下烧成的透明光泽釉。如：

$$\left.\begin{array}{l} 0.35KNaO \\ 0.30CaO \\ 0.45ZnO \end{array}\right\} \cdot 0.56Al_2O_3 \cdot 3.10SiO_2$$

$$\left.\begin{array}{l} 0.40KNaO \\ 0.30CaO \\ 0.30ZnO \end{array}\right\} \cdot 0.45Al_2O_3 \cdot 3.25SiO_2$$

在 ZnO 含量进一步提高，摩尔数大于 0.5 时，且 Al_2O_3 与 SiO_2 含量很低时，构成锌釉。锌釉的性能随 SiO_2 和 Al_2O_3 含量及其比值发生较大变化，如图 5-1 所示。锌釉易形成无光釉、结晶釉或乳浊釉。

5.4.2　钙镁釉

在钙釉中添加滑石、白云石或菱镁矿时构成钙镁釉，当 MgO 摩尔数大于 0.5 时，则为镁釉。引入滑石时称为滑石釉，引入白云石时则称为白云石釉。

在低温釉中一般不含 MgO；在高温釉中增加极少量 MgO，有一些助熔作用，但比 ZnO 显然小得多。MgO 超过 0.10mol 时，则反使釉的烧成温度提高，或使釉无光。真正的光泽镁釉均为高温釉。但 MgO 能提高釉的白度，降低釉的热膨胀系数，增加釉的弹性，从而改善瓷器的耐急冷急热性。因此，许多瓷釉中均使用 MgO，高温烧成的硬质瓷釉则使用真正的镁釉。

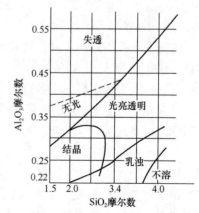

图 5-1　锌釉（0.20KNaO · 0.20CaO · 0.60ZnO）性能随 SiO_2、Al_2O_3 变化关系（1280℃烧成）

含 MgO 的光泽透明釉，必须在合适的 Al_2O_3、SiO_2 含量和比值下才能形成，否则，很容易形成无光釉。

例如熔剂组成为 $0.15KNaO \cdot 0.30CaO \cdot 0.45MgO \cdot 0.10ZnO$ 的釉，在 1280℃ 氧化气氛烧成时，釉的性能与 Al_2O_3、SiO_2 含量及 SiO_2/Al_2O_3 比值的关系如图 5-2 所示。

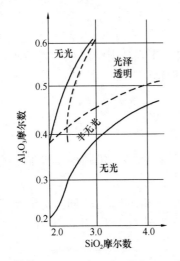 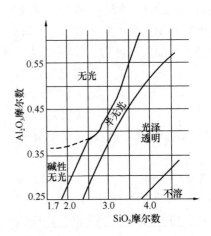

图 5-2　镁釉（$0.15KNaO \cdot 0.30CaO \cdot 0.45MgO \cdot 0.10ZnO$）性能随 SiO_2/Al_2O_3 比变化关系（1280℃烧成）

图 5-3　钙钡釉（$0.20KNaO \cdot 0.45CaO \cdot 0.35BaO$）性能随 SiO_2/Al_2O_3 比变化关系（1280℃烧成）

5.4.3　钙钡釉

BaO 的助熔性在 ZnO 和 MgO 之间，在釉中不易使釉结晶或形成无光釉。BaO 的相对分子质量高，加入相同质量，其熔剂效果比 ZnO 小得多。BaO 多以 $BaCO_3$ 形式引入，又因 $BaCO_3$ 有毒性，使用时应注意。图 5-3 为钙钡釉性能与 Al_2O_3、SiO_2 含量的关系。

5.5　灰　　釉

灰釉是我国最古老的一种传统高温釉，其化学组成与石灰釉或长石-石灰釉相近，助熔剂亦以 CaO 为主，另外含有 MgO、K_2O、Na_2O 等，所不同的是灰釉中含有少量磷酸盐、氧化锰，有时铁含量略高。正是这些少量特殊组分使该釉具有色调优雅的特点，还原烧成可使瓷器具有白里泛青的特殊风格。随着制釉技术的发展，灰釉所用原料和制备方法不断变化，因此，可将灰釉分为天然灰釉和人工合成灰釉。

天然灰釉：是用某种草木灰与长石、瓷石（釉果）及黏土等原料配制而成的。草灰主要是用某些木料及农作物的废弃物等物质煅烧而成的，如柞灰、榉灰、栗皮灰、松灰、竹灰、稻草灰、糠灰等以及土灰和用青白石（石灰石）与凤尾草炼制而成的釉灰等，各种灰的性质、组成是由煅烧前物质的种类、产地决定的。一般木灰以石灰为主要成分；稻草灰、谷糠灰等则以 SiO_2 为主，其次含有一定量的 Al_2O_3、MgO、K_2O、Fe_2O_3、磷酸盐等。天然灰釉主要是由上述各种灰与长石、瓷石、石英及黏土等原料配制而成，如土灰-长石系、谷灰-长石系、土灰-稻草灰或谷灰系、釉灰-釉果（瓷石）系、土灰-谷灰-长石系等二组分或三组分或更多组分体系，该釉因使用原料种类及数量不同，可获得具不同风格和效果的釉。

合成灰釉：尽管天然灰釉应用历史较长且具有独特效果，但由于所用的灰或釉灰的制备工艺比较繁琐，且化学组成不稳定，所制得釉的色调等性能重复性较差。因此，随着制瓷技术的发展，人们已认识到可以通过模仿天然灰釉化学组成，引入一些与天然灰的组成相近的一些原料，如滑石、石灰石、骨灰、氧化铁、二氧化锰等，并与硅石、长石、黏土等配合成釉，从而可提高釉及产品的质量，这种釉称为合成灰釉。

釉灰是配铜红釉及青釉的熔剂，对铜红釉的呈色有较好的作用，是铜红釉的常用原料。由于加入釉灰，青釉透明性强，对釉下青花的发色作用亦良好。

（1）景德镇釉灰

其配制方法为：采用最纯的石灰石块置于石灰窑中，再以凤尾草敷在石块上，这样相间层积烧炼并反复几次煅烧，所得的石灰和凤尾草混合磨碎，淘净使用。石灰和凤尾草比例为6：4。

（2）二灰

釉灰淘洗后的残渣经过一段时期的陈腐后，再研磨淘漂精细后使用。

（3）广东乌汤

谷糠 10 份，石灰 1 份，混合煅烧成块状，粉碎，淘洗，烘干备用。

釉灰一般用于配制艺术釉，除上述外，各地都有自己独特的原料选择与加工方式。

5.6　基础釉组成示例

一般来说，烧成温度在 1250℃以上采用生料釉即可，1200℃以下多采用熔块釉。温度愈低，熔块的含量需愈高。需要指出的是，釉是施敷于坯体上，所以烧成温度也受到坯料的影响。坯料烧成温度较高时，会使釉的烧成温度有所提高，相反则会使釉成熟温度有所降低。以化学组成表示，不同烧成温度下基础釉的大致组成见表 5-6。

表 5-6　不同烧成温度下基础釉的化学组成

编 号	SiO_2	Al_2O_3	Fe_2O_3	CaO	MgO	K_2O	Na_2O	ZnO	B_2O_3	PbO	IL	烧成温度（℃）
1	73.04	13.98	—	5.94		7.04					—	1330
2	72.93	16.05		9.46		1.57					—	1320
3	71.52	13.18	0.47	9.10	0.81	4.92					—	1300
4	74.5	13.52	0.05	3.62	2.31	5.83	0.36				—	1280
5	76.25	13.03	0.32	0.64	2.76	7.60					—	1250～1280
6	70.01	13.63	0.35	4.93	1.76	7.10	2.14				—	1200～1250
7	49.75	6.93	0.10	4.57	0.05	5.07	2.14	7.37	7.89	14.64	1.63	1100
8	48.82	7.80	0.08	5.55	0.37	1.37	6.82	9.40	13.25	14.66	—	1080
9	52.66	8.22	0.20	6.30	0.30	0.08	7.05	—	8.39	16.63	0.57	1050～1080

配方示例仅是参考，关键在于掌握配方的方法，精通这一点也许就会用相同的原料（或仅作少量调换）配制出不同温度下或颜色系列深浅变化的釉。同样的原料名称却有可能化学成分不同，相同的釉用在不同的坯体上烧成效果不同。因此没有必要死记配方，仅掌握其规律和原

料性能，通过实践工作经验的积累、试验工作的效果检验，就可达到应用自如的效果。

5.7 乳 浊 釉

5.7.1 乳浊机理

　　透明釉层中存在着密度与釉玻璃不同的微小的晶粒、分相液滴或微小气泡时，入射到透明釉层中的光线遇到小于其波长的微粒，在微粒界面上由于光波作用，其原子和离子成为以光波频率振动的偶极子，吸收光波的能量，同时发生二次光辐射，使入射光的方向改变；入射到透明釉层中的光线遇到与波长相当或更大微粒时，光线被粒子表面漫反射，使入射光的方向改变。在介质中光线由于偶极子光辐射或平面光波的漫反射使光线偏离入射方向的现象称为光的散射。入射光被散射，透明釉的透明度降低，釉层呈乳浊状，即为乳浊釉。入射光被散射的比例越多，则釉的乳浊程度越高。

　　乳浊剂粒子直径在 $0.4\sim0.75\mu m$ 时，对可见光有最强的散射作用。乳浊剂粒子与釉玻璃之间折光率之差愈大，散射系数愈高，釉的乳浊性愈强。

　　在实际应用中，釉层对入射透过光线散射的强度，不仅决定于微粒子的散射系数，还决定于釉中散射粒子的浓度，即光线透过釉层厚度方向上存在的散射粒子的个数。乳浊剂浓度高，光线被散射的几率增加，被散射后的光线被再次散射的几率也增加，所以提高釉层厚度，增加乳浊剂含量，也可提高釉层乳浊性和遮盖力。

5.7.2 锡乳浊釉

　　锡乳浊釉是原始加入的二氧化锡粒子悬浮在釉玻璃中产生乳浊的釉。它不仅是所有乳浊釉中应用历史最久、乳浊效果最好、对基础釉适应性最强的乳浊釉，而且至今仍然是艺术陶瓷、卫生陶瓷等产品中要求使用最高级乳浊釉的选用对象。

1. 二氧化锡乳浊剂

　　锡乳浊釉可以用天然锡石矿、铅锡灰和二氧化锡作乳浊剂。锡石矿因杂质多，很少用。铅锡灰是铅锡合金经氧化后的混合物，过去用于低温烧成的铅釉中，如低温马约利卡陶釉。陶瓷工业中锡釉主要用工业二氧化锡作为乳浊剂，二氧化锡在釉熔体中溶解度很小（0.6%～0.9%），溶解后也不易析出。这一特点决定了二氧化锡作为乳浊剂应用的特点：

　　① 由于在各种釉熔体中稳定，总是以原始加入的悬浮粒子形式发生乳浊作用，因此，对基础釉的组成没有特殊要求，它可以在各种釉中作用。

　　② 二氧化锡乳浊剂在各种釉中均可以以球磨加料方式配入釉中，不必也不应当加入熔块配料中熔制。

　　③ 加入的二氧化锡乳浊剂，要求其粒子很细，最好符合能产生最大乳浊效应的尺寸要求，粒径约为 $0.4\sim0.7\mu m$。

　　④ 二氧化锡以原始粒子存在于釉熔体中，使釉高温流动阻力略有增加，但不产生较大影响。因此，加入二氧化锡，釉的成熟温度、高温黏度和表面张力略有提高，但变化不大。大部分透明釉可直接加入二氧化锡形成乳浊釉。

2. 锡釉的工艺特征

（1）锡釉的组成

锡釉可以在几乎任何釉组成中直接磨加超细二氧化锡构成，兹举数例说明之。

① 低温生料铅硼锡釉

铅丹 47%，硼酸 30%，苏州土 5%，石英 11%，氧化锌 2%，二氧化锡 4%。

在 880～980℃ 下烧成，光亮平滑，白色不透明。

② 中温生料铅硼锡釉

石英粉 30%，硼砂 25.5%，铅白粉 13.5%，长石粉 9%，纯碱 6.5%，烧黏土 4%，高岭土 3.5%，二氧化锡 8%。

在 1000～1200℃ 下烧成，光亮平滑，乳白不透明。

③ 内墙釉面砖锡釉

二次烧成，立装，釉面砖釉烧温度为 1000～1100℃。

$$\left. \begin{array}{l} 0.125K_2O \\ 0.139Na_2O \\ 0.186CaO \\ 0.154MgO \\ 0.234PbO \\ 0.162ZnO \end{array} \right\} \cdot \left. \begin{array}{l} 0.249Al_2O_3 \\ 0.003Fe_2O_3 \end{array} \right\} \cdot \begin{array}{l} 1.899SiO_2 \\ 0.270B_2O_3 \\ 0.093SnO_2 \end{array}$$

（2）锡乳浊釉的烧成

二氧化锡不溶于水，在许多硅酸盐高温熔体中溶解度很小，然而却极易被还原：

$$SnO_2 + CO = SnO + CO_2$$
$$SnO + CO = Sn + CO_2$$
$$Sn + SnO_2 = 2SnO$$

这些反应在低温下（565～850℃）即开始进行，而且具有较高的反应速度常数。

SnO_2 一旦被还原成 SnO，则 SnO 更容易进一步被还原成 Sn，而且 SnO 本身在硅酸盐熔体中的溶解度很大。也就是说，在还原气氛下，锡釉必然失去乳浊性而透明，Sn^{2+} 带明显灰色，所以被还原的锡釉为透明的灰黄色。

因此，锡乳浊釉烧成应自始至终保持强氧化气氛。

5.7.3 锆乳浊釉

锆乳浊釉是目前最广泛使用的乳浊釉，而且锆釉成本比锡釉低，性能比钛釉稳定。

锆釉的乳浊既可以磨加含锆乳浊剂的形式出现，也可以含锆乳浊剂溶解后再析出的形式出现，有时甚至两种乳浊机理在同一釉中起作用。因此，锆釉对基础釉组成的要求和相应工艺条件要比锡釉复杂得多，它是乳浊釉研究中报道最多的。

1. 含锆乳浊剂

锆乳浊釉除 ZrO_2 和 $ZrSiO_4$ 外，也可以 ZnO、CaO、MgO、BaO 与 ZrO_2 形成的 $MZrO_3$ 化合物形式加入。在个别釉中，还有加入 Na_2ZrO_3 作为乳浊釉乳化剂的。

研究表明，不论以何种含锆化合物作乳浊剂，最后起乳浊作用的只有 $ZrSiO_4$（锆英石）和 ZrO_2（斜锆石）两种晶相。ZrO_2 与碱土金属氧化物形成的锆酸盐，陡然增加成本，现已不再使用。Na_2ZrO_3 在水中溶解，只在熔块配料中使用。它比锆英石或 ZrO_2 易于形成玻璃，但同时因带入大量 Na_2O，熔块的热膨胀系数难以调整，因而很少采用。

ZrO_2 在磨加生料釉中使用时，溶解度大（约 5%），成本高；在熔块配料中使用时，结果与同时引入等量 $ZrO_2＋SiO_2$ 的锆英石完全相同。

因此，锆乳浊釉最实用的乳浊剂是天然的锆英砂和经精加工后的硅酸锆（$ZrSiO_4$）。

实际生产应用锆英石乳浊剂对粒度的要求分三种情况：

① 配入熔块中使用，希望 $ZrSiO_4$ 完全熔解在熔块中，一般将锆英石精矿砂预磨，至少通过 250 目筛，即最大粒子小于 $63\mu m$。

② 直接配入釉中使用，一方面起乳浊作用，同时希望较粗的锆英石粒子能提高釉的机械性能，特别是耐磨性能，可以使用磨细通过 325 目筛的锆英石粉。例如在快烧地砖底釉、面釉中使用，这样成本也低。

③ 直接配入釉中作乳浊剂，特别是在卫生瓷釉、高级炻器餐饮具釉、高级墙地砖面釉中作乳浊剂使用时，要求锆英石粒度达到表 5-7 所列粒度等级。对于快烧釉，最好采用平均粒径小于 $1.0\mu m$ 的超细粉；慢烧的卫生瓷釉可考虑采用平均粒径稍粗的超细粉。

表 5-7　锆英石超细粉的粒度分布

平均粒径 (μm)	粒度分布（质量百分数%）							
	$1\mu m$	$1.5\mu m$	$2\mu m$	$3\mu m$	$4\mu m$	$5\mu m$	$6\mu m$	$9\mu m$
0.9	61.1	73.0	77.9	89.9	100.0	—	—	—
1.0	53.3	54.2	71.1	85.9	97.2	100.0	—	—
1.2	47.2	57.5	64.9	81.9	93.9	—	100.0	—
1.9	38.4	46.0	51.6	64.7	79.9	—	95.1	100.0

2. 锆釉的组成

① 在组分相同的情况下，ZrO_2 含量提高，釉的白度也随之提高，而且在 Al_2O_3、SiO_2 摩尔含量高时，白度随 ZrO_2 含量增加而提高的梯度加大。

② 在 ZrO_2 和熔块釉组成相同时，釉的白度随 Al_2O_3 和 SiO_2 含量的提高而提高，一般 $SiO_2/Al_2O_3＝8：12$ 时白度最高。

③ 组成不变时，以 ZnO 代替 CaO 或 BaO，釉的白度大幅度提高。

④ 在组成完全相同的情况下，制成熔块釉，釉的白度急剧提高。

⑤ 在釉组成和制备条件相同的情况下，釉的烧成温度和釉的黏度对釉的白度产生重大影响。在釉的烧成温度下，釉的黏度过低，例如在铅釉中，$ZrSiO_4$ 或 ZrO_2 溶解量增加，析出倾向变弱，锆釉的乳浊性能很差；在无铅釉情况下，烧成温度过高，随釉黏度的降低，釉的乳浊能力降低。因此，锆釉组成的优化选择，最重要的任务之一是调整其组成使之在烧成温度下具备使釉具有最佳乳浊效应和良好釉面性能的高温黏度。

5.7.4　钛乳浊釉

1. 钛釉对组成的基本要求

根据钛乳浊釉的特点选择恰当的组成是保证生成白色光泽釉的技术关键。作为陶瓷釉，希望析出钛榍石，形成较稳定的一些乳浊晶相。以钛榍石析晶的乳浊釉应该能使用到中温釉的温度。

为了保证 TiO_2 与 CaO 和 SiO_2 共同形成钛榍石，对釉组成的基本要求是：

① 釉中 CaO/TiO_2 摩尔比必须大于 1，质量比必须大于 0.7。在实际钛釉中，CaO/TiO_2 质量比往往大于 2。

② TiO_2 质量百分含量一般在 4.5％～7％。$TiO_2 < 4.5\%$，析出晶相量少，乳浊程度差；$TiO_2 > 7\%$，常使釉无光。

③ 在上述 TiO_2 含量和相应 CaO/TiO_2 摩尔比之下，釉中还必须含有足够量的 SiO_2。视釉的烧成温度不同，SiO_2 质量百分含量波动范围为 45％～60％。

④ Al_2O_3 是钛釉中第四个重要组分。含少量 Al_2O_3 可以加强釉的网络结构，调整釉的使用温度，但 Al_2O_3 含量不能过高，尤其在 TiO_2 较高、CaO/TiO_2 偏低时更是如此。结果析出 TiO_2（金红石），釉面发黄，这一现象已被研究和实践所证实。Al_2O_3 在钛釉中的含量范围为 2％～9％。

⑤ 其余氧化物如 R_2O、RO、B_2O_3 等，主要起调节釉的烧成温度、热膨胀系数的作用，可在较大范围内变动。例外的是 PbO，在含铅釉中，TiO_2 使釉呈黄色，因此钛乳浊釉中不能含铅。

2. 钛乳浊釉组成（质量百分数％）举例

① 超低温高白钛乳浊釉

SiO_2 49～52.5，Al_2O_3 6.7～8.9，B_2O_3 20～24，K_2O 1.8～3.6，Na_2O 6.0～7.2，TiO_2 2.8～7.5，MgO 4.4～9.6

② 低温快烧高光泽钛釉

SiO_2 51.18，Al_2O_3 4.70，CaO 10.32，MgO 0.93，ZnO 10.70，K_2O 5.67，Na_2O 1.39，B_2O_3 5.07，TiO_2 5.94，ZrO_2 0.59，$Ca_3(PO_4)_2$ 2.38

系全熔块釉，熔块由石英、高岭土、硼酸、纯碱、硝酸钾、滑石、碳酸钙、氧化锌、氧化钛、锆英石、磷酸三钙构成。

熔块熔制温度 1350℃，釉烧温度 990～1020℃。

③ 一次快烧钛白釉

提高例②釉中的耐火氧化物 Al_2O_3、ZrO_2，特别是 SiO_2 的含量，同时降低 ZnO 的含量，可提高釉的始熔点和成熟温度，可适应一次快烧需要。例如：SiO_2 54.2，Al_2O_3 6.1，CaO 10.0，MgO 1.6，ZnO 8.9，K_2O 6.1，Na_2O 1.5，B_2O_3 5.4，TiO_2 5.0，ZrO_2 1.0，P_2O_5 0.2，制成全熔块釉，可应用于烧成温度为 1080℃，烧成周期为 45min 的一次快烧制品。

④ 中温钛釉

表 5-8 为低温卫生陶瓷钛釉配方组成。釉烧温度 1180～1200℃。

表 5-8　几种低温卫生瓷钛釉配方组成　　　　　　　　　　　　（质量百分数％）

釉配方　　釉编号	1	2	3
钾长石	30	29	35
石英	20	21	21
钟乳石	17	16	14

续表

釉配方 ＼ 釉编号	1	2	3
滑石	7	7	—
苏州土	2	2	8
坊子黏土	4	3	—
氧化锌	9	10	11
氧化钛	6	7	6
锆英石	4	4	4
磷酸三钙	1	1	1

第6章 熔块釉

6.1 熔块的作用及熔块釉的特点

6.1.1 熔块的作用

熔块是一些组成特殊的，经过熔化、水淬或冷轧制成的，通常用作釉料、坯体或搪瓷釉等配料组成的一类碎粒或碎片状玻璃材料。陶瓷釉用熔块有以下作用：

① 使可溶性原料变为不可溶，使有毒原料变为无毒原料，增加釉用原料的使用功能。

② 将部分或全部釉用原料熔融成硅酸盐玻璃，减少釉烧时分解化合反应，适合低温快烧工艺。

③ 为调整色料釉料的使用温度，熔块作为助熔剂。

④ 为开发新的装饰方法，熔块是干法施釉的釉料之一。

6.1.2 熔块釉的特点

熔块釉是将几种原料混合均匀，经高温熔融成流动性熔体急剧淬冷的块状玻璃。使用熔块釉的特点主要表现为：

① 水溶性原料，即碱金属碳酸盐、硼酸盐等不能直接用在釉配料中的原料，可将之与其他熔块釉制成不溶于水的玻璃。

② 在低温中反应缓慢的原料，譬如钡化合物等用为熔块釉的成分时，是一种强熔剂。将强熔剂预先引入熔块釉成分中时，可以多量用为釉成分，并能在较大的范围内选择，扩大烧成温度范围，对色料的呈色也会带来好的结果。

③ 作为釉成分固然理想但对人体有害的原料，可将之制成熔块釉，使其无害。

④ 组成相同时，将生原料用为釉成分，不如制成熔块釉能得到浓度更大的泥釉，并可缩小容积。还因为分解和反应完全终结，而使之具有化学稳定性。因此对于坯体的釉下色料更为稳定。熔块釉比生釉能上得更薄些，故可以使制品的轮廓更为清晰。

⑤ 制成熔块釉时成分更为均匀，可以防止因原料的相对密度、颗粒大小、形状或由于粒子的硬度等显著差异而产生釉料组成的分离。因此色料显色均匀，看上去非常美观，还可使色泽光亮。例如将生的铅化合物用于釉料中时，所得釉浆因发生分离而沉淀，因此必须连续地搅拌。但是如果将铅化合物同其他的成分一起制成熔块釉后，得到的玻璃相对密度较小，可以比较容易地使之悬浮在釉浆中。

⑥ 预先熔融制成熔块釉时，可从釉原料中排除大部分的气体。此为最大的长处，可减少气泡、针孔的生成。但是配料中的生黏土会导致核的生成，即产生极小的气泡。

使用熔块釉的主要原因在于使釉组成中的水溶性物质容易使用以及将釉成分中对人体有害的原料变成无害。但熔制设备投资大、成本高，不利于小批量生产，主要在建筑陶瓷中大批量使用。

6.2 熔块的分类和组成

6.2.1 熔块分类和主要应用

每类熔块，除了有高低温之别外，还可能具有不同的热膨胀系数，或富含或不含某种特定组分，以适应不同烧成温度、不同坯体、不同陶瓷色料的需要。正因为这样，陶瓷熔块产品可多达数百种。陶瓷工业用熔块的类型及主要特征见表6-1。

表 6-1　熔块分类和主要应用

熔块分类		主要应用
光泽釉用熔块	光泽透明熔块	高温型：1120℃，光泽透明釉
		中温型：1060～1120℃，光泽透明釉
		低温型：1060℃以下，光泽透明釉
	光泽乳浊熔块	中温型：1060～1120℃，光泽乳浊釉
		低温型：1060℃以下，光泽乳浊釉
	光泽透明助熔块	用于各种温度下，加入生料釉中作助熔剂，以调整釉的烧成温度
彩饰用熔块	熔剂性熔块	二硅酸铅型
		硅酸铅型
		二硅酸三铅型
		无铅型
	反应性熔剂熔块	硼熔块
		闪光熔块
无光釉用熔块	无光熔块	锌无光熔块
		钙无光熔块
		钛无光熔块
坯用熔块	光泽透明熔块	用作日用瓷或卫生陶瓷低温烧成坯料的熔剂

6.2.2 熔块组成范围

陶瓷工业用熔块组成范围见表6-2。

表 6-2　不同类型熔块的组成范围　　　　　　　　　　　　　　　　（%）

熔块 ＼ 化学组成	R_2O	CaO	BaO	ZnO	PbO	Al_2O_3	B_2O_3	SiO_2	ZrO_2	TiO_2
高温透明熔块	1～3	9～14	0～4	8～12	0～2	7～9	0.5～3	56～66	0～1	—
中温透明熔块	2～5	4～8	0～2	4～8	0～6	5～8	3～8	50～58	0～1	—
低温透明熔块	3～6	4～8	—	4～8	0～20	2～6	3～8	45～55	—	—
中温乳浊熔块	2～5	4～8	—	4～8	—	5～8	6～10	50～55	8～14	—
低温乳浊熔块	3～7	1～6	—	1～6	0～3	2～6	8～12	50～55	8～14	—

化学组成 熔块	R_2O	CaO	BaO	ZnO	PbO	Al_2O_3	B_2O_3	SiO_2	ZrO_2	TiO_2
透明助熔熔块	3～7	3～6	0～2	3～6	30～40	—	—	—	—	—
二硅酸铅熔块	—	—	—	—	65	—	—	35	—	—
硅酸铅熔块	—	—	—	—	75	—	—	25	—	—
二硅酸三铅熔块	—	—	—	—	85	—	—	15	—	—
硼熔块	—	—	—	—	66～70	—	15～20	10～15	—	—
虹彩釉熔块	—	—	—	—	40～45	—	18～20	33～38	—	—
锌无光熔块	0～2	—	—	20～30	0～35	0～5	2～8	30～55	—	—
钙无光熔块	6～12	16～20	—	—	0～5	2～5	6～12	50～60	0～5	—
钛无光熔块	2～4	—	—	2～4	25～35	2～5	30～40	30～40	—	7～10
坯用熔块	2～5	—	—	2～4	—	7～9	6～8	60～65	—	—
高温钛釉熔块	4～5	9～14	—	6～9	—	4～7	4～6	56～60	—	4～6
中温钛釉熔块	5～6	9～14	—	8～11	—	4～7	6～8	52～56	—	4～6
低温钛釉熔块	6～8	9～14	—	9～13	—	4～7	8～10	50～54	—	4～6
无铅熔块	10～15	2～10	—	0～5	—	—	20～30	40～50	—	—

除表 6-1 和表 6-2 的典型熔块之外，还有一类着色熔块，熔块中含有过渡金属离子或含有 S、Se、Cd 等，专门用于制造离子着色的透明釉，如玻璃瓦釉、唐三彩釉；或用于制造胶体着色的硫硒化镉大红釉。

6.3　熔块釉的调制法则

6.3.1　熔块釉配料原则

1. 水溶性原料都要制成熔块釉

溶于水的原料都必须制成熔块釉。例如钠、钾的碳酸盐，硝酸盐，氯化物，锂的盐类，碱硼酸盐中的硼酸钠、硼砂。所有这些碱性成分和硼酸都是强熔剂，对于釉的物理性质具有重要影响。这些原料都必须制成熔块。

2. 碱性氧化物与 SiO_2 的比例

SiO_2 和碱盐反应，所得之化合物水溶性极大，因此除了碱之外，必须用其他盐制成不溶性的硅酸盐。为此要使用碱土金属盐：钙、镁、锶及钡。只将碱土金属或外加铅、锌的氧化物加入碱类中用于同一目的。

氧化铝和碱共用，其量不超过 0.1～0.2mol，多了会使耐火度及黏度显著增大。

3. 碱与 RO 的比例

为了减小溶解度，熔块釉中碱的量在摩尔比例上不得超过全 RO 量的 50%。对于碱类其他成分的摩尔比不得比生成釉中的还多。不然必须把碱中不溶于水的化合物，例如长石用生原料加到釉配料中。

4. 硼酸与碱的比例

一般所用的硼酸盐为硼砂，钠和硼酸的比例实际上在熔块釉、生料釉中都是一样的，SiO_2 的量不足时，制成熔块釉之后也会有水溶性的。

5. 熔块釉的酸性成分

SiO_2 是熔块釉中必不可少的酸性成分。近来也将硼酸列入酸性成分中，其他几种氧化物也被视为酸性成分。例如 TiO_2、ZrO_2 等。

SiO_2 可给熔块釉带来不溶性，但为了使之成为在较低的温度下易于流动的熔块釉，对于碱成分之比不能在 $1:1.5$ 以下，也不得超过 $1:3$。与硼酸共存时，熔融度和流动性显著增大，据实际需要，没有必要高于 $0.8mol$。但为了减少溶解度，硼酸与 SiO_2 量的比不得超过 $1:2$。

6. 含铅熔块釉的溶解度

铅化合物本身是有害的，但将它制成几乎不溶于水的溶剂或釉时，毒性遂消失。不过在釉的情况下对于有机酸的溶解性较对水的问题更大。对水的溶解度和对弱酸的溶解度有成比例的关系。防止铅溶解，应注意：

① 含铅熔块釉对于酸的溶解度，随熔块釉中所含硼酸和碱类的增多而增加，但前者的效力大。

② 相比于钾，钠可使溶解度有少许增加。

③ 氧化铝和 SiO_2 减小溶解度。

④ 氧化锌、氧化钡以及氧化钙减小铅对于水的溶解，其顺序为 $ZnO < BaO < CaO$。但均劣于氧化铝及 SiO_2，BeO 比 CaO 有效得多。

6.3.2　熔块的构成要素及主要性质

因为熔块是急剧淬冷的玻璃，从理论上和生产实际要求上说，熔块应当是一种组成均匀的呈透明状的非晶态物质。因此，熔块的构成和形成以及主要性质都应当与玻璃相近。

1. 熔块的构成要素

根据玻璃形成理论，熔块亦应由玻璃网络形成剂、中间离子和变性剂三大要素构成。玻璃网络形成剂是构成熔块玻璃的基体，变性剂是能破坏玻璃网络降低玻璃熔融温度或高温黏度的物质，因此，也可称为网络修饰离子或称熔剂；中间离子是能处于玻璃网络之内或之外而存在于玻璃中的物质，有时参与构成玻璃网络，有时也可能起类似网络修饰离子的作用。

究竟对离子在熔块玻璃中所起的作用如何判断，即什么离子的氧化物能构成玻璃网络，什么离子只能起变性剂作用等，曾提出过多种理论。通常认为，各种离子的作用主要取决于阳离子场强、阳离子氧化物的键强、化学键的性质和种类，及其晶格特性和结构松散程度。

研究指出，阳离子氧化物键强愈高、离子半径愈小，愈有形成玻璃的倾向。在相反情况下，键强弱的阳离子氧化物只能起熔剂作用，在玻璃形成中，有时一种离子可因配位数不同而起不同作用，如 B、Al、Zn、Zr 等。

2. 熔块性质

熔块性质主要指熔块热膨胀系数、表面张力和使用温度。熔块比釉在结构和性质上更接近玻璃，许多性质可以用加和性法则计算。计算结果可能与实测值有些偏差。不过，用同一计算规则算出的结果作为拟定熔块组成或选用熔块时的参考还是有用的。

（1）热膨胀系数计算

计算方法可采用公式（6-1）：

$$K = \frac{\sum a_i \cdot x_i}{100} \tag{6-1}$$

式中　　　K——热膨胀系数；

$a_1, a_2, \cdots, a_i$——熔块所含各氧化物的质量百分含量，%；

$x_1, x_2, \cdots, x_i$——各组分对应的热膨胀计算系数。

各氧化物热膨胀系数见表 6-3。

表 6-3　各组成氧化物的热膨胀计算系数（室温～1000℃）　　　（$\times 10^{-8}/℃$）

SiO$_2$	B$_2$O$_3$	Al$_2$O$_3$	MgO	CaO	BaO	ZnO	PbO	Na$_2$O	K$_2$O	TiO$_2$	Fe$_2$O$_3$	ZrO$_2$	Li$_2$O
2.67	0.33	16.67	0.33	16.67	10.0	6.0	10.0	33.3	28.3	13.67	13.3	7.0	10.0

（2）表面张力计算

先计算出 900℃时熔块的表面张力，再计算 100%熔块在使用温度下的表面张力。

$$\gamma_{G900} = \sum a_i \gamma_i \tag{6-2}$$

式中　　γ_{G900}——100%熔块在 900℃时的表面张力值，mN/m；

$\gamma_1, \gamma_2, \cdots, \gamma_i$——900℃下熔块所含各氧化物的 Dietzel 表面张力因子（表 6-4），mN/m。

表 6-4　在 900℃时 1%（质量百分数）氧化物对应的表面张力　　　（mN/m）

K$_2$O	B$_2$O$_3$	PbO	Na$_2$O	TiO$_2$	SiO$_2$	CaF$_2$	BaO	ZrO$_2$	MnO
0.1	0.8	1.2	1.5	3.0	3.4	3.7	3.7	4.1	4.5

CoO	Fe$_2$O$_3$	NiO	Li$_2$O	ZnO	CaO	Al$_2$O$_3$	MgO	V$_2$O$_5$	Cr$_2$O$_3$
4.5	4.5	4.5	4.6	4.7	4.8	6.2	6.6	−6.1	−5.9

注：计算温度点的表面张力时，温度每升高 100℃，则从 900℃的计算值中减去 4。

高于 900℃时熔块表面张力值用下式修正：

$$\gamma_{GFf} = \gamma_{G900} - 0.04(T_f - 900) \tag{6-3}$$

式中　　γ_{GFf}——熔块在使用温度下的表面张力值，mN/m；

γ_{G900}——熔块在 900℃下的表面张力值，mN/m；

T_f——熔块的使用温度，℃（适用于 1000～1250℃）。

（3）熔块使用温度计算

100%熔块制成釉时，获得光亮平滑釉面的最高烧成温度，视为熔块使用温度。先根据熔块氧化物摩尔百分比组成计算其熔剂因子，再根据经验公式算出最高使用温度。熔块的熔剂因子计算公式：

$$F = \frac{\sum\limits_{i=1}^{10} S_i f_i}{\sum\limits_{i=11}^{13} S_i f_i} \tag{6-4}$$

式中　　　F——熔块的熔剂因子；

$S_1, S_2, \cdots, S_{10}$——除下述三种氧化物以外其他氧化物的摩尔百分含量，mol%；

S_{11}，S_{12}，S_{13}——分别为熔块中 Al_2O_3、SiO_2 和 ZrO_2 的摩尔百分含量，mol%；

f_i——上述 13 种氧化物相应的 Lengersdoff 熔剂系数（表 6-5）。

熔块使用温度计算公式：

$$T_f = \frac{161.21789 - F}{0.10252} \quad (6-5)$$

式中　161.21789 和 0.10252——根据 Lengersdoff 测定数据计算出的最吻合的直线所得计算常数。

表 6-5　f_i-Lengersdoff 熔剂系数

Na_2O	K_2O	Li_2O	CaO	MgO	BaO	SrO	ZnO	PbO	B_2O_3	Al_2O_3	SiO_2	ZrO_2
0.88	0.88	0.88	0.58	0.54	0.60	0.59	0.60	2.00	1.00	0.32	0.38	0.32

（4）熔块其他热性质

从使用角度出发，熔块的始熔点和高温黏度是另外两项最重要的热性质。

熔块始熔点是熔块受热产生可塑变形达到完全烧结，开口气孔率接近于 0，但烧结体还不能流动，表面还缺乏光泽的温度。它是熔块应用特性的重要标志。用高温显微镜测试，始熔点相当于 $\phi 2mm \times 3mm$ 圆柱试样棱角收缩变圆的温度（即圆角温度）。

始熔点低于 950℃的熔块，不能用于一次快烧全熔块釉配料。用于坯体作熔剂的熔块，最好也要有大于 950℃的始熔点。也常用熔块玻璃软化点来比拟表征其始熔点。

关于熔块始熔点或软化点，目前研究不多。对于充分熔融的熔块，其始熔点主要与熔块的化学组成有关。

R_2O、PbO 和 B_2O_3 能显著降低熔块的始熔温度；用 RO 取代上述氧化物，或提高熔块中 SiO_2、Al_2O_3、ZrO_2、TiO_2 等耐火氧化物含量，可提高熔块的始熔温度。

熔块的高温黏度是决定熔块釉外观缺陷的最重要因素。实际上，除了在釉成熟温度下的黏度大小之外，在始熔以上至釉成熟的温度区间内，熔块黏度随温度提高的速度也是熔块的重要特性。在辊道窑一次快烧时，熔块釉所用熔块，要求它既有较低的黏度，又要有较高的速熔性。这也是现代陶瓷产品生产中对所有无铅熔块的普遍要求。

熔块的黏度主要取决于熔块的化学组成和所处的温度。

一般来说，凡是网络形成氧化物，都能增加其高温黏度；离子半径大、价数低的氧化物都能降低熔块黏度。

硅酸盐玻璃熔块的黏度主要取决于硅氧四面体网络的连接程度。黏度常随熔剂量的增加、O/Si 比值的增加而减小，因熔剂量增加，硅酸盐玻璃的结构也随之发生变化。

R_2O 能显著降低熔块的黏度。在一般熔块中，[SiO_4] 网络未遭完全破坏，黏度在很大程度上仍受键力的控制，此时 R_2O 使熔块黏度减小的顺序是：$K_2O \rightarrow Na_2O \rightarrow Li_2O$。

在高碱低温熔块中，[SiO_4] 相互连接区域显著减小，甚至呈岛状结构，此时 R_2O 使熔块黏度减小的顺序是：$Li_2O \rightarrow Na_2O \rightarrow K_2O$。

RO 对黏度的影响更为复杂。在铅硼熔块中，RO 对黏度影响不大；在无铅无硼熔块中，黏度随 R^{2+} 离子半径增大而增大，同时黏度还受离子间的相互极化所影响。极化使离子变形，从而极大的减弱 Si—O 键力。因此含 18 电子构型的 Zn^{2+}、Cd^{2+}、Pb^{2+} 等的熔块，比含碱土金属氧化物的熔块黏度低。

此外，各氧化物对熔块黏度的影响，还与其相应阳离子的配位状态有关。在低硼熔块中，硼离子主要处于 $[BO_4]$ 状态，此时，熔块黏度随 B_2O_3 含量提高而提高；当 B_2O_3 含量等于 Na_2O 或高于 $Na_2O15\%$（质量百分比）以上时，$[BO_4]$ 四面体变成 $[BO_3]$ 三角体，结构变得较前者疏松，黏度反随之下降（即硼反常）。

同样，加入 Al_2O_3，当形成 $[AlO_4]^{5-}$ 时进入 $[SiO_4]$ 网络，也会增加高温黏度（即铝反常）。

3. 熔块的化学稳定性

熔块化学稳定性是影响熔块釉釉浆性能和釉质量的重要因素，引起各方面的广泛关注，尤其引起使用熔块制造快烧无缺陷釉的陶瓷工作者的关注。

目前，熔块玻璃多以水淬方式生产，熔块配入釉中经湿磨后使用。因此，最引人关注的是熔块对水的稳定性问题。

对玻璃的长期研究证明，玻璃与水可能依次发生如下反应：

① 产生表面电荷。

② 通过离子交换，可迁移离子被浸出。

③ 网络形成剂形成相分离区，发生选择性溶解。

④ 网络完全被破坏。

对于熔块来说，往往熔制温度低，时间短，而且在高温下直接滴入水中急冷，尤其是比表面积极大的细颗粒，上述反应速度更快。

因此，选择熔块时，一是希望碱含量低，二是希望以碱土金属代替碱金属，或以锂代替钾钠，使熔块耐水性增强。

从釉浆使用方法上着眼，使新旧釉浆循环搭配使用，可能是稳定熔块釉釉浆性能和烧成性能的有效途径。

6.4　熔块的制备工艺

6.4.1　熔块用原料及配方

1. 原料质量要求

熔块用主要原料是质量较好的釉用原料，虽然不需用高纯度原料，但对预处理后的矿物原料及化工原料，要求着色氧化物、杂质含量低，化学成分和细度稳定，否则会严重影响熔块的质量。例如锆英石粉的细度直接影响熔块的白度和乳浊度，若使用粒度为 $40\mu m$ 的粉料代替 $60\mu m$ 的粉料时，白度提高 $5\sim10$ 度，其乳浊度也大大提高。具体要求见表 6-6。

表 6-6　熔块用原料质量要求　　　　　　　　　　　　（%）

原料名称	SiO_2	Al_2O_3	Fe_2O_3	TiO_2	CaO	MgO	K_2O	Na_2O	ZrO_2	细度（mm）
石英粉	>98	—	<0.05	—	—	—	—	—	—	<0.075
长石粉	>60	>18	<0.05	—	—	—	>10	>2	—	<0.06
石灰石粉	—	—	<0.05	>54	—	—	—	—	—	<0.075

续表

原料名称	SiO$_2$	Al$_2$O$_3$	Fe$_2$O$_3$	TiO$_2$	CaO	MgO	K$_2$O	Na$_2$O	ZrO$_2$	细度（mm）
白云石粉	—	—	<0.05	—	>28	>20	—	—	—	<0.075
滑石粉	>60	—	<0.05	—	—	>30	—	—	—	<0.075
锆英石粉	>30	—	<0.02	—	—	—	—	—	>65	<0.06

注：化工原料质量要求纯度最低要在98%以上。

2. 熔块配方示例（表6-7）

表6-7　配方示例　　　　　　　　　　　　　（%）

组成名称	硼砂	硼酸	长石	石英	锆英砂	氧化锌	石灰石	高岭土	硝酸钾	铅丹	滑石
G-D	3～6	5～10	25～30	25～30	0～10	5～10	5～10	0～10	—	—	—
P-D	8～15	2～5	28～35	25～30	8～12	3～8	5～10	—	—	—	—
R-J	8～15	3～8	28～35	25～30	8～12	3～8	5～10	—	—	—	—
C-T	8～15	—	20～30	25～35	8～12	5～10	8～15	—	2～5	1～5	—
K-Q$_1$	0～5	5～12	25～35	25～35	0～10	5～15	8～15	0～5	—	1～5	3～10
K-Q$_2$	3～5	5～10	25～35	25～35	3～15	5～10	8～15	0～10	—	1～5	3～5

编号说明见表6-8。

表6-8　编号说明

代号	名称	熔化温度（℃）	使用温度（℃）
G-D	高温地砖熔块	1400～1500	1100～1200
P-D	普通地砖熔块	1280～1320	1060～1120
R-J	熔块熔剂	1200～1250	低于1100
C-T	传统烧成墙砖熔块	1250～1320	1050～1100
K-Q$_1$	一次快烧墙砖熔块	1480～1530	1080～1180
K-Q$_2$	二次快烧墙砖熔块	1400～1500	1020～1100

6.4.2　熔块制备

1. 工艺流程

原料处理→原料检验 →（原料储备） → 配方称量 → 混合 → 过筛除铁→（混合物储存）→熔化 → 水淬 → 干燥 → 检验 → 包装

2. 混合料制备工艺控制

从原料购入到配制备用混合料的过程，必须掌握以下控制要点：

① 每批进厂原料应作细度、化学成分检测，保证符合规定要求。工厂原料储备量应根据原料来源稳定性及检测、试验、调整配方周期确定，一般不少于20d用量。

② 称量器具必须每次校核准。称料次序应与混料的投料次序相匹配。如用累计法称量配料，则应先称小料，后称大料。

③ 混合时应将受潮结块的硝酸盐、硼砂等原料预先粉碎。无论何种混合方式，投料次序最好能使大料包小料，使混合更均匀。

④ 混合后的粉料需进行过筛、除铁各一次，以防混合过程引入铁质等杂质，也保证粉

料进一步均一，一般用孔径为 2～4mm 筛网。

3. 熔化工艺控制

① 工艺参数控制

粉料在熔化过程中，经过部分蒸发，结晶水排除，氧化分解，化合反应，局部烧结熔融，熔融均化等变化。整个过程要求在氧化气氛中熔融，主要控制的参数是温度、加料量和时间。

影响熔块形成的因素十分复杂。一般来说，含熔剂量少的熔块，原料粒子比较粗的熔块，熔制温度要高，时间要长，而且熔体必须达到一定温度才能在规定时间内完成玻璃形成的动力学过程。所以，通过初步计算，由实际试验确定合理的熔制温度和时间，才能保证熔块质量和生产经济的合理性。

② 组分的挥发

喷嘴使用燃气或油的明焰熔块炉，特别是回转炉，熔块粉料飞扬损失很大，这样，一则降低熔块出产率，二则严重改变了配料组成，因密度小和细粉状物料飞扬比较大。这是回转炉被淘汰的根本原因。熔块粉料掺水混合造粒，是避免或减少组分飞扬损失的有效方法。

在明焰加热熔制过程中，物料粉料和熔体因长时间接触高温热气流而产生挥发，造成熔块中熔剂量减少，并污染大气。由于熔制过程复杂，挥发不可避免且不稳定，造成熔块质量的波动，而且熔制温度愈高、时间愈长，挥发量愈大，生产愈难以控制。各种氧化物的挥发量见表 6-9。

表 6-9 各种氧化物的挥发量（在玻璃中质量分数为 1%时）

氧化物	Na$_2$O 由纯碱引入	Na$_2$O 由芒硝引入	K$_2$O	ZnO	PbO	B$_2$O$_3$	F	Se
挥发量（%）	3.2	6	12	4	14	15	50	90

从降低组分角度看，在明焰加热下，既不希望熔制温度过高，也不希望熔制时间过长。总之，在原料、粒度、混合等工艺质量稳定的情况下，稳定熔制制度是保证熔块批量质量稳定的决定因素。

6.4.3 高档熔块熔制新技术

为了提高熔块质量，特别是提高始熔点无缺陷釉用熔块的质量，近年来，研究出的熔块熔制新技术有：直接加热式电阻炉法和激光或等离子加热法。现在直接加热式电阻炉法已在实际生产中被采用。

直接加热式电阻炉的工作原理：熔块粉料和已熔制成的熔块玻璃是很好的电介质，因熔融后的玻璃液，其中 K$^+$、Na$^+$、Ca^{2+}、Mg^{2+}、B^{3+}、Pb^{2+}等离子可在电场中迁移，产生离子导电。各种玻璃在不同温度下的电阻率如图 6-1 所示。

在玻璃液中安装电极，调整极间距和电极电压，玻璃液本身作为电阻元件发热，并获得恒定的温度。热量传递给上层粉料，形成自上而下的玻璃熔制过程。下部设置玻璃液导出口，上部不断加料，最后形成连续式直接加热式电阻炉。

现代化池窑式全电熔炉，每昼夜产玻璃从 0.2t 到 200t。日产 1t 时，熔化部耗电 2kWh/kg 玻璃；日产 200t 时，耗电低至 0.8kWh/kg 玻璃。

另一种可供熔制熔块的全电熔炉，是一种结构简单的波歇炉（Pochet），其结构简图如图 6-2 所示。

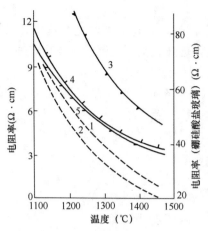

图 6-1　各种玻璃的电阻率温度曲线
1—硼硅酸盐玻璃；2—铝硅酸盐玻璃；
3—显像管玻璃；4—平板玻璃；
5—瓶罐玻璃

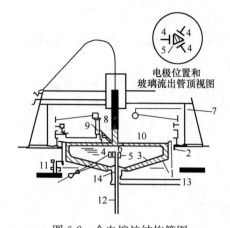

电极位置和
玻璃流出管顶视图

图 6-2　全电熔炉结构简图
1—绕着冷却水管的钢碗；2—冷却水进口和出口；
3—耐火材料阻热层；4—电极；5—玻璃流出管；
6—玻璃流量控制管；7—配合料供应；8—旋转的
加料器；9—往复式配合料分配器；10—永久性配合
料层；11—测力支柱；12—玻璃流股；13—排气管；
14—保护管的氢气层气源（未画出）

炉体为直径 2～3m、深 0.5～1.5m 的盆体结构。铜电极从侧面（或顶部）插入窑内。炉壁和电极夹套内通水冷却。日产玻璃 7～14t，耗电 1～1.5kWh/kg 玻璃。

直热式电阻熔炉的优点：

① 热效率高

根据理论计算，一般硅酸盐玻璃（钠钙玻璃）形成所需的总热耗约 2508kJ/kg。高温透明熔块的热耗应不相上下。燃油池窑油耗一般 0.3kg 油/kg 熔块，相当于热耗约为 12540kJ/kg，其热效率仅为 20%。最小的电熔炉，以耗电 2kWh/kg 计算，相当于耗热 7264.84kJ/kg，热效率为 34.5%。日产 10t 以上波歇炉，单位耗电以 1.2kWh/kg 和 1.5kWh/kg 计，则热效率分别为 57.5% 和 46%。

② 熔化状况稳定，熔化温度高

玻璃行业、玻璃纤维行业、陶瓷棉行业的使用经验证明，全电熔熔化，热场温度恒定，且可随意调节，最高可获得 2000℃ 玻璃液，有利于熔融快速完善的进行。从加入粉料到流出，仅需 15min。熔融过程中玻璃液在气体作用下自行搅拌。尤其适用于熔化锆英石乳浊熔块，可使用较粗的锆英石粉，锆英石难熔粒子可完全熔解，有助于减少锆英石用量。

③ 挥发量极小，不污染环境，熔块质量稳定

熔化高温区在玻璃物料内部，挥发物通过上部温度低的预热带（料盖、料毯）时冷凝下来，又带入高温区，不会向外逸散。

④ 炉结构简单

波歇式窑，盆体内甚至不加耐火材料，靠外部水冷形成未熔粉料保温层，投资少。

电熔炉在使用中应注意的问题：

① 因电极钼在 500℃即氧化，必须水冷，带走大量热量，电炉越小，这部分热损耗的比例越大。所以，炉型不宜过小，一般日产 10t 以上。

② 钼电极消耗量约为 0.3 kg/t 熔块。为降低电极损耗，钼电极表面电流密度不要过大，一般不超过 2A/cm²。

③ 熔块流出口可用耐火材料代替钼环，以降低生产成本。

④ 以连续操作为好。

6.4.4 熔块的质量控制

熔块的熔化一定要达到设定的熔化温度，充分化透，熔块中不能有夹生料，抽丝中不能有结瘤。并且水淬要好，便于球磨加工。其质量检测的方法可以是直接试验、性能测试。

直接试验：一种快速、高效的检验方法，即：将熔块制成熔块釉施在面砖试样上，按规定的烧成制度烧成后，检查试样的釉面光泽度、透明性、乳浊性、无光或丝光效果等。

性能测试：将熔块制成直径 3mm、长 40mm 的棒状试样，用石英膨胀仪测定其热膨胀系数。在显微镜下用浸液法测定水淬后熔块颗粒的折射率。用熔块粉末做 X 射线衍射分析。用 TAS-100 综合热分析仪作熔块配合料的差热分析，用粉末浸液滴定法测定熔块的化学稳定性。

（1）热膨胀系数

与坯料热膨胀系数较为接近，以防止釉面龟裂等缺陷。

（2）折射率

一般用于透明釉的熔块折射率为 $n = 1.543 \sim 1.557$。

（3）X 射线衍射分析

图 6-3 是两个熔块样的粉末 X 射线衍射图谱。由图可知曲线无明显衍射峰，说明两种熔块无任何生料夹带，熔化充分，均为玻璃态。

（4）差热分析（主要用于生产熔块过程工艺控制）

一般熔块配合料的 TG-DTA 曲线是：72℃附近的吸热谷及其所对应的失重阶梯是因配合料脱水造成的。750℃附近的宽吸热谷是由于碳酸盐分解及其与二氧化硅反应生成硅酸盐，放出二氧化碳所致。故在熔制时，以上两个温度段升温要慢或保温一定时间，使反应得以充分进行，产生的气体及时排出。

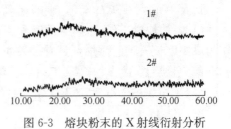

图 6-3　熔块粉末的 X 射线衍射分析

（5）化学稳定性

化学稳定性主要是测定熔块的盐酸耗量，样品单位质量熔块的盐酸耗量均小于 0.1mL，也就是说它们的耐水性都达到了水解Ⅰ级水平，完全能满足使用要求。

6.5　熔块釉配方举例

（1）熔块釉 NO.1（铅硼硅酸盐）：适于制造 SK 05a～03a 的低火度色釉的标准熔块。

铅丹 34.0，石英 24.0，硼砂 18.0，长石 12.0，石灰石 7.0，高岭土 5.0

（2）熔块釉 NO.2（硅酸盐）：适用于釉上彩的熔剂，适用于 SK 05a～01a 精陶类低火度釉的标准熔块。

铅丹 79.0，石英 21.0

（3）熔块釉 NO.3（铅硼硅酸盐）：用于 SK 2a～4a 的高黏度色釉的标准熔块。

铅丹 28.0，石英 29.6，硼砂 10.8，长石 8.8，石灰石 11.0，高岭土 11.8

（4）熔块釉 NO.4（铅硼硅酸盐）：适用于 SK 3a～5a 的高黏度色釉。

铅丹 27.0，石英 30.2，硼砂 12.8，长石 8.6，石灰石 13.5，高岭土 7.9

（5）熔块釉 NO.5（铅硼硅酸盐）：适用于低火度色釉。

铅丹 30.0，石英 23.6，硼酸 32.5，碱灰 13.9

（6）熔块釉 NO.6（铅硼硅酸盐）：适用于釉上色料熔剂及低火度色釉。

铅丹 21.0，长石 37.0，硼砂 42.0

（7）熔块釉 NO.7（硼硅酸盐）：适用于 SK 03a～01a 的低火度釉。

硼砂 39.1，石英 15.5，长石 32.7，石灰石 8.3，高岭土 4.4

（8）熔块釉 NO.8（硼硅酸盐）：适用于低火度釉。

硼酸 21.4，碱灰 26.2，硝石 4.8，石英 21.1，石灰石 12.0，高岭土 14.5

（9）熔块釉 NO.9（硼硅酸盐）：适用于 SK 2a～4a 的高黏度色釉的标准熔块。

硼砂 22.2，碱灰 11.5，石英 23.7，长石 16.6，石灰石 15.0，高岭土 11.0

（10）熔块釉 NO.10（硼硅酸盐）：适用于 SK 2a～4a 的高黏度色釉的标准熔块。赛格尔式与 NO.9 相同，但原料配方不同。

硼酸 14.7，碱灰 17.9，石英 24.1，长石 16.9，石灰石 11.2，高岭土 15.2

（11）熔块釉 NO.11（硼硅酸盐）

硼酸 12.7，硼砂 19.6，长石 17.2，石灰石 12.4，高岭土 13.3，石英 24.8

（12）熔块釉 NO.12（低铅，不含硼的硅酸盐）：适用于 SK 2a～4a 釉。

长石 10.4，石灰石 8.0，碳酸钡 12.0，石英 20.0，锌白 14.6，水玻璃 21.3，铅丹 13.7

（13）熔块釉 NO.13（不含铅和硼的硅酸盐）：适于 SK 1a～3a 的不含铅和硼酸的釉。作为高黏度长石釉的添加剂是有效果的。

氟化物复盐 19.6，长石 17.8，石灰石 8.8，碳酸钡 16.0，石英 33.4，锌白 4.4

（14）熔块釉 NO.14（不含铅和硼的硅酸盐）：不易熔融，不会成为玻璃。浮石状物质，和熔剂 NO.12 共用。

长石 8.3，石灰石 15.4，碳酸钡 17.5，石英 53.6，锌白 5.2

（15）熔块釉 NO.15（铅硼硅酸盐）：适用于 SK 1a～3a 的白色不透明釉。

铅丹 4.9，碱灰 7.7，长石 6.8，石灰石 6.5，锌白 6.4，高岭土 8.4，石英 38.5，硼酸 15.5，氧化锆 4.5，萤石 0.8

（16）熔块釉 NO.16

铅丹 4.90，碱灰 7.70，长石 6.80，石灰石 6.50，锌白 6.40，高岭土 8.40，石英 35.95，硼酸 15.50，氧化锆 7.05，萤石 0.80

（17）熔块釉 NO.17

铅丹 4.7，碱灰 7.3，长石 6.5，石灰石 6.2，锌白 6.1，高岭土 8.0，石英 36.7，硼酸

14.7，氧化锆 9.0，萤石 0.8

（18）熔块釉 NO.18

铅丹 5.30，碱灰 7.80，长石 6.65，石灰石 6.35，锌白 6.25，高岭土 8.20，石英 37.60，硼酸 15.10，氧化锆 6.75

（19）熔块釉 NO.19

碱灰 12.5，长石 1.2，石灰石 5.7，锌白 0.6，高岭土 18.7，石英 34.6，硼酸 18.6，氧化锆 7.4，菱镁矿 0.7

（20）熔块釉 NO.20

铅丹 4.9，碱灰 7.6，长石 6.7，石灰石 6.4，锌白 6.3，高岭土 8.3，石英 38.2，硼酸 15.4，氧化锆 5.4，萤石 0.8

（21）熔块釉 NO.21

铅丹 4.8，碱灰 7.6，长石 6.7，石灰石 6.4，锌白 6.3，高岭土 8.2，石英 37.6，硼酸 15.2，氧化锆 6.4，萤石 0.8

第7章 颜 色 釉

颜色釉是用含有着色金属元素的原料，与组分混合配制成釉料，烧成后显示出优美色调的釉，它除了具有一般釉料固有的防污、不吸水等性能外，还富有装饰作用。

现在的陶瓷生产中，往往是先将着色元素配制色料，使用时，将其引入不同温度范围的基础釉中使用即成颜色釉。除此，也有直接用着色氧化物进行配制等方式。使用颜色釉的目的主要是装饰功能，它要供人们欣赏，使人们体会到色彩的美。

7.1 颜色釉的分类及制备工艺

7.1.1 颜色釉的分类

以色系来分，颜色釉有如下几种：

① 青釉系统：如天青、龙泉青、豆青、粉青、梅子青、玉青、菜青、冬青、鸡蛋青等。

② 蓝釉系统：如霁蓝、蓝、霁青、天蓝等。

③ 红釉系统：如祭红、郎窑红、钧红、火焰红等。

④ 绿釉系统：如苹果绿、浅绿、墨绿、水绿等。

⑤ 黄釉系统：如葵花黄、米黄、橙黄等。

⑥ 紫釉系统：如玫瑰紫、茄皮紫等。

⑦ 黑色系统：如艳黑、乌金黑、灰黑等。

⑧ 灰釉系统：如浅灰、深灰、黑灰等。

⑨ 复色釉系统：如各色花釉。

釉面颜色产生的根源是过渡金属元素，因此生产中也常按颜色釉中起主要作用的金属元素进行分类。其主要种类如下：

①铁系色釉；②铜系色釉；③钴系色釉；④锰系色釉；⑤铬系色釉；⑥钛系色釉；⑦钒系色釉；⑧镍系色釉；⑨锆系色釉等。

7.1.2 制备工艺

颜色釉的色彩丰富，品种繁多。有的颜色釉特别是古瓷颜色釉又具有地方特色，各种颜色釉的工艺不完全相同。目前的陶瓷工业生产中，颜色釉基本都是在基础釉中添加一定的色料组成的。所以，从生产工艺流程来看，与一般普通釉料的生产工艺流程没有多大区别，为了能获得预想的色彩，要考虑的主要是选择基础釉料、着色原料及配釉、施釉、装烧等几个环节。

1. 基础釉组成的选择

配釉时，确定和选择基础釉的组成对配制颜色釉是十分必要的。配颜色釉的基础釉种类很多，组成各异。如石灰釉、长石釉、白云石釉、滑石釉、锌釉、钡釉、锶釉、铅釉、硼釉、铅硼釉等。我国陶瓷工业常用的普通釉料有高温的石灰釉和长石釉，低温的铅釉、硼釉、硼铅釉等。因此，配高温颜色釉时，应选长石釉、石灰釉、滑石质釉等为基础釉；配低温和中温颜色釉时，应选熔块类的铅釉、硼釉、铅硼釉等为基础釉。

其次，着色剂在不同的基础釉中的呈色效果可参见表 7-1。从表中可知，同种着色元素氧化物在不同组成的基础釉中，呈现的釉色不尽相同。

表 7-1 着色氧化物在基础釉中的呈色效果

着色氧化物	钠钙釉	钾钙釉	铅硼釉	锌钾釉	镁 釉
CuO	浅蓝色	天蓝色	蓝绿色	绿色	绿色
MnO_2	紫红色	—	紫褐色	蓝紫色	—
Fe_2O_3	黄绿色	浓绿色	红色	—	青色
Cr_2O_3	鲜绿色	绿色	黄色	绿色	—
CoO	鲜蓝色	鲜蓝色	蓝色	天蓝色	紫蓝色
NiO	褐灰色	红灰色	绿灰色	褐色	—

对于色料，有的在釉中能呈现色料本身的颜色，有的则不然。因此，某些色料并不是对任何基础釉都能适应，表 7-2 所列即是色料对基础釉的适应性常识。

表 7-2 常用色料在不同基础釉中的适应情况

呈 色	颜 料	还原焰 石灰釉	氧化焰 石灰釉	锌釉	铅硼釉	铅釉	长石釉
粉红	锰红	√	√	√	√	√	√
	铬锡红	×	√	×	√	√	√
	铬铝红	×	×	√	√	√	√
橙黄	锑黄	×	×	√	√	√	×
	钒锆黄	×	√	√	√	√	√
	钒锡黄	×	√	√	√	√	√
茶褐	铬铁锌茶	√	√	√	√	√	×
	铬钛茶	×	√	√	√	√	√
藤紫	铬锡紫	×	√	√	√	√	√
绿	铬绿	√	√	×	√	√	√
	葱芯绿	×	√	×	√	√	√
蓝绿	钴蓝	√	√	√	√	√	√
	钒锆蓝	×	√	√	√	√	√
黑灰	铁铬黑	√	√	√	√	√	√
	铁铬钴黑	√	√	√	√	√	√
	锑锡灰	√	√	√	√	√	√

注：√表示适应，×表示不适应。

此外，着色金属氧化物在釉中的呈色，还会受到辅助原料的影响。表 7-3 列出了着色金属氧化物与釉的辅助原料按 1∶2 的比例混合，在氧化气氛下，经 1310℃烧成的色调关系。

表 7-3　金属氧化物与辅助原料的色调关系（氧化气氛 1310℃）

辅助原料 ＼ 氧化物	氧化铜	氧化锰	氧化铬	氧化钴	氧化铁	氧化镍	氧化锑
硼酸	灰黄	浓褐色	浓绿	黝紫	赤褐	暗绿	淡黄
氟化钙	灰色	褐色	鲜绿	黝紫	褐色	黄灰绿	淡灰黄
碳酸钠	黝褐	褐色	浓绿	黝蓝	紫褐	黝褐	淡灰黄
碳酸钾	灰褐	褐色	暗绿	黝蓝	紫褐	黝绿	白
碳酸钙	青铜色	褐色	浓绿	黝紫	紫褐	黝褐	白
碳酸镁	黄褐	褐色	绿	褐紫	黄褐	淡绿	白
氧化亚铅	暗紫	褐色	褐绿	暗紫	黄褐	青绿	白
碳酸钡	黝蓝	浓褐色	黝绿	鲜紫	暗褐	暗绿	白
硅酸	灰黄	浓褐色	绿	黝蓝	紫褐	绿	淡黄
亚硝酸	鸳色	浓褐色	黝绿	蓝	黄褐	褐绿	淡黄
碳酸铅	黝绿	淡艳褐色	黄绿	鲜蓝	紫褐	褐绿	黄
磷酸钙	暗绿	浓褐色	黝绿	暗紫	紫褐	灰褐	白
硫磺	黝褐	艳褐色	鲜绿	游览 2	黝紫褐	暗绿	鲜黄
氧化锡	黝褐	浓褐色	黝绿	黑紫	赤褐	黄绿	暗绿
氧化铝	黝褐	艳褐色	绿	天蓝	暗褐	青蓝	白

由此可知，选择基础釉，必须根据着色剂的稳定性来选择，主要考虑的是釉的碱性成分及其在釉中的含量。

另外，坯体原料对呈色也有一定或重大影响，某些色釉是不宜用于色坯，或达不到理想的色调。如景德镇的影青釉，要求坯泥色白，质细致密，才会烧成青白莹润、透明如镜的呈色效果。

除根据色调的效果选择坯泥的组成外，还要根据色釉的施釉厚度来考虑坯胎的厚度，如乌金釉、铜红釉及其花釉，釉层都较厚，釉层产生的张应力也较大。因此，坯胎要厚，一般中型产品坯胎厚度约 4mm。厚胎一则可避免釉层产生的张应力使坯胎张裂，二则可吸取较多因釉料带入的水分，而不致使坯体软瘫变形。如釉层要求过厚，坯体又不能制得太厚时，则可以先将坯体素烧一次，使其获得一定强度后再施釉。

2. 配釉

配釉是色釉制造工艺中关键工序。配釉前，应对所用坯泥的组成、耐火度等性能有所了解，以使坯、釉匹配良好。

（1）配釉注意事项主要有以下几点：

① 掌握色料在所用基础釉中的性能，是否降低或提高釉的烧成温度，以便及时调整基础釉组成。

② 对于高温黏度小、流动性大的透明釉，可用着色金属氧化物或色料着色；高温黏度大的釉，如乳浊色釉、无光色釉等，宜选用着色金属的盐类，如碳酸盐、磷酸盐、硫酸盐熔块或色料来着色。

③ 要求着色均匀，釉面平滑细腻，着色原料必须细度较高，必要时难熔的着色料应制成易熔的熔块。如要求制得斑点釉或某些特殊肌理，着色原料就可以较粗些，直接引入基础釉中。

④ 必须掌握基础釉组分对色料呈色的影响和适应性，以基础釉的组成来确定色料种类及其用量。

⑤ 掌握某些辅助原料的功能。辅助原料不参与着色，但能使釉色呈色的效果更好，釉面质量更高

（2）色釉配制方式

根据所用着色原料，配釉方式有四种主要形式：

① 基础釉料添加天然矿物着色原料

这种方法具有地方特色，便于就地取材，成本低廉，如紫金土、特种黄土、铁矿石、钴矿石等。

② 基础釉料添加化工着色原料

发色力强、着色稳定性好、不溶解于水的化工原料可根据使用要求直接引入釉中烧成着色。但多数情况是，着色原料高温下都有一定的挥发性，有时会受烧成温度影响呈色不稳定，或呈色不均匀，因而不宜直接引入基础釉。

③ 基础釉料添加色料

质量要求较高的品种，均用此法生产。这种方法呈色稳定，便于生产配套产品和配置若干中间色彩，操作简便，但色料须预先制备好。

④ 基础釉加色料及助色剂原料

助色原料本身不产生颜色，但能使色釉呈色效果增强，效果更好。

对于复色及某些过渡色色釉，可根据三原色方法引入不同色剂实现，如铬锡红与钴铝蓝混合使用产生紫色，但有些色料则不符合三原色规律，而且不能同时使用，否则会使色剂受到破坏，显色不良或失色。

3. 球磨

球磨对颜色釉也会产生一定影响，有些色料不能直接与基础釉混磨，需先球磨基础釉达到一定的细度后，再加着色原料的粉料，如夜光釉色料、镉硒红色料等。因为有的色料研磨过细时，呈色效果降低，或易在水中氧化分解等。

一般情况下，料、球、水之比为 1：1.5：0.8。黏土较多的釉料，可加大水量至 1。容易沉淀分层的釉浆，再出磨前 1h 左右，应适当添加悬浮剂，出磨前要测定细度，出磨时要过筛。

4. 釉浆的性能

（1）釉浆细度

釉浆的细度是衡量釉浆质量的一个重要指标参数。细度对釉面质量有很大影响。太细虽可使着色料分散均匀，呈色均匀，但由于表面张力大，容易产生釉层干燥开裂和烧后缩釉。太粗会提高熔融温度，影响釉面光泽度，或呈色不均匀。

釉浆的细度根据色釉的性质及施釉方法而不同，一般规则是：

单色釉、无光釉宜细些；裂纹釉、花釉的面釉宜粗些。用喷釉、浸釉法施釉时，釉料宜细度大，涂釉法施釉宜细度小。

釉浆细度常以万孔筛余法表示。几种釉浆细度范围如下：

单色釉釉浆细度范围：万孔筛余 0.2%～0.05%；

无光釉釉浆细度范围：万孔筛余 0.1%～0.05%；

裂纹釉釉浆细度范围：万孔筛余 0.1%～0.5%；

花釉面釉釉浆细度范围：万孔筛余 3.7%～0.5%。

以上仅为一般性规则，生产中还应根据不同瓷种、不同产品、不同的施釉方式，通过实验来确定。

（2）釉浆浓度

釉浆浓度是保证釉层厚薄均匀的前提，釉浆浓度亦依坯胎种类、色釉品种和施釉方法来决定。

素烧胎、厚胎用釉浆，浓度宜高；生坯用釉浆，浓度宜低。施釉要求厚的，釉浆浓度宜高；浸釉法、喷釉法施釉时，釉浆浓度宜较低；刷釉、涂釉时，浓度宜较高；高温黏度大的釉，釉浆浓度宜较低。

（3）釉浆的稳定性

一般情况下，希望釉浆有较高的浓度，同时也必须有一定的流动性，这样不仅可以在薄体、生坯上施敷较厚的釉层，防此坯体吸入较高的水分，而且可以提高生产效率。除此之外，釉浆还必须有一定的稳定性，不易分层、沉淀等。一般生料釉稳定性较熔块釉高。解决上述问题的方法是选择合适的添加剂，如减水剂、悬浮剂等。常用的添加剂有水玻璃（Na_2SiO_3）、纯碱（Na_2CO_3）、CMC及某些高分子聚合物等。

5. 施釉

颜色釉亦采用常用的基本施釉方法：浸釉法、烧釉法、淋釉法、喷釉法、刷釉法、荡釉法等。不同的是，一般颜色釉施釉厚度较大，以获得色彩莹润均匀，饱和度高，遮盖力强的釉面效果。有时为了达到一定釉层厚度，往往采用反复多次施釉或浸、喷、涂相结合的方法施釉。

6. 烧成

颜色釉烧成应注意如下方面：

① 防止着色成分的挥发，污染制品的釉色，不要把不同性质的色釉坯胎混装一匣，如铜红釉与黄釉、铜绿釉与乳白釉、锌釉与铬绿釉等，不能混装。

② 根据坯和釉的组成，确定烧成温度、冷却速度。如有挥发组分的，烧成温度不要过高，且宜快烧快冷。如含有结晶倾向的组分时，更宜快烧快冷。

特大件、厚胎坯色釉制品，必须缓慢升温和缓慢冷却，以防炸裂。

③ 根据着色剂来确定气氛。表 7-4 列出了色剂与烧成气氛的关系。

表 7-4　金属氧化物在釉中呈色与气氛的关系

金属氧化物	氧化气氛烧成的颜色	还原气氛烧成的颜色
铁	琥珀色	灰绿色
	铁锈色	紫褐色
	红色	紫黑色
	黑色	黑色

续表

金属氧化物	氧化气氛烧成的颜色	还原气氛烧成的颜色
铜	铅釉中显浅绿色	红色
	绿色	红色
	碱釉中显蓝绿色，釉厚呈黑色	紫色
钴	蓝色	蓝色
锰	紫褐色	紫褐色
铬	绿色（与锡共存时，显桃红色）	黄色、绿色
镍	灰绿色	灰绿色
铀	红、黄、橙色	黑色、黑蓝色
钒	黄色（有锡时）	黑色
钛	铅釉中显黄色，含锌釉中呈亮黄色	黑蓝色、黄色
铋	黄色	蓝黑色

7.2 铁系色釉

铁系色釉是指以铁化合物为主要着色剂的一类颜色釉的统称，铁化合物添加到基础釉中，在不同的工艺条件下，可呈现出青色、青绿色、黄色、铁红色以及黑色、酱黑色等颜色釉。

7.2.1 铁系色釉的着色原料

配制铁系色釉的着色原料，通常是含铁量较高的天然矿物原料、化工原料和色料三大类。自然界含铁的矿物分布很广，常见的配釉用含铁矿物列于表7-5。

表 7-5 天然含铁矿物

原料名称	外观状态	Fe$_2$O$_3$（%）	用 途	主要产地
紫金土	红色土块	4.17	配制铁青釉、如粉青、梅子青等，用时应粉碎，淘洗	浙江龙泉
紫金土	红色土块	6.23	配制粉青、冬青、紫金、茶叶末等，用时粉碎，过筛	景德镇雷公山
乌金土	乌色土块	13.4	配制乌金釉等，用时粉碎，精淘	景德镇李家坳
斑花时	褐色土块	75.6	配制铁锈花，粉碎，淘洗	河北
黑釉土	淡红土块	5.4	配制天目釉、雨点釉，浸泡，淘漂	山东
土骨	红褐铁砂	43.96	配制黄色或棕红色釉，浸泡，淘漂	江苏太湖
赭石	赭红石块	38.84	配制传统浇黄、鸡油黄，粉碎，过筛	江西庐山

天然含铁矿物中，氧化铁含量波动大，因此用天然含铁矿物作着色原料很难把握住釉的颜色深浅。使用前，一般都要经过粉碎、淘洗等处理，并进行化学分析，掌握其化学成分，以便准确配方。天然含铁矿物虽然到处都有，但真正能用于配色釉的不多，主要原因是：矿

物中常有大量的有色金属杂质，如锰、铜、铬、钴、镍等，影响色釉色调。但也是这些因素，常使以其配制的黑釉或某些艺术釉具有特殊的韵味和地方特色，古瓷釉多是以天然矿物原料配制的。但用于工业生产，也常因天然矿物的组成分布不均，变化幅度大，色调重复性差等难以使用。因此，往往用含铁的化工原料作为着色剂，如氧化铁、硫酸亚铁、氯化铁等，或将其制成硅酸铁色料应用。

7.2.2 铁系色釉的呈色机理

铁在硅酸盐熔体中存在着低价铁离子 Fe^{2+} 和高价铁离子 Fe^{3+} 两种价态，而且两种价态往往总是同时并存，存在的比例依氧化-还原条件而不同。

铁在瓷釉中的着色效果，主要表现在玻璃相中。Fe^{2+} 和 Fe^{3+} 在玻璃相中存在着下列平衡关系：$Fe_2O_3 \Longrightarrow 2FeO + \frac{1}{2}O_2$。还原条件下，形成的 FeO 溶于釉熔体中，和 SiO_2 能生成 $FeSiO_3$，使釉的着色变化从青色变到暗灰色。氧化条件下，形成 Fe_2O_3，在釉熔体中的溶解度小，容易析出 $\alpha\text{-}Fe_2O_3$，分散在釉熔体中，使釉的着色变化从黄色到红褐色，当 Fe_2O_3 发生富集或偏析时，就会形成花斑或晶体，铁的特征氧化物分散溶解在釉中时，引起釉色变化列于表 7-6。矾红、珊瑚红低温色釉是以 Fe_2O_3 着色的。

表 7-6 铁的不同状态与釉色关系

铁的存在状态	釉质颜色	相应光波长（nm）	含氧量（%）
Fe+FeO	蓝紫色	410	12.5
FeO	蓝色	470	22.2
$FeO+Fe_2O_3$	绿色	520	27.6
$FeO+2Fe_2O_3$	黄色	580	28.6
$FeO+3Fe_2O_3$	橙色	600	29.0
Fe_2O_3	红色	650	30.0

从表中可看出，铁在釉中能存在的状态是氧化亚铁 FeO、氧化铁 Fe_2O_3 和磁性氧化铁 Fe_3O_4（FeO、Fe_2O_3）。

它们间存在着下列平衡关系：$6FeO+O_2 \Longrightarrow 2Fe_3O_4 + \frac{1}{2}O_2 \Longrightarrow 3Fe_2O_3$。釉的颜色往往是它们混合着色的结果。

这一平衡要受到环境的制约，除烧成气氛外，釉的组成、烧成温度等因素发生变化，平衡也随之移动。

7.2.3 影响铁系色釉呈色的因素

1. 烧成温度的影响

烧成温度高，Fe_2O_3 会分解，生成 FeO 和 O_2，使釉中的 Fe_2O_3 减少，FeO 增多，釉色向青绿色方向发展。烧铁青釉，如影青、梅子青、豆青釉等，烧成温度宜高。相反，铁红釉等应降低烧成温度。一般烧铁红釉不宜超过 1240℃。

2. 气氛的影响

气氛不同，铁在釉中的存在状态不同，釉色也不同。

还原气氛有利于 Fe_2O_3 解离。Fe_2O_3 和 CO 的反应为：

$$Fe_2O_3 + CO \xrightarrow{960\sim1120℃} 2FeO + CO_2$$

在 960～1120℃之间，CO 的浓度愈高，反应进行得愈完全，釉色向青色方向变化。

氧化气氛有利于 Fe_2O_3 的存在。FeO 被氧化成 Fe_2O_3，釉色向红色方向发展，反应式为：

$$FeO + O_2 \longrightarrow Fe_2O_3$$

反应进行得愈完全，釉色愈红。上述反应都是在釉熔融前进行的。釉熔融后，反应基本上无法进行，为此应有足够的时间来保证反应的进行；特别是 960～1120℃的还原时间应相当长（一般为 4～10h）。

这时由于气氛的影响对釉熔融前强，熔融后弱。釉熔融后，具有黏性和流动性的釉熔体连成一片，使釉料间的毛细管通道封闭，从而，气体无法进入釉层和铁的氧化物反应。没有反应完的铁氧化物仍留在釉中，使釉色出现不纯的色调。

3. 基础釉组成的影响

铁系色釉的基础釉是以石灰釉或石灰-碱釉为主。一般地说，基础釉中的 KNaO 含量增加，不利于 FeO 生成而有利于 Fe_2O_3 的存在，这是 Na_2O 释放出游离氧的缘故。虽然石灰-碱釉中 KNaO 含量高于石灰釉，但是石灰-碱釉的高温黏度大，釉面光泽柔和，使青釉厚而不流，釉内气泡细小，能获得晶莹饱满、翠青似玉的色釉。在含碱金属高的硼釉中，釉呈现氧化铁的酒红色，在铅釉中可呈现黄色或红色。

4. 铁含量的影响

铁含量是影响铁系色釉的主要因素。一般地说，随铁含量增加，釉色加深。氧化铁着色的色釉在 Fe_2O_3 含量较低的一定范围内，釉色主要受气氛影响，采用还原焰烧成，釉中 Fe_2O_3 占到 1％左右时，釉色呈现影青色；釉内铁量在 2％～4％时，釉色呈青绿色；铁量增加到大于 5％时，釉呈暗灰青、茶叶末或墨绿色；增加到大于 6％时，釉色几乎为墨色；釉中 Fe_2O_3 达饱和状态时，使釉面易形成无光泽的灰褐色膜；氧化铁含量最高时，特别是达到 8％以上时，釉色主要取决于氧化铁含量，而气氛的影响已降低到次要地位。

5. 杂质元素的影响

二价的 Co、Ni、Cu、Mn、Mg、Ca 等离子，常与 Fe^{2+} 发生类质同象取代，干扰铁对釉的着色。三价的 V、Cr、Al、Rn、O 等离子可与 Fe^{3+} 发生类质同象取代，影响铁对釉的着色。当杂质元素含量较高时，在发生类质同象取代后，多余杂质如果是着色力强的元素，则会遮盖铁对釉着色，如在墨褐色的铁系色釉中加入一定量的 Co，则釉色会呈暗蓝色。在环境条件允许下，杂质元素会和铁反应，生成不同的铁化合物。常见的有尖晶石型矿物，如 $CoFe_2O_4$、$ZnFe_2O_4$、$LiFe_5O_8$ 等。使釉色发生变化，用 Fe_2O_3 与锰、铬、锌的氧化物适当配合可得棕色釉，Fe_2O_3 与锰、钴、铜等氧化物配合可得褐色、墨色釉。利用杂质元素的调色作用，添加某些物质到色釉中就可得深蓝、蔚蓝等色釉。

7.2.4 铁系色釉配制工艺示例

1. 铁青釉

铁青釉是制瓷工业上最早出现的颜色釉，习惯上称为青瓷。

青釉的基础釉历来都是用石灰釉或石灰-碱釉。石灰釉的碱性成分是 CaO 为主，一般含量在 5% 以上。我国古代的高钙石灰釉，CaO 含量达 20%。景德镇传统的石灰釉是以釉果为基础，以釉灰为主要助熔剂，属于石灰石-石英-绢云母质釉。石灰釉的白度随釉灰含量的增加而降低。釉灰多，则釉色青，釉灰少则釉色白。釉果具有长石、石英、高岭土三者的作用，由于绢云母的存在，使釉浆具有悬浮性和涂挂性。

釉灰中含有 90% 的石灰，具有优良的高温助熔作用。

石灰-碱釉中 CaO 含量为 7%～12%，KNaO 含量为 4%～6%。这种釉的高温黏度比石灰釉要高，釉面光泽度、透明度比石灰釉稍差，呈半光亮。宋代龙泉青釉多以石灰-碱釉为基础釉。

以长石代替釉果作主要原料，以石灰石取代釉灰作助熔原料，再以相当于长石用量一半的石英配成的釉，也具有石灰-碱釉的良好性能，而且透明度高，光泽也好。

以长石、釉果、石英、滑石、石灰石为原料配制出的白度较高的混合釉，现已在各瓷厂广泛应用。有时，还加入少量的 ZnO 或 $BaCO_3$，对提高白度效果明显，同时对釉的发色也有利。如果在上述基础釉中，含有 1%～3% 的 Fe_2O_3，经还原焰烧成，就可得到青釉。

根据釉青色的深浅程度，铁青釉又有粉青、影青、豆青、梅子青等色釉之分。对青瓷发展具有深刻影响的要数龙泉青瓷了。

（1）龙泉青

龙泉青瓷极盛于宋代，尤以官窑、哥窑、弟窑烧制的青瓷具有代表性，在世界上享有盛誉，使中外陶瓷科技工艺者极感兴趣。

龙泉青瓷的突出特点是：釉层较厚，晶润颇佳，釉色青翠，色调从粉青到梅子青皆全。龙泉青瓷的青釉历来以石灰-碱釉为基础，釉的化学组成，大致如下：

SiO_2 62%～69%，官窑偏低；Al_2O_3 14%～19%，弟窑偏低；CaO 6%～15%；$K_2O +$ Na_2O 3%～7%；Fe_2O_3 0.8%～3%

龙泉青瓷的釉式范围大致为：

$$\left.\begin{array}{l} R_2O \\ RO \end{array}\right\} \cdot (0.53\sim0.70)Al_2O_3 \cdot (3.80\sim5.10)SiO_2 + (0.8\%\sim3\%)Fe_2O_3$$

坯内铁分的变化同样会影响釉的呈色，试验指出，坯内铁含量在 2.5% 左右时，釉呈粉青色；坯内铁在 1.5% 以下时，釉呈浅影青色；在 0.5% 左右时，釉呈灰青色，还可能会产生釉内裂纹。

（2）影青

影青釉的特色是：釉色似白而青，釉层较厚，晶莹润流滺，透明度高；瓷胎上暗雕的图纹内外都可映见。

我国古代的影青釉，要数景德镇湖田窑的最有代表性，经分析，湖田窑影青釉化学组成为：

SiO_2 66.68，Al_2O_3 14.30，Fe_2O_3 0.94，CaO 14.87，MgO 0.26，K_2O 2.06，Na_2O 1.22，FeO/Fe_2O_3 0.84

代表性的釉式为：

$$\left.\begin{array}{l} 0.070K_2O \\ 0.063Na_2O \\ 0.847CaO \\ 0.020MgO \end{array}\right\} \cdot \left.\begin{array}{l} 0.447Al_2O_3 \\ (0.014\sim0.03)Fe_2O_3 \end{array}\right\} \cdot 3.544SiO_2$$

现在较广泛应用的影青釉釉式为：

$$\left.\begin{array}{l} 0.307KNaO \\ 0.660CaO \\ 0.033MgO \end{array}\right\} \cdot \left.\begin{array}{l} 0.501Al_2O_3 \\ (0.014\sim0.030)Fe_2O_3 \end{array}\right\} \cdot 3.58SiO_2$$

景德镇一般用釉果、龙泉石、白云石、石灰石等作配釉的原料，如某厂影青釉的配方为：

釉果 75，釉灰 8，白云石 4，龙泉石 10。

配釉时，将各种原料的粉料直接一次投入湿式球磨，釉浆出磨细度为万孔筛筛余 0.15% 以下，釉浆含水率 55%～60%。采用浸、喷釉法直接施釉于坯体上，釉厚一般为 0.6～1mm。刻有图纹的坯体，则主要用喷釉法施釉。烧成温度为 1280～1300℃，还原气氛，还原期，烟气中 CO 含量在 4% 左右。

(3) 豆青釉

豆青釉的特色黄绿色调深浅适中，恰似将熟的豆角色调。

豆青釉的基础釉一般选用石灰釉。氧化铁在 0.04～0.09mol 之间，经强还原焰烧成而呈现的色调。由于氧化铁的含量及施釉厚度不同，豆青釉有豆青和深豆青之分，颜色浅而淡的，施釉厚度为 1～1.5mm 的为豆青。典型釉式如下：

$$\left.\begin{array}{l} 0.30KNaO \\ 0.67CaO \\ 0.03MgO \end{array}\right\} \cdot \left.\begin{array}{l} (0.55\sim0.60)Al_2O_3 \\ (0.03\sim0.06)Fe_2O_3 \end{array}\right\} \cdot (4.40\sim5.40)SiO_2$$

釉色深，釉层厚达 2.5mm 的为深豆青，典型釉式如下：

$$\left.\begin{array}{l} 0.50KNaO \\ 0.45CaO \\ 0.05MgO \end{array}\right\} \cdot \left.\begin{array}{l} (0.508\sim0.62)Al_2O_3 \\ (0.06\sim0.09)Fe_2O_3 \end{array}\right\} \cdot (4.5\sim5.5)SiO_2$$

配制时，在基础釉中，加入含铁量较高的紫金土或者氧化铁，也可采用配釉原料直接配制。经球磨达万孔筛，筛余在 0.1% 以下，施釉多采用喷釉法，坯较厚时，也可先采用浸釉法施釉后，再喷釉，使釉层达到所要求的厚度。

要得到色釉厚的制品，往往要反复多次喷釉；生坯上喷釉，釉层厚度为 2.5～3mm，在还原焰下于 1280～1300℃烧成。如果还原焰烧得不足，制品会出现黄褐色或黑灰色，这是造成豆青釉不稳定的因素之一。

豆青釉适合于装饰大盘、大瓶、大缸等具有暗雕粗壮纹样的大件制品。

（4）粉青、梅子青

粉青是青绿色的釉，铁含量在 0.02～0.025mol 之间，釉色较影青深。

龙泉粉青是著名色釉，呈色青翠，光泽柔和，色调鲜艳，釉面滋润，犹如美玉一般，配方举例如下：

坯料配方：木岱石层瓷土 41.67，坞头瓷土 20.8，东山思瓷土 20.83，宝溪紫金土 16.67

釉料配方：大窑瓷土 26.30，石灰石 18.70，糠灰 21.10，岭根瓷土 24.90，高际头紫金土 9.00

龙泉梅子青也是传世名釉，其特色是呈色青翠，绚丽静穆，幽雅润澈，光彩焕发，俗称"青瓷之花"。

工艺上和粉青差不多，只是要求重还原期稍长一些，CO 含量偏高一些。

坯料配方：木岱石层瓷土 35，木岱口紫金土 15，源底瓷土 50

釉料配方：大窑瓷土 18.3，石灰石 18.7，糠灰 21.6，岭根瓷土 26.5，高际头紫金土 14.9

粉青瓷是著名色瓷，各地争相仿造，创造了独具特色的粉青色釉瓷。

景德镇生产的粉青釉呈现浅湖绿色调中泛浅蓝色，以氧化铁和氧化钴为着色剂的混色釉，工艺上和前述基本相同；要求施釉厚度约为 1～1.5mm，还原气氛下于 1260～1300℃烧成，某厂粉青釉配方为：

釉果 73.9，二灰 11.4，龙泉石 7.6，紫金土 5.1，白云石 2，氧化钴（外加）0.05％

湖南醴陵某厂配方为：

石灰釉 75，长石釉 25，造珠明料（外加）0.17％，Co_3O_4 0.03％，白云石 1％

仿造的青釉，大多数加钴，实际上这些仿造的青釉已属铁钴青釉。

2. 铁红釉

铁红釉是以 Fe_2O_3 着色的，呈铁红、棕红色的颜色釉，这种釉的基础釉一般是低温铅釉或中温的硼釉、铅硼釉等。釉中 Fe_2O_3 的含量比较高，最少也达 10％，釉烧温度一般不超过 1240℃。

以铅釉为基础釉，添加一定量的 Fe_2O_3，很容易制得低温烧成的铁红釉，作为一个配方例子，如：铅丹 46.3，瓷土 3.2，石英 20.8，氧化铁 29.7。

按以上配方，研磨至无颗粒感，施在釉胎上，釉厚 0.5mm 左右，在 900～1000℃下烧成即得到。

以石灰釉为基础釉，添加 Fe_2O_3，也可烧制出铁红釉，某厂配制的铁红釉是以下面的釉式为依据的。

$$\left.\begin{array}{l} 0.036KNaO \\ 0.926CaO \\ 0.038MgO \end{array}\right\} \cdot \left.\begin{array}{l} 0.437Al_2O_3 \\ 0.179Fe_2O_3 \end{array}\right\} \cdot \left.\begin{array}{l} 2.187SiO_2 \\ 0.035TiO_2 \end{array}\right\}$$

$$\left.\begin{array}{l} 0.029KNaO \\ 0.938CaO \\ 0.033MgO \end{array}\right\} \cdot \left.\begin{array}{l} 0.342Al_2O_3 \\ 0.161Fe_2O_3 \end{array}\right\} \cdot \left.\begin{array}{l} 1.720SiO_2 \\ 0.023TiO_2 \end{array}\right\}$$

盖斯比克研究的铁红釉中不含碱土金属氧化物，具代表性的釉式为（釉烧温度 1250℃）：

$$\left.\begin{array}{l} 0.80K_2O \\ 0.20Na_2O \end{array}\right\} \cdot \left.\begin{array}{l} 1.17Al_2O_3 \\ 0.50Fe_2O_3 \end{array}\right\} \cdot 5.35SiO_2$$

从以上三例来看，①铁红釉的组成中，SiO_2、Al_2O_3 之比较低，釉的高温黏度大，使 Fe_2O_3 不易被釉熔体溶解和反应，即仍以 Fe_2O_3 存在于釉中而呈红色；②Fe_2O_3 含量较高，一般不少于总量的 10%；③釉烧温度较低。

制配铁红釉的工艺要点：①配釉原料中尽可能少含其他着色元素，以防止与 Fe_2O_3 发生反应；②釉中 $SiO_2/Al_2O_3 = 4 \sim 6.0$，釉浆细度为万孔筛筛余 0.05%～0.15%，相对密度控制在 1.30～1.50，釉层厚度为 0.8～1.5mm；③氧化气氛，烧成温度不宜超过 1240℃，在高温时，升温速度不宜过快，否则，易发泡、变色。

景德镇某厂生产的铁红釉，化学成分如下：

SiO_2	Al_2O_3	Fe_2O_3	CaO	MgO	K_2O	Na_2O	P_2O_5	总计
52.10	9.87	12.38	8.55	3.58	5.03	1.43	7.00	99.94

对铁红釉进行研究，铁红釉层的断面分三层，表面是极薄的红色层，中层是黑色，底层是无色底釉层。

铁红釉在熔融状态下，发生多级液相分离。由于 Fe^{3+} 的亲氧性强，容易聚集或分散在微相中，从而使釉层分成明显的三层。

究竟是形成红色（色斑）花釉还是单色釉就决定于烧成温度和时间。烧成温度偏低，时间较短，α-Fe_2O_3 从釉熔体聚集到微相中的量少，只在表面形成极薄的红色斑，就终止了烧成，这就形成铁红花釉；相反，烧成温度高，熔体黏度低，液相分离快，α-Fe_2O_3 聚集到微相中的量多，且有足够的时间，使富 α-Fe_2O_3 的微相平铺到所有釉面，则成铁红单色釉。

3. 铁黄釉

著名的唐三彩中的黄釉，就是以氧化铁为主要着色剂的黄釉，其代表性的配方是：

氧化铁 7，红丹 70，石英 20，长石 3

氧化气氛 850～900℃烧成。

我国传统名贵珐黄三彩的珐黄是属高碱釉，配方是：

硝酸钾 48.28，烧石英 41.38，赭石 10.34

以硼铅熔块釉为基础釉，其代表性的配方为：

釉料配方：熔块 47，铅丹 18，方解石 4，长石 13，红泥 9，铁粉 9

熔块配方：长石 27.7，石英 13，铅丹 18，方解石 5.6，硼砂 4.7

氧化气氛 1100～1200℃下烧成，铁黄釉的基础釉以低、中温釉为宜，釉烧温度不宜超过 1240℃；釉中 Fe_2O_3 含量 2%～8%。要求 Fe_2O_3 都能分散在釉熔体中而不分解，也不聚集析晶。

4. 乌金釉

乌金釉是指以铁化合物为主要着色剂，釉面光亮的黑釉，其突出的特点是：釉层乌黑如漆，釉面晶莹透亮，能照见人影。

乌金釉是传统名釉，其组成主要是以石灰釉为基础釉，釉中含有 4%～7% 的 Fe_2O_3，以

及少量的 MnO_2、CoO 着色剂，着色剂应溶解分散在釉层中。

传统乌金釉各具地方特色，景德镇生产的乌金釉历来是用乌金土为着色原料加入基础原料中配成。由于原料低廉易得，至今仍在应用，某厂乌金釉配方为：

祁门瓷土 18，瑶里釉果 30.5，二灰 18，乌金土 33.5

乌金釉除以天然矿物着色原料外，现在多数工厂采用化工原料 Fe_2O_3 或色料作着色剂，效果颇佳。配制得好的，无论是黑度、亮度都超过了传统的乌金釉。

在乌金釉的釉坯上，再涂滴流动性大的颜色釉，可得到各种乌金花釉，如乌金钛花釉等。

5. 天目釉

天目釉是指以铁的化合物为主要着色剂的黑釉，其特点主要是，色调丰富多彩，有茶黄黑、浓黄黑、棕黑、褐黑、绀黑，彩面光泽稍差，有的会出现各种 Fe_2O_3 的流纹、斑块、斑点。天目釉在我国宋代就有很多产瓷区已生产出来。由于各地生产的天目釉的颜色、纹样不同，就给予很多不同名称，如吉州天目、河南天目、建阳天目以及油滴天目、玳瑁天目、兔毫天目等，有的通过剪贴装饰，在制品上呈现出图纹，如梅花天目、木叶纹天目等。有关天目釉详情将在艺术釉一章论述。

综上所述，铁黄釉的基础釉以低、中温釉为宜，釉烧温度不宜超过 1240℃；釉中 Fe_2O_3 含量 2%~8%。要求 Fe_2O_3 都能分散在釉熔体中不分解，也不聚集析晶。

铁系传统色釉配方示例见表 7-7。

表 7-7 铁系传统色釉配方示例

序 号	名 称	呈色特征	配 方（%）	工艺要点
1	金黄釉	金黄色，光泽好，半透明，釉层浑厚，流淌	白土 30，泥坯 12，方解石 16，玻璃 4，红丹 8，土膏 8，窑汗 18.5，氧化锌 3.5	浸釉或烧釉法施釉，釉厚 1.5~2mm；氧化气氛，1180~1200℃ 烧成
2	浅黄釉	低温炉彩釉	铅丹 65.4，瓷土 4.6，石英 29.2，氧化铁 0.8	氧化气氛，900~1000℃ 烧成
3	棕红釉	低温炉彩釉	铅丹 46.3，瓷土 3.2，石英 20.8，氧化铁 29.7	氧化气氛，900~1000℃ 烧成
4	花红釉	宜兴花红釉	白土 67，石灰石 20，土骨 13	施釉厚 1.5mm 左右；氧化气氛，1180~1230℃ 烧成
5	黄红釉	黄红色釉	釉果 48，石灰石 30，高岭土 10，长石 6，氧化铁 6	氧化气氛，1200~1260℃ 烧成
6	龙泉仿哥窑釉	哥窑青釉以有紫口铁足和纹片为特征，釉层饱满丰厚，色似碧波，光亮明快，古雅庄重。纹片形态各异，美丽自然	坯泥：木岱口紫金土 70，大窑瓷土 15，新岭耐火土 15 釉料：岭根瓷土 54.15，糠灰 20.07，石灰石 5.03，八都氟石 1.95，木岱口紫金土 18.80	釉料细度：万孔筛余 0.1% 左右，泥浆细度：万孔筛余 1%；施釉于荡好内釉的素坯外面，釉厚 1~1.2mm；还原气氛，烧成温度 1260℃

续表

序 号	名 称	呈色特征	配 方（%）	工艺要点
7	龙泉粉青釉	粉青色调，鲜艳滋润，宛如美玉	坯泥：木岱瓷土 41.67，坞头瓷土 20.83，东山思瓷土 20.83，宝溪紫金石 16.67	釉料细度：万孔筛余 0.1%；釉浆相对密度：1.38～1.40；施釉厚 0.8～1.0mm；还原气氛，1240～1260℃烧成
			釉料：石灰石 18.7，锌粉 21.1，大窑瓷土 26.3，岭根瓷土 24.9，高际头紫金土 8.9	
8	梅子青釉	釉层润澈，光彩明亮，如同翡翠	坯料：木岱瓷土 35，源底瓷土 50，木岱口紫金土 50	
			釉料：石灰石 18.7，糠灰 21.6，大窑瓷土 18.3，岭根瓷土 26.5，高际头紫金土 14.9	
9	高丽青瓷	釉色翠青，清雅亮丽	SiO_2 64.88，Al_2O_3 12.83，Fe_2O_3 2.11 TiO_2 0.11，CaO 16.90，MgO 0.24，K_2O 2.31，Na_2O 0.62，Cr_2O_3 0.1	还原气氛，1240～1280℃烧成
10	耀州青瓷	橄榄绿色，清澈透亮，坯体多以刻花或印花装饰	富平釉石 85，黄土 10，石灰石 5	素烧 850℃左右；施釉厚度 0.5～0.8mm；还原气氛，1280～1300℃烧成
11	黑釉	也可作"三阳开泰"的色釉，釉面光亮色艳	二灰 18，乌金土 33.5，祁门瓷土 18，瑶里釉果 30.5	釉料细度：万孔筛余 0.3%；喷于生坯上，釉厚 2mm；还原气氛，1280～1320℃烧成
12	黑釉	宜兴配制，用于装饰陈设瓷	白土 30，坯泥 30，石英 13.5，石灰石 12，土骨 8，氧化铁 2，氧化锰 4.5	生坯施釉，釉层厚度 0.5～2mm；氧化气氛，1280～1300℃烧成
13	乌金釉	邯郸乌金釉	黑釉土 86，滑石 4，骨灰 6，氧化铁 4	氧化气氛，1240～1260℃烧成
14	紫金釉	釉面呈酱黄色	釉果 40，二灰 10，紫金土 50	釉料细度：万孔筛余 0.2%；生坯施釉，釉层厚度 0.5mm左右；还原气氛，1280～1300℃烧成

除以上传统铁系色釉外，现代常用的有锆铁红、硅铁红、铁-钴-锰黑、铁-铜-锰黑等色釉，是以合成色料的方式引入基础釉中制成的。

7.3 铜系色釉

铜元素有多种发色，铜红、铜蓝、铜紫、铜绿。秦兵马俑有铜紫装饰，铜蓝和铜紫在汉代陶俑、陶罐上也已出现，铜绿最迟也在唐三彩中应用，铜红为宋代河南钧窑首创。元代景德镇元红、元紫都与钧红相接近，明代高温祭红烧制成功，清代景德镇铜红釉发展到空前高峰，美人醉、郎窑红（优品称"宝石红"）、三阳开泰等名品相继问世。现今，人们已可以用氧化焰来烧制铜红了。

铜蓝自汉代出现后，到明代生产地较多，瓷器和陶瓦上均有应用，特别是一些伊斯兰教清真寺用瓦。纯正的铜蓝釉色彩艳丽，像孔雀的蓝羽毛一般美丽，故也有名"孔雀蓝"。

7.3.1 铜系色釉的着色原料

铜系色釉用铜着色原料见表 7-8。

表 7-8 常用铜着色原料

名　称		分子式	外　观	主要性质
天然原料	孔雀石	$CuCO_3 \cdot Cu(OH)_2$	—	—
	蓝铜石	$2CuCO_3 \cdot Cu(OH)_2$	—	—
	松绿石	$CuAl_6(PO_4)_4 \cdot (OH)_8 \cdot 5H_2O$	—	—
化工原料	铜粉	Cu	灰黄色	—
	氧化铜	CuO	黑褐色粉末	1230℃熔融
	碱式碳酸铜	$CuCO_3 \cdot Cu(OH)_2$	—	600～800℃转化为CuO
	硫酸铜	$CuSO_4 \cdot 5H_2O$	—	900～1100℃分解

7.3.2 铜系色釉的呈色机理

铜由于其原子结构的关系在釉中往往以一价、二价的化合物或单质铜存在，二价铜氧化物热稳定性差，易分解为一价氧化物。

当以一价铜氧化物存在于釉中时，会将釉着成红色，Cu_2O 的着色力强，用量在 0.1％～0.15％时，即能使釉着成绚丽的血红色。我国的铜红釉，如祭红、郎窑红、钧红等名贵红釉，就是 Cu_2O 着色的。

当以二价氧化物存在于釉中时，会将釉着成蓝色或绿色。颜色的深浅与 CuO 的用量关系极大。以 CuO 着色时，CuO 会与釉中组分发生作用进入釉的玻璃体中。我国唐三彩中的绿釉，即 CuO 着色的。

用铜着色时，在釉中存在着下列关系：

$$2CuO \Longrightarrow Cu_2O + \frac{1}{2}O_2 \Longrightarrow 2Cu + O_2$$

釉的着色往往受平衡的影响，也往往是 CuO、Cu_2O、Cu 的混合着色。

这一平衡的移动取决于釉的组成、温度和气氛，尤其对烧成气氛特别敏感。提高温度，CuO 易分解为 Cu_2O 和 O_2，使平衡向右移动，一般铜红釉的烧成温度较铜绿釉要高。

釉组成中还原性组分多，烧还原气氛，平衡也向右移动，所以，一般铜红釉要烧还原焰，铜绿釉应烧氧化焰。

Cu_2O 还可进一步还原为单质铜，使釉着成暗铜灰色。

关于铜红的着色机理，中外学者都进行过较多的研究，因各自研究系统的不同，结论上有一定的偏差，总结其结果有以下几点：

在铜红釉系列品种中（含花釉），有四种呈色类型：离子着色、胶体着色、晶体着色和液相分离着色。在不同的品种中，是几种机理的不同组合。

（1）离子着色

陶瓷呈色原料被釉所分解或化合就形成离子着色釉。这种色釉的呈色与溶液颜色相似。

不同离子在同一基础釉中能发生不同的色调，而相同的离子在不同的基础釉中也能发生不同的色调。例如 CuO 在碱金属离子含量高的釉中呈土耳其蓝色，在含铅量高的釉中则呈绿色或黄绿色，而在酸性釉中可以是无色的。

同一元素因化合价不同，其发色也不同。如同样是铁元素，二价呈蓝绿色，三价时发黄色或茶色。同一元素化合价相同而配位数不同，其发色也不同。例如 Co^{2+}，当其配位数为四时，发蓝色-紫红色；而当配位数为六时，发粉红色。

同一元素在 pH 值不同的釉中发色不同。如钒元素在酸性釉中呈淡绿色，而在碱性釉中则呈褐色。一般来说，在酸性釉中经常以低价离子存在，而在碱性釉中则以高价离子存在。

此外，发色离子邻近离子的状态也影响发色。

（2）胶体着色

胶体着色是指釉色来源于其中的发色胶团。这种胶团的尺寸很小，肉眼或普通显微镜无法观察到，但可借助于高倍率透射电子显微镜和扫描电镜或丁达尔效应等证实它的存在。

在一定尺寸范围内，胶团吸收白光中一定波长而散射其补色光，胶体色釉的颜色即散射光的色调，胶团大小与发色有密切的关系。胶团大时，它吸收波长较长的光波而散射波长较短的光波。

胶体色釉的呈色不但与胶团特性、颗粒大小有关，而且与胶团在釉玻璃中浓度有关。

铜红釉呈色料通常以 Cu_2O、CuO、铜花或铜灰引入。在高温还原气氛下转变成 Cu_2O，并溶入釉中成为玻璃网络中的修饰离子，这时玻璃是无色的，其结构形式为：$\equiv Si-O-Cu^+$。当冷却时析出 Cu_2O，即 $\equiv Si-O-Cu^+ + Cu^+ - O - Si \equiv \longrightarrow Si-O-Si + Cu_2O$。然后 Cu_2O 分子进行适当的聚集就成为发红色的胶态 Cu_2O。通常在铜红釉中加入 SnO_2，其作用在于加速 Cu_2O 的形成。

胶体着色色釉种类不多。

（3）晶体着色色釉

釉的呈色是由于釉玻璃中存在发色的微细晶体。晶体着色色釉中最有代表性的是各种结晶釉。

（4）液相分离着色色釉

液相分离着色指的是，类似于有液相分离趋势的所有二元玻璃一样，瓷釉中任一组元都会集中于一相中，而另一组元则集中于另一相；显而易见，第三组元如钴、镍、铜和其他色剂的少量添加，往往分布于微相之中，而呈现出瓷釉的各种色彩。

R. chaon 认为，铜红玻璃熔体在高温时含有 Cu^{2+}、CuO、Cu^+、Cu_2O 及 Cu 等五种形式的铜。当条件有所变化，五者之间的平衡移动，可能引起一种或多种消失而产生不同的颜色和现象，这通常用肉眼就能观察到（CuO 黑色、Cu^{2+} 蓝色、Cu^+ 无色、Cu_2O 红色）。

日本若松盈等学者指出，红釉的组成和烧成制度固定不变，气氛条件对釉的颜色有重要影响。强还原烧成制得灰色；还原气氛烧成，然后在氧化气氛下冷却会形成红色；氧化气氛烧成产生绿色。ESR 分析结果表明，在红釉和绿釉中都存在 Cu^{2+}，灰色釉中却没有。

中国科学院上海硅酸盐研究所陈显球等指出，当 Cu^{2+} 被最大的氧离子数包围时也是蓝色的，若氧离子被夺走或者 Cu^{2+} 占有某一网络形成位置（形成子）而使包围它的氧离子数减少，或者如果因为非对称的 Pb^{2+} 的存在而使氧并非均匀包围着它，就会变成绿色。高的烧成温度较低配位数的倾向，也会得到绿色。

离子本身是无色的，但是铜可以成为 Cu^{2+}、Cu^+ 和 Cu，而 Cu 可以沉淀而成红宝石色和沙金色。随着还原条件的提高，铜釉遵循的颜色次序为：蓝、绿、无色；金属铜有锡存在下产生铜宝石红。

7.3.3　影响铜系色釉呈色的因素

影响铜系色釉呈色的因素是多方面的，特别是烧制美丽的红色，没有丰富的实践知识是很难烧制成功的，就一般而言，主要有下列因素：

1. 烧成温度的影响

氧化铜在 1030℃ 挥发，即使在高黏度的釉中，氧分压较低时，也会分解挥发，使铜系色釉的颜色变成蓝或灰绿色。利用 CuO 的高温挥发性，直接加热来使釉着色，也是烧制铜系釉的方法之一。

温度愈高，釉流动性好，CuO 溶解性增大，釉色愈均匀。

铜绿釉中，以 CuO 存在，所以，烧成温度不能高，且宜快烧快冷。铜红釉，则应在釉烧温度相当高的情况烧制为好。

2. 烧成气氛的影响

烧成气氛不同，会使铜系色釉呈现决然不同的颜色。还原气氛下，釉色呈红色或紫红色。

$$2CuO + CO \longrightarrow Cu_2O + CO_2 \qquad Cu_2O + CO \longrightarrow 2Cu + CO_2$$

当还原气氛控制不当，还原时间不当，则会出现从绿到红和从红到黄灰色的中间色。

3. 釉组成的影响

釉的组成以及某些辅助原料的引入，会使铜系色釉的颜色发生显著的变化。

氧化气氛下，CuO 可使碱金属含量高的釉着成深蓝色或蓝色，用 CaO、MgO、BaO 置换 K_2O、Na_2O 时，就呈蓝绿色，置换量小于 0.3mol 时，对色调影响不明显。

向蓝色的碱金属铜釉中增加 Al_2O_3、SiO_2 含量，如加高岭土就变为绿色，加 B_2O_3 则变为蓝绿色，加 SnO_2、Fe_2O_3 则呈现明快的蓝色。

CuO 在铜釉中，可获得透明的淡绿色釉。CuO 较易溶解在铅釉中，溶解度随温度的升高而增大，可达 3%～8%。用碱金属置换部分 PbO 时，釉便变为蓝绿色。

为了烧成铜蓝釉，以碱金属含量高的釉作基础釉，但其膨胀系数较大，会出现龟裂。添加 Al_2O_3 可克服龟裂。引入矾土也可得到同样的效果，只是色调变绿。

为了烧成铜绿釉，以铅釉、硼釉作基础釉为宜，硼、铅的存在都可促进铜进入玻璃体中。石灰釉也是铜绿釉的良好基础釉。钛化合物引入铜绿釉中，使釉色向蓝发展，直至青色。引入萤石，由于 F 的乳浊作用，使釉呈天蓝色。

还原气氛下，只要烧成控制得当，长石釉、石灰釉等为基础釉的铜釉，都可获得铜红釉。Mn、Ti 的存在，可起铜红的助色作用。

含锂多的铜釉，再加 1% 左右的 SnO_2，还原气氛下，可制得铜红釉，锂具有促使 CuO 还原为 Cu_2O 的作用。

铅釉为基础釉的铅铜绿釉，于 600～800℃温度进行还原烧成，会呈现铜虹彩的红色。

配制铜绿、铜红釉时，CuO 的用量一般在 1% 以下，最多不宜超过 5%，如用量过多使 CuO 达到饱和状态时，则会出现黑色金属状的无光泽釉或金属效果釉面。

7.3.4　铜系色釉配制工艺示例

1. 铜红釉

铜红釉色彩艳丽，很受人青睐，引起了国内外学者的关注，他们进行了大量的研究和探讨。塞格尔（Seger）分析我国的血红辰砂釉，并进行大量实验，从而指出，辰砂釉是以石灰钾釉为主，呈色是 Cu_2O 所致。Cu_2O 含量低，釉透明性强而显色浓；Cu_2O 含量高，釉透明性差且呈色淡。一般 Cu_2O 含量在 0.5% 以上时，则成不透明红釉；含量在 0.1%～0.15% 时，则成金红色透明釉。

赫格曼配制的铜红釉是含钡和锌的长石釉，其组成如下（质量比）：

熔块配方：硅砂 448，长石 196，锌白 45，碳酸钡 105，熔融硼砂 130，碳酸钠 48，高岭土 28

釉料配方：草酸铜 2，熔块 100，烧氧化锡 1

并指出，为了使釉在烧成过程中生成 Cu_2O，釉熔融之前用强还原焰，熔融之后用中性或极弱的氧化焰，可以得到非常好看的铜红。重要的釉在开始熔融和熔融结束之前的阶段要完全避免氧化焰，若用氧化焰则向绿色转化。

对于铜红釉的釉料组成、呈色、烧成等，目前还没有统一的理论，存在着几种不同的见解。

对釉料组成的见解主要有：

①基础釉宜用高硅低铝釉；②基础釉宜用含硼高的硅釉；③基础釉里应少含钾或不含钾，含少量铝，含大量的钠；④铜红釉中应含一定的锡、铁氧化物；⑤P_2O_5、ZnO、TiO_2、CaO 的存在有利于铜红呈色；⑥铅的存在会带来不良影响；⑦B_2O_3 的存在，可促进铜红的生成，且防止釉面开裂。

对烧成方面的见解主要有：

①氧化与还原交替烧成铜红釉，还原过强则成金属铜；②自赤热至成熟均宜用强还原焰；③釉中存在还原剂，如 SiC、SnO 时，在氧化焰下烧成也可得到铜红；④用弱还原焰，延长还原时间。

铜红釉是名贵的工艺美术色釉，它是以铜化合物作着色原料的釉，经还原烧成而呈现出各种红色色调的色釉的统称。我国铜红釉品种中名贵的有钧红、祭红、郎窑红、美人醉等。

（1）钧红釉

钧红釉简称钧红，是问世最早的铜红釉制品，由河南禹县烧造，其特色是釉色鲜艳紫红，釉面滋润均匀，华丽而不俗，透明照人，釉面有碎裂纹并微有流淌现象。

钧红釉是以石灰釉为基础釉，多以铜花及 CuO 为着色剂。

景德镇某厂的钧红釉配方工艺为：

釉果 28.44，釉灰渣 8.20，绿玻璃 22.20，窑渣 16.20，锡晶料 15.58，铅晶料 8.00，食年轻 1.00，铜花 0.40

釉的化学组成为：

| SiO₂ | Al₂O₃ | Fe₂O₃ | CaO | MgO | K₂O | Na₂O | CuO | PbO | B₂O₃ | SnO₂ | BaO | P₂O₅ |

SiO_2 Al_2O_3 Fe_2O_3 CaO MgO K_2O Na_2O CuO PbO B_2O_3 SnO_2 BaO P_2O_5

61.29　8.81　0.88　9.05　1.61　3.46　7.20　0.51　5.79　0.01　0.41　0.02　0.34

CoO MnO_2 TiO_2

0.002　0.56　0.08

由窑渣带入的 MnO_2、TiO_2 对铜红釉的呈色有助色作用。

SnO_2、Fe_2O_2 的存在，是铜红釉红色色素的有效分散截体和还原触媒。

工艺要点：

① 按配方称料用湿式球磨，细度为万孔筛余 1.8％，釉浆的悬浮性要好。

② 施釉于烧好的瓷胎上，瓷胎内釉是白色纹片釉或钧红釉。由于是瓷胎上施釉，釉层厚度要求 1.4～2mm，所以采用多次施釉法，一般是先蘸或淋一次钧红，再补喷三、五次，并使器具上部的釉层略比下部厚，以免高温烧成时，釉往下流，造成上部产生干釉。

③ 还原气氛，1300℃的温度下烧成。

④ 钧红釉的烧成控制很重要，如果控制不好，即使是同一配方，也会出现不同的红色，即发生"窑变"，使烧造的钧红釉出现红、紫等多种色调。

河南禹县是烧造钧红釉的发源地。某厂的釉料配方工艺为：

釉料配方：长石 10，汝岳土 52，方解石 16，滑石 3，石英 13，二氧化锡 1.7，铜矿石 4，氧化铜 0.3

坯体配方：罗王土 40，大口坡土 45，东坡土 15

（2）祭红釉

祭红釉又称"鲜红""霁红""鸡血红""宝石红"，祭红是钧红之后，于明代宣德年间烧制的铜红色釉。

祭红釉的特点是釉面光亮，色彩深沉，安定肃穆，不产生流釉现象，釉面也没有龟裂纹理，色调鲜红匀称。

由于该釉的高温黏度较大，呈色要红，要光亮，且无龟裂，因此，在配釉时，要根据烧成温度、气氛的变化，选择基础原料。按景德镇传统的烧成条件，一般选用熔融温度较低的瓷石，如陈石、三宝蓬、瑶里釉果等为主要原料，选石灰石为熔剂原料配制的石灰釉为基础釉。石灰釉对呈色有利。

作为着色剂的铜花或氧化铜花或氧化铜的用量，一般在 0.2％～0.5％为好。

一般认为，较为成功的祭红釉的组成范围大致为：

Na_2O 2.25％～4.96％，CuO 0.2％～0.57％，K_2O 1.73％～3.64％，Al_2O_3 12.9％～17.7％，CaO 8.48％～14.42％，Fe_2O_3 0.09％～0.80％，MgO 0.25％～0.97％，SnO_2 0.00％～3.52％，PbO 0.00％～3.20％，SiO_2 51.53％～56.44％

此釉宜在柴窑，1280℃温度下烧成。

实践证明，首先，祭红釉的原料，用预先煅烧的比用生料直接配制的祭红釉呈色要稳定，因此，应尽可能将原料煅烧至 1200℃左右。经细碎后，再称料，这样使碳酸盐、硫酸盐及有机杂质分解、排除，以改善釉的性能。

其次，釉浆粒度宜细，一般控制在万孔筛筛余 0.02％左右。因为颗粒细，有利于 CuO

分散在釉中，使釉浆组成均匀，有利于降低熔融温度，促进釉的玻化，有利于釉中各组分的反应进行，以达到提高釉的热稳定性。

再次，釉浆的含水率宜控制 45% ~ 50%，用喷釉法施在坯体上，釉雾宜细，喷好的釉面要平整，釉层厚度均匀。这样，有利于釉面烧后光滑，呈色稳定一致。釉层厚度一般为 0.7~1mm，过薄了呈色不鲜，过厚了易流釉，或产生裂纹，或产生针孔，影响釉面质量。

最后，祭红釉的烧成是至关重要的，在尽可能选择并配制出烧成温度范围较宽的祭红釉配方外，掌握和控制好烧成条件仍是烧成祭红釉制品关键因素。祭红釉的烧成条件：弱还原焰，使 CuO 还原为 Cu_2O，尽可能不被还原为金属铜。升温比较缓慢，柔和均匀，由还原转为中性焰时，气氛的转化也应缓慢，不可过急。现代铜红釉用梭式窑，以液化气或天然气为燃料，烧成率很高。

（3）郎红釉

郎红釉又称"牛血红釉""郎窑红""宝石红"。清朝康熙年间由景德镇烧制，此釉的特点是：色调是比钧红、祭红更为艳的鲜红色釉，釉面光润、明亮，釉的流动性大，具有较大片的裂纹。

配方例参见表 7-9，从这些配方分析，郎红釉仍以石灰釉为基础，着色原料以铜花为主。釉中 CuO 的含量比钧红釉要低一些。

表 7-9 铜系色釉工艺配方（郎窑红釉）

名 称	配 方（%）	工艺要点
郎窑红	红烧料 7.18，铜花 0.52，白玻璃粉 1.72，含水石 2.79，二灰 20.08，高岭土 1.08，三宝釉果 63.84，烧料 2.39	
	铜花 0.40，红珠子 0.40，玛瑙 0.8，晶料 0.40，绿玻璃 3.2，白玻璃 1.2，二灰 22.5，含水石 0.4，高岭土 0.4，烧料 1.6，陈湾釉果 67.5	
	铜花 0.4，含水石 2.34，铅晶料 0.37，绿玻璃 8.79，二灰 20.52，石英 0.88，陈湾釉果 67.44	1. 按配方称料，湿法球磨，细度为万孔筛余 0.35%~0.4%。
	绿玻璃 5.42，铜花 0.32，含水石 2.10，锡晶料 0.37，绿烧料 1.39，紫石英 0.80，釉灰 19，陈湾釉果 71.00	2. 用含水率约 50% 的釉浆，以浸釉或喷釉法施于坯上，釉层厚度 1.5~2mm。 3. 还原气氛，于 1300℃烧成
	红烧料 0.67，高岭土 0.81，含水石 3.80，铜花 0.59，绿玻璃 9.28，铅晶料 0.84，白烧料 2.76，二灰 29.32，陈湾釉果 51.59	
	绿玻璃 60.6，晶料 32.00，釉灰 7.4，铜花 0.40	
	绿玻璃 3.98，铅晶料 32.00，窑渣 64.02，铜花 0.45	

配料后湿式球磨，细度为万孔筛筛余 0.3%~0.4%，釉浆含水率 50% 左右。

施釉采用浸釉或喷釉施于生坯上，釉层厚度为 1.5~2mm。

由于配方中引入了铅晶料、锡晶料、玻璃粉等辅助熔剂，加上含 CaO 较高的二灰或含水石等助熔原料，就造成釉的高温黏度小，流动性大，从而使釉面光润，光泽好。引入的 Na_2O 等较多，使釉的膨胀系数大于坯，从而造成釉面出现龟裂。

釉料的颗粒较细，较难熔的物料如铜花、石英等，也变得易熔于釉熔体中，且处于分散均匀的状态；釉层较厚，使色调显得很红。当釉层较薄时，呈色不纯正均匀，在不规则的红色中，会混有紫、灰色条纹或绿色斑点等。

郎红釉的烧成条件为还原气氛，1300℃烧成，一般烧成条件不易控制。

2. 铜绿釉

铜绿釉是指以铜化合物为主要着色剂，在氧化气氛下烧成后，釉层呈现绿色或蓝绿色的釉料。用铜绿釉来装饰陶瓷制品很早就盛行，如唐三彩中的绿釉就是铜绿釉。

用氧化铜配制绿釉时，各种氧化物的用量范围是：

① SiO_2 1～3.5mol。

② B_2O_3 0～0.5mol。

③ Al_2O_3 应低于 0.25mol，偏高会使釉色发黄。

④ 在 RO 组分中，一种氧化物的用量应小于 0.3mol，但 CaO、BaO 在 0.45mol 以下范围不影响色调，MgO 不宜多。

⑤ ZnO 使色调发紫，且影响较大。

⑥ K_2O、Na_2O 使色调加深，向蓝色发展。

⑦ K_2O、ZnO 共用比 Na_2O、ZnO 共用色调更浓。

P_2O_5 的存在，有利于铜绿色发色，大多数石灰质铜绿釉都添加 2％～4％的骨灰。钡质铜绿釉能呈现鲜艳的绿色。Li_2O 的存在，使釉带蓝色。Li_2O、B_2O_3 同时存在，铜的蓝绿色呈色有利且鲜艳。釉中由于有 Li_2O、B_2O_3，使釉的绿色加深，带有蓝色调。

我国传统的唐三彩、浇黄三彩以及珐黄三彩的绿釉是铜绿铅釉，参见表 7-10。

表 7-10　唐三彩、浇黄三彩、珐黄三彩的工艺配方

釉　名	产　地	配　方（％）		烧成气氛和温度	工艺要点
唐三彩	河南洛阳	坯体	碱石 45，长石 27，石英 18，紫木节 10	氧化 850～900℃	1. 制品成型后于 1000～1100℃素烧。 2. 釉浆相对密度为 1.4～1.5，用涂釉法分别涂填于坯体上，厚度 1.5mm 左右
		绿釉	红丹 70，氧化铜 6，石英 21，长石 3		
		白釉	铅粉 70，长石 4，石英 20，ZnO 6		
		黄釉	红丹 70，石英 20，长石 30，Fe_2O_3 7		
浇黄三彩		浇黄	铅粉 79，赭石 6，烧石英 15	氧化 800～850℃	1. 分别称料球磨 40h 以上。 2. 喷釉用含水率 50％的釉浆，浇釉或涂釉用含水率 35％的釉浆。 3. 釉厚 0.5mm。 4. 施釉时，瓷胎要预热
		浇绿	铅粉 70.5，氧化铜 5.9，烧石英 23.6		
		浇紫	铅粉 78，烧石英 16.5，叫珠子 5.5		

续表

釉 名	产 地	配方（%）	烧成气氛和温度	工艺要点
珐黄三彩	珐黄	硝酸钾 48.28，烧石英 41.38，赭石 10.34	氧化 1200～1220℃	1. 分别称样球磨，万孔筛余 2.5%，含水率 27%～30%。 2. 用泥浆先在坯上牵制一定花纹，使坯面形成凸凹的图样轮廓，经高温成石瓷胎。 3. 将釉浆分别填涂在瓷胎上，釉层应填涂均匀，一般釉厚约 0.4mm。
	珐绿	硝酸钾 50.77，烧石英 43.17，CuO 6.06		
	珐紫	硝酸钾 47.62，烧石英 47.62，氧化锰 4.76		
	珐白	硝酸钾 50，烧石英 50		

蓝绿铜釉配方举例列于表 7-11。

表 7-11　铜系色釉的工艺配方（蓝绿釉）示例

名 称	配方（%）	烧成气氛和温度
天青釉	汝岳 32.5，石英 7.8，方解石 7.8，熔块 42，铜矿石 5.2，氧化铜 1，滑石 1，二氧化锡 1，碱石 1.7 熔块配方：硼砂 23，石英 25，长石 20，铅丹 20，方解石 12	氧化 1250～1280℃
彩绿釉	石英 20，钾长石 20，玻璃 10，坯泥 28，方解石 14，氧化铜 2，氧化锌 6	氧化 1160～1200℃
深绿釉	铅丹 51.5，瓷土 3.6，石英 23.3，氧化铜 21.6	氧化 900～1000℃
透明绿釉	钾长石 65，石灰石 16，硼砂 10，高岭土 7，氧化铜 2	氧化 1200～1260℃
绿釉	釉果 45，白云石 6，高岭土 15，石英 27，石灰石 5，碳酸铜 2，外加氧化锌 3%	氧化 1200～1240℃
黄绿	釉果 64，石灰石 16，石英 15，高岭土 5，外加 $CuCO_3$ 3%	氧化 1260～1280℃
蓝绿透明釉	熔块 92，苏州土 4，碳酸铜 4 熔块配方：长石 15，硼砂 8，硼酸 10，锂云母 12，石灰石 11，滑石 9，石英 30，硝酸钾 5	氧化 1000℃以下
铜青釉	钾长石 47.2，石灰石 5.6，石英 30.3，高岭土 14.6，氧化铜 2.3	氧化 1250～1280℃

7.4　钴系色釉

钴系色釉是指以钴化合物为主要着色剂的一类颜色釉。钴系色釉以蓝色为主，受基础釉及杂质的影响，可获得绿色、粉红色、黑色等颜色釉。

7.4.1 钴系色釉的着色原料

钴着色原料可分为天然矿物原料和化工原料两大类。闻名中外的青花瓷即是以钴土矿为着色原料。云南产钴土矿（云墨）称"珠明料"，湖南等地产称"珠子"。由于天然钴矿物原料中一般都混有铁、锰、镍、铜等的化合物，所以在某些方面可以获得特殊效果，但配制色釉，往往得不到预期的效果。所以，在含钴色料的配制中多采用化工原料，主要有如下几种见表 7-12。

表 7-12 常用钴着色原料

名 称	分子式	外 观	备 注
氧化钴	Co_2O_3	灰黑色粉末	配制钴蓝釉及青花料
氧化亚钴	CoO	灰绿色粉末	
四氧化三钴	Co_3O_4	灰黑色粉末	
硝酸钴	$Co(NO_3)_2 \cdot 6H_2O$	红色结晶，易潮解	—
氯化钴	$CoCl_2 \cdot 6H_2O$	红色结晶，失去部分结晶水成浅蓝色结晶	—
碳酸钴	$CoCO_3$	红蓝粉末，不溶于水	—
磷酸钴	$Co_3(PO_4)_2 \cdot 8H_2O$	蔷薇红粉末，不溶于水	—

钴的着色力很强，配色釉的一般用量都低于 6%（折合成 CoO 的含量），最低用量为十万分之五左右。

钴在釉中不易受气氛影响，高温下均呈稳定的 CoO 状态，这也是在钴系色釉中的基本状态。

7.4.2 钴系色釉的呈色机理

氧化钴、三氧化二钴、四氧化三钴不像铁氧化物那样易受气氛转化，而主要是受温度影响占优势。高温下稳定的钴氧化物是 CoO，这也是在钴系色釉中的基本状态，在低温时吸氧，而成为高价钴氧化物，它们的互相转化关系为：

$$Co_2O_3 \xrightarrow{>265℃} Co_3O_4 \xrightarrow{>800℃} CoO$$
$$（灰黑色）\quad（灰黑色）\quad（灰绿色）$$

互相转化时，基本的晶格结构几乎不发生变化。氧化钴高温转化时，由于放出氧气，往往使釉中泛起很小的气泡。

氧化钴容易和釉中组分结合，而成为固溶体。

氧化钴与 SiO_2 结合的化合物，称为绀青。在釉中，可组成任意比例的硅酸钴固溶体。

氧化钴与氧化铝作用形成的铝酸钴，称为海碧。铝酸钴作为颜料，理论组成要求分子比为 1:1，即铝钴尖晶石 $CoO \cdot Al_2O_3$。铝钴尖晶石的蓝色色调能经受高温且稳定，能抵抗釉在高温熔融时，二氧化硅等组分的侵蚀，呈现稳定的蓝色。若有少量氧化锌存在时，有利于促进 $CoO \cdot Al_2O_3$ 尖晶石的生成；若釉中同时具有 BaO、CaO、ZnO、MgO 等，能获得多种尖晶石混合晶体，而呈现的蓝色则是铝钴尖晶石所致。

Co^{2+} 和 Ba^{2+}、Ca^{2+}、Zn^{2+}、Mg^{2+}、Mn^{2+}、Cu^{2+}、Fe^{2+}、Ni^{2+} 等离子在电价、半径、配位数等方面十分接近，易发生类质同象。

釉中的 Co^{2+}，由于受釉组成的影响，可形成[CoO_6]和[CoO_4]两种配位体，其颜色不同，前者为紫红色，后者为蓝色。

7.4.3 影响钴在釉中呈色的因素

1. 钴系色釉的颜色与所用的着色原料关系极大。

钴土矿是良好的钴天然着色原料，广泛使用。钴土矿所含的锰、铁、镍等杂质，对钴的呈色影响很大。如以石灰釉为基础釉，添加百分之几的钴土矿物，若钴含量高，则釉色出现纯蓝色，若钴土矿中锰含量高，则呈现出带灰紫色或褐色的青色。

钴土矿中一般都含有较多的锰、铁、镍等杂质，为了减少钴土矿中带入的锰、铁、镍对钴蓝呈色的影响，宜用还原焰烧成，使深色的锰、铁、镍化合物变为浅色化合物。

不用钴土矿而改用氧化钴等化工原料作着色原料，则可避免上述杂质成分的带入。用钴蓝等釉用色料，则呈色稳定，钴蓝釉中含有少量的 Fe_2O_3、NiO，反而会使釉色更美丽。

2. 釉的组成不同，也会使钴的着色发生变化。

镁釉，钴蓝色中会带红，甚至呈现紫色。

石灰釉作基础釉，钙有利于钴蓝呈色。

钡釉易使钴蓝向土耳其蓝变化。

长石釉中，釉色往往呈现暗蓝色。

锌釉中，使钴蓝色变浅或呈现绿色。

钾、钠、锂等含量较高的釉中，钴蓝色调鲜艳。

釉中硅高铝低时，氧化钴易与 SiO_2 生成带紫味蓝的硅酸钴固溶体，即使采用钴铝尖晶石色料作着色剂，在釉中矿化剂的作用下，也会生成硅酸钴固溶体，而使蓝色釉带紫味。

向钴蓝釉中，加入少量骨灰或磷酸盐，或用磷酸钴作着色剂，会使蓝色釉呈现带紫色阴影的鲜明色调。

钴蓝釉中引入 SnO_2 或 ZnO 则会使釉面呈现蓝绿色。

3. 着色原料的粒度对呈色影响。

氧化钴、钴土矿、钴蓝色料加入釉中之前，应充分研磨细，加入釉中后，要混磨均匀，否则釉面颜色不均匀，尤其易出现色点。

7.4.4 钴系色釉工艺配方示例

钴系色釉工艺配方示例见表 7-13。

表 7-13 钴系色釉工艺配方

序 号	名 称	配 方（%）	气氛、温度
1	雾蓝釉	长石 40，釉果 14，石灰石 12，滑石 3.5，石英 18，高岭土 11，氧化钴 1.5，外加 Fe_2O_3 0.8%	还原 1280～1320℃
2	天蓝釉	长石 50，石英 25，石部土泥 13，滑石 12，外加土白坑洗泥 2%，氧化钴 0.4%	还原 1300～1400℃

续表

序号	名称	配方(%)		气氛、温度
3	深蓝釉	色料配方：氧化钴 32，氧化锌 38，石英 30		氧化、还原 1260~1280℃
		基础釉配方：长石 52，石英 28，大同土 5，石灰石 15		
		色釉配方：基础釉 90，色料 10		
4	天青釉	基础釉配方：长石 40，石英 30，西山塘泥 20，氧化锌 10		氧化、还原 1320~1350℃
		色釉配方：基础釉 97.40，白云石，2.21，珠明料 0.33，氧化钴 0.06		
5	紫蓝釉	色料配方：氧化钴 33.3，大同砂 28.3，二氧化锰 8.4，氧化镁 30		氧化 1250~1260℃
		基础釉配方与 3 号深蓝釉的配方基础釉配方相同		
		色釉配方：基础釉 92，色料 8		
6	海蓝釉	色基配方：氧化铝 75，氧化锌 15，氧化钴 10		氧化 1280~1300℃
		色釉配方：石英 27，石灰石 18，长石 43，碱石 12，外加色基 3%~4%		
7	青紫色釉	钾长石 70，白云石 5，氧化锌 5，高岭土 6，石英 14，外加氧化钴 1.5%，氧化铁 0.8%		氧化、还原 1220~1300℃

7.5 锰系色釉

锰的化合物可以使釉着成淡红色、褐色、紫色、棕色，和铁、钴化合物一起使釉着成黑色、酱色等。

7.5.1 锰系色釉的着色原料

用锰化合物来配制色釉，应用相当广，常用来配釉的锰化合物为：含锰的天然矿物，包括黝锰矿、软锰矿等，含 MnO_2 大致为 40%~95%，Fe_2O_3 大致为 6%~20%，余下为石英、方解石之类。天然锰矿中锰含量变动幅度较大，制色釉时，要进行精选处理。天然锰矿可配制棕色、褐色、褐黑色等色釉，含铁较高，对呈色影响较大。为了配制紫色或淡红色色釉，宜用化工原料，常用的化工原料有：

磷酸锰：$Mn_3(PO_4)_2 \cdot 7H_2O$，分子量 481，粉红色。

硫酸锰：$MnSO_4 \cdot 4H_2O$，分子量 223，微红色。

碳酸锰：$MnCO_3$，分子量 115，玫瑰色粉末。

二氧化锰：MnO_2，分子量 87，棕黑色粉末。

用含锰的色料配制淡红色釉会使釉色更稳定，常用的色料为：

锰红：用二氧化锰、氧化铝，加入适量的熔剂，在高温下煅烧而制得。用磷酸锰、碳酸锰、硫酸锰代替二氧化锰制锰红效果更好。

除单独用锰化合物来配制色釉外，更多的情况下是锰化合物和着色原料共用使釉着色。棕色电瓷釉是用大量锰化合物和铬铁化合物共同为着色剂的。黑釉则多用锰、铁、铬、钴的化合物共同为着色剂；锰铁化合物并用，可制得天目釉等。

7.5.2　呈色机理及影响呈色的因素

锰的电子构型为 $3d^5 4S^2$，锰可呈多种价态，形成多种氧化物，如氧化锰 MnO、三氧化二锰 Mn_2O_3、四氧化三锰 $MnO \cdot Mn_2O_3$、二氧化锰 MnO_2、锰酸酐 MnO_3 以及高锰酸酐 Mn_2O_7，其颜色随价态的升高而变深，如 MnO 为淡黄色，Mn_2O_7 为紫红色。

釉熔体中，锰可成 MnO、Mn_2O_3、Mn_3O_4 和 MnO_2 状态，而使釉着色。

由于温度和气氛不同，锰在釉熔体中存在下列平衡：

$$6MnO_2 \Longrightarrow 2Mn_3O_4 + 2O_2 \Longrightarrow 3Mn_2O_3 + \frac{3}{2}O_2 \Longrightarrow 6MnO + 3O_2$$

　　玫瑰紫　　　　紫红　　　　　　　玫瑰红　　　黄色

平衡的移动，主要取决于温度和氧分压。升高温度，平衡向右移动，所以在高温下，低价锰的氧化物更稳定；烧成温度低，平衡向左移动。氧分压高，即窑内气氛是氧化气氛，平衡向左移动，所以要使釉着为红色或玫瑰红，宜烧氧化焰；烧还原焰，会成为低价锰化合物，使釉的颜色变淡。

另外，锰在釉熔体中的稳定性，还与锰氧化物的结构有关，如其结构呈刚玉型 Mn_2O_3，无论是氧化还是还原气氛烧成，均可呈现美丽的红色，高温下也稳定，其结构呈尖晶石型 $MnO \cdot Mn_2O_3$，弱还原焰也成漂亮的淡紫红色。

除温度、气氛会使锰的价态发生变化，而使釉着成不同颜色外，釉的组成和杂质元素的存在，也会使锰对釉的着色发生变化。

锰在组成不同的釉中，呈不同的颜色。含铅多的釉中呈紫色，在硼铅釉中为紫褐色；在碱釉中显漂亮的紫红色，且碱成分愈高，紫色中的红色调愈强；含 SnO_2 的釉，少量的锰即可使釉呈紫褐色。

Mn^{2+} 能与 Fe^{2+}、Ca^{2+}、Zn^{2+} 等离子发生类质同象，Mn^{3+} 可以与 Fe^{3+}、Cr^{3+}、Ti^{3+}、Al^{3+} 等离子发生类质同象，从而改变锰在釉中的存在状态，而使釉色发生变化。当釉中杂质元素含量较高时，可形成尖晶石类、橄榄石类或辉石类矿物，而使锰对釉的着色发生变化。

此外，着色剂添加量不同，釉色也不同。釉中若存在适量 MnO_2 和少量的铬，可得更漂亮的紫色；锰与铁同时对釉着色，可呈褐紫色带红色或黄棕色、黑色。

用锰配制色釉，釉色与锰化合物的用量关系极大，锰化合物折合 MnO_2 低于 0.1%，基本上显不出锰的呈色。

7.5.3　锰系色釉配方示例

1. 锰棕红色的配方及工艺

釉料配方：白土 54.54，土骨 14.54，石英 6.40，二氧化锰 6，方解石 18.52

工艺要点：干粉配料，一次投料湿式球磨，釉浆细度全部过 200 目筛，用水调和相对密度为 1.40～1.45 的釉浆，采用浸釉或喷釉法施釉于陶坯上。

氧化焰，1220℃烧成，釉面呈棕红色。

2. 低温锰紫釉的配方及工艺

釉料配方：铅丹 63.3，瓷土 4.4，石英 28.6，氧化锰 3.8

工艺要点：先将瓷土、石英、氧化锰湿式球磨 $10\sim15h$，再加入铅丹混磨 1h，至无颗粒感为好，用蘸釉和喷釉法施釉于石胎上，于 $850\sim900℃$ 彩烧。

3. 锰红釉配方及工艺

釉料配方：长石 66，石英 13，大同土 3，石灰石 18，外加锰红色料 20%

工艺方法：按一般长石釉的工艺方法进行。

用锰红色料配锰红釉的颜色，主要受色料颜色和用量的影响，一般用量为 4%～20%。配方示例见表 7-14。好的锰红色料到高温 1400℃ 也是稳定的。

由于高温下锰会分解或反应，配制高温烧成的锰红釉时，应先制成色料，再加入到基础釉中为好。

表 7-14　锰系色釉的配方示例

釉　名	配　方（%）	气氛、温度
锰红釉	普通白釉 80，锰红色料 20	氧化
	色料配比：硼砂 10，氧化铝 76，石灰石 2，二氧化锰 7，磷酸氢二铵 5	1200～1300℃
	长石 49，石灰石 15，石英 24，碱石 12，外加色料 10%	氧化、还原
	色料配比：氧化铝 81，硼砂 9，氧化锰 9，碳酸钙 1	1280～1320℃
	长石 60，烧滑石 5，硅石 22，碳酸钡 8，苏州土 5，外加色料 20%	氧化
	色料配比：氧化铝 76，碳酸锰 9，烧硼砂 9，碳酸钙 1，磷酸钙 5	1260～1280℃
粉红釉	釉果 70，石灰石 24，高岭土 6，外加锰红色料 4%	1300℃ 左右
黑褐色釉	高岭土 4.0，煅烧高岭土 21.5，长石 17.7，方解石 8.8，硼砂 37.0，锰铁色料 11.0	氧化
	锰铁色料：以等摩尔量的二氧化锰和三氧化二铁煅烧至 1100℃	1280～1300℃
象牙黄釉	普通白釉 91，金红石 3，碳酸锰 6	氧化 1280～1300℃

7.6　铬系色釉

铬化合物能使釉呈现绿色、棕色、黄色、褐色等多种色调。

7.6.1　铬系色釉的着色原料

天然铬铁矿（$FeO\cdot Cr_2O_3$）杂质较多，不宜配色釉，目前常用来配色釉的化工原料主要有：

氧化铬：Cr_2O_3，分子量 152，带绿色结晶粉末，熔点 1990℃，不能作釉的助熔剂，在釉中的溶解度小，其作用与 Al_2O_3 一样，可提高釉的熔融温度。若要不改变釉的熔融温度，则应降低与 Cr_2O_3 相当量的 Al_2O_3。

重铬酸钾：$K_2Cr_2O_7$，分子量 294，红黄色大晶体。

铬酸铅：$PbCrO_4$，分子量 324，黄色晶体，称为铬黄。

碱式铬酸铅：$2PbO\cdot PbCrO_4$，分子量 546，红色品体，称铬红。

重铬酸钾、氧化铬可配制铬绿、铬锡红、铬铝红等色釉，铬黄、铬红用于配制低温红色、黄色色釉，如玫瑰红、珊瑚红等。铬锡红、铬铝红是 Cr_2O_3 与 SnO_2、Cr_2O_3 和 Al_2O_3 煅烧制得的色料。

7.6.2 呈色机理及影响呈色的因素

铬可形成+2、+3、+4、+5、+6价的化合物或铬酸盐，釉中主要以+2、+3和+6价的铬化合物存在。+2价的铬化物，必须是在还原性强的环境下才能形成。+6价的铬酸盐，应在氧化性强的环境下才能形成，遇有还原性物质易还原为Cr^{3+}。因此，釉中铬存在下列不稳定平衡：

$$2CrO_3 \Longrightarrow Cr_2O_3 + \frac{3}{2}O_2 \Longrightarrow 2CrO + 2O_2$$

橙红色   绿色   黄棕色

铬酸酐使釉着成橙红色；Cr_2O_3将釉着成绿色；CrO将釉着成黄色。

温度、气氛、釉的组成会使平衡发生移动。提高温度，CrO_3分解为Cr_2O_3。Cr_2O_3主要用于配高温铬绿釉，铬绿色釉中添加ZnO或MgO显灰绿色，CaO使绿色更美。在SiO_2含量高的酸性釉中，呈绿色；含SiO_2少的釉中，显黄色。

配制高温铬绿釉，基础釉宜用石灰釉，釉中MgO、ZnO、SnO_2、Fe_2O_3、MnO、TiO_2都应减到最低用量，可与NiO、CuO、CoO等并用。尤其是CoO，只要引入极少量，就可得到绿色釉。

铬化合物也常用来配低温铬红釉和铬黄釉。究竟是红釉，还是黄釉，这与铅釉中PbO与SiO_2的含量有关。随着釉中SiO_2的增加，釉色由红变为橙红到黄色，甚至为绿色。

铅釉中添加铬化合物，比较容易获得黄色釉。如：铅釉$1.0PbO \cdot 0.1Al_2O_3 \cdot 1.7SiO_2$中，加4％～5％铬酸铅，可获得色彩艳丽的黄色。色彩不均匀时，可添加2％～3％的SnO_2加以调整。不用铬酸铅，改用铬红或Cr_2O_3，也是黄色。如铬黄釉

$$\left.\begin{array}{r} 0.7PbO \\ 0.2K_2O \\ 0.1Na_2O \end{array}\right\} \cdot 0.13Al_2O_3 \cdot 1.85SiO_2 + 1\%\sim1.5\%Cr_2O_3$$

之所以呈黄色，是由于$PbO + Cr_2O_3 \longrightarrow PbCrO_4$（黄色化合物）。

铅釉添加铬化合物成红色釉，则釉中SiO_2的含量必须低，以使PbO和Cr_2O_3能生成碱式铬酸铅。如：铅釉$1.0PbO \cdot 0.15Al_2O_3 \cdot 1.0SiO_2$中加4％～5％铬酸铅（黄）或2％～4％$Cr_2O_3$，都可获得鲜红的色调。

铅铬红釉中，用CaO、K_2O、BaO、ZnO等置换一部分PbO，会降低红色的美丽色彩，ZnO尤其明显。当增加SiO_2时，则釉的红色变成黄色，为此，烧制铅铬红釉时，釉烧温度不宜超过1000℃，以防坯中SiO_2溶入釉中，改变釉的组成。若红色不均匀时，可加入1％～4％的SnO_2。釉中Al_2O_3、SiO_2过低，PbO、Cr_2O_3含量高，则易成为结晶分离的红色釉。

由于Cr_2O_3在釉中的溶解度较小，大多情况下先制成熔块或色料。

7.6.3 铬系色釉的配方示例

1. 果绿釉配方工艺

配方：色剂16.67，石灰釉83.33

色剂配方：重铬酸钾21.13，石英42.25，氯化钙8.45，碳酸钙14.08，氟化钙14.09

石灰釉配方：灰浆 20，沩山釉泥 80

工艺要点：

(1) 色剂配制：除氟化钙外，先将各组分混磨磨细，再加氟化钙混匀，置于坩埚（匣钵）内，放入大窑，选择 1320～1350℃ 温度的窑温进行煅烧，取出粗碎，漂洗至无黄水为止，再细碎。

(2) 釉浆制备：色剂用水调稀后过 200 目筛，再按配比混磨均匀。

(3) 施釉：采用喷、浸、浇釉方法均可，釉厚 0.8～1mm。

(4) 烧成：氧化或还原气氛，1320～1350℃烧成。

2. 碧绿釉配方工艺

釉料配方：揭阳长石 26.70，石部土泥 5.80，土白坑洗泥 24.10，石英 13.05，绿柱石 23.10，滑石 7.25，外加 Cr_2O_3 2%

工艺要点：

(1) 釉浆制备：先不加 Cr_2O_3，制成白釉。白釉按普通方法制备，后按色釉称料后，湿式球磨，全部过 160 目筛。白釉浆相对密度 1.6～1.70，色釉相对密度 1.30 左右。

(2) 施釉：素烧坯先浸一次色釉，待干后，再喷白釉，喷釉要均匀。生坯要先浇一次色釉，稍干后，再喷白釉。釉层厚度约 0.5mm。

(3) 烧成：还原气氛 1300～1400℃烧成。

3. 朱红釉配方工艺

釉料配方：白釉 61，土白坑洗泥 5.38，铬锡红色料 33.62

基础白釉釉式：

$$0.102KNaO \atop 0.845CaO \atop 0.053MgO \left.\right\} \cdot {0.503Al_2O_3 \atop 0.006Fe_2O_3} \left.\right\} \cdot 3.26SiO_2$$

工艺要点：

(1) 铬锡红色料，配料前应磨得极细，再投入白釉、土白坑洗泥一起湿式球磨，过 250 目筛，釉浆相对密度 1.3～1.35。

(2) 用浸釉、喷釉法施釉于坯体上，釉厚 0.8mm 左右。

(3) 用氧化气氛 1260～1280℃烧成。

4. 鸡血红釉（低温色釉）配方工艺

釉料配方：熔块 95，苏州土 5，外加铬锡红 8%～10%

熔块组成：铅丹 42，钟乳石 11，钾长石 10，石英 26，硼砂 7，硼酸 1.6，氧化锌 1.4

色料配方：二氧化锡 61.2，碳酸钙 37.4，三氧化二铬 1.4

色料配制：按配方称料，混磨，过 40 目筛，置于坩埚（匣钵）内，于 1320～1350℃煅烧，并保温 7～10h，取出，磨至极细，用热水洗涤，烘干。

釉浆制备：按配方先制成熔块并细磨，将熔块、苏州土、色料粉一次投入湿式球磨，万孔筛筛余 2%，釉浆相对密度 1.5 左右。

施釉于素烧坯上，釉厚 1.5～2.0mm，氧化气氛 1050～1080℃烧成。其他铬系色釉配方列于表 7-15。

表 7-15　铬系色釉配方及工艺示例

序号	釉名	配方（％）	工艺要点
1	翠绿釉	1 号基础白釉 100，外加翠绿色剂 5％ 翠绿色剂配方：重铬酸钾 25，碳酸钙 25，氟化钙 10，硫酸钙 4，氯化钙 3，硼砂 3，石英 20，长石 10	1 号：长石 43，石灰石 18，石英 27，碱石 12 　2 号：长石 60，石英 22，石灰石 8，滑石 5，苏州土 5
2	墨绿釉	1 号基础白釉 100，外加墨绿色剂 5％ 墨绿色剂配方：氧化铬 30，氧化铝 50，氧化锌 15，四氧化三钴 5	3 号：长石 50，石英 30，石灰石 6，滑石 10，碳酸钡 4
3	墨绿釉	2 号基础白釉 100，外加色剂 4％ 色剂配方：Cr_2O_3 43，Co_3O_4 13，ZnO 44	1. 色剂制备：按配方混磨至极细，置于坩埚（匣钵）内，于氧化气氛 1280℃煅烧，取出，粉碎，热水漂洗，烘干磨细。
4	深绿釉	3 号基础白釉 100，外加色剂 4％ 色剂配方：Cr_2O_3 40，Co_3O_4 27，大同土 33	2. 色釉制备：按色釉配方下料，湿式球磨至万孔筛余 0.07％左右，釉浆相对密度 1.4～1.45。
5	茶色釉	1 号基础白釉 100，外加色剂 8％ 色剂配方：Cr_2O_3 23，Fe_2O_3 22，ZnO 55	3. 浸、浇、喷釉法施釉于坯体上，釉厚 0.5～0.8mm。
6	铬铝红	1 号基础白釉 100，外加色剂 8％～10％ 色剂配方：氢氧化铝 4.7，氧化铬 11.8，氧化锌 31.8，硼砂 9.4	4. 氧化或还原气氛 1280～1320℃烧成，用 2、3 号基础釉时，烧成温度宜在 1260～1280℃
7	铬锡红	1 号基础白釉 100，外加色剂 8％～10％ 色剂配方：SnO_2 45，硫酸钙 19.7，碳酸钙 34.8，氧化铬 0.5	

7.7　其他金属化合物颜色釉

7.7.1　镍系色釉

镍化合物可使釉着成多种颜色，如黄褐、青色、蓝、绿和紫红色等。镍系色釉一般采用化工原料来着色，主要有：

氧化镍：NiO，分子量 75，灰绿色粉末。

三氧化二镍：Ni_2O_3，分子量 165.4，黑灰色粉末。

碳酸镍：$NiCO_3$，分子量 118.7，淡绿色结晶。

硫酸镍：$NiSO_4 \cdot 7H_2O$，分子量 280.7，绿色结晶。

用镍化合物配制色釉，呈色变化较大，一般很少单独用镍来使釉着色，而是配制成色料或和着色原料共用。用镍、钴、锌配成的灰色色料，可适应各种基础釉，使釉着成灰色且对气氛不敏感；用镍、钴、锌、钒也可配成灰色色料，效果比锑锡灰好；用铁、铬、钴、镍或铁、钴、铬、镍、钒或铁、铬、钴、镍、锌等化合物可配成适应性良好的色料，使釉着成黑色或灰绿色。

镍系色釉呈色机理及影响呈色的因素是：

镍化合物与钴化合物一样，在釉熔体中的着色基础是 NiO。Ni_2O_3 在 600℃以上，便分解为 NiO，放出游离氧。Ni^{2+} 在釉中也有六配位和四配位两种存在状态。六配位 $[NiO_6]$

呈灰黄色，四配位［NiO_4］呈紫色，它们对釉的着色受釉碱性成分的种类、釉的酸度以及釉中 Al_2O_3、SiO_2 含量的影响。

实验证明，在 $Li_2O\text{-}CaO\text{-}SiO_2$ 玻璃相中，镍以六配位为主，呈灰黄色；在 $K_2O\text{-}CaO\text{-}SiO_2$ 玻璃相中，镍以四配位为主，呈紫色；而在 $Na_2O\text{-}CaO\text{-}SiO_2$ 玻璃相中，呈色介于上述二者之间。

在锌无光釉中，只加入 $0.1\%\sim0.3\%$ 的 $NiCO_3$ 即可呈现出漂亮的蓝绿色；在锌结晶釉中，会使晶花和底釉形成两种不同颜色。

镍在同一基础釉中，用量不同时，釉的颜色不同；NiO 和 Fe_2O_3 较易发生反应，且发生相对富集，使釉色不均匀。镍与钴同时对釉着色，可获得从蓝到紫的一系列颜色。镍、铁、铜、铬同时对釉着色，可将大部分光吸收而呈暗黑色，但这与用量有关。

7.7.2　钛系色釉

用钛化合物作主要着色剂，可配制出以橙红色、黄色为主要色调的颜色釉，也可配制出乳浊釉、无光釉、结晶釉，还可配制出彩虹釉、蓝彩釉，配制钛花釉的面釉等釉料。配色釉的常常是化工原料，如钛白粉，化学式为 TiO_2，分子量 80，白色粉末，熔点 1850℃。

钛可与 Fe、Mg、Ca、Mn 等离子广泛地发生类质同象进入硅酸盐晶格，成为晶间阳离子。高温下，可形成连续类质同象系列，如钛也可进入铬、铝尖晶石晶格中，Ti^{4+} 还可替代 Sn^{4+} 进入锡石晶格。

TiO_2 对于气氛较敏感，还原气氛下 TiO_2 可还原为 Ti_2O_3，使釉呈灰蓝色。

$$2TiO_2 = Ti_2O_3 + \frac{1}{2}O_2$$

用 TiO_2 配黄色釉时，烧成温度不宜太高，一般控制在 1250℃ 左右，无铅釉中为白色；若釉中有微量铁质，也变黄色或奶油色。

碱性釉中可形成 TiO_3^{2-}、TiO_4^{4-} 等阴离子，使釉呈橙红色。

含 ZnO、MgO 的釉中加入 TiO_2，则能形成较好的象牙黄色的乳浊釉或无光釉。

在透明釉中加 $8\%\sim16\%$ 的 TiO_2，则能形成较好的象牙黄色的乳浊釉、无光釉或结晶釉。

在色釉中引入 TiO_2，会引起色调的改变，如使铜绿釉的绿色变为青绿色，使钴蓝釉变为绿色釉，使铬绿釉变为褐色釉。

配方示例：

1. 钛红釉

配方：长石 52.8，石英 10.4，大同土 2.4，石灰石 14.4，碱土 6，钛白粉 14

釉浆制备：先将碱土、钛白粉混磨均匀，煅烧后，球磨至极细；将长石、石英、大同土、石灰石一次投入，湿式球磨为基础釉釉浆。然后，两者再混磨均匀即成色釉浆。

用浸釉、浇釉、喷釉法施釉于坯体上，于氧化气氛 $1240\sim1260$℃ 烧成。

此色釉既可作高温单色釉，釉面光泽度尚好，颜色呈棕红色，钛白粉愈细，呈色愈均匀，还可作花釉的面釉。

如果将组成为 TiO_2 80.0，Sb_2O_5 7.70，Al_2O_3 9.8，Cr_2O_3 2.50 的色料，取代上述釉中的钛白粉，可制钛铬锑黄釉。

2. 彩虹釉

某厂配制的彩虹釉釉式为：
$$\left.\begin{array}{l} 0.0395K_2O \\ 0.1794Na_2O \\ 0.1612ZnO \\ 0.4626CaO \\ 0.0643MgO \\ 0.0931BaO \end{array}\right\} \cdot \left.\begin{array}{l} 0.1092Al_2O_3 \\ 0.0041Fe_2O_3 \end{array}\right\} \cdot \left.\begin{array}{l} 1.348SiO_2 \\ 0.2093TiO_2 \\ 0.0147CeO_2 \end{array}\right\}$$

从釉式来看，主要着色剂是 TiO_2，再加上微量的铁和稀土铈。这种组成的釉通常是黄色的。釉中 RO_2：(R_2O+RO) 为（1~1.6）:1，Al_2O_3 含量低，釉料呈碱性，熔融温度低，经测定，该釉在 1030℃到达流动点，且有碎裂纹。

把这种釉装饰在瓷盘上，经 1300℃烧成，获得从瓷盘边缘到中心依次为黄色环、橙色环、红色环、白色环、紫色环的明显可辨的色环，故称彩虹釉。

出现彩色环的原因主要是釉层厚度问题，经高温烧成，此釉的流动性大，从而形成从边缘到中心的不同厚度。

3. 蓝彩釉

釉料配方：长石 25，石英 27，石灰石 23，$MgCO_3$ 2.2，$BaCO_3$ 7.5，ZnO 5.8，TiO_2 9.5

按配方称料，一次投料湿式球磨，万孔筛筛余 0.2%；施釉于生坯上，釉厚 1~1.5mm；在还原气氛，1280~1340℃烧成，可获得以蓝色为主的多彩釉，施于锅盘内产生光的干涉而呈现彩色环。

7.7.3　钒系色釉

以钒化合物为主要着色剂，可获得粉红、黄蓝、绿、黑等颜色釉。

氧化气氛下烧成，V_2O_5 则表现为钒酸盐的黄色调。

还原气氛下烧成，V_2O_3 表现出与 Al_2O_3 或 Fe_2O_3 相类似的性质。

配釉时，用色料作着色剂在大多数基础釉都可得到好的结果，尤其在硼锆釉、镁质釉、钙质釉中呈色更有利。

配方示例：

1. 桂花黄釉

釉料配方：长石 43，滑石 7，石英 32，东湖泥 10，磷矿石 3，镁质黏土 5，外加钒锆黄 8%~10%。

工艺要点：一次投料湿式球磨，釉浆细度万孔筛筛余 0.05%~0.1%；用浸釉或淋釉或喷釉法施釉于坯上，釉厚 0.5~0.6mm，施釉一定要均匀。氧化气氛于 1300℃温度下烧成。

用钒锆硅蓝色料代替钒锆黄，则获得蓝色釉。用部分钒锆硅蓝取代部分钒锆黄，则获得绿色釉。

2. 浅绿色釉

釉料配方：长石 21，方解石 20，石英 44，界牌红泥 15，外加绿色料 8%~10%

绿色料配方：ZrO_2 44，偏钒酸铵 8，NaF5，石英 30，铬酸钾 8，CaF_2 5

工艺要点：将铬酸钾溶于水后，倒入已混合好的物料中，搅拌均匀，烘干，置于 1250℃左右的温度下煅烧后粉碎，温水洗涤 3~5 次，至无黄水后，烘干即得。

7.8 色料颜色釉

7.8.1 镉硒大红釉

在各类能够生产红釉陶瓷的色剂中，唯硫硒化镉可以产生纯正的大红色。然而镉红的耐热性在 600℃ 左右，在热分解时，Cd（S_x，Se_{1-x}）固溶体变为 CdS 与 CdSe 的混合物，在高温与氧作用下 CdSe 可氧化为 CdO 和 SeO_2，从而使色彩消失殆尽。

$ZrSiO_4$ 晶体包裹 Cd（S_x，Se_{1-x}）色料，可以制得高温大红色，但其对基釉的要求很严格，烧成要快速，只有在适当的基础釉组成和适合的烧成温度下，才能够获得。能够提高其烧成温度的简便方法仍在探索中。

1. 镉硒大红釉配制方法

目前应用较广的三种配制方法如下：

① 将低温用的硒镉红色剂加入长石及低温熔块，在 750℃ 下烧成烧结块，再将其配上熔块和高岭土制成釉。上釉制品在 960℃ 下烧成，适用于一般低温用釉。

② 将低温用的硒镉红颜料配成特殊组成的熔块，然后配制成熔块釉。釉烧时尽量快速升温，一般能适应 1100℃，最好能适应到 1200℃。

③ 采用 $ZrSiO_4$ 晶体包裹 Cd（S_x，Se_{1-x}）色料，配以适当的基础釉，可以制得 1300℃以上烧成的大红釉。大红色料的包裹呈色原理及制备方式见第 2 章 2.5.2。

目前，$ZrSiO_4$ 晶体包裹 Cd（S_x，Se_{1-x}）色料已国产化，得到普遍使用，生产中也常以③ 法生产高温大红釉。但在应用中，仍有以下几方面的要求：

（1）基础釉的组成

实验指出，基础釉组成应注意以下几点：

① 铅、硼、锌元素使釉的红色更为鲜艳纯正，因此，中温釉应以铅硼加适量氧化锌熔块为好。

② 基釉成分选用高折射玻璃形成体，有利于色彩鲜亮。

③ 引入适量的 $ZrSiO_4$ 有利于防止色料熔解，但量多则降低色彩饱和度。

④ 基础釉中避免使用有挥发性的原料。

（2）工艺控制

① 包裹色料应在釉料研磨至接近要求细度时加入，混合球磨时间不能过长，以免破坏色料包裹层。

② 在坯体条件适可下，尽量快速烧成。

③ 在高温和烧成时间较长的釉中，包裹色料只有在釉中晶体形成存在时才能保持较好的呈色效果。

2. 晶包色料在釉中的分布

图 7-1 是晶包大红色料在高温成釉中的跟踪分析，图中亮点是各种主要元素的分布形式。可以看出，色料有一部分是原始晶粒，一部分是熔解在釉层中。高温釉中色料以原始晶粒存在的量愈高红色度愈高，随着色料晶体的熔解以至挥发，釉色趋淡或发黑。

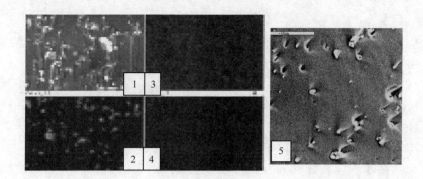

图 7-1　晶包大红色料在釉中的 SEM 跟踪分析

1—釉层；2—晶包色料亮点；3—Cd 亮点；4—Se 亮点；5—色料在釉层中的遗存和挥发点

3. 配制示例

（1）色料熔块法

① 红熔块组成实例：

长石 20～30，石英 20～30，钟乳石 10～20，硼砂 10～20，硼酸 10～20，碳酸钠 10～20，氧化锌 5～10，硒镉红色剂 4

熔化温度不能太高，保持刚能流动下的温度。

② 大红釉配方如下：

熔块 70～80，石英 5～10，锂辉石 5～10，苏州土 5，烧氧化锌 2

烧成温度：1060～1070℃

烧成周期：1h（辊道窑中烧成）

（2）晶包色料＋基础釉

基础釉组成（%）：SiO_2 57.56，Al_2O_3 11.33，CaO 6.72，MgO 0.22，K_2O 4.12，Na_2O 2.57，ZrO_2 1.36，PbO 5.43，B_2O_3 4.22，ZnO 6.39，色料加入量 5%～8%

烧成温度 1200℃，燃气梭式窑氧化气氛，烧成时间 5～8h。

7.8.2　其他颜色釉

除上述几种颜色釉外，其他系列的颜色釉多以色料方式应用，应用色料方式的颜色釉配方示例如下：

（1）卫生瓷用颜色釉

① 浅绿

长石 45，石英 25，石灰石 11，滑石 5，氧化锌 3，苏州土 3，超细铬英砂粉 8，外加镨黄色料 2%，钒锆蓝色料 2%；1230℃烧成。

② 粉红

长石 50，石英 17，石灰石 15，氧化锌 5，苏州土 4，超细锆英砂粉 9，外加铬铝红色料 6%；1220℃烧成。

（2）墙地砖用颜色釉

① 红棕

长石 50，石英 22，石灰石 16，氧化锌 8，苏州土 4，外加红棕色料 4%；1160℃烧成。

② 淡青

长石 30，石英 14，石灰石 11，滑石 5，超细锆英砂粉 6，苏州土 4，661 熔块 30，外加海蓝色料 0.2%，钒蓝色料 0.4%；1120℃烧成。

③ 宝石蓝釉

熔块 93，苏州土 7，外加钒锆蓝 3.5%；1050℃烧成。

④ 浅绿色釉

熔块 90，苏州土 7，氧化锌 3，钒锆蓝 1.5，钒锡黄 2.5

熔块配方：硼砂 24，长石 15，石英 20，工业氧化铝 5，苏州土 5，锆英砂粉 10，铅丹 10，石灰石 5，氟硅酸 6；1050℃烧成。

（3）西式瓦用无光颜色釉

高铅熔块 40，长石 20，ZnO 10，石灰石 15，白釉土 10，Al_2O_3 5

1060℃左右氧化焰烧成，基础釉呈奶油色无光。加入如下色料后呈色及无光效果依然稳定。

① 红棕 5%，呈深棕色，无光。

② 浓青 5%，呈色与色样同色，无光。

③ 锡锑灰 5%，呈色浅灰色，无光。

④ 锆黄 5%，呈色与色样同色，无光。

⑤ 铬铝红 5%，呈色与色样同色，无光。

第8章 艺 术 釉

8.1 结 晶 釉

在基础釉中引入一种或两种以上的结晶剂，使其在釉的熔融过程中过饱和，在冷却过程中析出，形成结晶花纹。我国两宋时期的"天目""星盏""茶叶末""铁锈花""油滴釉"等都是结晶釉名贵品种。今日结晶釉的品种繁多，从巨型到微型无不包括，大的直径可达12cm，小的又如天空中的星星一般。其晶体的形状有菊花状、放射状、条状、冰花状、星状、松针状、闪星及螺旋状等，颜色更是丰富多彩。在日用瓷如花瓶、食品罐等装饰瓷中应用较多。结晶釉晶花近似自然变幻，给人以美的感觉，尤其是最近研发的人工晶核定点定位引种，可使花位按人们的要求来设置，从而生产出更美的陶瓷制品，以美化人们的生活环境。

8.1.1 结晶釉的分类

结晶釉可以按晶花的大小、形状或形态来分类，如"兔毫""星盏""砂金"等，以晶体的形状而言，有菊花状、放射状、条状、冰花状、星状、松针状闪星及螺旋状等。工艺更多是按结晶剂的种类来分类命名，如氧化锌系、氧化钛系、氧化锰系、铁系结晶等。

已介绍的结晶釉组成系统近 30 种，见表 8-1。两个或两个以上系统结晶釉类型又可以复合派生出不同花色的结晶釉新品种，种类相当繁多。在众多结晶釉系统中，研究应用较多的是锌系、钛系、锰系、铁系。

表 8-1 结晶釉组成系统

名　称	结晶组成	名　称	结晶组成
硅酸锂	$SiO_2\text{-}Li_2O$	硅酸铱	$SiO_2\text{-}IrO_3$
硅酸铯	$SiO_2\text{-}Cs_2O$	硅酸铬	$SiO_2\text{-}Cr_2O_3$
硅酸铍	$SiO_2\text{-}BeO$	硅酸铈	$SiO_2\text{-}Ce_2O_3$
硅酸镁	$SiO_2\text{-}MgO$	硅酸铒	$SiO_2\text{-}Er_2O_3$
硅酸钙	$SiO_2\text{-}CaO$	硅酸镨	$SiO_2\text{-}Pr_2O_3$
硅酸锶	$SiO_2\text{-}SrO$	硅酸锑	$SiO_2\text{-}Li_2O$
硅酸钡	$SiO_2\text{-}BaO$	硅酸镧	$SiO_2\text{-}Sb_2O_3$
硅酸锌	$SiO_2\text{-}ZnO$	硅酸锰	$SiO_2\text{-}MnO_2$
硅酸铅	$SiO_2\text{-}PbO$	硅酸锆	$SiO_2\text{-}ZrO_2$
硅酸铜	$SiO_2\text{-}CuO$	硅酸钍	$SiO_2\text{-}ThO_2$
硅酸镍	$SiO_2\text{-}NiO$	硅酸铀	$SiO_2\text{-}UO_2$
硅酸镉	$SiO_2\text{-}CdO$	硅酸钛	$SiO_2\text{-}TiO_2$
硅酸钐	$SiO_2\text{-}SmO$	硅酸钼	$SiO_2\text{-}MoO_2$
硅酸铁	$SiO_2\text{-}FeO$	硅酸钒	$SiO_2\text{-}V_2O_5$

8.1.2 结晶釉形成机理和工艺要点

1. 结晶釉的形成和影响因素

结晶釉的形成是使用一种或两种以上的结晶组分，将它们加入釉料中，当釉熔融形成玻璃时，该组分在釉中形成过饱和状态，当釉冷却时，它就会从液相中析晶，即形成形态各异的结晶釉。结晶釉的析晶过程，是硅酸盐熔体在冷却过程中，其熔体中某些质点或晶籽起晶体的晶核作用，进而逐渐发育成有规则的晶体的过程。在该过程中，结晶的动力取决于晶核的形成速度和晶体发育成长的速度。一切能影响晶核形成速度和晶体成长速度的内在和环境因素，都会影响晶体的结构，也就是影响结晶釉结晶的花型。影响结晶结构的主要因素如下：

（1）釉料组成

结晶釉组成主要包括晶体构成物质、釉料基质及呈色物质三个部分。

釉料基质中以二氧化硅和引晶物质的浓度影响最大，即所谓过饱和度的高低，它是影响结晶釉组成的关键因素。饱和度低，结晶难以长大；饱和度过高，则晶核堆积，晶花过小或析晶粗糙。釉料基质主要用来调整结晶釉的烧成温度、黏度和热膨胀系数，黏度低有利于结晶。呈色物质的主要作用是赋予釉体和晶花特定的色调，一般它用量少，影响作用小。很多呈色物质同时又起引晶作用，如氧化铁、氧化镍等。配制结晶釉要注意如下几点：

① 二氧化硅用量要适当，用量过多，则黏度增大，生成结晶的比率降低。

② 硼量多时不能生成结晶。

③ 氧化铝增加黏度，不利于晶体长大。

（2）晶种的引种

在结晶釉中预先引入人工合成的籽晶，能促使结晶作用，并以晶种为核心，逐步发育，使晶体均匀成长。近年来，采用人工籽晶定点定位引种技术有较大发展，它可达到晶花生长位置的人为控制，为生产出更美的艺术品打下基础。

硅酸锌晶种制备方法是，将氧化锌70%（质量百分数）、石英20%、高岭土10%，配比后入磨，混合均匀并达到一定细度后，即可作为晶种备用。也有人将氧化锌70%、石英20%、长石10%混合磨细，经1300℃高温煅烧后，敲碎制成小颗粒（小于1mm）埋在坯体表面，再施结晶釉。

在高温流动性大的结晶釉（1号釉）中用坯上埋晶法定位，在高温流动性小的结晶釉（2号釉）中用釉下点晶法和釉上点晶法。两种点晶法介绍如下：

① 坯上埋晶法

坯体未施釉前，在定位点用小刀垂直向下钻一小孔，其尺寸为直径0.15mm，深2mm，将粉状晶种垫满小孔内，然后用涂抹法施1号釉，釉层厚度控制在2～3mm即可。

② 釉下点晶法

坯体未施釉前，先将甘油与水按1∶50混合均匀，然后放入少量粉状晶种，混合湿润后，用毛笔蘸少量带甘油水的晶种，使它粘附在坯体欲定位点的面上。点晶时避免晶种堆积，稍等片刻即用浸釉法施2号釉。

③ 釉上点晶法

坯体用浸釉法施2号釉，待干后用毛笔蘸取少量带甘油水的晶种，使它粘附在欲定点的位置上，点晶时也要避免晶种堆积。

（3）烧成曲线的制定

按照热力学原理，当熔体冷却到析晶温度时，由于粒子动能的降低，液体中粒子的"近程有序"排列得到了延伸，晶核逐渐形成，如继续冷却，晶核就可以成为稳定的籽晶，继而

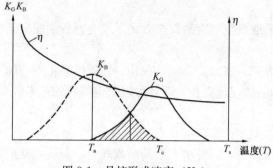

图 8-1 晶核形成速率（K_B）、
晶体生长速度（K_G）与温度的关系

以籽晶为中心，发育成为晶体。晶核形成、晶粒长大两过程受两个相互矛盾的因素共同的影响。一方面当冷却程度增大，温度下降，液体质点动能降低，吸引力相对增大，因而容易聚结和附在晶核表面上，有利于晶核形成和晶体的长大；另一方面，由于冷却程度增大，液体的黏度增加，粒子移动困难，不利于晶核形成和晶体长大。因此我们常把晶核形成速率（K_B）-温度曲线和晶体成长速率（K_G）-温度曲线的重合区域（阴影部分）作为最适宜于析晶和晶体成长的区域，如图 8-1 所示。

当结晶保温温度偏高时，釉的黏度小，晶核生成少，发育快，结晶形态不稳定。而保温温度偏低时，则晶体多，晶花小。结晶釉的烧成范围很窄（一般只有±5℃），因此，对烧成曲线的掌握要求十分严格。

（4）器型的控制

结晶釉因施釉较厚，高温黏度小，容易向下流。因此，瓷件的造型对它的影响较大，一般希望瓷件的型面不要太垂直，上釉时也要注意上厚下薄，瓷坯底部要加垫片，以防粘底。

（5）定型晶花

组成确定后，结晶晶花的形态主要是通过烧成工艺参数控制，尤其是析晶温度区间的保温温度和保温时间控制。主要有以下几点方法：

① 保温温度选择

保温温度决定晶花形状。根据美国戴安（Diane）的研究，在晶体生长阶段保温温度与晶花的形态有图 8-2 所示关系。即保温温度从高至低，晶花形态从棒状→带状→蝴蝶结状至花朵状依次变得完整、美观，在析晶区间较低的温度下保温，可以获得蒲公英等形态的结晶。

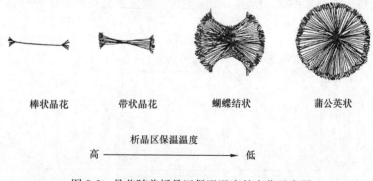

| 棒状晶花 | 带状晶花 | 蝴蝶结状 | 蒲公英状 |

析晶区保温温度

高 —————————————→ 低

图 8-2 晶花随着析晶区保温温度的变化示意图

② 保温时间确定

保温时间决定晶花大小。在析晶保温区，保温时间可以在 0.5～5h 的区间内选择，甚至范围可以更大。一般随着保温时间的延长，晶花逐渐长大，硅酸锌结晶晶花可以达 10mm 左右。但有时保温时间过长，也可能造成晶花重叠或长出釉面而生涩无光等缺陷。

③ 保温方式

保温的方式亦影响到晶花的形态，如果采取反复数次的保温方式，就会造成圈圈环绕的晶花形状。

除上述方法外，也有加入结晶促进剂的方式。据戴安介绍，在铁、锰等结晶釉中，加入 1% 以下的钼或镉或钨等元素，不仅能促进结晶的快速生长，而且可以获得特殊的艺术效果。

2. 结晶釉工艺要点

结晶釉的制备工艺与普通釉无原则区别，但需注意以下几点：

（1）结晶剂要在釉磨细后加入，混磨均匀即可，以此增大结晶剂或晶种的粒度，从而增加它抵抗高温熔体熔融的能力。

（2）结晶釉可采用任何施釉方法，但釉层都要比普通釉厚，厚度为 0.5～2mm，大部分为 1～1.5mm。由于一般的结晶釉高温黏度较小，为了减少流釉粘底，也可根据组成，先在坯上施一层黏度大的底釉后再施结晶釉。

（3）结晶釉制品的烧成工艺制度是"快烧慢冷"。所谓快烧，是指在坯体安全条件下，尽量进行快速升温，且只要满足釉玻化完善的要求，高温保温时间尽量短，这样可避免大量流釉及结晶剂熔融。所谓慢冷，是指在冷却过程中，应在最佳析晶区保温足够时间，再慢慢冷却。

根据间歇式窑炉实际操作的经验，提出"烤、升、平、突、降、保、冷"七字操作法。具体介绍如下：

烤——制品在低温阶段宜稍慢；

升——制品干燥，脱除部分结晶水以后，应尽可能快速升温；

平——接近釉料开始玻化，晶体进行烧结时，略加保温，以便釉和坯体中的物理化学反应进行得充分，为下阶段快烧作准备；

突——尽可能快地突击升到最高烧成温度；

降——快速降温至析晶保温温度；

保——在析晶温度区平衡保温，使晶体充分发育；

冷——析晶完毕，在窑中自然降温，使制品冷却。

通常结晶釉烧成曲线如图 8-3 所示，最关键的是确定最高烧成温度和最佳保温温度。

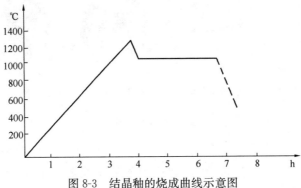

图 8-3　结晶釉的烧成曲线示意图

8.1.3 硅酸锌结晶釉

它可以形成尺寸较大的扇形纹样的结晶釉，具有结晶性能好、晶型美观、有复杂的变化性、易制作的特点，故被称为"入门结晶釉"。它要求釉中含有较大的氧化锌量（一般在 20%～30%），对基质釉料的要求不甚严格，其结晶釉配方见表 8-2。

表 8-2　硅酸锌结晶釉配方　　　　　　　　　　　　　　　（%）

编号	玻璃	石英	长石	瓷土	高岭土	滑石	釉果	白云石	石灰石	碳酸钡	氧化锌	氧化钛	氧化铜	氧化钴	氧化镍	硼砂	烧成温度(℃)	呈　色
1	64.8	0.32			5.41						28.6			0.49		0.52	1280	蓝色晶
2	39	24									30		1				1300	绿底浅绿晶
3	55	6		9	5						25			0.3			1290	蓝底深蓝晶
4	60	4		2	3	1.6					29			0.4			1310	蓝底浅蓝晶
5		30	20						10	10	30						1340	白色晶花
6	32	14	10			8					36		0.2	0.03			1300	蓝绿结晶
7	31	22		4		5					36	2	1.4	0.3			1310	蓝色晶
8	20						45	10			25			0.1	2		1300	蓝绿结晶
9	10						55	10			25	3	2				1300	绿底黄晶
10	62	6			4	2					24		2	2			1250	绿色晶

在硅酸锌结晶釉中，加入一定量的铅粉或铅丹，可促使晶花的形式多变，呈现出各种纤维状、针状花条及放射状的结晶形态，称为硅锌铅结晶釉，其釉配方见表 8-3。

表 8-3　硅酸铅结晶釉配方　　　　　　　　　　　　　　　（%）

编号	玻璃	石英	纯碱	水白	滑石	铅粉	铅丹	瓷土	长石	氧化锌	碳酸钙	氧化铜	氧化钴	氧化锰	氧化镍	氧化钒	烧成温度(℃)	呈　色
1	23	25	2		5	2			10	30	3						1300	白色晶花
2	32	18	2			8				34					0.5		1300	蓝底深蓝晶
3	30	20					6			40				6		2	1270	紫茄底金黄晶
4	30	23		5	4	4		5		36		0.4					1280	绿底浅绿晶
5	62	4			1.6	1		2		29			0.4				1250	蓝底深蓝晶

8.1.4 硅酸钛结晶釉

它也是较易制作的一种结晶釉，一般只要求釉中含有 10%～15% 的二氧化钛，就会在高温下呈现过饱和状态，形成结晶能力好的结晶釉。此结晶釉晶形小而复杂，多呈星状、针状、树枝状、花簇状。若加入着色金属氧化物，也会出现网状、冰花状、条纹状晶形。用它装饰小件产品非常美观，其釉配方见表 8-4。

表 8-4　硅酸钛结晶釉配方　　　　　　　　　　　　　　　　　　（%）

编号	玻璃	高岭土	滑石	釉灰	氧化钛	氧化锌	氧化铁	氧化钴	氧化锰	氧化铜	氧化钒	烧成温度（℃）	呈色
1	66.81	3.01			14.04	8.03	3.01		3	2.01		1280	黄绿晶
2	71.17	3.70			13.88	7.47	4.27		1			1280	黄晶
3	59.43	4.46	7	8	12.48	6.24					1.34	1280	黄晶
4	70.85	3.19			14.88	6.38		4.34				1280	蓝晶
5	66.82	3.01	13	91	15.03	8.02		2.10		5.0		1280	蓝绿晶
6	73.37	3.20			14.31	6.60		2.42				1280	浅蓝晶
7	70	3			15	8						1250	黄晶
8	72.92	3.12			15.63	8.33						1330	米黄晶

8.1.5　硅酸锰结晶釉

氧化锰的结晶能力很强，晶体容易生成，并呈棕红色。一般在釉中加入 15%～20%的二氧化锰，就能制得结晶釉。但单独以锰作为结晶剂时，晶形虽大，颜色却暗淡，不甚美观。所以，一般多采用以硅酸锌结晶釉作为基础釉，再加入 3%～15%二氧化锰或锰红色剂，使在锌釉中形成各种奇异的晶形，往往产生重叠式的鱼鳞晶花或巧妙的螺旋形状的晶花。若以碳酸锰引入时，呈色会更好。硅酸锰结晶釉配方见表 8-5。

表 8-5　硅酸锰结晶釉配方　　　　　　　　　　　　　　　　　　（%）

编号	长石	石英	石灰石	玻璃	星子高岭	苏州土	烧滑石	氧化锌	氧化锰	碳酸锰	锰红色剂	氧化钴	烧成温度（℃）	呈色
1	10	13	8						3					
2	70	30	12						40					
3	14	13	8						2			2		
4		6		58		4	2	24					1250	桃红
5	4.16	4.16		48.33	8.33			23.23	12.49				1280	红棕
6		12		50		3		35		10			1260	红棕
7		12		50		3		35		5		0.25	1260	红棕

8.1.6　铁红结晶釉

铁红结晶釉是在棕黑色釉面上分布的鲜艳的绯红色花斑，有的尚有金圈，绚丽多彩，它主要用于美术瓷，也是最符合墙地砖装饰的结晶釉之一。

1. 机理

铁红结晶釉是一种含铁磷硅酸盐的生料釉。釉熔体在冷却过程中，由于在磷硅酸盐玻璃基质中逐渐形成富铁液滴，分散在基质中的这种液滴其表面张力小，能够聚集成团形成朱斑。这种聚集体继续产生液相分离，从而形成更加富铁的高铁相和低铁的贫铁相，在连续的高铁相中析出 $\alpha\text{-}Fe_2O_3$ 构成大红花。如从断面观察，能很明显地看出釉的表面颜色与釉面下的断层有着明显的颜色差别，上层是红色，下面是黑色，这是很明显的两种不同液相的分离现象。

2. 配方实例

[实例 1]

墙地砖用铁红结晶釉配方（质量百分数%）

长石 46，石英 13，高岭土 5，石灰石 7，滑石 5，氧化铁 11，骨灰 13

釉式为：

$$\left.\begin{array}{l} 0.210 \ KNaO \\ 0.144 \ MgO \\ 0.520 \ CaO \\ 0.126 \ P_2O_5 \end{array}\right\} \cdot 0.322 \ Al_2O_3 \cdot 2.74 \ SiO_3$$

釉烧温度：1250～1270℃

[实例 2]

美术瓷用铁红结晶釉配方

其原料采用长石、石英、苏州土、氧化铁、骨灰（杂骨经水洗后，在 1250～1300℃下煅烧后加工成细粉）。

釉式为：

$$\left.\begin{array}{l} 0.168 \ K_2O \\ 0.072 \ Na_2O \\ 0.480 \ CaO \\ 0.280 \ MgO \end{array}\right\} \cdot \left.\begin{array}{l} 0.340 \ Al_2O_3 \\ 0.243 \ Fe_2O_3 \end{array}\right\} \cdot \begin{array}{l} 2.730 \ SiO_2 \\ 0.155 \ P_2O_5 \end{array}$$

釉烧温度为 1270℃，烧成制度要根据产品的形状来制定。一般采用室温～1000℃，每小时升温约 150～200℃；1000～1100℃时，每小时升温 40～60℃；1100～1270℃时，每小时升温 50～60℃。止火温度必须控制在 ±5℃，如果超过 10℃或保温时间过长，则产品外观花纹变为条状或没有花纹。釉烧后产品应呈棕红色底，有黄金晶花出现。

3. 影响因素

① 配方中加入不同数量的磷酸钙时，影响铁红结晶釉呈色的效果明显。如以骨灰形式引入，其含量达到 8%～15%时，会出现鲜艳的红色晶花，加入量以在 10%～15%最为适宜。因为配方中的 P_2O_5 是使铁红结晶釉易产生液相分离现象的成分之一。

② 配方中加入不同数量的 Fe_2O_3，会对铁红结晶釉的艺术效果产生较大的影响。当配方中引入的 Fe_2O_3 低于 8%时，釉面呈现黄棕色而不呈现红色；当在配方中引入 10%～17%的 Fe_2O_3 时，随着铁的增加，釉面颜色由黄棕色向棕红色过渡并有黄金晶花转化。

③ 不同的硅铝含量会影响釉的色彩和斑纹的形貌。当 SiO_2 含量≥2.73mol 时，呈褐棕底红晶花，釉高温黏度增大；当 Al_2O_3 含量≥0.34mol 时，使釉在一定范围内有适宜的高温黏度，这对于铁红结晶釉的形成和晶体生长起重要作用。

④ 配方中还需含有一定量的 MgO，它可促进镁铁尖晶石的生长，呈现褐棕色釉面。

⑤ 烧成制度的确定是关键，要严格控制升温制度。当接近最高温度时要快速升温，保

温时间要短（一般 5～10min）。冷却也需控制，因为 1200～900℃ 之间是晶花形成的关键。

8.1.7 金星釉

金星釉是一种特殊类型的结晶釉。它也是由于釉中含有一种或几种含量较高的作为结晶剂的金属氧化物，在釉的成熟温度下，这些金属氧化物完全熔解在釉中，但在冷却过程中，部分金属氧化物则以晶体形式析出，它们埋藏在釉的表面之下，悬浮在透明的玻璃基体之中。由于这些晶体对入射光的反射作用，看上去就像金星一样光辉闪耀，所以称为金星釉，也有称作砂金釉的。按结晶剂的不同，金星釉又可分为铁金星釉、铬金星釉、铀金星釉、铬铁金星釉及铬铜金星釉等。现分别介绍常用的铁金星釉与铬铜金星釉。

1. 铁金星釉

（1）配方与工艺

铁金星釉实际上是铁硅酸盐结晶釉。

铁金星釉所用熔块配方及釉配方见表 8-6 和表 8-7。

表 8-6　铁金星釉用熔块配方　（%）

编　号	长　石	石　英	氧化锌	硼　砂	铅　丹	苏州土
1	29.3	15.6	1.2	14.6	37.8	1.5
2	24.5	2.2	1.3	20.5	51.5	

表 8-7　铁金星釉配方　（%）

编　号	1 号熔块	2 号熔块	苏州土	Fe_2O_3	CeO	备　注
1		92.5	2	5.5		褐色调，金砂粒小
2		91	1.5	7.5		紫褐色调，金砂粒大
3	89.5		2	8	0.5	猪肝色调，金砂粒大

（2）制作要点

① 基础釉应在规定的烧成范围内熔融，流动性要好，以选用铅硼熔块为宜，再加入显色兼结晶剂 Fe_2O_3 5%～8%。铅硼熔块在高温时有较好的流动性，能使 Fe_2O_3 溶解达到饱和状态，当烧成达到最高温度后，应快速降至 750～650℃，保温 10min 左右，以保证 Fe_2O_3 因过饱和而凝聚析晶，成为悬浮于釉中的微小的金色晶片，然后再继续冷却。从釉面上看，它给人们以金光灿烂、晶莹耀眼的感觉。

② 在氧化铁原料中，+3 价铁含量必须是较高的，否则会影响色泽和结晶体的生长，釉中 Fe_2O_3 的饱和度要适当，一般在 0.2～0.85mol 之间，氧化铁少了，不能得到好而均匀的晶体，过多了则会使釉面粗糙，光泽暗淡，不易形成金色闪点。

③ 釉中铝的含量，应尽可能低一些，否则会增加釉的难熔性，使釉高温黏度大，不利于析晶。

④ 氧化钠量可稍多，它有助于金星生长，氧化钙、氧化锌、氧化钛会阻碍金星的生长。

⑤ 工艺控制要严，产品釉层必须均匀一致，必须在隔焰窑中煅烧，否则与火焰不均匀的接触就得不到均匀一致的产品。

2. 铬铜金星釉

铬铜金星釉是在黄绿以至深橄榄绿的釉面下，出现悬浮在透明玻璃基体中的许多互相孤立的极细小金粒，它们在入射光的照射下，闪耀着灿烂的金光。下面介绍用于玻璃瓦（低温）及花瓶（高温）的铬铜金星釉的两个实例。

[实例 1]

琉璃瓦用低温铬铜金星釉配方

釉配方：熔块 100 份、苏州土 6 份（外加）

熔块配方（质量百分数％）：

硼砂 30，石英 30，铅丹 8，石灰石 6，碳酸钡 10，氧化铜 4，重铬酸钾 2

[实例 2]

高温金星绿釉

（1）配方与工艺

高温金星绿釉是采用长石、石英、石灰石、大同土、熟滑石、窗玻璃粉、碳酸钡、氧化铬、氧化铜等原料配制而成。

釉式为：

$$\left.\begin{array}{l} 0.1432\ K_2O \\ 0.1257\ Na_2O \\ 0.5724\ CaO \\ 0.0421\ MgO \\ 0.0625\ BaO \\ 0.0541\ CuO \end{array}\right\} \cdot \left.\begin{array}{l} 0.3215\ Al_2O_3 \\ 0.0211\ Fe_2O_3 \\ 0.0937\ Cr_2O_3 \end{array}\right\} \cdot 3.5264\ SiO_2$$

采用喷釉工艺，釉层需厚些，一般为 1.5～2.0mm，在 1290～1310℃氧化焰下烧成。

（2）制作要点

① 釉料组成中的氧化钠含量增高，则釉的结晶倾向增强，较容易产生金星的效果。但玻璃粉用得太多，会引起釉料性能的变化。为此，釉料中可引入适当的氧化钙、氧化镁、氧化钡。这样一方面能对结晶起促进作用，另一方面可起助熔剂作用，使釉面平整，光亮如镜。

② 如釉中只加入氧化铬，釉呈黄绿色，且微晶少。当釉中再加入适量的氧化铜时，釉呈深橄榄绿色偏黑，且微晶增多，可见氧化铜在釉中既起助色作用，又起到使微晶增多的作用。

③ 坯体中含氧化铁的量要尽量少，否则会影响金星效果。

④ 要求釉层有一定的厚度。当釉层厚度为 1mm 左右时，结晶小且少，釉色也带黄色调；当釉层厚度为 1.5～2mm 时，结晶和釉色效果为最佳；当釉层过于厚时，就极少出现闪烁的金光效果，且带来流釉粘底的缺陷，所以釉层厚度应以 1.5～2.0mm 为宜。

8.2 无 光 釉

无光釉是釉面无光泽、细腻平滑而不反射光线的陶瓷釉。无光釉也称为闷光釉。

无光釉可以装饰在建筑卫生陶瓷制品上，如墙地砖、外墙砖等，也可用来装饰室内陈设陶瓷器具。在瓷雕的某些部位，以光泽釉装饰，某些部位用无光釉装饰，如人发、皮肤部位等进行的综合装饰具有特殊的艺术效果。

使釉面无光的方法，常用的有：

① 用氢氟酸腐蚀光泽釉面，可获得粗糙的无光釉面。

② 降低烧成温度，使釉料欠火生烧。

③ 配制无光釉料，使釉料在烧成后期的冷却过程中析出微小晶体，而获得无光釉面，这是本节所要介绍的。

8.2.1 无光釉的组成

釉面无光的原因，就在于釉层里分布着众多微小的结晶体所致，为此，釉熔体中就应有过饱和的成晶物质，以期在熔体冷却时，能析出微小晶体。像这样能在釉熔体中析出微小晶体的物质，称为无光剂。

因此，无光釉应由基础釉和无光剂组成。无光颜色釉则应由基础釉、无光剂、着色剂三者组成。

无光釉的基础釉可以是钙釉、钡釉、锌釉、铅釉等。

无光釉的无光剂是 CaO（或指其原料石灰石、石垩）、BaO（或 $BaCO_3$、$BaSO_4$）、MgO（或 $MgCO_3$、滑石）、TiO_2、ZnO、MnO_2 等惰性物质。

配制无光釉时，往往不只是用一种无光剂，可以同时采用几种无光剂，使釉层里同时析出几种微小晶体来抑制晶体的长大。例如钙无光釉中，无光剂是 CaO，可生成钙长石或硅灰石微晶；如果添加钡时，则同时有钡长石微晶析出；如添加 MnO_2 时，可能同时会有蔷薇辉石微晶析出。有的物质既是无光剂，又是着色剂，如 TiO_2、MnO_2 等。

无光釉所用的基础釉、无光剂不同，釉的种类就不同，釉面的形成、微晶的析出条件就不同。下面介绍几种常用无光釉组成及形成条件。

1. 钙质无光釉

钙质无光釉是釉层中以析出众多的钙长石微晶为主的釉。因而，钙质无光釉的组成中，除要有含量较多的 CaO 外，Al_2O_3、SiO_2 含量也应较多。在 CaO-Al_2O_3-SiO_2 系统中，CaO 对釉熔融的作用比较缓慢。在熔融温度下，能生成钙长石 $CaO \cdot Al_2O_3 \cdot 2SiO_2$，只要钙长石晶坯能成为稳定晶核，则釉熔体的冷却过程中，便可成为微晶，只要这些微晶的数量足够多，便可得到无光釉面。

钙长石析晶对釉组成的要求是：足够的 CaO、Al_2O_3 和 SiO_2，SiO_2/Al_2O_3 为 3～6，且铅、碱金属氧化物含量不能过多。

钙长石晶体生成的区域是在铝含量高、硅含量低的区域。当 Al_2O_3 含量过高，釉面无光且显得非常粗糙。

2. 钡质无光釉

钡质无光釉是釉层中以析出众多钡长石微晶为主的釉。钡无光釉釉面往往具有光滑柔和的似天鹅绒般的外观，釉面不易起皱和开裂。钡质无光釉的组成中，作为无光剂的 BaO 应在 0.3mol 以上为宜，且以硫酸钡形式引入为好。

钡长石析晶对釉组成的要求是 Al_2O_3、SiO_2 含量不要太多，且 SiO_2/Al_2O_3 应控制在 3～6 之间为好。

3. 锌质无光釉

锌质无光釉是釉层中以析出众多硅锌矿微晶为主的釉料，釉料组成中，Al_2O_3、SiO_2 含量不宜高，且釉应为酸性，以便 ZnO 与 SiO_2 析出 Zn_2SiO_4 微晶。

硅锌矿 Zn_2SiO_4 有 α、β、γ 三种晶型。釉中析出的晶型不同，釉面效果不同。

α——Zn_2SiO_4 是在熔体缓慢冷却时析晶，且发育快，可得大晶花；

β——Zn_2SiO_4 是在釉熔体快速冷却时析晶，微晶；

γ——Zn_2SiO_4 是在釉熔体快速骤冷时析晶，微晶；

锌质无光釉中，主晶相应是 β 或 γ 或 β 与 γ 的微晶，这种微晶形成的无光釉面往往是丝绢光滑釉面。

现在，很多厂家配制锌无光釉，是在石灰釉、钡釉、铅釉中添加 $8\%\sim15\%$ 的 ZnO。这样配制的无光釉，烧成温度低。锌无光釉的烧成温度不宜太高，否则会使釉面出现针孔等缺陷。

除上述几种组成的无光釉外，还有镁质无光釉、金红石无光釉、钙钡无光釉、锌钡无光釉等。

无光釉与普通釉在组成上的主要差别，就是无光釉中应饱含无光剂。无光剂在一定温度下，与釉熔体的作用较缓慢，或在釉熔体中的溶解低，易在釉熔体中达饱和状态而析晶。有了合适的釉料组成，也应有相应的工艺方法相配合。一般来讲，工艺上要注意的是：釉浆细度较普通釉浆细度还应细些；施釉厚度与普通釉差不多，不宜过厚；烧成时，不宜过烧，有的可进行缓慢冷却。对于某一具体的釉料，其工艺过程宜经过试验确定。否则，即使是好的配方，工艺条件变化，也不易得到很稳定的无光釉。

烧成条件对制无光釉是关键因素，尤其是烧成温度和冷却速度至为重要。烧成温度较高，冷却时间长的烧成条件，可适当增加 Al_2O_3，反之亦然。冷却过快，易变为光泽釉。

4. 刚玉质无光釉

刚玉质无光釉是釉层中以析出 α-Al_2O_3 微晶为主的无光釉。诚然，釉组成中必然要有含量较高的 Al_2O_3，使其在釉熔体中成饱和状态，釉熔体冷却时，能析出众多的 α-Al_2O_3 微晶。

刚玉质无光釉的化学成分中，Al_2O_3、SiO_2 的含量较高，且应使 $SiO_2/Al_2O_3=3\sim6$。众所周知，釉中 Al_2O_3、SiO_2 的含量多，会提高釉的烧成温度，因此，要根据烧成温度来确定釉中 Al_2O_3、SiO_2 的量。但无论怎样，SiO_2/Al_2O_3 应控制在 $3\sim6$ 之间。一般来讲，要获得良好的无光釉，可按下列规则来控制硅铝比。

当 SiO_2 在 3mol 以下时，SiO_2/Al_2O_3 宜控制在 $3\sim6$；

当 SiO_2 在 $4\sim6$mol 时，SiO_2/Al_2O_3 宜控制在 $4\sim5$；

当 SiO_2 在 $6\sim10$mol 时，SiO_2/Al_2O_3 宜控制在 $5\sim6$；

当 SiO_2 含量高，虽然 SiO_2/Al_2O_3 在 $5\sim6$ 之内，釉熔体析出的微晶除刚玉外，往往还夹杂着莫来石等微晶。

配制这种无光釉，可采用普通白釉中添加一定量的高岭土来实现。

8.2.2　影响无光釉的因素

影响无光釉的因素主要有以下几点：

（1）结晶剂用量的影响：各种结晶剂的用量必须合适，太多或太少都会失去无光釉的特性。

（2）硅铝比的影响：当碱性氧化物含量固定不变时，随硅铝比升高，釉面会从无光向半无光至光亮过渡，对于生料无光釉一般硅铝比在 7～8 为宜。

（3）乳浊剂的影响：由于锆英石的加入，釉黏度增大会产生一系列缺陷，故在生料无光釉中，锆英石用量以小于 4% 为好。

（4）工艺的影响：烧成制度影响很大。根据不同的配方选择最佳烧成温度、保温时间、冷却速度是制作好的无光釉的关键。

8.2.3 无光釉配方示例

几种无光釉示例配方见表 8-8，表中所列为基础无光釉，当需要制成色釉时依然遵循色料在基础釉中的应用性法则。但是有的色料加入后可能提高或降低釉的成熟温度，从而使无光效果改变，应在实际应用中再做调试实验。

表 8-8　无光釉配方示例

T（℃）＼组成	950	1000	1020	1020	1100	1140	1250	1260~1290	1260~1290	1450
长石			8	40	35	30	40	49	56	14
石英			16	12	24	11	30	14	16	50
高岭土	5	5	7	10	7	9	10	7	8	4
氧化锌		18	20	14		3				
氧化锡		5	5							
碳酸钡						24			20	
锆英石				4						
铅丹			44							
硅酸铅						12				
白云石					5					
石灰石							20			6
硅灰石								30		
沉淀碳酸钙		1.8			18	11				
滑石				20						
硼酸					11					
熔块	1 号 95	2 号 72								

注：1 号熔块：石英 38，碳酸钠 4，碳酸钾 4，氧化镁 8.0，硼酸 46；

　　2 号熔块：铅丹 34，石英 24，硼砂 18，长石 12，石灰石 7，高岭土 5。

8.2.4 无光色釉的配方实例

大多数着色氧化物在无光釉中都可发色，而制得无光色釉。着色氧化物添加到釉中，一则会使釉着色，二则会起助熔作用（Cr_2O_3 不能起助熔作用），同时，色调受 RO 组成的量和种类、Al_2O_3 和 SiO_2 的量及烧成温度的影响。各种着色氧化物在不同釉中的溶解度也不同，就决定着其在釉中的用量范围。

在无光釉中加金红石或着色氧化物，用量一般为 5%～20%，均可得到由微小晶体形成的无光色釉。下面介绍几种无光色釉的配方及调整：

（1）白色无光釉（1220～1260℃）

釉果 60，碳酸钙 14，高岭土 8，碳酸钡 16，氧化锌 2

（2）平滑无光白釉：SK 5～8

霞石正长岩 35，白垩粉 5，白云石 20，瓷土 20，石英 20

氧化焰，能得半透明带闪光的干涩白釉；还原焰烧成，在瓷坯上呈现出淡青色无光釉。

（3）铁褐无光釉：SK 03

铅丹 47.6，白垩 10.4，钾长石 19.4，黏土 9.0，高岭土 22.6，外加 Fe_2O_3 3%

提高温度，显色减弱；增加 Al_2O_3、黏土以及 BaO 时，色调较好；MnO 的存在会使色调减弱；冷却过快，会出现光泽。

调整：改加 $CuCO_3$ 3.5%～4%，得绿色无光釉；改加 $CoCO_3$ 0.3%～4%，得蓝色；加色料，显色也好。

铁在无光或半无光的釉中，依铁的含量及釉的组成可显现褐色、黄灰色以及从骆驼毛色到暗褐的色调。铁与氧化钛共用以制黄色无光釉时，百分之几的氧化铁显黄色已很浓；加得过多则变为褐色。随铁、钛量不同，颜色加深，如配方（4）。

（4）金褐无光釉：SK 5～6

钾长石 28，石灰石 14，氧化锌 10，碳酸锂 3，碳酸钡 3，白云石 12，冰晶石 7，膨润土 5，石英 18，外加黑色氧化铁 10%，金红石 6%

铁、钛、铜化合物共用制无光釉时，可获得满意的着色效果。

（5）黑色金属状无光釉：SK 5～7

霞石正长岩 73，白云石 5，石灰石 5，瓷土 4，膨润土 3，氧化锌 3，中细金红石 10，细粒铁钛矿 100，碳酸铜 4

氧化焰下烧成，可得到无光泽的、似金属状，并带金色、银色结晶点的黑色无光釉。

（6）亮豌豆绿无光釉：SK 07～04

1 号熔块 29.55，2 号熔块 35.10，锌白 5.7，氧化锡 4.1，高岭土 9.70，烧高岭土 6.0，石英 4.6，氧化铁 0.15，氧化铜 0.30

1 号熔块配方：铅丹 34.0，石英 24.0，硼砂 18.0，长石 12.0，石灰石 7.0，高岭土 5.0

2 号熔块配方：铅丹 79.0，石英 21.0

8.3 裂 纹 釉

裂纹釉也称纹片釉、龟裂釉等，是制品釉层上具有细小裂纹的艺术釉。釉层上开裂，对普通制品来讲，是一种产品缺陷，甚至使成品成为废品；而裂纹釉正是利用这种缺陷来装饰陶瓷制品，使陶瓷制品具有特定艺术效果，而得到人们的青睐。裂纹釉主要用来装饰陈设瓷、工艺美术瓷。

8.3.1 裂纹釉的组成

裂纹釉和普通釉一样，是用一般釉用原料配成，现举几例如下：

例1：石英20，长石74，石灰石6

$$\text{釉式为：} \begin{array}{l} 0.1951\ K_2O \\ 0.3567\ Na_2O \\ 0.4362\ CaO \\ 0.0120\ MgO \end{array} \right\} \cdot \left. \begin{array}{l} 0.5758\ Al_2O_3 \\ 0.0116\ Fe_2O_3 \end{array} \right\} \cdot 4.5423\ SiO_2$$

例2：石英16，长石74，石灰石8，苏州土2

$$\text{釉式为：} \begin{array}{l} 0.1687\ K_2O \\ 0.3077\ Na_2O \\ 0.5046\ CaO \\ 0.0190\ MgO \end{array} \right\} \cdot \left. \begin{array}{l} 0.5254\ Al_2O_3 \\ 0.0100\ Fe_2O_3 \end{array} \right\} \cdot 3.67 SiO_2$$

例3：石英18，长石57.3，石灰石13.4，小白矸子11.3

$$\text{釉式为：} \begin{array}{l} 0.226\ K_2O \\ 0.156\ Na_2O \\ 0.553\ CaO \\ 0.065\ MgO \end{array} \right\} \cdot \left. \begin{array}{l} 0.38\ Al_2O_3 \\ 0.005\ Fe_2O_3 \end{array} \right\} \cdot 3.7\ SiO_2$$

例4：黄色低温裂纹釉：铅白58.0，石英11.0，长石24.0，石灰石30.0，氧化铁4.0

$$\text{釉式为：} \begin{array}{l} 0.115\ KNaO \\ 0.172\ CaO \\ 0.713\ PbO \end{array} \right\} \cdot \left. \begin{array}{l} 0.149\ Al_2O_3 \\ 0.083\ Fe_2O_3 \end{array} \right\} \cdot 1.409\ SiO_2$$

先将坯体经高温烧成素坯，再施釉，在低温下进行釉烧可得到黄色裂纹釉。

从上述配方来看，裂纹釉组成中，膨胀系数计算常数大的碱性氧化物 K_2O、Na_2O、PbO 等的含量较高，一般达 0.5mol。为此，在釉料中增加长石的用量，以增加 Na_2O 和 K_2O；降低石灰石和石英用量，以降低 CaO 和 SiO_2；石英用量一般不超过20％，有利于釉面龟裂，若长石用量不变，减少石英，也有利于釉面开裂。

另外，普通釉料施在 K_2O、Na_2O 含量低的坯体上，同样可获得裂纹釉。试验指出，SiO_2/Al_2O_3 之比达10左右的瓷釉易开裂。

用铅白、铅丹取代石灰石和长石，可制得低温裂纹釉，艺术效果也较好。

最早出现的裂纹釉是宋代龙泉瓷釉的釉层裂纹，是在石灰釉中含有较多的膨胀系数较大的碱金属氧化物，B_2O_3、Al_2O_3、MgO 等会降低釉的龟裂倾向，ZnO、MgO 等降低釉的膨胀系数的氧化物，在裂纹釉中含量都较少。

8.3.2 裂纹釉的形成机理

裂纹釉的形成机理，简单地说，就是釉的膨胀系数大于坯的膨胀系数。

当制品冷却时，釉的收缩大于坯，则釉层发生龟裂。收缩的差值愈大，龟裂的程度也愈大，并且釉的弹性愈小，龟裂也愈大。

釉与坯结合牢固，釉的膨胀系数大于坯，冷却时，釉本身受到张应力，当釉层的张应力大于釉的抗拉强度时，便产生裂纹。

釉的龟裂与诸多因素有关，不是与膨胀系数成比例的，而是在坯、釉的热膨胀系数相差不甚大时，出现龟裂才能形成裂纹釉。

坯的膨胀系数大于釉，使釉受到过大的压应力时，也会使釉脱离坯体，而出现裂纹，这种裂纹容易使釉崩落。

8.3.3 影响裂纹釉的主要因素

要使釉产生龟裂，必须是釉受到拉力而产生裂纹，主要决定于坯、釉的组成和工艺条件两个方面。

1. 坯、釉组成对裂纹釉的影响

影响坯、釉膨胀系数和弹性的主要因素是坯、釉的组成。石英是坯、釉的主体组分，由于其高温变态，也是引起釉龟裂的主要原因。一般来讲，石英的用量少些，对龟裂有利。长石能增大膨胀系数，石灰石增大膨胀系数，滑石降低膨胀系数。坯体经高温烧成，若出现堇青石、硅铝酸锂辉石等晶相，由于它们的膨胀系数小，容易使石灰釉、长石釉产生龟裂。即坯体在黏土和长石含量较多的范围内，易使釉面发生龟裂。石英含量多时，易使釉面崩裂。

釉的组成是产生龟裂的本质因素：

含铅和硼少的釉，施在含黏土、长石较多的坯体上，易龟裂。含 MgO 较多的镁釉、滑石质釉，不易发生龟裂。含 SiO_2、Al_2O_3 高的釉，受热膨胀时，使一部分液相挤入坯体，使釉中的 K_2O、Na_2O 等易熔成分降低，从而不易龟裂。

釉的膨胀系数可以由各组分的膨胀系数加和，为了使釉的膨胀系数高于坯，因此，要根据坯体组成来考虑釉的组成，一般的法则是：

① 增加釉中的 K_2O、Na_2O 的含量；减少 SiO_2、Al_2O_3 的含量，可用长石代替一部分石英、黏土。

② 以分子量大的金属氧化物取代分子量小的金属氧化物，如用 CaO 取代 MgO，用 BaO 取代 CaO、MgO 等。

③ 用 PbO 等铅化合物取代长石，也可得到龟裂纹，且能降低釉的烧成温度。

④ 弹性模数加和系数大，抗裂性能高的氧化物，如 ZnO、ZrO_2 等，尽量少用或不用。锌釉、锆釉不宜配制裂纹釉。

⑤ 膨胀系数低的着色氧化物，若添加量过多，不易制得带色裂纹彩。如 SnO_2、TiO_2、CuO 等，当添加 2％的 TiO_2 就有明显效果。

2. 工艺条件对裂纹釉的影响

不同组成的釉，施在不同组成的坯体上，所产生的裂纹效果是不尽相同的；同组成的釉，施在同组成的坯体上，往往也会产生不同的纹路。这主要是工艺条件的改变造成的。

（1）釉的粒度对裂纹釉的影响

釉的粒度是釉的工艺指标之一，裂纹釉的粒度应控制在万孔筛筛余 0.01％～0.05％，较一般釉料要细些。釉的粒度过粗，较大的颗粒会沉降，引起粗细颗粒分层，从而造成釉料化学组成的改变，使裂纹不均匀，即有的区域有裂纹，有的区域没有裂纹。粒度愈细，物质就具有较大的化学活性，容易溶解在釉中，可以使烧成温度下降，有利于釉、坯之间的中间层形成，特别是石英的粒度很重要，粒度细，易使釉组成均匀，裂纹均匀。但釉研磨得过细，会引起釉面缺陷，如缩釉、剥釉等，也是要注意防止的。

（2）釉层厚度对裂纹釉的影响

釉层厚度是制得裂纹釉的重要工艺条件，也是决定釉龟裂的重要因素。釉层过厚，会引起釉层内产生微弱应力，减弱釉的弹性，易使釉层发裂；釉层过薄，液相被坯体吸收，使釉干枯而无光，也就得不到裂纹釉。因此，釉层厚度应控制在 0.8～2mm 左右。一般地讲，只要保证釉层与坯体具有足够厚的中间反应层，使釉附着牢固，施釉愈厚，生成的裂纹就愈明显。无论采用哪种施釉方法，值得注意的是，要使釉浆处于悬浮状态，施釉厚度应均匀一致。

3. 烧成对裂纹釉的影响

烧成温度、保温时间、冷却速度等对生产裂纹釉尤为重要，烧成温度、保温时间不同，釉的玻化程度不同，引起坯釉组分及结构的改变，导致膨胀系数不同。α-石英→α-鳞石英→α-方石英是在不同温度下转变的。晶型不同的石英，其膨胀系数就不同，烧成温度愈高其膨胀系数愈大，再升高烧成温度，方石英熔融，其膨胀系数又下降。提高烧成温度，延长保温时间，将促进石英转变为方石英，增大釉的膨胀系数，有利于釉面龟裂。但这是以坯体已瓷化为前提的，一般地来看，提高烧成温度，会降低釉本身的膨胀系数，不利于釉面龟裂。从上所述，是否能形成裂纹釉，将取决于坯、釉的化学组成，矿物组成，颗粒大小，烧成温度及烧成、冷却条件。

8.3.4 配制裂纹釉的工艺要点

配裂纹釉的工艺操作与普通釉基本相同，在进行釉料配方设计时，坯料一定，就应增大釉的膨胀系数来配方，一般是增加 K_2O、Na_2O 或 BaO，同时减少 Al_2O_3、SiO_2。釉料粒度在万孔筛余 0.01%～0.05%，喷釉釉浆密度在 48～55 波美度，施釉厚度 0.8～2mm 为宜。

为了使裂纹清晰可见，可用多种方法着色。

（1）在施普通釉（也可以是带色的釉）后，再施一层较厚的裂纹釉（可在普通釉的基础上，添加长石）进行烧成。制品冷却时，上层釉龟裂，而露出下层釉。

（2）在基础裂纹釉中，添加适量着色剂，再经混磨均匀，可制得带色的裂纹釉。

（3）将裂纹釉制品浸入钴溶液中，使溶液吸收到裂纹中，然后再烧一次，可制得蓝色裂纹釉。

（4）将砂糖溶液渗入裂纹中，用低温烘烤使之碳化，可制得黑色裂纹的裂纹釉。

（5）用墨水等水溶性颜料的溶液浸泡裂纹釉，可制得有色裂纹的裂纹釉。

8.4 花 釉

花釉是釉料或因配方组成、或因烧成温度与气氛、或因施釉方法不同，烧成后在釉面上形成两种或两种以上色彩自然交混的纹理效果，千变万化，多姿多彩，装饰性强，有很高的欣赏价值。

花釉属颜色釉的复色体系，大部分的花釉，可说是颜色釉堆积而成的效果。花釉装饰，方法简便又绚丽多彩，有事半功倍之效。早期花釉主要用于艺术瓷装饰，现在已广泛应用于建筑瓷面砖、彩釉砖的装饰中，如纹理釉、大理石釉和斑纹釉等。

8.4.1 花釉的分类

花釉有多种分类法：

① 以烧成温度分，有高温、低温、中温花釉。

② 以烧成气氛分，有氧化焰、还原焰花釉。

③ 以釉的基本色调分，有红色系、黑色系、蓝色系、白色系、黄色系等。

④ 以其纹理色彩分类，有云纹、流纹、片纹、斑纹、大理石纹、羽毛纹、珍珠纹等。

⑤ 按其形成方式分，有窑变花釉、复层与单层釉法、粒釉法及不均混釉法花釉等。

任何不均匀的施釉方式、任何不同色彩的色釉搭配以及不同烧成温度釉料的混施都可能形成花釉，只是艺术观感不同而已。因此，花釉也就有数不胜数的品种了。

8.4.2 花釉的制备

概括而论，花釉的制备方式有窑变花釉法、复层釉法、单层釉法、粒釉法、不均釉法及粘贴法花釉等。也有学者以釉面有花纹的原因，将结晶釉也归入花釉的范围。但由于结晶釉的特殊成因，范围也广，应自成体系。

1. 窑变花釉

窑变花釉，顾名思义窑炉是作为者。早期的制釉原料多以天然矿物为主，着色元素也是直接原料引入法，加之窑炉结构的原因，温差、气氛变化较大，因而，不仅颜色釉色调变化范围大，稳定性、重复性差，而且会产生意想不到的釉面斑纹效果。古人因不知其然与所以然而惧怕，竟以"物反常而为妖，窑户亟碎之"，或是"多毁藏不传"。随后，在人们认识到其艺术价值后，又转而仿之。窑变花釉以钧红花釉为代表，曾引起纷纷效仿，至清代，景德镇已能把这种幻化而成的窑变变成有规律可循的技术，直至今天，钧花釉、宋钧花釉依然珍贵无比。

一般来说，可能产生窑变的条件有以下几点：

① 色釉中着色元素存在多种呈色能力。

② 釉中存在微量的其他着色元素。

③ 基础釉中存在可能促使釉层不均匀分布的成分。

④ 烧成温度较高，时间长，窑内温差大，气氛稳定性差。

⑤ 原料纯度低，组成复杂，特别是复层釉，底、面釉之间有反应等。

窑变的产生有时可能是上述因素之一形成，有时可能是综合作用的结果。特别是生料釉和直接引入着色元素呈色的色釉，组成中挥发成分大，呈色稳定性差；窑炉温差大特别是烧成温度过高时，会使釉中着色元素及某些其他组分产生复杂的物理化学变化形成窑变；复层施釉，由于随着温度、气氛等变化，底、面釉间发生反应的几率程度和形式也变化，因此，窑变的可能性很大且较为复杂。在今天的低温快速烧成釉中，着色元素以成品色料引入，窑炉温度气氛均较稳定，产生窑变的可能性很小，因此，花釉多以复层釉法获得，流传至今的仿钧花釉亦不例外。几例传统窑变花釉介绍如下：

（1）还原焰花釉

① 钧红花釉

以钧红釉作底釉，在其上滴涂一层较薄的含铁、锰、钴的面釉，面釉较底釉熔融温度低，还原焰烧成后在红色底釉上呈现蓝白交错的丝状花纹。

配方示例（质量百分数%）：

底釉：玻璃粉 35.6，长石 13.4，陈湾釉果 28.0，寒水石（方解石）2.4，釉灰 13.4，石

193

英 4.4，氧化铜 0.5，氯化亚锡 2.4

面釉：铅晶料（类高铅熔块）28.9，烧料（低温玻璃）5.8，窑渣（柴窑壁结熔渣）65.0，食盐 0.3

钧红花釉也有在已烧成的钧红瓷釉上再沾一层较薄的钧红釉，再在釉面上滴涂含铁、钴、锰的面釉；面釉熔融温度较钧红釉低，如景德镇某厂用的面釉配方是：

铅晶料 28.90，烧料 5.78，窑渣 65.05，食盐 0.27

用笔滴涂时，应注意疏密、粗细、厚薄，还原气氛，1280～1320℃温度烧成。

② 钧花釉

钧花釉是釉面呈红、蓝、紫相间条纹或斑点的花釉。烧制得较好的颇像孔雀羽毛。钧花釉主要是采用两种不同的钧釉重叠施釉，由于高温黏度不同，流动性不一致，从而形成花纹釉面。如河南禹县烧制的钧花釉配方如下：

底釉配方：氧化铜 0.3，铜矿石 4，石英 13，二氧化锡 17，长石 10，方解石 16，滑石 6，汝岳 52

面釉配方：氧化铜 0.4，铜矿石 4，汝岳 50，石英 13，二氧化锡 1，氧化锌 3.6，方解石 13，长石 15

用浸或喷釉法先施一层底釉于生坯上，釉厚约 1mm，再施面釉，两层釉厚约 1.6～2.0mm，在还原气氛下，于 1280～1310℃的温度下烧成。

③ 宋钧花釉

宋钧花釉是一种以青、红、蓝交错如兔毫纹样的花釉。宋钧花釉与钧红花釉的主要区别是：宋钧花釉釉面色彩中蓝色多，丝纹细腻且密，而钧红花釉红多于蓝，色丝明朗稀疏；在工艺上也与钧红花釉不同，宋钧花釉是在坯上施一层白釉，再在白坯上施色釉作面釉。例如：

底釉配方：三宝蓬 86.60，二灰 13.40

制成细度为万孔筛筛余 0.05％，含水率为 70％左右的釉浆，用浇釉法施于生坯表面，釉层厚度为 0.5～0.8mm。

面釉配方：铜花 0.98，晶料 25.00，铅晶料 24.80，二灰 5.50，绿玻璃 20.00，烧料 8.70，南港 16.0，CoO 0.01，TiO_2 0.01

制成细度为万孔筛筛余为 2％，含水率约 50％的釉浆，用毛笔蘸釉浆涂在白釉坯面上。还原气氛，1270～1320℃烧成。

从配方可看出，色釉的基础釉是玻璃釉，在高温下黏度小，易流动，而形成自然流淌之花纹。着色剂以铜为主，还有少量的调色元素，如铁、钴、钛、锰等，面釉较粗的目的，是使着色料的分散不均匀，以便流淌为五光十色的色纹。

④ 钧红钛花釉

以钧红釉为底釉，钛釉为面釉，烧成后釉面主要呈现蓝白交错融合，间或有青、红、黑、黄等色纹的花釉。

底釉可采用与① 相同或接近的形式，面釉配方示例如下：

面釉配方（质量百分数％）：二氧化钛 14.9，绿玻璃 42.2，花乳石 14.3，铅晶料 28.6

（2）氧化焰花釉

这类釉是利用多种颜色釉综合装饰在器物上，采用氧化焰烧成的复色釉。

① 云霞花釉

这种釉是在棕红色底釉上，分布着块块犹如云彩的花釉。

底釉：黑釉土 39，长石 28，石灰石 7，草灰 10，石英 3，氧化锰 12，白干土 1

面釉：长石 21，石英 18，石灰石 3，草灰 40，大同土 6，滑石 4，白干土 3，氧化锌 5

分别将底釉、面釉湿式球磨，过 200 目筛，再加草灰球磨 1h。采用浸釉法先施底釉于生坯上，釉厚 0.4～0.6mm，烘干后再施面釉。一般用喷釉法施面釉，釉厚 0.8～1.0mm。氧化气氛，1250～1320℃烧成。

② 兔毫花釉

底釉：黑釉土釉 100（博山生产的油滴天目釉）

面釉：长石 40，大同土 5，钟乳石 16，石英 22，氧化锌 17，外加氧化锡 5％

面釉湿式球磨，过 200 目筛，氧化气氛快速烧成为好，烧成温度以 1270～1300℃为宜。

③ 蓝钧花釉

底釉：黑釉土釉　100

面彩釉：长石 30，钟乳石 14，氧化铝 4，滑石 4，硫酸钡 10，大同土 8，氧化锌 4，石英 26，外加钛白粉 10％

工艺方法同兔毫花釉。以黑釉土釉为底釉，采用不同的施釉技巧，施以"兔毫面釉"或"蓝钧面釉"，可以形成多种多样的花釉，如玳瑁花釉、虎皮花釉、白地唐钧、黑地唐钧、礼花釉等。

利用黑釉土釉或黑色釉作底釉，分别以各种色釉作面釉，如钛黄釉、钒锆黄釉、钒锆蓝釉、铬铝红釉、深绿釉、海蓝釉、铬锰棕釉等，采用不同的施釉方法，能形成众多花纹、色调的釉。

利用各种色釉作面釉时，这些色釉浆细度应在万孔筛筛余 0.01％～0.03％，若色釉的高温黏度比底釉高时，应在面釉中加入 5％～10％的过 100 目筛的玻璃粉。施釉方法和釉层厚度要根据所要达到的艺术效果而定，要灵活运用。如黄玉釉，可用钒黄色釉作面釉，琥珀釉可在黑釉土釉上喷钛黄釉，再喷一层影青釉。

2. 复层釉法

复层釉法是花釉生产中最基本的常用方法，工艺上容易实现，不浪费釉料，可获得各种纹理形式。复层的方式可以是点涂、喷洒、浸、甩、沥等方式，现分类介绍如下：

① 点涂法　点涂法是根据需要人为地在产品表面的不同部位，点涂上不同的釉色，从而形成一定的色彩组合。该方法可在特定范围的釉面上形成尽可能复杂的色彩对比，装饰范围宽，能恰到好处地体现人的主观设想。所用的釉为一般的各种单色釉，彼此的高温物理性能（高温黏度、熔点）不应相差太大，否则会破坏预期的装饰构思。点涂法形成的花釉，常用于美陶及陶艺作品的制作中。

② 喷彩法　以喷釉的方式在底釉上局部或整体喷彩，可广泛而大量使用，易于实现工业化生产。喷彩的特点是装饰效果均匀，易于调控，不污染或较少浪费釉料。某些花釉装饰效果也只有喷彩法才能实现或更理想，如整体的雪花斑、珍珠斑、雾斑等。喷彩法也可用于色粒斑装饰，其方法是喷洒多层色釉，每层有意喷成粒状，烧成后可根据需要选择磨平或抛光，使色斑效果丰富多彩。

③ 甩、沥、浇、泼等　在底釉上用甩、沥、浇、泼等方式涂施面釉，形成条纹、斑纹

等。面釉可采用施釉方法中的各种形式，或浸或喷或甩、沥、浇、泼等，具体采用何种方式涂施，取决于釉料性能、装饰效果要求、生产量大小等因素。可采用单一方法，也可多种方法同时使用。复层的底、面釉，可上层低温、下层高温或上层高温、下层低温。前种复层方式易实现流纹、条纹、丝纹釉纹理；后种方式易实现网纹、斑纹、珍珠纹、雪花或冰花纹釉纹饰。同种釉仅是色剂不同，也常用来复层，釉面因施敷方式不同而纹理不同。

除此之外，一种很新颖的方式是釉的物理化学性质法，依据底面釉表面张力、热膨胀系数的差异，形成特殊的肌理效果。

复层法形成的花釉，其效果往往取决于两种釉本身的组成、施釉方法、釉层厚度及造型、烧成制度等（表 8-9）。普通的情况是底面釉的熔点不应相差太大，否则不能形成理想的花纹效果。底釉中的高温挥发物多些为佳，利于高温中使底、面釉间发生物理反应，故底釉往往用一般的土釉。面釉应具乳浊性，常用的乳浊剂是 SnO_2、ZrO_2、TiO_2 及各种乳浊色剂。其中 TiO_2 作乳浊剂时，形成的花釉色彩变化更丰富，因为能与底釉中的 Fe_2O_3 作用而以各种化合价存在于釉中，从而形成白、红、蓝各种色调。复层法形成的花釉，釉色色彩变化莫测，往往会出现人所意想不到的特殊效果。

表 8-9　部分复层花釉示例

名　称	组　成		工艺条件	釉面效果
	底　釉（%）	面　釉（%）		
釉里纹釉	长石 43，石英 27，石灰石 18，碱石 12，棕色料 8	长石 49，石英 25，碱石 10，石灰石 16，铬锡红色料 9	底釉厚 0.6～0.5，喷面釉 0.2～0.3mm，1300℃左右氧化焰烧成	黄棕色斑纹
彩云釉	长石 43，石英 27，石灰石 18，碱石 12，棕色料 8，外加蛋青色料 4%	长石 49，石英 25，碱石 10，石灰石 16，铬锡红色料 9，外加天青色料 2%，翠绿 4%		色彩浓淡分明，如彩云
釉里纹釉	第一层白釉，第二层棕釉 30，白釉 40，坯泥 4，面釉为棕釉		三层施釉法，中层釉较面釉厚 2 倍多，易干燥裂纹，且高温黏度大，高温下面釉流入底釉裂纹中并填平	鹤绒花网纹，以此法改变釉中色料，可获得各式纹理效果
冰花釉	长石 30，石英 50，石灰石 7，苏州土 10，氧化锌 3		高白度釉，可仅施单层。釉料细度大，喷施厚度 1.5～2mm，烧成以釉半熔融为好	形如雪花，无定形点凸起，晶莹玉润

3. 单层釉法

在釉料配方中有意引入能中、低温挥发产生釉泡，高温熔平的成分，或能产生液-液分相的成分，形成色料或基础釉组分不均匀分布而引发颜色的不均匀分布，产生花釉效果。

配方示例（质量百分数%）：

霞石正长岩 35，白云石 12，白垩粉 8，氧化锌 5，瓷土 24，石英 16，氧化镍 3

烧成温度 1200～1250℃，还原焰下呈淡绿色白斑点效果，氧化焰下是条纹状褐绿色。

4. 不均混釉法

有混浆法和粒釉法两种形式。

① 混浆法　或称搅釉法，是把不同颜色的釉浆不均匀混合，在搅混过程中或浸或沥或浇施敷，形成各式各样的纹理效果，有的如行云流水，有的如泼墨丹青，别有韵味。某些大理石纹采用此类方法，但此法重复性差，在艺术瓷生产中采用时剩余釉料常被污染。如果以不同的分散介质处理釉浆，如一种釉浆是亲水性的，一种为憎水性，两者不易相混溶，可克服上述缺陷。

② 粒釉法　有干法粒釉法和湿法粒釉法。

干法即面砖生产中常用的干粒釉工艺。

湿法粒釉法，一是将釉粉以憎水性物质处理，造粒后混入球磨好的釉浆中施釉。二是将普通方法生产的粒釉，洒于刚施敷的湿釉面上，并经压平或打磨处理后烧成。三是以釉粉造粒，并将其低温预烧，以似熔非熔的形式混入釉浆中使用。不同色泽的釉粒与基釉的色调差异造成"色对比"。釉粒的粒度可大可小，熔点可高可低。既可是在一种基釉中加入同种色调及粒度，也可是不同色釉粒混合使用。一般来讲，斑点剂熔点接近于基釉时，斑点剂粒度可大些，这样易在釉面形成平滑的过渡区；如斑点剂粒度较小，但熔点高于基釉时，可得到分界轮廓明显的色组合；而当斑点剂的粒度尺寸大于基釉层厚度且熔点又远高于基釉时，则导致釉面不平滑的缺陷产生。

5. 粘贴法

粘贴法是将釉料先压制成一定图纹形状的薄片，然后用胶溶液将釉片粘贴到坯胎的一定部位。釉料薄片的连接料可以是油性胶状料，也可以是水性胶状料，还可以是热固性连接料。

如果坯胎形状是曲面状，则釉料薄片应是软性或塑性的，才可粘贴到坯胎上去。如果坯胎是平面状，则釉料薄片可以是固化状态粘贴。平面状制品所用的釉料薄片除上述外，还可以制成熔块釉片再粘贴上去。这种方法也可在同一器件上粘贴几种不同的颜色釉块，形成所需图纹。

8.4.3　大理石花釉

大理石花釉是利用各种颜色釉，采用不同的施釉方法，经烧成，釉面上多种色调自然互相融合交错，形成纹理奇丽的形如大理石纹理的花釉。纹理的形成，决定于色釉的融合性能、施釉方法和烧成条件等。

此类釉常用的几种色釉配方见表 8-10。

表 8-10　几种色釉配方

原　料 ＼ 釉　名	浅翠釉	蛋青釉	碧水绿釉	芙蓉红釉	墨绿釉	沃土釉	天青釉	棕色釉
1 号基础釉				55.2	95.2			94
白泥				34.5				

续表

原料 \ 釉名	浅翠釉	蛋青釉	碧水绿釉	芙蓉红釉	墨绿釉	沃土釉	天青釉	棕色釉
锰红				10.3				
墨绿色料					4.8			
沃土						100		
2号基础釉	92.6	96	94					
1号色料	3.7							
2号色料	3.7		2					
蛋青色釉		4	4					
3号基础釉							98	
天青色釉							2	
棕色料								6

基础釉的配方组成：

1号基础釉：长石 43，石灰石 18，石英 27，碱石 12

2号基础釉：长石 41，石灰石 12，烧滑石 9，石英 22，大同土 7，烧大同土 2，碱石 3，苏州土 4

3号基础釉：长石 53，石灰石 7，石英 20，烧滑石 9，大同土 3，苏州土 8

色料的配方组成：

1号色料：石英 30，重铬酸钾 5，氟化钠 20，氧化锆 45

2号色料：石英 24，氧化锆 64.8，五氧化二钒 2.4，氟化钠 2.4

蛋青色料：石英 25，氧化锆 69，五氧化二钒 6

锰红色料：氧化铝 81，氧化锰 9，硼砂 9，碳酸钠 1

墨绿色料：氧化铝 50，氧化铬 30，氧化钴 5，氧化锌 15

天青色料：氧化铝 76，氧化锌 9.7，硝酸钴 14.3

黑色色料：氧化铁 42.8，氧化铬 45.7，氧化钴 11.5

翠绿色料：石英 20，重铬酸钾 25，长石 10，铅丹 3，氟化钙 10，石膏粉 4，氯化钙 3，碳酸钙 25

按表 8-10 配方配料制成釉浆。釉浆细度万孔筛余 0.03%～0.05%，釉浆相对密度 1.38～1.45，含水率 48%～55%。

大理石花釉的施釉方法：大理石花釉通常是施釉于瓷釉胎或石胎上，除采用一般的基本方法进行施釉外，为了形成大理石的纹理，还有一些特殊的施釉方法。

1. 点滴施釉法

例如彩云釉是将经高温烧成的蛋青色釉制品加热到 40～60℃，再用涂釉法，涂以天青釉和翠绿釉，且一边涂（或一边点滴）一边转动制品，使釉浆流成几种色釉互相交错的纹理，这样烧成后，彩面即成碧蓝、绿、灰白等色调的纹理互相融合，恰如彩云飘移，变幻多样。

2. 喷釉法

用镂空、制版、剪贴等方法制成各种艺术形象，再分别喷以不同的色釉，从而获得多种色调相互交融的艺术形象花釉。大理石纹理往往是用丝棉网固定在瓷胎的前面，喷一次主色调的釉浆，待干后，再喷一、二次色调的釉浆，最后一次色釉要薄，使之呈现亦实亦虚若隐若现的自然效果。

3. 轮釉法

将坯或石胎放在轳辘车上（转速不能快），使制品旋转，同时用几种色釉通过胶皮管流到制品上。由于旋转，几种色釉混合且形成互相交错的花纹。此种方法适用于圆形制品的施釉。

8.5　金属光泽釉

釉表面的色调和光泽等外观类似某种金属的视觉效果，称为陶瓷金属光泽釉。如金光釉、银光釉、铜红色金属光泽釉等。金属光泽釉由于具有高雅、豪华、庄重的艺术效果，加上釉面化学稳定性好，不氧化，耐酸碱腐蚀性好，具有优良的实用性能，近年来越来越受到建筑陶瓷行业的重视。用其进行装饰的建筑陶瓷制品，具有逼真的金属装饰效果。

早期采用以金水涂敷釉面，再经低温烤烧使其产生金色效果，但其采用的是以贵重黄金或白金为原料，并将其制成金水后使用的，成本高而不能大面积使用。目前生产金属光泽釉的方法已多样化，并使一些较为廉价的代金材料得到应用，因而推动了此类装饰方法的盛行。

目前生产金属光泽釉的方法主要有以下几种：① 烧结法② 涂敷热解法③ 热喷涂法④ 蒸镀法等，它们各具优缺点，需依据生产规模、质量要求等选择。

8.5.1　烧结法

它与一般釉的制备方法相同，只是在釉料成分中引入一种或多种着色金属氧化物，并使它在高温熔体中饱和，这样，冷却时就会析出具有金属光泽的析出物。因不同类型釉中析出的金属微粒或矿物不同，就会产生不同的色彩。影响该金属光泽釉质量的主要组分依次是氧化钒、氧化铜、氧化锰、氧化铁。其最佳加入量为 V_2O_5 1.2%、CuO 3%、MnO_2 8%、Fe_2O_3 3%。烧结法金属光泽釉制作示例如下：

（1）多彩金属光泽釉

以基础釉加色剂配制。

基础釉配方：PbO 20%～55%，Na_2O 0.1%～10%，CaO 1%～15%，Al_2O_3 1%～18%，SiO_2 8%～80%

配入 5%～25%的色剂，在1020%～1280℃烧成。

上述基础釉可由熔块加生料配制而成，改变熔块比例可调节烧成温度和烧成时间。在上述基础釉中分别加入表8-11中所示配方的色剂，可获得不同颜色的金属光泽釉。

表8-11　色剂组成表

釉面色彩	化学组成（%）			
	MnO_2	TiO_2	CuO	NiO
蓝金色	72	16	2	10
红金色	68	16	6	10
黄金色	60	20	10	10
白金色	50	40	5	5

（2）银色金属光泽釉

熔块配方：珍珠岩 70%，硼砂 30%；1300℃熔化。

釉配方（%）：熔块 82～85，CuO 5～7，NiO 2～4，黏土 5～8；940～960℃烧成，釉面成银色金属光泽。

釉化学组成（%）：SiO_2 30～54.5，Al_2O_3 12.4～13.3，CaO 0.5，K_2O 2.4～2.5，Na_2O 11.6～12.1，Fe_2O_3 0.3，B_2O_3 9.5～10，CuO 5～7，NiO 0.5。

（3）黑色金属光泽釉

釉料组成范围是（%）：B_2O_3 19～45，Al_2O_3 0.5～9，SiO_2 2～8，P_2O_5 0.5～3.0，SrO 6～24，MnO 17～60，TiO_2 0.5～9.5。

将化学纯或工业纯的釉用原料配料后，在 1250～1350℃的温度下化成熔块，然后制成釉浆，按一般方法施釉，在 970～1020℃温度下烧成，保温 20～30min，即可获得从棕色至黑色的金属光泽釉。适当调整配方即可获得所需色调的釉面。该釉料适合建筑陶瓷制品的内墙砖装饰，可快速烧成。

（4）绿褐色金属光泽釉

釉配方（%）：玄武岩 35～40，氧化铝 4～7，氧化锌 3～5，熔块 40～50，石英 3～5，黏土 2～3。

将釉料施于坯体上，在 1020～1090℃进行一次快烧，烧成周期为 60～90min，即可获得绿褐色金属光泽釉面。其中熔块配方为：玄武岩 50%～55%，硼砂 45%～55%；1300℃熔化。该釉适合于一次快烧墙地砖装饰。

（5）银红色金属光泽釉

将组成为珍珠岩 70%、硼砂 30%的配料在 1300℃下制成熔块，再按下述配方制成釉料（%）：熔块 85～90，CuO 3.5～5.0，Cr_2O_3 0.5～5.0，黏土 5～8。

釉料的化学组成（%）：SiO_2 53.1～56.5，Al_2O_3 11～13，B_2O_3 9.8～10.4，Fe_2O_3 0.3～0.4，CaO 0.5，Na_2O 12～12.8，K_2O 2.4～2.6，CuO 3.5～5.0。

采用一般方法施釉后，在还原气氛下 950℃釉烧 3h，得到釉面呈金属光泽的银红色釉。该釉适合装饰红色黏土坯体的艺术品。

（6）蓝色金属光泽釉

基础釉以透明熔块、苏州土、滑石粉等配制，化学组成为（%）：SiO_2 55.22，Al_2O_3 8.09，CaO 9.29，MgO 0.63，K_2O 1.86，Na_2O 0.33，P_2O_5 2.8，B_2O_3 6.0，ZnO 6.27，BaO 2.6，IL 0.87。色剂选用化工原料 CuO、MnO_2 和 CoO，将其于 1180℃煅烧，研磨细度达到 100 目，经酸洗、烘干备用。

配制时，先将釉浆研磨到细度 250 目筛余 0.03%～0.05%，相对密度 1.6，再加入预处理好的色料，色料配比为锰：铜：钴=12：1.5：2，加入量为 12%～16%。

可生坯喷釉，釉层厚度 1mm 左右，1160～1200℃氧化气氛烧成，烧成周期 12h 左右，适用于各类材质的陶、炻、瓷质坯体，呈宝石蓝色调。

技术要点：① 蓝色金属光泽釉中的金属氧化物颗粒不要太细，大颗粒的金属氧化物有利于金属膜的形成；② 蓝色金属光泽釉只适于氧化气氛慢速烧成，不适宜快速烧成和还原气氛烧成；③ 釉层厚度影响釉光泽度，如釉层过薄不易形成蓝色金属光泽釉，釉层厚度控制在 0.8～1mm 之间为宜；④ 基础釉必须是低铅、高锌和高硼黏度小的透明釉，在高铅高硼的基础釉中，颜色呈绿色，在高铅低硼高钠的基础釉中，颜色呈黑色。

釉的黏度小，有利于金属充分在釉中流动，使其能浮在釉面，形成一层金属膜，并且形成耀眼的金属光泽。

（7）金色金属釉

以组成（%）长石 35，石英 35，石灰石 20，白云石 5，氧化锌 5 配制成熔块，再以熔块 10%，TiN 63%（细度小于 1.5μm），黄色料 27%混合后加入适当的添加剂，可制成彩绘、丝印、胶印的彩墨，将其施敷于釉上，在 1160℃彩烧，可制得既耐磨化学稳定性又好的金色金属光泽釉。

8.5.2　涂敷热解法

将金属或金属氧化物制成胶状液体，再涂敷于瓷釉面，经 750～830℃烧烤使釉面产生金属光泽。过去使用较多的是黄金水、白金水及各种电光水，近年来又发展了各种代金材料。各类金水、电光水及部分代金材料已在 2.6.1～2.6.4 中做了介绍。下面简略介绍云母代金方面的研究。

日本和前苏联学者都曾介绍过用金云母或钛云母代金制造金色釉上彩的方法。日本水野英男等人发明了在无铅熔块中加入超细云母的制备方法，其熔块组成（%）为：氧化铋30.8，碳酸锂 3.3，碳酸钠 11.7，氢氧化铝 3.4，硼酸 13.7，石英 37.1。釉上金彩分上下两层，下层熔块多、云母少，上层熔块少、云母多。具体组成为：下层含熔块 100g、陶瓷红颜料 5g、钛云母 5g，加入胶后涂到釉面上，干后再涂上层，上层用钛云母 100g、熔块0.5g、陶瓷红颜料 0.5g，加入松节油和亚麻籽油制成彩料，在 650℃下彩烧。

前苏联建材研究院也是用金云母和白云母为主要原料制作仿金彩料。实例是：90%金云母，8%水玻璃，2%糊精构成的釉上彩，涂到陶瓷釉面上，经 150～200℃干燥，在 1000℃下烧成，即呈现金色效果，若用白云母则是银色效果。

8.5.3　热喷涂法

在炽热的釉表面（600～800℃）喷涂有机或无机金属盐溶液，通过高温热分解在釉表面形成一层金属氧化物薄膜，由于不同类型的金属氧化物而呈现不同的金属光泽，从而形成金属光泽釉装饰。热喷涂技术有热分解喷涂法、金属离子交换法、化学浸镀法等多种形式，其中，最常用方法是热分解喷涂法，下面将做详细介绍。

（1）原理

将分解温度较低的金属盐溶液喷涂在炽热的釉表面上，这些金属盐溶液在喷到炽热的釉的瞬间将立即分解并与釉面发生反应，形成 Si-O-M（金属元素）结构的金属氧化物薄膜或金属胶体膜。不同的金属盐离子就会呈现不同的颜色，还可混用以调配出近百种颜色。彩色膜与釉面结合牢固，结构致密，不易脱落，光亮如镜，化学稳定性好。

（2）喷涂液与喷涂装备

喷涂液由着色剂和溶剂两部分组成。着色剂一般选用化学元素周期表中第Ⅱ～Ⅶ金属元素，如铁、钴、铬、镍、钛、钒等的盐类，必须符合下列要求：

① 其氧化物、硝酸盐或有机金属盐在水或有机溶剂中有较大的溶解度。

② 热分解温度较低。

③ 其盐类能电离或形成络合物状态，以利于热喷涂。关于所用的溶剂，当选用有机金属盐时，有机溶剂以亚甲氯最好，无毒蒸汽排出，生产安全。

喷涂设备应能满足连续热喷涂着色工艺的要求，它包括喷嘴、输釉管路、输气管路、排气装置、滑动部件等。将热喷涂设备安装在经改造后的辊道窑的喷涂室中。该装置是专门设计的，具有结构合理、操作方便、造价低等特点，可以满足实际应用要求。

（3）制备的工艺流程

热喷涂金属光泽釉的制备工艺流程是：

（4）影响因素

① 釉面表面温度的高低，对喷涂着色有重要作用，它不仅影响釉面的镜面效应，也对喷涂层与釉面结合的牢固程度、耐腐蚀性能有较大影响。一般釉面温度必须在 500℃ 以上。若温度太低，则表面耐腐蚀性差；温度太高，浪费能源，不利于生产。所以釉面温度一般控制在 550～750℃ 范围较为适宜。

② 热喷涂压力、喷嘴孔径及喷涂距离对着色也有影响。如果喷嘴孔太大，压力太小，雾化不好，釉面不均匀。一般喷嘴孔直径以 0.8～2.5mm，喷涂压力以 0.4～0.6MPa 为宜。

③ 喷涂层厚度应控制适当。太厚时，化学稳定性较差。太薄时，则釉面色泽不一致，色差较大。

（5）着色液配制实例

① 无机盐着色液

一般是用化学元素周期表中第Ⅲ～Ⅷ族着色元素的氯化物、碳酸盐、硝酸盐等，以无机盐氯化铁为例，反应式为：

$$FeCl_3 \cdot 6H_2O \Longleftrightarrow [Fe(H_2O)_6]^{3+} + Cl^- \xrightarrow{550～750℃} Fe_2O_3 + HCl + H_2O$$

反应后，Fe_2O_3 就附着在釉层表面。同样，钴、铬的氯化物和硝酸盐等均可反应，形成金属光泽釉。由反应可见，由于生成 HCl 等气体，会污染环境，故必须增加环保设备（抽风、排气）。

② 有机盐着色液

为了避免因氯化物或硝酸盐的分解放出腐蚀性气体，现大部分已改选用有机着色液。目前国际上在众多产品中推荐采用乙酰丙酮金属盐，常见的有钴、铬、铁、镍、铜的乙酰丙酮盐及其混合物，以便调节其色彩，也有采用其与镁、钛、钒的乙烯丙酮盐的混合物。

除此，可采用的溶剂还有脂肪族、烯烃族、卤代烃等，其中以亚甲氯为较好的溶剂，它的沸点高，在接触热的釉表面前是液态，生产安全，不易爆炸及燃烧，化学性质稳定。只要采取排气等措施，不会分解出 HCl、甲烷气体。以乙酰丙酮盐与亚甲氯配成含金属浓度为3％的有机着色剂的呈色见表 8-12。

表 8-12　金属浓度为 3％的氧化物成膜颜色

项　目	1	2	3	4	5	6	7
乙酰丙酮钴（份）	12.55	9.63	6.0	—	—	—	—

续表

项　目	1	2	3	4	5	6	7
乙酰丙酮铁（份）	3.14	4.12	—	—	19.0	3.0	11.75
乙酰丙酮铬（份）	4.21	6.30	15.0	21.0	—	17.9	8.45
颜　色	淡红棕	淡红棕	浅绿	浅绿	黄	灰	淡红棕

8.5.4　蒸镀法

此方法实际上是化学气相沉积（CVD）和物理气相沉积（PVD）工艺在陶瓷装饰上的应用。

常见的镀膜物质是氮化钛。由于其具有与金膜相似的色彩，是目前陶瓷仿金装饰的重要材料之一。与金膜相比，具有硬度高，耐磨性、耐蚀性好，且膜层较薄，结合牢固等优点而受到广泛的重视。然而，此法需用较昂贵的真空镀膜设备，如真空蒸镀机、阳极溅射镀膜装置和离子涂敷设备等，以及对新技术的掌握和对产品尺寸的限制等，致使该方法的应用面受到很大的限制。

仿金膜涂敷的具体工艺是，在制品上先涂上烃氧基钛，再与氨反应，即形成氮化钛膜。该方法实际上属 CVD 工艺，但它不需要真空设备，沉积的工艺较简单。另一种工艺方法是首先将液态的四氯化钛和气态的氨反应，形成固态的 Ti-N-Cl 化合物，将它与陶瓷制品同置于加热区中加热，同时通入氨气，这样 Ti-N-Cl 固态化合物就会升华，形成氮化钛而沉积在陶瓷制品表面。尽管氮化钛可以用于一般陶瓷的装饰，但要使氮化钛膜色调纯正，也需较高的技术，从而也影响了它的广泛使用。

8.5.5　低温镀膜法

在干净陶瓷釉面上用提拉法、旋转法、喷涂法、移液法涂敷一层金属盐溶液，干燥后在 $600\sim800℃$ 烧成，制得金属氧化物薄膜，该膜与釉层紧密结合，有金属光泽，根据膜层厚薄不同，釉面可呈现彩虹效果，也可呈现单一金属光泽效果。

8.5.6　火焰喷涂金属釉

用氧乙炔高温喷涂设备，将金属丝在喷出过程中熔化成雾状喷涂于瓷胎面，经打磨处理成为金属釉层，从而呈现真实金属色。陶胎青铜器即以此方法制成。

8.6　天　目　釉

天目釉是指以铁的化合物为主要着色剂的黑釉，特指以曜变天目、油滴天目、兔毫天目等品种。天目釉以宋代福建建阳、江西吉州天目为代表，其特点主要是：色调丰富多彩，有茶黄黑、浓黄黑、酱油黑、棕黑、褐黑、绀黑、艳黑等，釉面光泽稍差，有的会出现各种 Fe_2O_3 的流纹、斑块、斑点。天目釉在我国宋代就有很多产瓷区已生产出来，由于各地生产的天目釉的颜色、纹样不同，就有很多不同的名称，如建阳天目、吉州天目、河南天目以及灰被天目、油滴天目、玳瑁天目、兔毫天目等。有的通过剪贴装饰，在制品上呈现出图纹，如梅花天目、木叶纹天目等。

8.6.1 曜变天目

曜变天目是天目釉中最珍贵的品种。其特点是黑色表面上悬浮着大小不一的斑点，斑点周围闪烁着晕色似的丰富多彩的蓝色光辉，且随观察角度的不同，呈现不同的颜色。

曜变天目产生的原因主要是釉熔体中产生了多级液相分离。釉中的斑点实际上是细微的铁氧化物结晶的集合体，其结晶非常小，即使放大 400 倍，也不能一一分辨其形状。

斑点周围有很薄膜层，约为万分之几毫米。曜变即是由于釉面斑点周围的薄膜受到光波干涉而产生不同的颜色所致。

根据光波干涉公式：光程差 $=2dn\cos\theta$ 可知，当膜的组成、密度等不同，折射率 n 也发生变化；当观察角度不同，折射角 θ 也发生变化；薄膜厚度是难以控制的，对光造成的干涉条件不同。因此，斑点周围的颜色也随 d、θ、n 而变化。

从宋代几种釉来看，它们都是以石灰釉为基础的，所含 CaO、Al_2O_3、Fe_2O_3、MgO 都较接近，说明宋代的曜变天目、油滴天目、兔毫天目化学组成基本相似，由于烧成工艺不同，形成油滴、兔毫或曜变等。也就是在烧成时，如果高温缓慢冷却的结晶后期，烧成温度突然升高又快速冷却，使形成油滴天目釉中的铁氧化物的结晶体微量溶解而形成薄膜，从而获得曜变天目；如果温度控制不当，薄膜没有形成，则不能获得曜变天目；如果温度突然升得较高，使形成的油滴流动，则成兔毫。所以，曜变天目是在非常局限的烧成条件下才能获得。

8.6.2 油滴天目

油滴天目是在黑色的釉面上布满许多闪亮的圆星点，恰像水面漂浮的油滴。根据星点颜色的不同，也有红油滴、银油滴之称。特别是银油滴，"盛茶闪金光，盛水闪银光"，别具风格。油滴天目亦以建盏为代表，在宋代数处都有生产，如河南、四川、广东、广西等，但能做到釉面光亮、星点圆润者仍凤毛麟角。

油滴天目形成机理：一般情况下，油滴是釉中氧化铁过饱和后从釉层中随釉泡上浮至釉面，在釉表层附近析晶长大所形成的比较厚的、以赤铁矿或磁铁矿或其混合物为主要成分的镜面。磁铁矿反射率比一般硅酸盐高得多，且其反射色为银白色，故在宏观上使油滴反射成银白色斑。赤铁矿反射色为黄红色，则形成红油滴斑。有的油滴在高温下流动拉长，变成类似兔毫的长条纹。油滴釉料中 Fe_2O_3 含量要控制适当，Fe_2O_3 低于 4% 无晶体，高于 8% 出现铁锈，都不能形成油滴，同时坯料也应采用含 Fe_2O_3 较高的黏土原料配制，以便对黑釉产生衬托作用。

油滴的烧成和普通黑釉的烧成基本相同，但烧成温度要恰到好处。温度低了形不成油滴，温度高了形成的油滴会流开，或者流成"兔毫"。这是由于温度高，形成油滴的铁氧化物微晶和釉都发生流动，由于流速不同，而形成不同呈色的兔毫纹。所以，兔毫的烧成温度较油滴要高。

8.6.3 兔毫天目

兔毫天目因黑釉中透出状如兔毛般的细流纹而得名，纹色有淡棕色、金红色或银灰色，因而又有"金毫""银毫""玉毫"的称谓。在同一色调中，有的毫毛光亮，有的无光，以福建建窑产最为出名。由于宋代"斗茶"风的盛行，多数窑场都生产有黑盏，但能生产兔毫盏者并不多。目前所见除建窑外，还有定窑、耀州窑、吉州窑及河南、四川等地的窑场。

兔毫呈色机理有两种显微结构形式，一种是釉内有大量 CAS_2（钙长石）析晶，晶间液相分离为基相与微相，铁富集于孤立小滴内，小滴聚集粗化成"巨滴"。在还原气氛下，"巨滴"中是 Fe_3O_4 较完整析晶，则生成表面光亮的银白色毫纹；在氧化气氛下，是 Fe_2O_3 较完整析晶，则生成金黄色毫纹。另一种形式是釉内无 CAS_2 析晶，釉面附近局部区域发生液相分离，孤立小滴稍有聚结。同样在还原气氛下是 Fe_3O_4 较完整析晶，则生成银毫纹；在氧化气氛下是 Fe_2O_3 较完整析晶，则生成黄毫纹。当然也有 Fe_3O_4 或 Fe_2O_3 不析晶、析晶不完整或杂乱析晶等形式，则表现为毫纹发灰、发黄、不够光亮等状况。毫纹表面的结构与其外观密切相关，如果毫纹表面仍有微米厚度的釉层，则毫纹显得光滑闪亮；若 Fe_2O_3 在表面随机杂乱生长，则会生出釉面，毫纹表面就显得无光泽。

8.6.4 茶叶末

茶叶末釉是黄褐、黄绿或墨绿色的釉面上，呈现有许多碎屑状斑点，颇似茶叶的细末面得名。其最早出现于唐代耀州窑，清代景德镇茶叶末釉有"古雅幽穆，足当清供"的美誉。

茶叶末釉中析出晶体较多，是辉石类型的析晶釉，其主晶相为普通辉石类中伪深绿辉石，第二晶相为斜长石中的培长石。深绿辉石本身呈黛绿色，含铁的斜长石为褐色。釉中析出辉石的种类、含量、晶体的粒度、分散度以及釉中铁的浓度，决定了釉呈黄绿色还是墨绿色。同时釉中玻璃相在显微镜下呈深棕色，局部呈棕黄色，其铁浓度甚至超过了晶体中的铁浓度。铁在釉中分布不均匀，使釉呈色浓淡不一，表现出类似茶叶末的外观效果。

8.6.5 铁锈花

铁锈花是一种 Fe_2O_3 含量较高的微晶结晶釉。《陶雅》载，"紫黑之釉，满现星点，灿燃发亮，其黑如铁"则谓之铁锈花。

铁锈花是在石灰釉中引入大量的 Fe_2O_3、MnO_2。由于高温流动性大，加上 MnO_2 的存在，抑制晶体的长大，所以，Fe_2O_3 高度分散在釉内。但毕竟 Fe_2O_3 含量高，由于 Fe_2O_3 的亲氧性和釉玻璃的不混溶性，在局部还是会出现 Fe_2O_3 的富集而析出微晶，这些微晶的斑点犹如铁锈一般，若冷却缓慢，结晶也会长大成为完整的晶型。

8.6.6 红天目

红天目是棕褐色的釉面散布有橘红或大红色的晶花。随着组成和工艺条件的不同，有的会形成红色的花蕊周围金环包裹，有的釉底层中散布有大小不等的分相液滴或小气泡，类似水珠。随着入射光线角度改变水珠似乎也在转动，奇妙无比，也非常难得。

（1）形成原理

红天目以石英、长石、高岭土、滑石和骨灰为原料，其化学组成的特点是 Fe_2O_3、CaO、P_2O_5 的含量都比较高，烧成釉面呈现深沉的海参棕色彩，并散布有许多橘红色晶花。

红天目棕色部位实际上具有两两液相不混溶结构，是由贫铁的连续液相和富铁的孤立液相小滴组成的。由于富铁引起的光吸收性，每一小滴在显微镜下呈现棕色，在宏观上由于无数小滴的吸收作用，使釉呈现为海参棕色。

富铁孤立相小滴在釉面的某些地方会自行粗化并且聚结成团，然后进行第二次液相分离，形成富铁的连续相和贫铁的孤立相。根据两种不同液相（第一次分离的贫铁相和第二次分离的富铁相）的黏度、表面张力和相对密度的差异，釉面上的聚结体依照当时的温度沿着釉面铺伸到气、液、固三相张力平衡之点而形成一定直径的荷叶状色斑。此时第二次分离富铁连续相往往析出红色的 Fe_2O_3 晶体，因而呈现为大红花。

釉玻璃分相随后析晶的物理化学过程是这种铁红釉的整个艺术形象显现和大红花形成机理的基础。实际上由于各种工艺因素的变化，瓷釉所呈现的艺术花样也是丰富多彩的，例如由于某种原料来源不同或工艺上的改变，使深棕色的背景除了红花之外，还夹杂了黄色小花等。

（2）影响因素

① 组成中的五氧化二磷是使红天目易产生液相分离现象的成分之一，因此，骨灰含量影响铁红结晶釉呈色的效果明显，其含量达到 $10\%\sim15\%$ 时，会出现鲜艳的红色晶花，但骨灰超过 16% 时，红花往往会连一片。

② Fe_2O_3 含量多寡对红天目的艺术效果产生较大的影响。当配方中引入的 Fe_2O_3 低于 8% 时，釉面呈现黄棕色而不呈现红色，当在配方中引入 $10\%\sim17\%$ 的三氧化二铁时，随着铁的增加，釉面颜色由黄棕色向棕红色过渡并有黄金晶花转化。

③ 组成中还需含有一定量的氧化镁，它可促进镁铁尖晶石的生长，呈现褐棕色釉面。

④ 烧成制度的确定是关键，要严格控制升温制度，当接近最高温度时要快速升温，保温时间要短（一般 $5\sim10min$），冷却也要控制，因为 $1200\sim900℃$ 之间是晶花形成的关键，"红花"的出现应开始于 $1100℃$。

⑤ 红天目对烧成气氛并不敏感，因此，氧化或还原气氛均能烧成。

红天目的工艺条件，例如原料、配方、烧成温度等的些微改变对釉的结构的影响是敏感的。显微结构分析显示，深棕色釉断面的孤立小滴富铁，直径很小，但很少有互连的，同时小滴也已经析晶。

在基础釉中引入部分釉用黄土，会在釉表下产生珍珠泡，并随着光线入射角不同产生色彩变化，独具特色。

（3）红天目配方示例（表 8-13）

表 8-13　红天目配方示例

编　号	长　石	石　英	Fe_2O_3	滑石粉	高岭土	骨　灰	石灰石	烧成温度（℃）
1	46	13	11	5	5	13	7	1200
2	35	25	8	12	10	8	氧化锡 2	1300
3	40	15	12	13	5	15	—	1280
4	38	11	11	11	3	14	黄土 12	1260～1280
定位结晶	晶种：颗粒状硅酸铁，面釉 4 号							1260～1280

8.6.7　天目釉的配制

1. 天目釉组成

古瓷天目胎和釉的组成见表 8-14 和表 8-15。

表 8-14　天目胎的化学组成　　　　　　　　　　　　　　　（%）

编　号	吉州 1	吉州 2	吉州 3	建阳 1	建阳 2	吉州 4	山西 1	建阳 3	山西 2
品　种	耀变	玳瑁	兔毫		兔毫	玳瑁	红油滴	兔毫	银油滴
胎　色	紫	白	灰	赤黑	灰黑	浅黄	灰白	灰黑	杏黄
SiO_2	61.70	59.74	70.41	63.62	64.84	68.08	61.93	68.61	55.34
Al_2O_3	28.33	30.42	21.27	24.09	23.56	22.63	30.65	17.73	36.46
TiO_2	—	1.05	1.16			1.01	1.27	—	1.86
Fe_2O_3	4.37	0.82	1.35	8.11	7.61	1.25	2.52	9.71	3.64
CaO	0.08	0.03	0.02	0.04	0.05	0.03	1.08	0.06	0.39
MgO	0.70	0.27	0.26	0.53	0.44	0.30	0.68	0.47	0.65
K_2O	3.59	6.88	4.65	2.60	2.17	5.59	1.84	2.32	1.35
Na_2O	0.07	0.42	0.24	0.02	0.02	0.28	0.18	0.03	0.25
MnO	0.03	—			0.08	0.07		0.11	—
灼失	0.59	0.33	1.25	0.67	0.13	1.24	0.28	0.43	0.44

表 8-15　天目釉的化学组成　　　　　　　　　　　　　　　（%）

编　号	吉州 1	吉州 2	吉州 3	建阳 1	建阳 2	吉州 4	山西 1	建阳 3	山西 2
品　种	耀变	玳瑁	兔毫		兔毫	玳瑁	红油滴	兔毫	银油滴
SiO_2	62.10	61.90	60.25	60.70	61.48	60.76	64.31	62.02	65.00
Al_2O_3	12.82	13.50	13.94	18.06	18.61	12.77	14.70	18.79	15.08
TiO_2	0.67	0.091	0.71	0.52	0.57	0.88	0.99	0.64	0.89
P_2O_5	1.57	1.59	1.33	1.41	1.26	1.91	0.25	0.97	0.15
Fe_2O_3	6.22	4.31	4.81	5.47	5.66	4.57	6.33	6.64	6.80
CaO	9.00	8.01	9.08	7.39	6.58	9.03	6.73	5.55	6.23
MgO	3.30	2.62	3.26	2.00	1.97	2.73	2.00	1.56	2.66
Na_2O	0.23	0.34	0.32	0.11	0.09	0.28	1.10	0.11	1.20
MnO	0.84	0.92	1.12	0.72	0.72	1.21	0.10	0.56	0.09

从表 8-15 中可以看出，釉中除油滴和兔毫的 P_2O_5 偏低外，其余都在 1% 以上，吉州玳瑁已接近 2%。一般认为，釉中各氧化物含量为 SiO_2 60%～65%，Al_2O_3 小于 20%，Fe_2O_3 4%～8%，CaO 6%～9%，MgO 2%～3%。这个化学组成范围内的釉，在高温下容易发生液相分离。

P_2O_5 对釉的液相分离起着特殊的作用。当 Fe_2O_3 含量在 5% 时，P_2O_5 可促进釉内液相分离，加速釉内含铁的微相形成，又抑制铁氧化物晶体长大。当釉中 Fe_2O_3 含量低于 2%，P_2O_5 的这种作用微弱或消失，釉中 Al_2O_3、MgO 含量使釉黏度正适于发生液相分离。

很多地方的黄土黑釉在一定烧成条件下，可以产生油滴、兔毫、茶叶末等釉色，山东、山西、陕西等地即有如此配制的方法。

建阳天目的胎为铁黑色，这也是不同于其他天目的特色之一。

其他几种示例配方如下（％）：

（1）景德镇茶叶末釉：釉果 60，氧化铁 4～7，石英 4～12，方解石 17～21，烧滑石 8～12 烧成温度 1260～1280℃，1100℃保温 1h。

（2）山东 1 号油滴釉：氧化铁 6，氧化锰 2，土料 6，釉果 40，龙泉石 20，紫金土 10，釉灰 14，氧化镁 2

山东 2 号油滴：黑釉土 100

山东兔毫釉：长石 30，石英 30，滑石 6，高岭土 18，石灰石 7，氧化铁 5.2，氧化钛 0.8，氧化锰 1，牛骨灰 2

烧成温度 1300～1320℃。

（3）铁锈花代表性的配方及釉式为：氧化铁 46.8，氧化锰 20，釉果 26.6，釉灰 6.6

$$\left.\begin{array}{l} 0.086K_2O \\ 0.118Na_2O \\ 0.742CaO \\ 0.054MgO \end{array}\right\} \cdot 0.452Al_2O_3 \cdot 3.569SiO_2 \cdot \left\{\begin{array}{l} 3.16Fe_2O_3 \\ 2.473MnO \end{array}\right.$$

2. 工艺要求

① 釉料比一般釉要适当粗一些。

② 釉层要有一定厚度，一般在 0.6mm 以上，多数在 0.8～1.2mm 之间。

③ 釉液要有适当的黏度。一定厚度和适当黏度的釉，使 Fe_2O_3 分解的氧气泡不能及时排出，当强迫长大至能排出釉层时，其周围也富集了相当多的铁氧化物。

④ 烧成温度及烧成制度要恰当。冷却析晶温度区要有 30min 以上的保温时间。

⑤ 釉中各氧化物含量要有能够生成分相的条件，这是在一定烧成温度下，釉具有特殊工艺效果的前提条件。

8.7 艺 术 釉

8.7.1 珠光釉

以字面含义而论，珠光釉应是釉面呈现珍珠般光泽的釉。珠光釉可以用云母钛珠光颜料配制。下面只对烧结法制备珠光釉做以概述。

1. 呈色机理

珠光体主成分，选用人工合成云母，其化学式为 $KMg_3(Si_3Al_{10})F_2$，属单斜晶系，密度为 $2.889g/cm^3$，可在 1100℃下长期稳定，因为它具有高的耐温性，可适合釉烧温度在 1100℃以下釉面砖的要求。为了防止云母在高温下被釉中某些成分侵蚀产生分解，一方面在云母外可包膜二氧化钛的水合物，利用二氧化钛与云母折射率不同，具有高折射率的特性，使釉料产生珠光效果。另一方面在它外面再包膜二氧化锡水合物等难熔氧化物，可以阻止易熔的釉成分侵蚀云母钛基体，起到保护作用，使釉料冷却时云母钛能重新析晶，并呈现珠光效应。

常用珠光釉是将云母钛珠光颜料加至特殊组成的熔块中制成釉料，施于釉面砖上，在低于1100℃的釉烧温度下即可呈现柔软细腻的丝光状釉面。随着不同色料的加入能产生出具有各种颜色珠光效果的釉面效果。

2. 珠光釉制备工艺

（1）熔块实验式

$$\left.\begin{array}{l} 0.24\ (K_2O+Na_2O) \\ 0.24CaO \\ 0.52PbO \end{array}\right\} \cdot 0.14Al_2O_3 \cdot \left\{\begin{array}{l} 1.99SiO_2 \\ 0.32B_2O_3 \end{array}\right.$$

（2）釉配方

将95％上述熔块、5％的苏州土，再外加10％云母钛颜料配成釉，施釉烧成后即得珠光釉面。

（3）烧成

组成对珠光釉能否呈色很关键，烧成是同等重要。珠光釉对温度较为敏感，最高温度必须低于1100℃，否则云母晶体就会分解。降低釉成分在高温时对珠光体的影响，必须采用快速升温制度。当釉料冷却时，采用阶段保温的冷却制度，使云母晶体在700～800℃时重新析出，形成珠光釉面。

8.7.2 闪光釉

闪光釉是釉面对入射光有金属镜面般的反射效果，是近年才出现的新釉种。其银白镜亮的闪色效果，可以采用丝网印花或其他绘制图案形式装饰于白色瓷面，高雅素净又不失华贵，与其他装饰综合使用，有画龙点睛之效。观察闪光釉成品时，在一定的光入射角度下可看到金属般的反光，这种金属样反光与金属光泽釉的反光不同，它具有镜面反射的特征。

1. 闪光机理

闪光釉中的主要功能组分是 CeO_2，在釉烧过程中析出并长大的 CeO_2 晶体在闪光釉表面以（200）面平行于釉面择优取向。CeO_2 晶体是立方面心结构，其（200）面是奇异面，只有较低的界面能，是晶粒的光滑界面。当氧化物晶体从熔体中生长时，在界面上总存在较多的光滑界面，因而在生长过程中表现出强烈的各向异性。CeO_2 晶体从釉熔体中生长时，（200）面成为主要的显露奇异面，具有原于尺度上的光滑性，对可见光有良好镜面反射特性。当晶粒以（200）面择优取向时，其折射率会高达2.44，而高折射率的晶体表面具有高的反射率。所以，当 CeO_2 晶粒以（200）面平行釉面取向时，就使釉面对入射光形成强烈的镜面反射。

2. 闪光釉的制备

（1）组成

一般情况，闪光釉要求较高的平滑度，同时又施釉较薄，所以采用底釉、面釉二次施釉方式。底釉一般采用生产用釉，一次烧成时只要与面釉烧成温度相匹配即可。一闪光釉组成示例如下：

底釉组成（％）：SiO_2 61.37，Al_2O_3 8.15，Fe_2O_3 0.31，K_2O 4.12，Na_2O 0.97，CaO 9.00，MgO 2.03，ZnO 5.54，ZrO_2 0.53，B_2O_3 7.98

1 号面釉组成：

$$\left.\begin{array}{l} K_2O\,0.08\sim0.14 \\ Na_2O\,0.04\sim0.08 \\ CaO\,0.30\sim0.46 \\ MgO\,0.02\sim0.10 \\ ZnO\,0.25\sim0.45 \end{array}\right\} \cdot Al_2O_3\,0.22\sim0.30 \cdot \left\{\begin{array}{l} SiO_2\,1.80\sim3.10 \\ ZrO_2\,0.02\sim0.08 \\ CeO_2\,0.04\sim0.12 \\ B_2O_3\,0.06\sim0.20 \end{array}\right.$$

CeO_2 加入的质量百分数为 6%～8%。

2 号面釉组成（%）：

SiO_2 56.56，Al_2O_3 7.41，TiO_2 0.66，K_2O 4.03，Na_2O 1.05，CaO 8.83，BaO 1.82，ZnO 9.89，ZrO_2 4.62，PbO 7.57，CeO_2 3.79

3 号面釉组成（%）：

SiO_2 52.4，Al_2O_3 6.9，TiO_2 0.6，K_2O 3.7，Na_2O 0.9，CaO 6.0，BaO 4.0，ZnO 9.2，ZrO_2 4.2，PbO 7.0，CeO_2 5.0

面釉需制成熔块才能使用，熔块熔制温度以 1350℃ 以上较好。

（2）施釉和烧成

闪光釉熔块粉加入一定量的 CMC 和水，磨成釉浆施于底釉上，细度约在 $10\mu m$ 以下，1 号面釉在电炉内 1040～1080℃ 烧成，烧成时间 50～60min，保温 5min。2 号、3 号面釉是调制成印膏后以丝网印花的形式印于底釉上，在 1100℃ 左右中性气氛烧成。

一印花用印油的调制方式是：印油（质量百分数%）：CMC 2，乙二醇 100，水 82。

印膏：印油：釉料 = 3：5：8。

3. 影响因素

① 闪光釉以熔块釉形式效果较好，而且熔块的熔制温度对闪光效果有较大影响，1 号釉熔制温度在 1200℃ 以下几乎无闪光现象。

② CeO_2 的加入量影响较大，过低过高都不能产生闪光釉，1 号中以 6%～8% 较为理想。

③ 釉中硅铝比应适当较高，钙、锌含量亦应较高，利于锶晶体从釉熔体中析出，同时基釉需有一定的乳浊度或失透性，以衬托表层锶晶体的反光性。

④ 釉料细度也应严格控制，釉料过细会影响氧化锶析晶的析出。

⑤ 闪光釉需施于底釉上，才能达到较好的反光效果。

⑥ 烧成以中性气氛较好。

8.7.3　偏光釉

偏光，即可从不同的角度观察到不同的颜色，从而形成一种丰富多彩的梦幻般的装饰效果，是一种新型的陶瓷釉装饰材料。

1. 呈色机理

偏光釉的呈色机理是基于釉产生"视觉闪色效应"，亦即随角异色现象，实质是无机偏光材料以其原始状态分布于偏光瓷釉中。即在釉中均匀分布着偏光材料的众多微小晶体，它们对光线的照射产生反射、吸收和干涉，从而产生独特的偏光效果。

2. 配方及工艺

釉料配方（％）：熔块 85～90，苏州土 3～5，无机偏光材料 5～10，外加陶瓷色料 1～5，外加剂 0.2～0.3

工艺参数要求：釉料细度万孔筛筛余小于 0.1％；釉浆浓度 1.60～1.65g/cm³；喷釉压力 0.40～0.50MPa；施釉厚度 0.20～0.40kg/m²（干质量）；釉烧温度 850～900℃，烧成周期 2～3h。

3. 影响因素

① 偏光材料的选择是偏光釉研制的关键之一，它必须能随视角产生异色现象，还能适合于在较高温度下烧成，又能抵抗釉熔体的侵蚀。

② 基础釉熔块有一定要求，以利于釜底偏光材料在釉中的完好分布。一定的 SiO_2、Al_2O_3、K_2O、Na_2O、CaO、PbO、B_2O_3 有利于偏光效果的产生，釉料的碱性组分不宜过高，以免破坏偏光材料的表面晶体结构，降低甚至会失去偏光效果。实验指出，$RO+R_2O<0.55$ 为宜。

③ 釉烧温度不宜过高，在 850～900℃ 之间，取下限为好。

8.7.4 虹彩釉

虹彩釉是陶瓷釉面呈现多种颜色的幻彩或多色虹彩效果，或类银色或类不锈钢或类珍珠光泽等。虹彩是由于釉面析出结晶膜或晶体与玻璃折射率不同，从而形成光的干涉效应所致。虹彩釉绚丽斑斓，装饰性强，可用于装饰艺术瓷及建筑陶瓷，提高产品附加值。

虹彩釉根据组成不同，可用于高温、中温和低温。更因引入的着色物质不同，可产生不同底色和不同结晶。下面主要对中、高温虹彩釉进行论述。

1. 呈色机理

由于釉组成的原因，在釉的烧成冷却过程中，釉层表面析出结晶体或结晶膜，它们与玻璃相的折射率、反射率与吸收特性不同，从而造成光的干涉，使各种波长的光线间产生光程差，从而引起虹彩效应。因此，如果基础釉的成分、析出的晶体不同，就会出现不同的虹彩颜色。所以，它的呈色机理与结晶釉、金属光泽釉相似，即釉熔体中必须有处于饱和状态的结晶物质，以形成晶核，其次，在冷却过程中，须在析晶范围内保温以使晶核发育长大。在工艺上，除配制特定的釉料组成、釉层厚度、釉料的烧成、冷却制度外，外加剂的选择必须适当，它可以促使所需的结晶在冷却时形成，也能够抑制非虹彩矿物的析出。

2. 釉料组成及制备

虹彩釉的组成有铅-锌-钛系、铅-锌-锰系、钙-镁-铁系、硼熔块-铜系、锂-铅-锰-铜-镍系等几个体系。

（1）铅-锌-钛系虹彩釉

是以铅锌釉为基础釉，加入二氧化钛晶核及促进二氧化钛晶体生成的偏钒酸铵，就能形成金红石型二氧化钛针状晶体。由于其厚度很小，使光线产生了散射，故呈现了红、蓝、橙等虹彩现象。釉组成实验式如下所示：

$$\left.\begin{array}{l} 0.100K_2O \\ 0.037Na_2O \\ 0.013CaO \\ 0.017MgO \\ 0.365ZnO \end{array}\right\} \cdot \left.\begin{array}{l} 0.216Al_2O_3 \\ 0.002Fe_2O_3 \end{array}\right\} \cdot \left\{\begin{array}{l} 0.250SiO_2 \\ 0.233TiO_2 \\ 0.043V2O_5 \end{array}\right.$$

烧成温度 1250～1280℃。烧成制度对其影响很大。在烧成过程中须经二次保温，其中高温保温可获得优良的釉面质量。当降温至析晶区再进行保温是形成虹彩釉的关键。具体工艺是：在烧成温度下保温 20min，后以 10～20℃/min 的冷却速度冷至 1060℃，在此温度下保温 50min 后自然冷却，即可得到虹彩釉面。

（2）钙-镁-铁系虹彩釉

在钙镁基础釉中加入氧化铁（8%）和稀土类氧化物（Nb_2O_3 5%、W_2O_3 3%），在氧化气氛 1280℃烧成，可得到棕色底釉橙红色虹彩的釉面，适用于同温度下的各种坯料。釉组成式为：

$$\left.\begin{array}{l} 0.32K_2O \\ 0.49CaO \\ 0.19MgO \end{array}\right\} \cdot 0.45Al_2O_3 \cdot 3.7SiO_2$$

（3）铅-锌-锰系虹彩釉

以高铅熔块、氧化锰、偏钒酸铵等组成，在釉中析出黑锰矿，成三角锥形分布在釉里，形成金、银、蓝、绿、褐色虹彩。配方化学组成如下所示（%）：SiO_2 35.91，Al_2O_3 7.50，Fe_2O_3 0.13，K_2O 1.88，Na_2O 4.97，CaO 1.56，MgO 1.04，ZnO 5.40，PbO 31.49，MnO_2 10.11，外加偏钒酸铵 6%。

釉料细度为 250 目筛余 0.08%～0.10%，氧化锰后加入磨好的釉中，以保证结晶剂的粒度。釉浆相对密度 1.25～1.35，施釉厚度 0.6～0.8mm，生坯、素烧坯均可使用。

最佳烧成温度 1180℃，高温保温 8～12min，析晶温度 850℃，析晶保温时间 25min，以弱氧化或中性气氛烧成为好。在铅-锌系的基础釉中，加入适量二氧化钛及析晶促进剂偏钒酸铵，在 1200～1250℃下氧化焰烧成，在 1100℃下保温 1.5h，可得到金黄色的虹彩效果。

（4）锂-铅-锰-铜-镍系虹彩釉

在锂铅锰的基础釉中加入氧化铜 2%、氧化镍 1%，于 1280℃氧化气氛下烧成，则在深黑棕釉上形成磨光铜器般的金色光泽虹彩。

8.7.5 荧光釉

1. 概述

物质吸收外界能量后电子处于激发态，当由激发态回到低能态时必然要释放出能量。若释放的能量以可见光的形式发射出来，称为发光现象。发出的可见光余辉维持在 10^{-3} s 以上的，称为荧光。能够发射荧光的釉叫做荧光釉。

荧光釉的组成为能发出荧光的磷光体和基质釉玻璃。

磷光体由基本物质、激活剂和熔剂组成。激活剂的作用是取代基质阳离子成为激活中心，其加入量极少。熔剂作用是降低合成温度，促进反应进行完全。磷光体的组成及特点见表 8-16。

改变基质、激活剂和助熔剂的种类和用量，改变制造工艺，可制得颜色不同的磷光体。

对新型磷光体，以稀土元素 Gd、Tb、Dy 和第ⅢA族元素 Ca、Ti 做激活剂，这样会延长激发饱和时间，提高余辉亮度和时间；以第ⅢB族元素 Y、Sc 和稀土元素 Ho、Eu、Tm 做激发剂，可缩短激发饱和时间，提高起始余辉亮度，但会减少余辉时间。

表 8-16　磷光体的组成及特点

	基　质	激活剂	熔　剂	特　点
传统磷光体	化学元素周期表中第ⅡA族碱土金属的硫化物或它们的碱化和氧化物，如 CaS、SrS、BaS、CaS、SnS	常用铜、锰、银、铅、镍、钴、铀等做激活剂	氯化钠、萤石、磷酸盐、硼酸盐，硫酸盐不太理想	余辉时间短，ZnS系磷光体2h左右。磷光体耐热性能差，釉烧温度下易分解
新型磷光体	铝酸盐，如铝酸锶	化学元素周期表中第ⅢA族和第ⅢB族元素、稀土元素，如 Y、Sc、Eu、Gd、Tl、Dy、In、Ho、Tm	硼化物 B_2O_3、H_3BO_3、CaF_2、SrF_2、LiF、NH_4Cl、$(NH_4)_2HPO_4$	光饱和时间短，余辉时间长，可达30h。如以铝酸锶作基质，以 Eu^{2+} 作激活剂，光饱和时间<20min，余辉时间（可利用的）>4h

2. 荧光釉制备实例

荧光釉具有很高的实用价值，有关荧光釉的生产技术和实用知识多为专利知识。国内外有关这方面的报道并不多，举例说明如下：

［实例 1］

用高锌高钡硼酸盐易熔玻璃＋荧光基质＋激活剂的方法制备荧光釉。

荧光基质为 ZnS，激活剂为 Cu，玻璃粉按制备熔块的方法制取，组成见表 8-17。荧光基质与玻璃粉的比例为 1:3，激活剂占荧光基质和玻璃粉总量的 $0.001\%\sim0.01\%$。

表 8-17　玻璃粉组成　　　　　　　　　　　　　　　　　　　　（%）

化学成分 / 编号	ZnO	BaO	B_2O_3	K_2O	Na_2O	Li_2O	Al_2O_3	TiO_2	SiO_2
1	20.0	25.0	45.0	6.3	3.3	—	—	—	—
2	23.5	29.5	35.5	7.8	3.9	—	—	—	—
3	25.0	35.0	30.0	6.7	3.3	—	—	—	—
4	20.0	40.0	25.0	10.0	3.0	—	—	—	—
5	30.8	6.2	27.5	10.3	5.2	1.3	2.6	3.6	12.5

制备工艺为：将各组分 ZnS 粉、Cu 粉、玻璃粉混合，加胶粘剂，制成釉浆，上釉烧成。

［实例 2］

用玻璃粉＋磷光体的方法制备荧光釉。

选用已激活了的磷光体和玻璃粉来制备荧光釉。具体工艺如下：先在素坯上施一层高温釉，釉上喷一层玻璃粉，随后撒一层磷光体，再喷一层玻璃粉，最后喷一层更易熔融的釉玻璃层。釉烧温度800℃以下，玻璃粉成分同表 8-17 或采用以下熔块料：

① 石英 7.7%，氧化铝 12.7%，无水硼酸 23.6%，碳酸锂 12.0%，碳酸镧 2.5%，长石 7.8%，冰晶石 4.0%，硅酸锆 6.1%，碳酸钙 3.6%

② 石英 27.8%，无水硼酸 36.9%，烧蓝晶石 39.7%，锆英石 12.0%，无水硼砂 20.0%，碳酸锂 39.4%，碳酸锶 25.5%，氧化镧 12.9%

③ 石英 32.5%，无水硼酸 51.0%，烧蓝晶石 52.5%，锆英石 12.0%，无水硼砂 19.9%，碳酸锂 39.2%，碳酸钙 32.7%

[实例 3]

用直接法制备荧光釉。

国外专利介绍了两种高温荧光釉，系硼酸盐熔块釉，适于高温烧成，发黄色和蓝色荧光，其摩尔百分组成范围见表 8-18。

表 8-18　熔块釉化学组成　　　　　　　　　（mol%）

化学组成　　　　　颜色	黄色	蓝色
碱性氧化物（K_2O、Na_2O、Li_2O）	3～20	2～25
碱土金属氧化物（MgO、CaO、SrO、BaO）	0～20	1～20
SiO_2	60～85	60～85
B_2O_3	5～15	5～30
Al_2O_3	1～5	1～15
PbO	0.8～2.5	0.5～5
V_2O_5	0.4～4	0～1.5

这两种釉均为无定形结构，外观透明无色（也可制成彩色），高温下性能稳定，耐酸，有荧光，釉子磨碎后，仍具荧光。

在理论上，碱土金属氧化物可被钒酸离子团激活，Pb 也似乎有此作用。

第9章 陶瓷装饰

9.1 陶瓷装饰方法概述

9.1.1 陶瓷装饰的发展

陶瓷器装饰的历史源远流长，我国在公元前 5000～公元前 6000 年新石器时代磁山文化与裴李岗文化陶器上就有了表面磨光，涂刷白色、红色、褐黑色陶衣的装饰，除此之外，也有了拍印花纹、滚印花纹、附加堆纹、剔刻纹、镂雕纹。在山西、河南，龙山文化的朱绘陶器及朱绘磨光黑陶是烧成后彩绘的。出土的战国、秦汉黑陶、灰陶明器，有仿漆器彩绘的装饰。

瓷器是中国的伟大发明，从商、周原始瓷的出现到汉代青釉瓷的诞生，釉所产生的光滑的表面及细腻的高温瓷胎带来了从陶到瓷的质的飞跃。汉代以铜、铁为着色元素的低温铅釉用于陶器装饰，至唐代又创制了驰名中外的"唐三彩"，使陶瓷器有了"釉彩"的斑斓与绚丽。

宋代是中国瓷业蓬勃发展的时代，各地名窑辈出，装饰技艺也是争艳斗奇。定窑的划、剔、印、锈等综合技法运用及耀州窑的刻、划、印、剔成为瓷胎装饰的范例；建窑的"油滴""兔毫"等天目瓷使结晶釉装饰走向成熟；官窑、哥窑的开片釉装饰显示出利用胎釉物理化学性质的装饰；磁州窑系黑彩雕绘、剔花挂粉堆白、贴花等和开始以毛笔彩绘的瓷器，同时发明了"矾红"（将氧化铁制成一种呈朱红色的颜料），开始了"宋加彩"（亦称"红绿彩"）釉上彩绘瓷器，为明代釉上彩的发展奠定了基础。

明代的两百多年是中国陶瓷彩绘瓷的大发展时期。这一时期釉上与釉下彩绘同时应用，出现了"斗彩""五彩"这一类"古彩"（又称"硬彩"）装饰方法，同时也产生了脱胎影青及玲珑瓷技术。清代在保留古代精华的基础上发展画法、风格与国画工笔接近的"粉彩"，同时"珐琅彩""新彩"及"釉下五彩""腐蚀金"等也相继问世。明清开创了中国瓷器装饰中彩饰技术的空前繁荣。

18 世纪，英国使用手雕铜凹版制作简单的陶瓷贴花纸，开创了间接法装饰陶瓷的新工艺，从而印刷术也就成为装饰陶瓷的主要手段。印刷术的发展与陶瓷装饰水平息息相关。

自从陶瓷器皿实现工业化规模印刷贴花纸生产到目前为止，在装饰工艺技术上曾出现过三次较大的变革。20 世纪 20 年代，实现了石印图案和人工擦粉相结合的装饰工艺，取代了手雕版，产品精细，质量大大提高。但是，生产效率仍然很低，每人每小时仅生产 600～800 张，而且又有粉尘污染。50 年代末，出现了自动擦粉机，每小时生产 4000～5000 张，提高了擦粉效率。新出现的矛盾是印刷与擦粉速度不相适应，几经改进，到 60 年代中期，终于又以胶印代替石印印刷贴花纸，提高了自动化程度，使印刷与擦粉两道工序配套成龙，从而实现了以胶印为主的机械生产新工艺，这是陶瓷贴花纸生产的又一次重大变革。

丝网印刷贴花纸操作简单、适应性强、墨层厚实，因此发展迅速，20 世纪 50 年代开始自动化，同时工艺技术、丝印材料等也都取得惊人的发展。据统计，60 年代，丝印贴花纸约占贴花纸总量的 20％；70 年代，增加到 85％以上，几乎 100％的玻璃贴花纸是用丝网印刷的。与此同时，开始使用各种专用丝网印刷机，直接在器皿上印花装饰，无论是质量还是规模也都达到相当高的技术水平。目前，丝印陶瓷贴花纸基本上取代了胶印陶瓷贴花纸，成为产量大、效率高、成本低、艺术感染力强的陶瓷器皿的主要装饰手段。丝印陶瓷贴花纸技术的新进展如下所述。

（1）毛细吸附型感光膜

这种感光膜是 20 世纪 70 年代新开发的一种制版材料。使用这种感光膜制版，只需用水湿润膜面，便可将其牢固地贴在网面上，再经曝光固化在网上。这种感光膜的主要成分是聚乙烯醇及重氮盐，耐印量为 3000 印，由于印品精细，制版操作简单，可印制较高级的产品。

（2）热印刷油墨

传统的油墨分为两类：一类是挥发干燥型油墨，一类是氧化干燥型油墨。常把这两类油墨统称冷印刷油墨。氧化干燥型油墨干燥时间长；挥发干燥型油墨干燥需加热，浪费能源，又有溶剂挥发污染环境和着火等安全问题。近年开发的热印刷油墨，由陶瓷颜料或贵金属制剂与热塑性树脂配制而成，主要原料为甲基丙烯酸酯类聚合物或蜡类物质，不含游离单体，软化温度低，一般在 50℃左右油墨便具有很好的流动性，利用耐热丝网版便可印制贴花纸，但通常多用于直接法装饰陶瓷。这类油墨的印刷性能和转移性能均优于冷印油墨，由于不用溶剂，油墨中颜料比相对增加，墨层遮盖力强，很适于玻璃装饰，过去不常用的淡色颜料也可使用。印刷之后，印迹很快散热并凝固干燥，便于套印，不易污染蹭脏。20 世纪 70 年代能够实现快速、多色网目调陶瓷丝网印刷，主要原因是开发利用了热印刷油墨。

（3）三原色印刷陶瓷颜料

利用黄、品红和青三种原色印刷彩色美术作品，是胶印中一项很成熟的工艺技术。但是，长期以来，很难利用三原色原理印制丝印陶瓷贴花纸，主要原因是陶瓷颜料要在高温下呈色，有些颜料会在高温下发生反应，使颜色发生变化。近年来，在陶瓷颜料系列化、专用化、增加其稳定性能等研究基础上，已开发出青、品红和黄三种调和颜料，呈色基本达到色谱要求。用这三种基本色印刷成的转移贴花纸，烧成后可以呈现多色效果，缺点是红色尚不够鲜明，黑色色度不足，需补印黑色与红色，以加强烧成效果。目前，三原色陶瓷颜料尽管尚不够理想，但它完全突破了传统观念，进一步完善这一课题，将对陶瓷装饰产生较大影响。

（4）超细网目调制版技术

长期以来，胶印陶瓷贴花纸的生产，可以复制层次丰富的美术作品，而丝网印刷则只能印制线条或墨块，难以反映作品的层次。近年来，由于照相技术的发展，丝网制版加网技术及其理论的不断提高，特别是优质精细的丝网、高分辨力的感光材料、特细的陶瓷颜料的开发利用，为制备加网丝网版提供了有利条件。直接法装饰陶瓷的加网丝网版，可以在陶瓷和玻璃器皿上直接印制精美的网目调画面。网印贴花纸生产在实现 133 线、155 线加网制版基础上，有的厂家已采用超细网屏加网制版，其精美的复制品，简直与连续调作品几近无异。

（5）热转移贴花技术

最早的转移贴花纸，转移时需用胶粘剂将其贴附于陶瓷表面，20 世纪 30 年代改为水贴移花法，也称冷转移法。冷转移贴花纸的结构是，在纸基上涂水溶性胶，把图案印在胶面上，然后再印一层非水溶性树脂薄膜作为移花载体，贴花时将贴花纸浸入水中，20s 后，借助水溶性胶可将画面从纸基上滑移下来，又借其黏附性将画面贴于瓷面。70 年代初，研究成功热转移贴花纸，其结构是，在纸基与画面之间不用水溶性胶，而使用蜡或热熔树脂。贴花时，先将器皿预热到 120～150℃，以机械传动自动定位，再用贴花机将热转移陶瓷贴花纸上的画面固定到贴花位置，器皿表面的温度使载花薄膜软化，并将画面牢固地贴附于瓷面，同时，又能使纸基上的蜡质熔化，使纸基与画面分离。利用热贴花技术，可以直接装饰素瓷、白瓷（烧釉后的瓷器），贴花后可直接进入窑内彩烧，瓷面洁净。热贴花纸的研究成功是由手工贴花过渡到机械贴花的一项重大突破。目前，国外 20％的陶瓷使用丝网印刷机直接在瓷面上印花，80％的陶瓷使用贴花纸装饰。发达国家除少量手工贴花外，主要是利用机械贴花，发展中国家则仍以手工贴花为主。

随着陶瓷生产技术的成熟发展，当今行业的优势已逐渐依重于装饰技术。只有提高陶瓷制品的综合装饰水平，提升产品的功能性、实用性及艺术性，大幅度提高产品附加值，才能在国际市场的竞争中立于不败之地。

对于我国陶瓷装饰而言，目前需要加大力度研究的方面是：①进一步在陶瓷装饰中降低铅镉溶出量，首先达到硬指标要求；②加快小膜花纸、釉下花纸的开发和产业化工作，提高装饰的档次并降低成本；③开发复合型、功能性、观赏性一体的装饰材料，兼顾实用与艺术功能、环境友好功能；④提高色釉料的使用环境适应性能；⑤发展综合装饰技术，借鉴其他领域装饰技术，使实用品、艺术品更具艺术性，大型装饰用材更具天然肌理性。

9.1.2　装饰方法分类及其适用范围

陶瓷产品的装饰方法很多，各具工艺特点和艺术风格。按制品装饰部位来分，有釉上装饰、釉下装饰、釉中装饰、釉层装饰、坯体装饰和综合装饰六大类。各类装饰方法和适用范围列于表 9-1。

表 9-1　陶瓷常用装饰方法及适用范围

类　别	序　号	装饰方法	使用产品								
			釉面内墙砖	彩釉墙地砖	瓷质砖	锦　砖	劈离砖	瓦　类	卫生洁具	日用瓷	艺术瓷
釉上装饰	1	手工彩绘	✓						✓	✓	✓
	2	贴花	✓						✓	✓	✓
	3	喷花							✓	✓	✓
	4	印花	✓	✓	✓					✓	
	5	热喷涂	✓		✓						✓
	6	彩色镀膜	✓								✓
釉下装饰	7	手工彩绘								✓	✓
	8	印花								✓	✓
	9	贴花								✓	✓
釉中装饰	10	丝网印花	✓	✓							
	11	喷彩	✓	✓							
	12	贴花							✓	✓	✓

续表

类 别	序 号	装饰方法	使用产品								
			釉面内墙砖	彩釉墙地砖	瓷质砖	锦 砖	劈离砖	瓦 类	卫生洁具	日用瓷	艺术瓷
釉层装饰	13	颜色釉	√		√		√		√	√	√
	14	艺术釉	√	√	√		√		√	√	√
	15	干式釉	√	√							√
	16	搅釉		√				√	√	√	√
坯体装饰	17	色坯			√	√	√				
	18	色粒坯			√	√					
	19	绞胎					√			√	√
	20	渗花			√						√
	21	压花（辊花）模印花			√		√	√		√	√
	22	浮雕						√	√		√
	23	拼花			√	√					
	24	化妆土					√	√		√	√
	25	气氛变色					√				√
	26	镶填花			√						
	27	沥粉		√							√
	28	抛光、磨光			√						
综合装饰	29	色釉加各类彩饰	√	√	√	√				√	√
	30	釉上加釉下彩饰	√							√	√
	31	色坯加彩饰	√							√	√
	32	坯体装饰加色釉	√		√			√	√	√	√
	33	印花加印釉浮雕	√								√

9.2 釉 上 装 饰

9.2.1 釉上彩概述

釉上装饰是指利用低温釉上彩料在釉烧制品的表面，通过各种装饰技法进行装饰，再在烤花窑或梭式窑中于 $600 \sim 850 ℃$ 烤烧的一种装饰方法。此方法主要用于日用陶瓷、建筑瓷砖和卫生瓷产品装饰。

1. 釉上彩特点

釉上装饰由于烤烧温度低，彩料发色稳定，不会因烤烧而挥发（或反应）变色。所以，其色彩品种丰富，色调比较鲜艳，色阶比较宽。但彩料与釉面结合的牢固性不好，易机械磨损，易受酸碱腐蚀，不如釉下和釉中装饰经久耐用。特别是应用于日用陶瓷碟、盘、碗等装饰中时，更应严格控制釉上彩料中有害物质如铅、镉等的溶出量，以确保人体健康。

2. 釉上彩装饰简介

（1）日用陶瓷釉上装饰

日用陶瓷的釉上装饰技法较多，如古彩、粉彩、新彩、贴花、喷花和金饰、电光彩及综合装饰等。下面扼要介绍几种具体装饰方法。

① 古彩

"古彩"又称"硬彩"，是一种比较古老的传统装饰方法，它的用色和图案组织具有强烈的装饰性。烧成后的色彩鲜艳夺目，是釉上主要的装饰方法之一。古彩装饰的艺术特点：取材多样，形象概括，装饰性强；色彩浓艳明快，对比强烈；线条雄健有力，刚劲流畅；构图精练丰富，笔法潇洒奔放；表现手法丰富，具有古色古香的民族艺术特色。

古彩的装饰步骤：瓷坯→画面设计→绘画→填色→烤花烧成。

古彩装饰多用于陈设瓷，它的色料以传统方法配制而成，烤烧温度较一般釉上彩高（800～850℃）。

② 粉彩

粉彩是从五彩（古彩）的基础上发展而来的，是景德镇陶瓷传统彩绘技术之一。清代康熙年间，采用了玻璃白一类不透明的粉彩色料，使画面有一种"彩之有粉，粉润清逸"的感觉，故称之为"粉彩"。后经发展，形成了自身的特点和风格。其特点是颜色明亮，粉润柔和，色彩丰富，绚丽雅致，绘画工笔，写意俱全。形象生动逼真，并富有国画风格。粉彩装饰品种繁多，陈设瓷和日用陶瓷均可适用。粉彩装饰步骤与古彩相同，烧成温度比古彩略低，大致为780～830℃，在烤花窑中烧成。

③ 新彩

新彩旧称洋彩，在陶瓷生产中习惯称为新彩，是受外来影响而发展起来的一种装饰。新彩在操作上较古彩、粉彩简便，颜色烧成前后色相变化不大，容易掌握，且成本低、生产效率高，在日用陶瓷的装饰上极为普遍。

新彩的色彩丰富明快，表现力强，技法上吸收了我国传统的工笔及写意画法，适当强调明暗，不论人物、山水、花草等内容均能表现。新彩可仿各种画种，如油画、水彩画以及版面、剪纸之类的风格，也可与装饰方法结合运用。新彩也用于高级美术陶瓷的装饰。

新彩的装饰步骤：瓷坯→画面设计→描绘（敷色）→烤烧。

新彩的烤烧温度一般为780～830℃。

④ 贴花

贴花是根据各种器型设计出来的纹样，用陶瓷色彩印刷成花纸，再转印于陶瓷器上，作为装饰的一种方法。贴花是釉上装饰方法中应用最广泛的一种，具有成本低、生产效率高、花面刻画细致、色彩丰富等优点。贴花用的贴花纸是专业工厂生产的、带有着色图案的花纸，规格统一，操作简单，便于大批量生产。

釉上贴花纸按其工艺制作可分：平印胶水贴花纸、平印薄膜贴花纸、丝印薄膜贴花纸、平印结合薄膜贴花纸等。

釉上薄膜贴花纸贴花工艺流程：

$$\left.\begin{array}{l}瓷坯\\剪花纸\end{array}\right\} \rightarrow 贴花（包括贴商标）\rightarrow 烤烧$$

⑤ 喷花

喷花又叫"喷彩""镂花着彩"。它是在刷花的基础上逐步发展、改进而来的喷雾装饰方法。初期只能喷一些普通产品，而后多喷用西赤色，故又称为"吹红"。以后吸取了搪瓷等产品的喷花技术，创造出适合于陶瓷产品的喷花方法，它的表现效果与刷花基本相同。

喷花的纹样、层次清晰，转折柔和，色彩艳丽，均匀明亮，画面统一，制作方便，用于半机械化的连续化生产，效率较高，为配套瓷器常用的一种装饰方法。喷花也可与贴花、腐蚀金彩、彩绘等结合运用，可分为釉下与釉上喷花。

釉上喷花是用釉上新彩色料在瓷面上喷饰花纹，再烤烧而成的一种装饰方法，它以概括的手法和明朗的颜色来装饰画面，具有生动活泼、浓淡多变、光滑平亮、明快清新的特色。

（2）建筑卫生陶瓷釉上装饰

目前，在建筑卫生陶瓷生产中，釉上装饰主要以釉上丝网印花为主。根据丝网印花与施釉的顺序，可分为两种。

① 釉上印花

采用低温釉上彩料在釉烧后的釉面上印彩。方法有两种：其一，直接印彩：用油质调料调色，用丝网直接印到成品砖面上。其二，转移印花：用丝网印制成贴花纸，再贴到烧后的砖面上，经 650～850℃ 烤花窑烧制。该方法目前在陶瓷墙地砖生产中已很少采用。

② 釉面印花

即在施釉未烧的釉面上印制图案，再在 1100℃ 左右进行釉烧。釉面印彩的底釉釉色可进行选择，然后与同样富于变化的图案花纹颜色相映，因而可产生各种变化效果，加上釉面上印出的图案纹十分清晰、生动，具有较强的艺术感染力。由于经高温烧成，图案花纹已和釉面融为一体，具有较高的强度和耐磨性，特别适合于地面砖装饰。

装饰工艺流程：

$$\left.\begin{array}{l}\text{印花釉浆} \\ \text{丝网印版}\end{array}\right\} \rightarrow \left.\begin{array}{l}\text{釉烧制品} \\ \text{釉坯}\end{array}\right\} \rightarrow \text{印花} \rightarrow \text{烧成}$$

9.2.2　釉上彩料

釉上彩料由色基、熔剂、调节剂三部分组成。熔剂的组成对于色调的变化影响很大。熔剂的制备是将装入坩埚的熔剂组成放在各种加热炉中熔成流体，倾入水中急剧冷却而得，也有装入匣钵中用窑煅烧的，粗碎后用干式或湿式磨细，或加入酒精磨细。着色剂为各种金属氧化物或盐类。因为烧成的温度很低，所以彩料的种类繁多，色彩丰富。釉下彩酌加熔剂就可制成釉上彩，呈相同或类似的彩色。有很多色彩，高温釉下彩不可得到，而对于釉上彩可得到。一般彩烧温度为 650～850℃。釉上彩的颜色种类很多，呈色稳定，色彩鲜艳、光亮，是类似色料不能比的。该彩料可广泛用于贴花、喷花、印花、手工彩绘等方面。

我国所用的釉上彩料通常可分为新彩（洋彩）和粉彩两种。新彩是由西欧传入的彩饰法，粉彩则系我国固有的彩饰法。新彩着重色彩的表现，施色很薄，彩饰手续简便。它的特点是色彩丰富，比彩绘的颜色品种要多得多，操作也比较简单，可以用色料直接画于瓷上，颜色容易掌握，色彩在烧前和烧后变化不大。这种色料以平印贴花为主，故又称为"平印色料"。粉彩是在古彩的基础上发展起来的，是我国自己独特的传统品种之一。粉彩装饰，在瓷面上色彩看起来有粉润效果，颜色烧后在瓷面上有一定厚度，光泽透亮，花纹凸起，立体感强，经久耐磨。这种色料以用于手工彩绘和各种艺术陶瓷为多。粉彩由于施色很厚，能经久不会磨灭，但彩饰手续较繁。此外，尚有光泽很强的彩光料，是用着色金属的盐类混于油类或树脂中制成，彩饰手续也很简便。

9.2.3　釉上彩料生产工艺流程

釉上彩料生产工艺流程有两种基本方法，工艺流程如图 9-1 所示。

工艺流程 1：

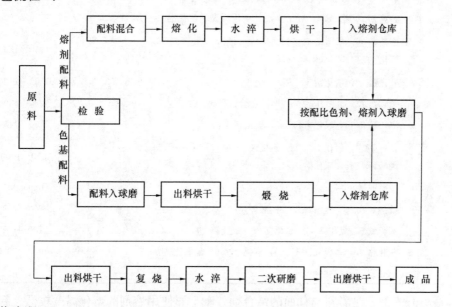

工艺流程 2：

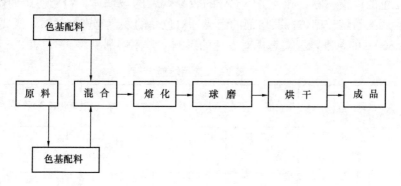

图 9-1　釉上彩料的生产工艺流程

9.2.4　釉上彩料组成及配方实例

前面已说过釉上彩料是由色基、熔剂、调节剂三部分制成。

釉上彩使用的色基是由着色金属氧化物或盐类与石英、氧化铅、硼砂等相互混合经高温煅烧制成。常用的色基见表 9-2。

221

表 9-2　釉上彩用色基

名　称	配　方（%）	煅烧温度（℃）
深赤	硫化亚铁 66.7，硫酸锌 33.3	750～800
镉硒红	碳酸镉 73.8，硒 9.6，硫磺 16.6	650～680
橙红	碳酸镉 78，硒 7，硫磺 5	550～570
暗绿	氧化铬 100	磨细
深蓝绿	硫酸钴 47.93，重铬酸钾 50.45，氧化铅 1.62	1100～1200
草青	氧化锌 3.33，硝酸铅 5，氧化铬 62.5，氧化钴 29.17	1100～1200
深蓝	石英 27，硼酸 1.0，氧化锌 43，氧化钴 27，氧化铝 2	1150～1200
中蓝	硼酸 1.96，氧化铬 44.64，氧化锌 8.92，氧化硒 5.88 氧化钴 21.75，氧化铅 16.85	1150～1200
浅蓝	氧化铝 70，氧化钴 30	1300～1320
海碧	氧化锌 7.03，氧化铝 66.93，氧化钴 26.07	1220～1300
天青	氧化锌 2.44，氧化铝 63.42，氧化钴 34.14	1100～1150
深黄	铅丹 38.4，氧化铝 0.98，氧化锑 24.68，氧化锌 15.9 硝酸钾 1.47，氧化锡 0.15，硝酸铅 18.42	950～1000
小豆茶	硫化亚铁 66.7，硫酸锌 33.3	850～900
代赭	硫酸亚铁 20，硫酸锌 20，硝酸钾 60	700～750
深黑	氧化铁 9，氧化钴 44，氧化锰 28，氧化铬 19	1100～1150
艳黑	氧化钴 7.15，氧化锰 15.65，氧化铬 7.6，氢氧化铁 69.6	1000～1050
灰色	氧化锡 95，氧化锑 5	1300

　　熔剂俗称开光剂，是彩料与釉面的结合剂。釉上彩使用熔剂的熔化温度较低。新彩用的熔剂是一种无色的以铅、硼、硅为主要成分的较易熔融的玻璃体。粉彩使用的熔剂是含钾、硅酸铅而不含硼的易熔玻璃体。其熔剂的组成都对色基的发色有密切关系，既要考虑熔融温度满足 650～850℃的基准，又要考虑对发色的影响。常用熔剂见表 9-3、表 9-4 和表 9-5。

表 9-3　常用熔剂

编　号 ＼ 原料（%）	铅　丹	硼　砂	硼　酸	石　英	氧化锌	长　石	碳酸钙	氧化铁	氧化锑	硝酸钾	熔化温度（℃）
1	58.6		22.8	12.1	4.1			1.2	1.2		900～1000
2	27.7	13.9	9	17.1	2	27.9	2.4				900～1000
3	61.8		29.1	9.2							1000～1050
4	66.8		27.6	5.6							900～1000
5	70.0		25.0	5							800～900
6	56.2		22.4	15.3						6.1	800～900
7	50		36	14							800～900
8	60	20		20							800～900
9	60.5		23.4	12.4	3.7						900～1000
10	70		10	20							900～1000

表 9-4　粉彩用熔剂

编　号	原　料（%）	青　铅	石　英	硝酸钾	窗玻璃	备　注
1		49.19	37	12	1.7	1250℃煅烧
2		52.6	39.2	7.9		700～1000℃熔化
3		51.3	41.0	7.7		700～1000℃熔化

表 9-5　新彩（洋彩）用熔剂

原料种类	使用情形
氧化铅	常用
硼酸、硼砂、碳酸钾，碳酸钠，石英等	一般用
碱土类	很少使用
氧化铝	极少使用
原料	只供某些特殊用途的，用作辅助剂

调节剂是在釉上彩料的制作中，除了色基、熔剂外，为调整其色调和温度又外加的化合物及物质。

[**实例 1**]

深赤：色基按表 9-2 配方称取后，一起混合均匀，经 750～800℃煅烧，再磨细、粉碎后备用。

熔剂按表 9-3 中的 1 号配方称取后，混合均匀，过 35 目筛，再经 900～1000℃熔化、水淬、磨细、粉碎备用。

成品：称取色基 10.35%、熔剂 86.2%、氧化铝 3.45%，一起球磨磨细、烘干、粉碎备用。

[**实例 2**]

胭脂红：色基（茶料）按表 9-4 经煅烧好（1250℃）的 1 号熔剂称取 98%、纹银 2%、硝酸适量。按上述配方称取后，用硝酸溶化纹银，加热挥发制得硝酸银，均匀加入熔剂中即为色基（茶料）。

成品：茶料 93.75～187.5g、金 3.125～6.25g、1 号熔剂 1500g。按其配方称料后，入球磨磨细、烘干、粉碎，在 1000℃±50℃下进行煅烧，粉碎过筛即为成品。

9.2.5　釉上彩料生产工艺要点

（1）对色基的要求

① 严格控制所有原料的质量，分析检验合格后方可使用。

② 配料时准确称量各种原料，确保配方的准确性。

③ 严格控制色基研磨的粒度，一般要求 $5\mu m$ 的达 85% 以上，蓝色剂、绿色剂 $5\mu m$ 的达 90% 以上。

④ 制定合理的色基烧成制度，根据色基的组成确定适当的煅烧温度和烧成气氛。

（2）对熔剂的要求

① 熔剂熔化性能好、光亮、柔和。

② 熔剂的组成成分对色基的着色无破坏作用。

③ 熔剂的化学稳定性要好，耐酸碱和铅溶出量要达到国家标准。

9.2.6 釉上彩料配方

（1）表 9-6 为釉上新彩彩料的配方。

（2）表 9-7 为釉上粉彩彩料的配方。

表 9-6 釉上新彩彩料的配方

颜　色	成品（质量百分数%）	备　注
深赤	1 号熔剂 86.2，色基 10.35 调节剂：氧化铝 3.45	磨细、烘干、粉碎即成
镉硒红	2 号熔剂 80，色基 20	650～700℃复烧，磨细
暗绿	3 号熔剂 80，色基 20	800～900℃复烧，磨细
深蓝绿	3 号熔剂 75，色基 25	800～900℃复烧，磨细
草青	4 号熔剂 80，色基 20	磨细即成
深蓝	5 号熔剂 53，色基 47	800～900℃复烧，磨细
中蓝	6 号熔剂 81.59，色基 17.91 调节剂：硝酸钠 0.5	磨细即成
浅蓝	5 号熔剂 76.92，色基 25	磨细即成
天青	7 号熔剂 80，色基 20	700℃复烧，磨细
深黄	8 号熔剂 62.5，色基 37.5	900～1000℃复烧，磨细
小豆茶	9 号熔剂 72.73，色基 27.27	磨细即成
艳黑	10 号熔剂 75.75，色基 24.25	磨细即成
海碧	5 号熔剂 50，色基 50	800～900℃复烧，磨细

注：色基配方为：氧化锌 27.78，磷酸钴 16.67，氢氧化铝 55.65。

表 9-7 釉上粉彩彩料的配方

颜　色	成品（质量百分数%）	备　注
光明红	茶料 93.75～187.5g，1 号熔剂 500g，金 3.125～6.25g	工艺制备与例 2 胭脂红相同
老黄	青铅 46.4%，石英 46.4%，硝酸钾 7.0%，重铬酸钾 0.2%	各种原料必须预先经过粉碎，过筛，以利于高温时熔融完全和发色一致
锡黄	铅末（乙）87%，锡灰 13%	
广翠	铅末（甲）87.9%，铅粉 4.4%，硝酸钾 4.4%，氧化钴 3.3%	
大绿	青铅 38.5%，硝酸钾 5.8%，氧化铜 5.4%，石英粉 38.5%，玻璃粉 11.5%	

9.3　釉　下　装　饰

9.3.1 釉下装饰概述

1. 釉下彩特点

釉下彩是我国陶瓷的传统装饰方法之一，是在素烧坯或未烧的坯体上进行彩绘，然后施上一层透明釉，进行烧成。釉下彩绘的画面光亮柔和，不变色，耐腐蚀，耐磨损。高温瓷器釉下彩绘因画面与色调不如釉上彩丰富多彩以及不易机械化等原因而未被广泛使用，多用于花瓶、挂盘等艺术瓷装饰。现在低温精陶类釉下彩绘发展很快。釉下彩装饰方法创始于唐代长沙窑，宋代磁州窑继承了这个传统，元代以后景德镇予以发展。常见的釉下彩有青花、釉里红、釉下五彩、青花玲珑、青花釉里红。其要求彩料必须在釉烧时不和釉发生反应，同时不得流动或使花纹模糊，其呈色通过透明釉充分显露出来，故称为釉下彩。

釉下彩的装饰特点是鲜艳、美观、牢固，釉面光滑，耐磨性强、耐酸碱性好，画面没有重金属的溶出，在日用陶瓷装饰中尤为多用。它在建筑卫生陶瓷方面主要用于釉面砖、彩釉瓷质砖的丝网印及卫生洁具的商标装饰等。

2. 釉下彩简介

釉下彩按使用温度不同分为：高温瓷釉下彩和低温精陶釉下彩两种。

釉下彩按制品的品质要求、规格尺寸以及釉料种类等因素，分成"三烧制""二烧制"与"一烧制"。"三烧制"是将已成形而未施釉的坯体预先经过 $800\sim850℃$ 低温素烧后再彩饰，彩饰完的坯体尚需进行第二次低温焙烧，其目的是去掉彩料中的胶、油等有机物，使之便于上釉。最后施透明釉入窑进行釉烧。"二烧制"即省去生坯素烧，或者省去第二次低温焙烧。"一烧制"是指只有一次釉烧的方法。

（1）青花釉下彩

青花釉下彩陶瓷在国际上享有很高声誉。一般釉下彩都用墨汁或黑色彩料画线条，用彩料与水的混合物填色。墨汁烧尽后，图案便成为白色或黑色轮廓，用淡色青料填色，画面全由深浅蓝色组成。青花用的颜料是一种含钴的矿物，它主要是含锰钴的氧化物，以云南所产的珠明料为最好，目前也有用工业氧化钴来配制青花料。早期青花产品是还原气氛烧成，烧成温度在 $1280\sim1350℃$。温度过高不但会使产品发生过烧，而且氧化钴在高温下挥发使青花颜色趋于灰黑色。青花虽是单色的釉下彩饰，但由于采用多种绘制技法，使画面的浓淡、深浅、粗细、大小适当，因而艺术效果极佳。青花装饰通常采用彩绘与贴花等方法。彩绘的工艺流程是：画面设计→过稿→勾线→分水→施釉→烧成。该方法对彩绘工人的操作技艺要求很高。贴花工艺流程是：画面设计→制作印刷凹版→印制花纸→贴花（或加分水）→施釉→烧成。釉下青花贴花纸是将青花色料用特制的胶粘剂调和，通过凹版印刷方法制成贴花纸。青花贴花纸目前有两种：一种是青花带水贴花纸，即具有青花线条与分水效果的花纸；另一种是青花线条贴花纸，这种贴花后仍需用手工分水。这两种贴花的操作方法是一样的。

青花的装饰效果和许多因素有关，其中以色料的化学组成、釉料性质、釉层厚度及烧成条件等影响最大。青花所呈现的蓝色并非氧化钴的呈色效果，而是由钴、铁、锰甚至少量铜所产生的混合色调。青花料中 CoO、Fe_2O_3、MnO、CuO 等着色氧化物的比例以及 SiO_2/Al_2O_3 的比值、熔剂氧化物的用量都会影响所呈现的色调。一般说来，青花料中 CoO 含量多则呈深蓝色调。采用钴土矿作青花料时要控制 Fe_2O_3/CoO 及 MnO/CoO 的比值。采用氧化钴配制青花料时，蓝色之中会泛现紫红色。采用尖晶石型蓝色料时呈色稳定，但仍免不了紫红色调，不及天然钴土矿色调的柔和与安定。

不同成分的釉料会使同一种青花料呈色有所差异。古代青花瓷多采用石灰釉。后者的透明度高、成熟温度较低，对着色剂发色有利，釉层稍厚不致朦花。因而传统青花瓷清澈如水、明朗透底。采用长石郢滑石质釉料时，青花色调鲜艳明快，但透明度较差，釉层稍厚即

225

易朦花。景德镇陶瓷工厂的实践经验表明，煤烧青花瓷采用石灰碱釉较为恰当。

烧成条件对青花品质的影响主要表现在气氛与烧成温度两方面。以氧化钴着色的青花色料对气氛并不敏感。但气氛对含有一定数量铁质的坯、釉会带来不同的色调，从而使青花的呈色受到影响。还原气氛下釉面呈现白里泛青或深浅不同的青色。这时青花与之相称则和谐清新。此外，色料中的铁、锰、钛、镍等在还原气氛下对青蓝颜色无不良影响。在氧化气氛中釉面白中泛黄，这时青花与之配合会呈蓝绿色或暗绿色调。所以有人认为青花宜在弱还原焰中烧成。烧成后若坯体玻化完全、釉料充分熔融，则能很好地衬托和显现出青花的颜色。因此青花瓷宜在较高温度下烧成，但过高温度会使青花变黑和泛现紫红色。

（2）釉里红釉下彩

釉里红釉下彩是景德镇的传统装饰之一。它是用铜作着色剂的色料在坯体上描绘各种纹样，然后施透明釉经高温还原气氛烧成，在釉里透出红色的纹样，故称"釉里红"。因其呈色条件复杂，故其产品极为名贵。从元代开始将青花与釉里红两种釉下装饰方法同时用于一件器皿上，创造出青花釉里红。这类产品既具有青花的雅致沉静，又增添釉里红的明丽浑厚，十分名贵。由于两种着色物质性质不同，对烧成的要求也有差异，要使同一器皿上红、蓝二色都能色泽鲜美，其技术难度是十分高的。

（3）釉下五彩

釉下五彩又称为窑彩。它不像青花那样单一色彩，而是多种色彩，故称为五彩。根据生产的条件和实际需要，釉下五彩可在素烧的无釉坯体或生坯上彩绘，也可在素烧的或未烧的釉坯上加彩。在素烧的无釉坯体上彩绘后，通常再经低温素烧，以排除画面上的墨线及调色的有机物便于上釉，最后施透明釉后高温烧成。

（4）低温精陶釉下彩

低温精陶釉下彩是近二十几年才发展起来的，现技术已成熟，烧成温度在 1050～1150℃。由于烧成温度低，适应于绝大部分陶瓷颜料烧成，使低温精陶釉下彩产品花色品种很丰富，多用于玩具、西洋工艺品、花盆等低温精陶类产品装饰。

9.3.2 釉下彩料

釉下彩料可分为两类，即液体彩料和固体彩料。

1. 液体彩料

液体彩料是金属盐类，如钴、铁和锰等的氧化物，硝酸盐，醋酸盐，草酸盐溶解于液体中而成。液体彩料呈色高雅，虽然着色能力较弱，但适合于绘不显明暗色和色彩差别的装饰。施的彩料无论多厚，总是一种色调。彩料在软质多孔的坯体上容易展开。釉的性质和它的烧成温度对呈色和色彩都有很大影响，利用可溶性盐类最重要的优点是经济和能有效地利用微量的着色剂。现介绍几种标准液体彩料的制备方法。

（1）钴蓝

取醋酸钴 100g 溶于 700mL 甘油中，仔细加热使之浓稠，最后再加甘油使达到原来的体积。

（2）铬绿

取铬矾 300g 溶于水中，加入 700mL 甘油，加热煮浓至 300mL，再加甘油使总体积为 700mL。

（3）褐色

取硝酸铀 10g 溶于 20mL 甘油中。

（4）玫瑰红

胶状金粉（含金 10％）与适量的甘油混合调制。

几种常用液体彩料调配成分见表 9-8。

表 9-8　几种常用液体彩料的配方

颜色 配方	灰黄	藏青	鲜青	暗青	绿青	暗绿	黄色	褐色	灰色	桃色
水	100	100	100	100	100	100	100	100	100	100
甘油	50	50	50	100	100		100	100	100	50
硝酸铜		30			50					
硝酸钴			40	40						
硝酸铀							100			
铬酸						80				
氯化铁								100		
硝酸镍									120	
氯化金										40
氯化铂	40									

2. 固体彩料

固体彩料是一种不溶解的釉下彩料。它是由各种着色金属氧化物与氧化铝、高岭土或石英等硅酸盐原料配制而成。由于釉下彩要适应高温烧成，所以，釉下彩料用的色料（色基）要求在高温下具有较好的稳定性。常用的固体彩料主要为尖晶石彩料，见表 9-9。

表 9-9　固体彩料常用的尖晶石颜料

盐类	彩料	温度（℃）	烧成火焰	烧成色
铬盐	$MgO，Cr_2O_3$	1000	氧化	污绿色
	ZnO	1000	氧化	绿褐
	MnO	1100	还原	绿灰
	NiO	1000	氧化	苔绿
	CoO	1000	还原	青绿
	Cu_2O	1100	还原	黑色
	FeO	760	还原	褐色
	CdO	1100	还原	淡绿
铝盐	$MgO，Al_2O_3$	1100	氧化	白色
	ZnO	1000	氧化	白色
	MnO	1300	还原	褐色
	NiO	1000	氧化	天青色
	CoO	1000	还原	天青色
	FeO	1000	还原	赭色

盐　类	彩　料	温　度（℃）	烧成火焰	烧成色
铁盐	MgO，Fe_2O_3	1100	氧化	印度赤
	ZnO	1000	氧化	砖色
	MnO	1000	氧化	青灰
	NiO	1000	氧化	微赤黑
	CoO	1000	氧化	青黑
	CuO	1100	氧化	青灰
	CdO	1000	氧化	赤褐
	FeO	800	还原	黑色
钴盐	CoO，Co_2O_3	800	氧化	灰黑

下面分别对釉下彩料的生产工艺流程、常用色基及彩料组成进行介绍。

9.3.3　釉下彩料生产工艺流程

釉下彩料生产工艺和传统的陶瓷颜料相同，典型的釉下彩料生产工艺流程如图 9-2 所示。

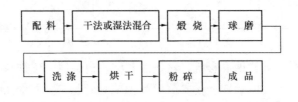

图 9-2　釉下彩生产工艺流程

9.3.4　釉下彩料常用色基及配方实例

釉下彩料常用色基及配方见表 9-10。

表 9-10　釉下彩料常用色基及配方

颜色类别	颜色及配方（质量百分数%）
粉红色	铬铝红：$Al(OH)_3$ 50～55，ZnO 30～35，Cr_2O_3 10～15，硼酸 8～10
	锆铁红：ZrO_2 30～35，SiO_2 13～18，NaF 8～10，$NaCl$ 4～7
	锰红：$Mn(NO_3)_2$ 30～35，$Al(OH)_3$ 90～100，$(NH_4)_2HPO_4$ 5～10
	锆银红：ZrO_2 40～50，NH_4HF_2 40～50，还原剂 10，银盐 2～5
	铬锡红：SnO_2 40～50，$K_2Cr_2O_7$ 4～7，SiO_2 20～30，$CaCO_3$ 20～30，硼砂 4～6
黄色	钒锡黄：SnO_2 90～95，V_2O_5 5～10
	钒锆黄：ZrO_2 90～95，NH_4VO_5 或 V_2O_5 5～10
	镨锆黄：ZrO_2 48～62，SiO_2 28～32，Pr_6O_{11} 3～6，NaF 3～8，$NaCl$ 3～5
	铬钛黄：TiO_2 85～90，Sb_2O_3 8～9，K_2CrO_7 2～3
	锑黄：Pb_3O_4 50～60，Sb_2O_3 3～5，Al_2O_3 10～20

续表

颜色类别	颜色及配方(质量百分数%)
绿色	铬绿：$K_2Cr_2O_7$ 22，SiO_2 23，石膏 7，$CaCO_3$ 15，铅丹 7，萤石 5，长石 6，$CaCl_2$ 5
	钒锆绿：ZrO_2 60～65，SiO_2 30～33，V_2O_5 4～8
	钴铬绿：$Al(OH)_3$ 20～30，Co_2O_3 10～20，ZnO 10～20，Cr_2O_3 30～40
蓝色	钒锆蓝：ZrO_2 50～60，SiO_2 25～30，V_2O_5 5～10，NaF 或 NaCl 10～20
	钴蓝(1)：SiO_2 40～70，Co_2O_3 30～50
	钴蓝(2)：Co_2O_3 10～30，ZnO 10～40，Cr_2O_3 1～10，SiO_2 10～50，Al_2O_3 10～30
棕色	深棕：$Al(OH)_3$ 5～10，Co_2O_3 5～10，ZnO 20～30，Cr_2O_3 20～30，Fe_2O_3 20～30，MnO_2 5～10
	深黄棕：$Al(OH)_3$ 5～10，ZnO 10～20，Cr_2O_3 20～30，Fe_2O_3 40～50
	豆沙棕：$Al(OH)_3$ 5～10，ZnO 10～20，Cr_2O_3 10～20，Fe_2O_3 40～50，MnO_2 10～20
	巧克力棕：Cr_2O_3 20～30，Fe_2O_3 40～50
	浅棕：$Al(OH)_3$ 30～40，ZnO 35～40，Cr_2O_3 8～14，Fe_2O_3 8～14
灰色	锑锡灰：SnO_2 90～95，Sb_2O_3 5～10
	锆灰：Co_2O_3 1～5，ZrO_2 30～55，SiO_2 30～65，NiO 1～5
紫色	铬锡紫：$K_2Cr_2O_7$ 1～5，SiO_2 10～20，SnO_2 40～50，石灰石 20～30，硼砂 1～5，Co_2O_3 1～5
	钕铝紫：Nd_2O_3 50～60，Al_2O_3 50～60，硼砂 5～10
	钕硅紫：Nd_2O_3 50～80，SiO_2 20～40，硼砂 5～10
黑色	黑色(1)：Cr_2O_3 10～20，Fe_2O_3 10～20，MnO_2 50～60，Co_2O_3 10～20
	黑色(2)：Cr_2O_3 7～10，Fe_2O_3 45～50，MnO_2 18～20，Co_2O_3 20～25

[实例 1]

绿色：重铬酸钾 36%，石英 20%，方解石 20%，萤石 12%，氯化钙 12%

先将重铬酸钾及氯化钙分别溶于水中，再将成分充分干式混合后，与重铬酸钾等溶液混合，搅匀、干燥，煅烧至锥号 SK 6～SK 7，磨细洗涤，就可获得质量良好的彩料。

[实例 2]

海碧：氧化铝 32.3%，氧化钴 5.35%，烧硼砂 25.15%，钾长石粉 17%

[实例 3]

鲜青色：① 氧化钴 25%，氧化锌 25%，氧化铝 50%

　　　　② 磷酸钴 35%，氧化锌 20%，氧化铝 45%

　　　　③ 碳酸钴 10%，氧化锌 25%，氧化铝 65%

[实例 4]

黄色：氧化锡 30%，铅丹 90%，氧化锑 60%

[实例 5]

橙色：氧化锡 30%，铅丹 100%，氧化锑 70%，氧化铁 35%

[实例 6]

象牙色：氧化锡 35%，氧化锌 20%，氧化钛 35%，瓷土 10%

[实例 7]

玫瑰红：氧化铝 24%，氧化锌 26%，硼酸 48%，重铬酸钾 2%

先将氧化铝、钾长石分别磨细，烘干粉碎过 80 目筛备用。按配方准确称取各种原料，装入球磨机中混合均匀（干法混），装钵经 1350～1360℃煅烧。磨细后出料烘干，粉碎即得成品。

几种日用陶瓷用釉下彩料配方见表 9-11。

表 9-11 几种日用陶瓷釉下彩料配方

配方 颜色	色基组成（质量百分数%）	色基煅烧 温度（℃）	成 品
桃红	氧化铝 81，碳酸锰 7，氟化钠 3.4，氯化钠 2.6，氯化钙 3，铅丹 3	封烧 1260	磨细即成
水绿	石英 64，氟化钙 10，氧化铬 5，氧化钴 2，氧化锡 3，方解石 10，匣泥 6	1360	色基 50 长石 50
大绿	氧化铬 44，氧化钴 6，氢氧化铝 32	1300	磨细即成
胶黄	氧化铈 24，石英 52，二氧化锡 6	1350	色基 80 长石粉 20
银灰	五氧化二钒 20，二氧化锆 22，石英 40，氢氧化锂 8，烧滑石 10	1300	色基 80 石英 20
海蓝	氧化钴 10，氧化铬 5，烧氧化铅 64，苏州土 15	1350	色基 40 白釉 60
蓝绿	氧化铬 20，氧化钴 3，烧氧化铝 40，石英 22，石灰石 15	1280	色基 30 石英粉 5 白釉 65
乳白	氧化锆 40，石英 35，长石 10，烧滑石 10，氧化锌 5	1250	色基 80 长石粉 20

9.3.5 釉下彩料生产工艺要点

① 严格控制各种原料的质量，配料前必须分析、试烧。

② 固定色料煅烧温度，减小因煅烧温度高低对色料造成的颜色色差。

③ 对含有可溶性盐的色料必须洗涤干净，以洗涤至清水或呈中性方可达到使用标准。

④ 根据使用要求，各种彩料品的研磨细度必须达到预定指标，一般色料细度要求 250 目筛全过，含钴的色料 320 目全过。

⑤ 釉下彩料的膨胀系数必须紧密地适合釉的膨胀系数，在使用过程中，可根据提供的装饰产品性能要求，添加适合的熔剂或长石等原料予以调节。

9.4 釉中装饰

9.4.1 釉中彩概述

釉中彩又名高温快烧颜料，是 20 世纪 70 年代发展起来的一种新的装饰材料和方法。釉中彩料的装饰方法与贴花釉上彩绘近似，是装饰在带釉的瓷面上。关键是采用"一高二快"的升温方法，即在 1～1.5h 达到釉的熔融温度 1100～1250℃，使色料渗入到釉层中，而又不被釉所溶解或少量溶解，随后立即快速降温，使釉面封闭，画面颜色渗入釉层中，呈现出近似釉下的效果，故名釉中彩。这种陶瓷颜料的熔剂成分不含铅，是在陶瓷釉面上进行彩绘后，在 1060~1250℃温度下快速烤烧而成。在高温快烧的条件下，制品釉面软化熔融，使陶瓷颜料渗透到釉层内部，冷却后釉面封闭，颜料便自然地沉在釉中，具有釉中彩的实际效果。这种装饰方法不仅降低了釉对彩料的侵蚀，而且还不受产品烧成气氛等的影响，故彩料的品种增多，克服了釉下彩因彩料品种不多，画面与色调不如釉上彩丰富的局限性。另外，釉中彩有釉面的保护，提高了画面的耐酸碱性和耐磨性能。它兼有釉上、釉下装饰的优点，所用颜料和新彩相似，但相互之间不能任意覆盖。釉中彩的装饰方法除了彩绘外，还有贴花、丝网印花和喷花等。贴花是采用高温花纸贴在釉面上，一次高温釉烧即可。丝网印花是将釉中彩调和成丝网印花彩料，通过丝网将图案纹样印在坯体釉面上的一种方法。

釉中彩具有独特的风格，它有釉上彩和釉下彩的特点，色彩丰富，呈色稳定，工艺简便，彩烧时间短，由于不用铅，解决了铅、镉等有毒重金属溶出问题，提高了制品抗腐蚀和耐磨性能。目前，印花彩料的开发、丝网的版网制备技术、印花机械的性能都日趋完善，这有利于釉中彩的开发使用。另外，也可通过喷花的技术，直接将釉中彩喷在生坯釉面上再进行釉烧。还可以通过模板套喷使图案层次清晰，达到更佳的艺术效果。

9.4.2 釉中彩料生产工艺流程

釉中彩料生产工艺流程如图 9-3 所示。

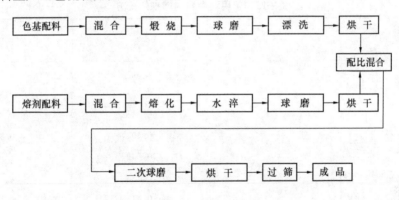

图 9-3 釉中彩料生产工艺流程

9.4.3 釉中彩料组成及配方实例

釉中彩料由色基加熔剂混合制成。

釉中彩料用色基要求着色力强、耐高温、呈色稳定、颜色纯正。

常用釉中彩色基的配方见表 9-12，熔剂的配方见表 9-13，釉中彩料配方实例见表 9-14 和表 9-15。

表 9-12 常用釉中彩料色基的配方

颜色 \ 组成	配方（质量百分数%）	煅烧温度（℃）
桃红	$Al(OH)_3$ 70，$Mn_3(PO_4)_2 \cdot 3H_2O$ 30	1300
玫瑰红	SnO_2 50，SiO_2 18，$CaCO_3$ 25，$Na_2B_4O_7$ 4，$K_2Cr_2O_7$ 3	1300
钴蓝	SiO_2 50，Co_2O_3 50	1200

续表

组成 颜色	配方（质量百分数%）	煅烧温度 （℃）
丁香紫	$Na_2S_4O_7$ 16.32，Al_2O_3 35.78，ZnO 20.45，$K_2O \cdot Al_2O_3 \cdot 6SiO_2$ 20.45，Co_2O_3 7	1100
海碧兰	Al_2O_3 65，ZnO 10，Co_2O_3 25	1250
天蓝	Al_2O_3 71，Co_2O_3 23，Cr_2O_3 6，H_3BO_3 23	1250
浅蓝	SiO_2 30，ZrO_2 55，V_2O_5 7，NaF 8	1000
深绿	ZnO 3.14，Cr_2O_3 58.12，$CoCO_3$ 38.74	1200
橄榄绿	$K_2O \cdot Al_2O_3 \cdot 6SiO_2$ 66.67，Cr_2O_3 33.33	1000
薄黄	SiO_2 27.5，ZrO_2 57，NaF 4.8，Pr_6O_{11} 5.7，$Na_2MoO_4 \cdot 2H_2O$ 3.5，La_2O_3 1.5	1000
浓黄	$K_2Cr_2O_7$ 3，TiO_2 88.5，Sb_2O_3 8.5	1230
棕色	ZnO 55，Cr_2O_3 23，Fe_2O_3 22	1230
褐色	$Al(OH)_3$ 35，SnO_2 15，Cr_2O_3 23，Fe_2O_3 22	1250
艳黑	Cr_2O_3 16.8，Fe_2O_3 9.9，Co_2O_3 35.8，MnO_2 37.5	1250
深灰	SiO_2 23.69，ZrO_2 36.84，MnO_2 7.89，$K_2O \cdot Al_2O_3 \cdot 6SiO_2$ 27.63，ZnO 3.95	1000

表 9-13　常用釉中彩料熔剂的配方

成分 \ 编号	1	2	3
PbO	0.424	—	—
K_2O	—	0.274	0.057
Na_2O	0.492	0.241	0.287
CaO	—	0.193	0.331
MgO	—	0.049	—
ZnO	0.084	0.130	0.325
BaO	—	0.113	—
Al_2O_3	0.264	0.274	0.163
SiO_2	1.60	0.230	2.78
ZrO_2	—	—	0.25
B_2O_3	0.525	0.290	0.317

表 9-14　釉中彩料配方实例 1

配方 颜色	组成（质量百分数%）		成品	备注
	熔剂	色料		
黑色	长石 35，石英 10，硼酸 25，硝酸钾 25，碳酸钡 15，碳酸锶 20	NiO 5，Cr_2O_3 22.5，Co_2O_3 14，Fe_2O_3 17.5	色基 40% 熔剂 60%	—
红褐色		$MnCO_3$ 55，Cr_2O_3 45	色基 1 份 熔剂 2 份	色基煅烧后粉碎，在 100 份中外加 36 份 Fe_2O_3，混合后煅烧至 1000℃，即为红褐色

表 9-15　釉中彩料配方实例 2

配方 颜色	成品（质量百分数%）	备注
玫瑰红	色基 50，1 号熔剂 50	
钴蓝	色基 50，3 号熔剂 50	
海碧	色基 50，3 号熔剂 50	
天蓝	色基 40，深绿色基 2，2 号熔剂 58	
钒蓝	色基 50，3 号熔剂 50	
橄榄绿	色基 30，2 号熔剂 70	适合 1050～1250℃
草青	镨黄色基 25，2 号熔剂 70，深绿色基 5	
浓黄	色基 60，1 号熔剂 40	
艳黑	色基 30，1 号熔剂 53，瓷粉 15，氧化铝 2	
深绿	色基 30，2 号熔剂 70	
棕色	色基 40，3 号熔剂 30，瓷粉 30	

9.4.4　釉中彩料生产工艺要点

① 在高温下色料应迅速完成物理化学反应，并渗到釉层中。

② 色基要稳定，不易与熔剂及釉料反应而脱色。

③ 釉料表面张力小，软化范围适应烧成条件。

④ 彩料的颗粒细度在 15μm 以下。

⑤ 彩料色基与熔剂的比例为（20～60）∶（80～40）。

9.5　渗彩釉装饰

9.5.1　渗彩釉装饰概述

渗彩釉装饰是指液体渗花彩料用于建筑瓷全瓷抛光砖上的一种新型装饰彩料。它可直接通过丝网与生坯接触装饰在砖的表面上，其原理是，在毛细管作用及坯体表面吸附等作用下，由表面慢慢渗入坯体内部，然后经过 1190～1210℃ 的高温烧成，抛光后，瓷砖表面光亮如镜，彩纹清晰可见，故又被称为渗花釉或渗彩釉，而实际上它并不是一种传统意义上的釉料，而是一种彩料。

随着玻化砖生产技术的不断提高，玻化砖的质量越来越好，市场供应越来越充足。然而，人们对玻化砖的质量及花式品种要求更高，尤其是对抛光后的玻化砖要求更高。为了满足市场上客商的要求，人们开发了彩色渗花玻化砖，并将其抛光后投放市场，得到客商的好评。渗彩玻化砖自诞生以来，以其优异的性能，引起了各国广泛注意，各国科技工作者对此作了深入研究，研制生产出了颜色丰富、图案多样的渗彩玻化砖产品，其实质是用渗彩釉对玻化砖进行装饰。彩色渗花玻化砖的特点是：它是集花岗岩、瓷质斑点砖的抗磨、耐腐蚀、强度高、不导电及大理石、印花彩釉砖的丰富装饰效果为一体，抛光后表面光洁如镜，俏丽脱俗，渗花色彩永不脱落。用途方面：可以广泛用于机场、商场、车站、码头及大型公共娱乐场所等人流量大的地方，也是家居室内、宾馆、办公楼的地面、内外墙装饰的一种理想装饰材料，有着极其广阔的市场前景。经济效益方面：它比一般的斑点玻化砖或纯色玻化砖的生产成本都低。

9.5.2 渗彩釉对坯体的要求

坯体的材料要能使渗花液较容易地渗入到坯体内，而且要渗入到一定的深度，因此，在选择坯体配方用料时要考虑以下几个方面的问题。

（1）坯体要具较高的强度来适应印刷。

（2）坯体具有良好的疏水性，使渗花液较容易地渗入到一定深度的坯体内。

（3）坯体烧后要具有一定的白度，以方便颜料的装饰。

（4）坯体的烧成温度要低。

9.5.3 液体渗花彩料生产工艺流程及工艺控制

（1）制备工艺

液体渗花彩料及其应用工艺流程如图 9-4 所示。

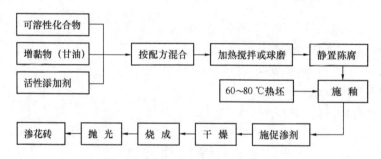

图 9-4 液体渗花釉及其应用工艺流程

渗花釉的制备依所用调黏物不同而有所不同，根据调黏物是固体（面粉、CMC 等要先溶于水的固体）还是液体（甘油、树脂等直接可用）而有所区别。

① 以特级面粉和 CMC 等固体为调黏物

首先把清水煮沸备用，按 1∶5 的比例把特级面粉与清水混合均匀，之后倒入装热水的容器中，并不断搅拌，待冷却至室温时即可用。

接着按配方称取工业酒精（或者甲醇）、甘油和着色可溶性无机盐以及外加剂，一并装入球磨机内，再将配好的特级面粉溶液倒入球磨机内，球磨 60～80min。球磨均匀后，出浆时过筛（筛的目数按印花要求而定，一般至少应过 40 目），除去筛上料，筛下的即为渗花釉。

② 以甘油、阿拉伯胶等液体为调黏物

以液体为调黏物可以省去溶解固体的工序，其余工序如固体调黏物。流程如下：

着色可溶性无机盐
液体调黏物（甘油等）→按配方混合→加热搅拌或球磨→静置陈腐→待用
活性添加剂

（2）工艺控制

① 渗花釉黏度

在渗花釉的一系列性能指标中，黏度是一个很重要的参数。在渗花釉配制好之后，一般应存放 4h 以上，使渗花釉内的各种反应进行完全。

渗花釉黏度对渗花效果的影响主要表现在以下三个方面：①印刷工艺要求。黏度太大，会粘网、堵网和破坏坯体表面；黏度太小，会导致水平方向扩散而使图案模糊。②渗透性的要求。黏度太大，离子扩散阻力增加，黏稠物很容易堵塞表面毛细孔而大大降低渗透性，使釉浆保留在坯体表面难以渗入；黏度越小，对渗透越有利。③阻止着色离子向表面迁移。渗花釉渗入坯体后，随着干燥过程的进行，着色离子会与水一起又重新回到表面，水分蒸发后，着色离子富集在表面而使坯体表面与内部产生很大的色度梯度，烧成抛光时会抛掉图案或者使图案模糊。

渗花釉中的黏稠物在渗入坯体后，会堵塞毛细孔，干燥时阻止着色离子向表面迁移，从而有效地减少色度梯度。

综上所述，合理选择渗花釉的黏度是非常重要的。这里要说明的是，黏度控制要与印刷的丝网网孔大小相结合。各厂由于工艺不同而有所不同，例如，某厂用 80～100 目丝网印刷，黏度控制在 200mL 伏特杯 30～40s；另一厂选用 40～60 目丝网印刷，黏度控制在 200mL 伏特杯 16s。另外，对每一批产品，渗花釉要求控制其黏度波动很小，以免出现色差。

② 渗花釉的 pH 值

渗花釉中的可溶性着色盐，大部分水溶液呈强酸性，pH 值很小，在渗花时会与坯体中的碳酸盐等发生反应，影响坯体的表面质量，造成废品。另外，酸性太强对生产设备也容易产生腐蚀。因此，渗花釉在调配时一定要调节 pH 值，一般常用纯碱、氨水等调节。渗花釉的 pH 值控制在 6～8 为宜，尽量接近中性。

9.5.4 液体渗花彩料的组成及配方实例

液体渗花彩料的组成是由可溶性无机金属化合物加水溶解成溶液后，再添加增黏剂即成，为液体渗花彩料成品。

液体渗花彩料与一般彩料的不同之处是使用的色基不经过高温煅烧，而直接用可溶性无机金属化合物代替。色基选用时，不仅要求能溶于水，还要求在高温下呈色稳定，常选用的可溶性化合物见表 9-16。

表 9-16　液体渗花彩料中常选用的色剂

编 号	名 称	化学式	呈 色
1	氯化钴	$CoCl_2 \cdot 6H_2O$	青蓝色
2	硝酸钴	$Co(NO_3)_2 \cdot 6H_2O$	蓝色
3	硫酸亚铁	$FeSO_4 \cdot 6H_2O$	褐色
4	硝酸铁	$Fe(NO_3)_3 \cdot 9H_2O$	褐色
5	氯化铁	$FeCl_3$	红褐色
6	硝酸镍	$Ni(NO_3)_2 \cdot 6H_2O$	茶色

编　号	名　称	化学式	呈　色
7	氯化镍	$NiCl_2 \cdot 6H_2O$	茶色
8	氯化锰	$MnCl_2 \cdot 4H_2O$	褐黄色
9	氯化铬	$CrCl_3$	绿色
10	硫酸铜	$CuSO_4 \cdot 5H_2O$	灰色
11	硝酸铜	$Cu(NO_3)_2 \cdot 6H_2O$	灰色

增黏剂是渗花彩料的主要调节剂，它的使用直接影响着渗花彩料的黏度及使用效果。常使用的增黏剂见表9-17。

表 9-17　液体渗花彩料中常选用的增黏剂

编　号	1	2	3	4	5	6
品　名	CMC	甘油	乙二醇	甲醇	三聚磷酸钠	面粉

液体渗花彩料配方实例：

[**实例 1**]

浅棕色：氯化镍（$NiCl_2 \cdot 6H_2O$）27g　　1 份

　　　　沸水　　　　　　　　330g　　1 份

　　　　清水　　　　　　　　24g　　3 份

　　　　特级生粉　　　　　6～15g　　3 份

　　　　工业酒精　　　　　　36g　　1 份

　　　　甘油　　　　　　　　54g　　1 份

工艺过程：

① 煮渗花液

首先按配方称取清水并煮沸，得到沸水备用，另称取适量清水和特级生粉混合均匀之后，倒入已煮沸的水中，并不断搅拌，待冷却到接近室温时可用。此时渗花液便制成。

② 球磨

按配方称取工业酒精（或甲醇）、甘油、着色剂，一并入球磨机球磨，接着将渗花液倒入，球磨时间：60～80min（球磨 20～50kg 便可适应大生产）。

③ 过筛

球磨均匀后，倒出过 40 目筛，筛下料便是渗花彩釉成品。

[**实例 2**]

蓝色：　氯化钴（$CoCl_2 \cdot 6H_2O$）18g　　1 份

　　　　沸水　　　　　　　　330g　　1 份

　　　　清水　　　　　　　　24g　　3 份

　　　　特级生粉　　　　　6～15g　　3 份

　　　　甲醇　　　　　　　　36g　　1 份

　　　　甘油　　　　　　　　54g　　1 份

工艺过程与实例1相同。

9.5.5　液体渗花彩料制备工艺要点

（1）液体渗花彩料使用的色基必须是能溶于水的可溶性无机金属化合物。每种颜色的确定可通过单一或几种化合物进行组配调节。

（2）每种颜色的深浅取决于溶液的浓度，而渗入坯体的深度则取决于施加溶液的数量，颜色的深浅和渗入的深度随所用溶液的浓度和数量的增加而增加。

（3）增黏剂的使用和调节，关系到黏度的大小及渗彩料的使用渗透效果，包括影响渗彩施用数量、渗透速度、坯体密度情况、温度等。一般黏度最佳值为 200mL 伏特杯 30～40s。

9.5.6　液体渗花彩料配方

彩色渗花液主要组成分两部分。一是易溶于水，而且在高温下又能呈稳定颜色的可溶性无机盐。二是其具有一定粘结力，为适合丝网印刷的黏稠物。典型的液体渗花彩料配方见表9-18。

表 9-18　液体渗花彩料配方

颜　色	溶液配方（质量百分数%）		成　品
	可溶性化合物	溶剂（水）	溶液：增黏剂
深蓝色	Co	61	71：29
蓝色	Co	76	70：30
天蓝色	Co：Cu	86	68：32
淡绿色	Co：Cu	77	69：31
墨绿色	Co：Fe	56	77：23
深棕色	Fe：Co	63	71：29
黄褐色	Fe	73	73：27
棕色	Fe	77	69：31
淡棕色	Fe	87	68：32
灰白色	Cu	76	69：31
黄色	Ni	56	77：23

9.5.7　液体渗花彩料的渗入原理

（1）渗彩釉在素烧坯中渗入的物理化学原理

在渗彩玻化砖生产中，一般直接在生坯上施釉，但对特殊釉种，如深红渗彩釉，由于 pH 值太小，与生坯反应强烈，特别在淋釉情况下，施釉量大，生坯强度也大大降低。因而也有在素烧坯上施釉的。

素烧坯是渗彩釉浆的载体之一。经过 850～1000℃煅烧，素烧坯中有机物、吸附物等在煅烧过程中挥发而形成许多孔隙，从表面到内部，这些孔隙连通成一个三维连通的网络。由于孔隙直径很小而形成毛细管，这样，素烧坯就成了一个富含毛细管的多孔载体。当渗彩釉浆与之接触（即渗花）时，在毛细管力作用下釉浆沿毛细管渗入坯体内部，此时，孔隙中充满渗彩釉浆。由于毛细管在三维空间纵横交错，且直径大小不一，所以，毛细管力也不一样，渗入效果也不一样。一般来说，毛细管越多，半径越小，坯体渗透性能越好。

另外，坯体表面吸附作用对渗透过程也有一定的影响。坯体表面吸附作用愈大，釉浆愈容易被吸附而富集表面，对渗入不利。从物理化学原理分析，素烧坯上表面对渗彩釉浆的吸附，主要来自两个方面的作用：①素烧坯表面与内部相比处于高能状态，易吸附渗彩釉浆而降低其表面能，使釉浆富集于表面。②坯体在干燥时发色离子与溶剂一起蒸发迁向表面。素烧坯表面不仅会吸附发色化合物，也会吸附溶剂及增黏剂，釉浆在素烧坯表面吸附主要是渗彩釉浆中各组成争夺表面的结果。

一般来说，在生产中，渗彩釉在素烧坯中渗入过程很短，对一定黏度的釉浆，坯体表面吸附作用对渗彩效果影响不大，毛细管力为主要因素。表 9-19 为不同釉浆在毛细管力作用下在素烧坯和生坯中的渗入深度对比。

表 9-19　不同釉浆在素烧坯和生坯中的渗入深度

序　号	釉浆中发色元素	在素烧坯中的渗入深度（mm）	在生坯中的渗入深度（mm）
1	Fe	2.1	0.8
2	Co	3.2	1.3
3	Ni	2.5	1.0
4	Fe, Co	2.8	1.3
5	Fe, Ni	3.5	2.5
6	Co, Ni	4.8	3.3

（2）渗彩釉浆在生坯中渗入的物理化学原理

与素烧坯相比，生坯也是一个多孔性三维网络载体，因此，从毛细管作用方面是相似的。但生坯与素烧坯有不同之处，生坯三维连通网络骨架中，存在有机物、吸附物、活性阳离子等，釉浆在渗入过程中，除毛细管作用、表面吸附作用外，还存在着阳离子交换作用等。另外，渗彩釉一般采用二次到三次施釉工艺，为了保证生坯强度就必须采用大吨位压机，这样，坯体致密度就大大提高，很大程度上阻止了渗彩釉的渗入。因此，生坯比素烧坯渗入效果差，见表 9-19。当渗彩釉浆与生坯接触时，一方面，在毛细管作用及坯体表面吸附等作用下，釉浆由表面慢慢渗入坯体内部，沿毛细管运动，由于有机物、吸附物及活性阳离子等物质的存在，削弱了毛细管对渗彩釉浆的作用力，从而使渗透深度减小；另一方面，渗彩釉浆与生坯接触时，易发生离子交换作用，由于生坯颗粒在球磨过程表面断键、晶格内缺陷及离子取代等原因而带负电，被吸附的阳离子又和其他阳离子发生离子交换，渗彩釉浆大多数呈酸性，因此，釉浆中除发色的阳离子外，还存在有大量的氢离子。而在阳离子交换序列中：

$$H^+ > Al^{3+} > Ba^{2+} > Sr^{2+} > Ca^{2+} > Mg^{2+} > NH^{4+} > K^+ > Na^+ > Li^+$$

氢离子由于半径小，离子势大而占据交换序列的首位，优先发生交换，而大部分发色离子则停留在表面，这就是生坯渗透深度浅的另一原因。除以上因素外，外界环境温度、坯体温度、釉浆温度、坯体中瘠性料含量、发色离子浓度、釉浆黏度、渗彩时间、釉浆 pH 值、施釉量及各工艺参数对渗彩效果也有影响，所以渗入过程是一个相当复杂的过程。表 9-20、表 9-21 和表 9-22 描述了部分工艺因素对渗入深度的影响。

表 9-20　发色剂含量对渗入深度的影响

发色剂（Cr）含量（质量百分数%）	渗入深度（mm）
3	2.0
7	3.3
11	3.8

表 9-21　甘油含量对渗入深度的影响

甘油含量（%）	渗入深度（mm）	甘油含量（%）	渗入深度（mm）
30	1.5	60	2.9
40	2.5	70	2.2
50	3.3		

表 9-22　渗入时间对渗入深度的影响

渗入时间（s）	渗入深度（mm）
3	2.2
10	3.5
60	5.2

9.6　综合装饰

所谓综合装饰技术是指同时运用两种或两种以上装饰方法对同一制品进行装饰，从而在制品表面产生综合装饰艺术效果的一种技术。近 20 年来，日用陶瓷与建筑卫生陶瓷装饰技术相互渗透与借鉴，釉层装饰与坯体装饰相结合，使陶瓷制品的花色品种增加，装饰效果增强，产品附加值大幅度提高。

9.6.1　日用陶瓷综合装饰

日用陶瓷生产中应用最广泛的装饰技术是采用贴花纸装饰（主要是釉上贴花纸装饰），其综合装饰技术方法很多，主要有如下几种：

1. 颜色釉彩

它是用各种高温颜色釉结合在坯体上直接描涂纹样，经过高温作用显现纹样的装饰方法。此方法必须掌握各种色釉的膨胀系数及色釉互相重叠时在烧成中起的化学反应和呈色效果，它对烧成的依赖性较大，加上彩釉流动不易控制，因而常出现形象上的变动或模糊。此装饰手法，瓷器一般在 1280℃还原气氛中烧成，陶器在 1180℃氧化气氛中烧成。

2. 颜色釉加彩

色釉加彩有釉下和釉上两种，具体可参看 9.2 节釉上和 9.3 节釉下装饰的有关内容。

3. 颜色釉金彩

颜色釉金彩有两种：一种为表面描金，另一种为雕金即腐蚀金彩。

4. 色泥加彩

一种为色泥制品上彩绘再施透明釉后经高温烧成，另一种为色泥制品经高温烧成后加绘釉上彩再烤烧。

5. 颜色釉雕刻、堆塑、泥浆牵线

这种综合装饰手法使产品更具有立体感。

9.6.2 建筑陶瓷综合装饰

近年来，建筑陶瓷生产随着相关行业的科技进步有了长足的发展。为了满足综合装饰技术的需要，在装饰设备方面，成型压机、多功能施釉线、大颗粒造粒机及网板制作等技术的不断进步与开发，给综合装饰的全自动化提供了可靠的保证。

全自动压砖机在装饰方面能提供如下帮助：一种为压制平面或立体的图案，再加上施釉、印刷工艺，从而提供了较为逼真的效果，此方法的重点工作为模具制作；另一种为一次或多次布料，在压制过程中完成施釉。结合装饰手法，使产品表面具有较高耐磨性和较高的硬度。

一条全自动施釉线，能集多种装饰为一体，其功能设备包括：坯体强度检测仪，清扫器，吹灰机，甩釉、喷釉、浇釉、干法施釉装置，3～4台自动丝网印花机，90°转向器，擦边机，储坯器等。在施釉线的不同部位设有改变传动速度的装置，可根据不同的装饰要求和产品变化，来调整和改变施釉作业程序。此施釉线集多种装饰手法于一体，重复性强，并能完成全自动操作，用此线生产出的产品丰富多彩，装饰效果生动逼真。

丝网印刷工艺是当今建筑陶瓷行业应用最为广泛的装饰手段，它能够以相当高的工作效率来生产大批量的同一图案的产品，且能多次重叠套色印制。网板的制作过程如下：

① 网布的选择

网布要有较高的拉伸强度和弹性，要选择适当细度的丝网。图案愈精细，变化愈丰富，要求丝网的目数愈高。丝网目数和网布厚度都要有相应的规格，才能达到预想的印刷效果。

② 绷网

此过程必须使网的平面受力均匀，否则会引起定位不准、堵塞网眼。

③ 织物的涂油

网布上如有油性物质，会妨碍感光胶的粘附。

④ 感光胶的涂敷

此过程要均匀而致密，涂敷的次数和每次涂敷的间隔时间视网布的厚度而定。

⑤ 曝光显影、硬化、修整

正确的曝光时间对网的使用寿命十分重要。否则容易导致图案清晰度差，与标准相比，宽度上条纹不同，且可能出现不同的色调明暗度。

所有以上各工序对整体装饰效果都有不同程度的影响。

近几年印花装饰由丝网印刷逐步向激光刻板的辊筒印刷发展，此工艺使印花过程更快捷、更准确，避免了丝网印刷过程中如堵网等诸多问题，但设备的一次性投入大、刻板困难等也制约了此工艺的发展。

建筑陶瓷装饰大多为釉上装饰。釉上印刷装饰效果在很大程度上取决于釉面的干燥强度。干燥强度可从釉料的生产工艺中得到解决，如通过添加外加剂（增稠和悬浮剂、胶体等）改变釉料的颗粒分布等。釉面的干燥程度也会影响整个装饰效果，釉面太湿，可能粘于丝网上，堵塞网孔，导致印刷图像不完全、缺釉等现象；釉面太干也会发生类似问题。

为了增加装饰效果，近几年除已有的白釉、颜色釉外，又增添了不少特殊品种，如偏光釉、散光釉、荧光釉、变色釉、结晶釉等，从而使整个装饰效果更加绚丽多彩。

建筑陶瓷装饰根据其使用场合，装饰方式也多种多样，内墙砖的综合装饰大致有如下几种：

① 白色亮面釉一次或多次印花

此过程大致如下：素坯→喷水→浇底釉→浇面釉→转向擦边→一次或多次套色印花→釉烧。此工艺使用时要注意套色印刷时的定位、色料套色时的呈色效果和相互间的化学反应。

② 无光面釉印上凸花纹

无光面釉和印花釉的使用温度要准确，网板的制作要保证印花过程中印花釉的厚度，此类产品有立体仿壁纸效果。

③ 有机热喷涂

白色面砖如需增加金属光泽的装饰，可在较高温度（760～900℃）下进行喷涂。

④ 三次或多次烧成装饰

市场上销售的"腰带砖"多属此类，其装饰过程有印刷、撒釉粒及挤釉、堆釉、烧成、描金、印特殊效果釉、再烧成等多种工艺。此装饰手法的立体感及艺术性强，但此类产品的重复性差，对操作人员有较高要求。

⑤ 贴花、彩绘、描金

此装饰大多在已烧成的成品砖上完成，也属于多次烧成工艺。烧成在较低温度下（900℃以下）进行，此类产品仿日用陶瓷装饰手法手工制作，不便于大批量生产。

⑥ 色釉印刷与刻板印刷技术相结合

此过程要求整体色彩与使用场合相吻合，加上刻花机的应用已能大批量工业化生产。

外墙砖的装饰不像内墙砖集中在上述釉面装饰，坯体装饰也是常用手法，其装饰内容大致如下：

① 色点地砖上透明釉

白色坯体料（基体）中加入一定比例的色剂，使其呈色，经喷雾干燥或造粒方法制成彩色粉料，然后以一定比例与基体混合均匀后经压制、干燥、施釉、烧成，最终的产品有花岗岩的质感，耐磨、易清洗。

② 色点地砖加镜面装饰

将白色基体料与色剂混合，经造粒机制出彩色大颗粒料，将其不规则地与基体混合，大颗粒斑点料（2～15mm）可以有一种或多种，产品经抛光机抛光处理，可以得到像珍珠镶嵌似的，表面柔和、晶莹的镜面效果。

③ 渗彩、压釉再抛光

模具制作、压制过程中，可以将干釉粉压制到部分坯体中（釉粉要有一定厚度），结合渗彩印花，再经抛光处理，可以得到像日用陶瓷中"玲珑釉"玲珑剔透的质感、色泽丰富多彩、光滑晶莹、集天然花岗岩与天然大理石装饰为一体的丰富装饰效果，其附加值明显高于斑点装饰，有广阔的发展前途。

④ 印花加干粉施釉

釉面经多次印花后再通过干粉施釉装置，将特殊效果的干釉粒如耐磨干粒均匀地施到表面，可以得到装饰效果与使用功能俱佳的产品。

⑤ 印花、干粉施釉、釉面抛光

印花后将透明干釉部分撒到釉面上，再经较细的磨头抛光，得到立体感较强、高贵典雅的装饰效果。

我国的陶瓷生产有着悠久的历史与辉煌的成就，就产量而言早已稳居世界第一，但由于整体工业化生产水平较落后，产品档次与德国、意大利、西班牙等国的产品相比，还有相当大的差距。要彻底改变这种局面，必须增加陶瓷制品的综合装饰手法，提升产品的功能性、实用性及艺术性，大幅度提高产品附加值，从而使我国的陶瓷生产进入更加繁荣的时代。

9.6.3 色泥装饰

色泥是在坯料中掺入着色剂，或利用两种不同色调的泥料混合，制成坯体，使之得到多种色坯和花泥效果的一种装饰方法。它是由坯体本身呈色与靠外涂泥（如化妆土）来改变坯体色相的。

色泥制品的特点是呈色稳定，色调均匀统一，适用于配套产品的生产。

色泥制品的着色剂大都为呈色稳定的颜料，要求氧化焰气氛烧成，温度宜控制在1260～1280℃，严防气氛和温度不当而导致产品变色或失色。

1. 色坯

色坯是运用注浆或机压方法成型，并选择适当的透明釉料施釉（也有不施釉的）烧成。它有单色和多色之分。

色坯的成型也可采取在模型内壁先注上色泥，后注入泥浆的合并浇注成型法，脱模后坯体呈半湿状态时，即施透明釉。它简化了操作，降低了成本，也有利于制品质量的提高。

2. 化妆土彩

化妆土彩是施加化妆土于陶器坯体上，再运用不同色彩的化妆土作色料在上面组成纹样，然后上釉烧成。它是宜兴地区精陶装饰常用的一种方法，使用的化妆土有天蓝、粉绿、中黄、桃红、深黑等。

3. 大理石纹

大理石纹是化妆色泥粘附在坯体表面呈现天然大理石效果，外面再施以透明釉的一种陶瓷装饰。它的制作方法如下：

（1）色泥浆料的调制

用小勺将色料泥浆数滴滴入盛器内的坯泥浆中，使其悬浮在坯泥浆面上成为分散的点子或长形线条，然后用小刀或者小竹针将色料泥浆与坯泥浆轻轻地调成三四条不规则的网条纹或穿插一至两块较大面积色块（一般不超过直径5mm）的色泥浆料。

（2）搪注方法

① 圆形产品的搪注方法：将石膏模侧放在操作台上，左手扶持石膏模转动，右手灌注色泥浆料，让浆液由模口向里流淌。因稠化泥浆表面张力大，有黏滞性，石膏模有吸附泥浆的作用，在泥浆流淌过程中，悬浮在液面上的色料泥浆也随着流淌与石膏表面接触，而被吸附在模壁上，因而形成各种形状的流纹。

② 方形或多角形产品的搪注方法：在侧放着的石膏模内进行分片浇注，不需要色泥浆料的部位可先用坯泥浆搪注，然后再注色泥浆料；还有一种是用粘贴塑料薄膜的方法，把不需要搪注色浆料的部位予以隔离，色泥浆料浇毕后把薄膜揭去，然后再搪注坯泥浆（粘贴薄膜一般用纯淀粉糨糊）。

③ 大理石纹的搪注方法：把着色剂滴入釉浆中使之悬浮在釉浆面上，轻轻搅动形成不规则的网状条纹和块面，然后将坯体直接浸釉，使釉浆吸附于坯体表面呈现大理石纹的效果。它和色泥的大理石纹效果是相同的，比色泥注浆好，但性质上属于釉料着色，不属于色泥的范畴了。

4. 点画花

点画花，也称画花或点花。以不同色相的泥浆作为色料，用毛笔在坯体上画出纹样，然后施釉烧成。

点画花所用的泥浆有呈色为象牙白的白泥、紫赭色的红泥、金黄色的红白混合泥、乳白色的瓷泥以及加入不同色料形成墨绿、果绿等色的瓷泥。

点画花由于运笔徐疾、着笔轻重、泥浆厚薄和泥料的呈色不同，可获得纹样形象和色调的多种变化。花纹具有一定的厚度，突出坯面有似浅浮雕。

点画花的操作方便，工效较高，操作时要求笔笔饱满，运笔不可重复，具有中国写意画的手法。它的笔调豪放，形象清晰明朗，具有独特的艺术风格。

5. 绞泥

绞泥是利用辘轳旋转的作用，使两种不同色调的坯泥不均匀地掺合在一起成型，形成绞纹坯泥的制品。另外，也可在成型好的坯体上，浸一层这样的泥浆，干后再施釉，可以制成局部或全部为绞泥效果的产品，这种装饰方法多用于陶器制品上。

9.6.4　其他综合装饰

1. 颜色釉彩

颜色釉彩是我国传统颜色釉的发展运用。它是以颜色釉作彩料，画或填在瓷器上，形成完整的纹饰的一种装饰方法。它和过去颜色釉装饰不同的地方是：把多种颜色釉描绘出具有一定内容的纹饰如山水、花鸟、人物、走兽、图案等，和坯体一次烧成。因此，要求设计者必须掌握各种色釉的膨胀系数及色釉互相重叠时在烧成中起的化学反应和呈色效果。

颜色釉彩具有颜色晶莹、浑厚庄重、风格明朗、朴素自然的装饰效果，多用于陈设瓷的装饰。

颜色釉彩对烧成的依赖性较大，加上彩釉流动不易控制，因而还不能对形象做细致的刻画，并常出现形象上的变动或模糊。

2. 颜色釉加彩

色釉加彩有釉下和釉上两种。色釉釉下彩是邯郸地区的陶瓷彩饰方法之一，它是在颜色釉的素烧坯体上进行釉中彩绘，然后施釉经高温烧制而成。

色釉釉下彩所用的颜色釉宜用淡雅的浅色调，如影青、淡黄、浅驼、淡紫、淡红等色。它的描绘方法有勾线、分水、点写等，与釉下彩基本相同（可参看 9.3 节釉下彩装饰）。也可用戳印、釉下贴花代替手工描绘，但在画鲜艳颜色时要先用分水方法敷上一层不透明的釉下白色，然后染色，最后施罩透明釉（釉不宜过厚）。另外历史上著名的素三彩就是青花纹饰的瓷器上，分别施以黄、绿、紫三色低温色釉烧制而成。

色釉釉上彩多见色釉开光加彩，它是在色釉制品的开光瓷面上进行釉上彩绘的一种装饰方法。具体操作方法可参看 9.2 节釉上彩的各种装饰。

3. 颜色釉金彩

色釉金彩有两种：一种是色釉描金，它是在高温色釉瓷胎上，用亮金（或本金）以国画写意笔法描绘纹样或作图案边饰纹样。它在深色调的色釉上装饰效果较好，如雾蓝釉描金和红釉描金等。

另一种是色釉腐蚀金彩（色釉雕金），它是在色釉瓷胎上作腐蚀金彩装饰的一种方法。一般纹样以双勾刻画，经腐蚀后在双勾纹样上加填金色烧成。这种装饰在唐山瓷区应用较多。

4. 色釉刻花

色釉刻花为传统刻画花和颜色釉结合运用的一种装饰方法，把多种色釉按作者的设计要求，运用在刻画纹样的不同部位，使画面色调变化丰富。

5. 腐蚀金加彩

腐蚀金加彩又名"雕金加彩"。这种方法是在腐蚀金彩的瓷器上，加釉上彩绘再入炉烧成。如果加彩与金色不重叠的话，可一次烧成，如有重叠则先烧色后烧金。另外，历史上还有著名的矾红描金，是在瓷胎上绘以矾红纹样，入炉烧成后，在红色上用本金具体描绘纹样再次入炉烧成并刮亮金色，有华贵热闹气氛。

6. 色泥加彩

色泥加彩是在色泥制品上进行加彩。一种是在色泥制品上用釉下彩描绘后，再施透明釉经高温烧成；另一种是在色泥制品经高温烧成后，再加绘釉上彩烤烧而成。

9.7　化妆土装饰

9.7.1　化妆土的概念

关于化妆土的概念，目前依然是有争议的话题，争议的焦点是"类釉"还是"类坯"。应该说，化妆土起源于"类坯"的概念，早期的化妆土组成几乎是纯土类，烧成前后种种性能确是类坯不类釉。然而现代化妆土组成日趋复杂化，越来越与釉料特别是底釉接近。某些低温化妆土烧的温度较高时，亦有大量玻璃相存在，素木洋一故且将其称为"玻化"化妆土。没称"釉"的原因是其没有完全玻化，组成中以晶相为主，如此说来，某些结晶釉和乳浊釉将不能称之为釉了，所以有时界限很难分明。更有以料浆性能区分亦很难有结果，因为传统的"土釉"既可作陶胎，又可作为高温釉。因此，只能依用途而论孰是化妆土孰是釉。总体来说，化妆土是用一种或多种天然黏土，或以黏土、长石、石英为主并添加一些功能组分制成的白色或彩色泥浆，施敷于坯体表面用于掩盖坯体表面的不良颜色、缺陷或粗糙及外露的有害物质，起到化妆的作用。化妆土一般为白色，也有特意添加着色剂或利用带色黏土制成彩色化妆土来装饰坯体表面的。

以化妆土装饰，我国新石器彩陶上已有使用，唐宋时期磁州窑系的剔刻花、剔花填彩等更是将其用到了极致。公元前三千多年的埃及陶器上约有 $0.5\sim2.5\mathrm{mm}$ 厚的化妆土层，并能精巧地使用红、黑、白色化妆土。

化妆土的用途很广，从日用陶瓷器皿、陈设瓷到建筑卫生陶瓷都有使用。对建筑墙地砖和部分卫生陶瓷，为使表面完好并得到理想的颜色釉，常施一层化妆土或底釉，再上面釉。

而在劈离砖和饰面瓦上常施一层玻化化妆土而不施釉。玻化化妆土可大量取代釉料，降低产品成本。

9.7.2　化妆土分类

化妆土一般可分为三类：一类为白化妆土，一类为色化妆土，另一类为玻化化妆土。白化妆土一般是施于坯体后再施釉，用于掩盖坯体中铁、钛化合物的颜色，以提高釉面白度或颜色釉的呈色效果，通常选用呈色较白的黏土制备，也有加入乳浊剂的。色化妆土主要用于不施釉制品的表面装饰，如花盆、宜兴砂壶等。玻化化妆土用于改变坯体的表面颜色和抗风化能力等，在坯体的表面施此种化妆土后，使产品形成某种天然矿物的表面。其中有的类似釉，但组成依然是坯料形式，烧成后无色无光，也不改变坯体颜色，却能不吸水、不挂脏，如劈离砖和某些饰面瓦化妆土。

9.7.3　化妆土的特性

化妆土常是釉与坯的中间层，其本身性能将直接影响到坯体和釉层的结合和性能，因此化妆土必须具备如下性能：

（1）遮盖力应尽量高，透光率应小于 10%。白色化妆土，其白度也应尽量高，一般要大于 80%。

（2）各种物理化学性能应介于坯、釉之间，如颗粒细度、膨胀系数、熔融温度等，从而能保证形成良好的中间过渡层形式。

（3）化妆土的干燥收缩和烧成收缩应与坯体匹配，以避免形成剥离或裂纹等缺陷。

（4）釉下化妆土，应不含 950℃ 以上易分解或脱水并产生气体的成分。

（5）流变学性能稳定，并且有较强的与生坯、釉层结合的能力。

9.7.4　配方组成

化妆土配方可按以下种类调制：

（1）直接坯料配方

最理想的化妆土配方应是相同的坯体中引入少量添加剂即可，这样各种性能与坯体接近，因而与胎体匹配性好。除此之外，配制方便，成本低廉。在艺术瓷生产中常用此方法。但这样的化妆土，其呈色不合要求，而且只能施于较湿的坯体上，不能施敷于干坯或素烧坯，因为其含有较多水分，干燥收缩较大，会引发多种坯面缺陷，如起泡、剥落、开裂等。解决的方法是将部分原料煅烧后使用或用相对密度非常小的料浆。

（2）白化妆土配方

在大工业化如面砖生产中，白化妆土或某些色化妆土需选用优质料进行配制，通过组成调整达到既能满足白度要求，又能适应生产线上的批量施用性能的目的。引入色料，还可将其制成色化妆土。

（3）玻化化妆土配方

将化妆土以沉降漂洗法制成细而稀的料浆，可获得玻化化妆土，使其具备防污、不吸水的性能。如果既想防污又不想改变胎的本色，最好以坯料制备。

（4）配方示例

几种示例配方如下（表9-23）。

表9-23 化妆土配方示例

温度范围（℃）\n\n组 成（%）	940～1100			1100～1200			1200～1320		
坯体状态	湿	干	素烧	湿	干	素烧	湿	干	素烧
优级高岭土	25	15	5	25	15	5	25	15	5
煅烧高岭土	—	20	20	—	20	20	—	20	20
球状黏土	25	15	15	25	15	15	25	15	15
长石							20	20	20
霞石正长岩	—	—	—	15	15	20	—	—	5
石英	20	20	20	20	20	20	20	20	20
滑石	5	5	15	5	5	5	—	—	—
锆英石	5	5	5	5	5	5	5	5	5
熔块	15	15	15	—	—	5	—	—	5
硼砂	5	5	5	5	5	5	5	5	5

9.7.5 化妆土外加组分

（1）填充剂 用石英作为填充剂以调配化妆土的收缩及热膨胀系数，并给予化妆土所要求的硬度。

（2）硬化剂 为使化妆土干燥后更好地粘附于坯体表面，加入一些硼砂或碳酸钠，二者均为可溶性的。当施于坯体表面上的化妆土干后，它们移析到表面，形成较硬的薄膜以减少搬运损伤。也可以使用有机物胶粘剂如甲基纤维素、树胶等。

（3）失透剂 为提高化妆土的白度和掩盖能力，一般加入锆英砂作失透剂，也有加入氧化锡的，但价格昂贵。

（4）着色剂 化妆土可以采用任何用于釉料中的着色氧化物，不过要想使颜色和釉接近，着色氧化物的含量较引入釉中的要高一些。同时，也可将氧化物配合使用以得到多种颜色。还可将加入坯泥中的色剂加入到化妆土中进行着色。

9.7.6 施挂方法

施挂化妆土前与施釉一样，应将坯体表面清扫干净。有时要用砂纸磨平，通常是用刷子刷，用海绵擦，用压缩空气吹或用真空吸气机吸等将坯体表面的尘土除净。其中选用哪种方法要看素烧坯是半干坯还是干坯。

（1）浸挂法 人工浸挂耗费人力、时间并浪费泥浆，厚度仅靠人的感觉来掌握，用机器浸挂则不存在这种问题，所以该法已成为小型制品施敷的一般方法。

（2）涂布法 指用刷子刷的方法。过去用于装饰品，现在用于澡盆等大型产品。方法是：用稀泥浆反复刷，用直径2.5～5cm的短毛圆漆刷在粗糙的坯体上先涂布两次泥浆，操作与油漆法相近，要注意勿出现棕眼和气泡。涂完第一次后，在室温下晾干几小时或一天后用同一刷子同样方法涂布第二次。然后换用黑色长毛刷，再涂刷五次以上。刷完最后一次后，在湿润情况下用鹿皮或羚羊皮将泥浆面赶平。当化妆土不再发黏的时候再擦平，为使表面牢固以便于整修，也有在泥浆中加明胶或骨胶的，在充分干燥后再用砂纸打磨，磨后保持厚度约为 0.20~0.25cm。

（3）喷雾法　喷雾法有湿式和干式两种。前者用由生料所制的泥浆，相对密度为 1.35 左右，后者用熟料，如煅烧黏土、煅烧氧化锌制备。

湿式喷雾法用溶化性化妆土，泥浆中含有足够的水分，能使用喷雾法喷成平滑的覆盖层，并能牢固地贴附在坯体表面。

干式法则用煅烧黏土和煅烧氧化锌等熟料和解胶剂等调制浓度较大的泥浆，水分较少但有同样的流动性，需用黄茗胶、糊精或明胶等胶粘剂，若不用胶粘剂则喷上的原料会成为粉状的堆积层，并到处飞扬，不能使用。用干式法喷上的化妆土层干燥快、收缩小且小角度部位也能喷上。

9.8　贴花纸装饰

陶瓷贴花是将图案先印刷在贴花纸上，然后再将贴花纸上的图案移印到制品表面上的一种装饰方法。对于花边面积小，且要求颜色复杂、线条精细、套色准确等用丝网印刷难以达到要求的装饰制品，采用贴花装饰是较为理想的方法。

陶瓷贴花装饰随着贴花纸的产生而运用，随着贴花纸质量的提高而进步，但花纸的质量却与色墨质量、承载体类型、印花机的先进程度直接相关。下面主要论述贴花纸的制备。

9.8.1　贴花纸分类

贴花纸从使用方面来分，有釉上花纸、釉下花纸等；以纸胎与画面间的连接材料分，有水溶性（水膜）花纸和热熔性树脂花纸等；按载花材料不同分，有皮纸、拷贝纸和塑料薄膜等。载花体的演变经历了第一代的胶纸贴花纸，第二代的大膜花纸，第三代的小膜花纸。

目前陶瓷贴花中，水膜贴花纸、树脂贴花纸均有应用，以水膜贴花纸为新。水膜贴花纸是将拷贝纸或白纸平放在玻璃板上，均匀涂上阿拉伯胶水，再覆盖一层竹纸或薄麻纸，然后涂上 10% 以下的琼脂水，最后将两层纸一同揭下，晾干，即得贴花用纸。树脂贴花纸是在多孔纸背面涂上一层薄薄的树脂，用与制作水膜贴花纸相同的方法印刷图案，还可以采用丝网印刷的方法直接把图案印刷在树脂薄膜表面，成为贴花纸。

不同的花纸，其印刷方法和工艺流程各不相同。

9.8.2　贴花纸制备工艺流程

釉上贴花纸目前较多地采用胶版印刷、丝网印刷及平版印刷和收网印刷相结合的方法，所使用的载花材料大多为塑料薄膜，即薄膜贴花纸，其工艺流程如图 9-5 所示。

釉下贴花纸要求色层有一定厚度，故很少采用平版胶印，目前较多采用丝网印刷技术生产。釉下贴花纸的载花材料一般采用光滑、柔软、拉力强、透水性好的薄皮纸。印刷前，先印刷一层有一定黏附性、溶水性好的釉层作移花层，然后在移花层上分色印刷图案纹样，待全部干燥后，取下载花纸，待检验合格后进行包装。

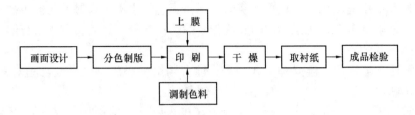

图 9-5　贴花纸制备工艺流程

9.8.3　贴花纸制版

釉下贴花纸的制版通常有手工雕刻铜版和照相制版两种。

照相制版具有准确逼真、分色迅速、比例大小可灵活调节的特点。陶瓷贴花的制版使用照相制版技术。制作比较细致的套色印版是一种应用最广泛的工艺。

利用滤色片分色时常用的主要有红、绿、蓝三种。红滤色片吸收它的补色蓝光，透过红、黄色光，分蓝版时用；绿滤色片吸收它的补色红光，透过黄、蓝光，分红版时用；蓝滤色片吸收它的补色黄光，透过红、蓝光，分黄版时用。

当前广泛采用计算机进行电子分色，设备轻便，分色精度高，修版操作方便，可达到迅速、准确的效果。

一般彩印是按三原色的原理分版，即分为黄、红、蓝三个版。而花纸印刷则不能完全按三原色分版，它必须按设计图纸固有的色彩调配好各种色料而直接表现某种色彩。如红花绿叶图案，都是直接采用红绿两色，各种颜色分为深、中、浅三类。三原色呈色只能起辅助、加强和丰富效果的作用，这是由于陶瓷色料的不透明、细度差，印色压叠效果不佳，如果版次过多，色料过厚，容易出现爆花。

9.8.4　贴花纸的印刷

1. 复制原理

印刷复制是以网点的稀密浓淡、叠合并列来再现彩色原稿的层次和色彩的。它不仅是油墨的混合呈色，同时也是叠合减差和并列加成呈色的共同作用。

花纸印刷通常采用四色印刷。通过放大镜的观察可以看到黄、品红、青等色点以及不同大小的黑色点。某些地方也有一些点被另一些点覆盖，由于减色法混色而形成另外一种颜色，这时黄、品红、青三种色点分别起着减蓝、减绿、减红的作用。点的分布及它们之间的间隙把光散射到人的眼睛而发生平均混色。红、蓝叠合，则显示紫蓝色相；红、蓝并列，则由于两点较小，视觉目测很难分辨出单独的红、蓝网点，所以感觉上仍然是紫、蓝色相，而不是红蓝单色色相。

陶瓷贴花纸的印刷复制，就是利用这一原理完成的。

2. 印刷方法

凸版、凹版、平版及丝网印刷这四大印刷方法各自以其不同的制版方法和不同的印刷效果，在陶瓷装饰上各有特色。

（1）凸印

图纹部分凸起，空白部分凹下。印刷时，图纹部分着墨，通过印刷压力的作用，将油墨转印到承印物上。现代硅橡胶直接印瓷移印机就是采用凸版印刷方法。

（2）凹印

由石刻拓石而来。与凸版相反，图纹部分凹下，空白部分凸起。印刷时，凹下部分着墨，通过印刷压力的作用，将凹下部分的油墨转印到承印物上。偃皮纸高温釉下青花贴花，就是沿用凹版印刷方法。

（3）平印

也称为胶印。采用化学制版方法，图纹部分和空白部分几乎处在同一平面上。图纹制成亲油基，空白部分制成亲水基。印刷时，图纹部分亲油而排斥水；空白部分亲水而排斥油，从而达到平衡印刷的目的。

（4）丝网印刷

是现代陶瓷贴花又一印刷方法，即利用光谱化学作用，在丝网的网孔上制造潜影，直接晒版而对原版进行复制。印刷时，借助丝网的弹力、刮版的压力将油墨透过网孔，将图案纹样漏印到承印物上。

贴花纸的质量与印刷操作紧密相关。墨大水干，网点线条则易扩张模糊；反之，不易着墨造成色泽灰暗。

9.8.5　丝网小膜花纸

小膜花纸也称为移花膜贴花纸，是陶瓷釉上装饰的新材料。国外在 20 世纪 70 年代已经开始使用小膜花纸，由于它工艺精细、套色准确、网点清晰、层次分明且立体感强，能达到较好的艺术效果，所以，目前用小膜花纸取代大膜花纸已成为发展的趋势。小膜花纸的结构是：在 130g 的纸胎上涂布水溶性胶，印好画面后，花纹上再罩印一层透明树脂作载体，其最大特点是附贴性好，烧成率高。小膜花纸的颜料在膜下，不易产生刮破花纸和颜料脱落的缺陷；烤花时，膜经碳化分解后，不会留下阴影残迹，可减少爆花缺陷。另外，贴花时，花纸可任意移动且有伸缩性，能适应形状较为复杂的制品，特别是高档陶瓷产品。

小膜花纸的贴花在工艺上主要应该注意以下几点：

① 瓷器加热

小膜花纸的色层厚，缩丁醛薄膜往往承载不起花纹色层，易造成花纹色层开裂或变形，取而代之的是丁酯薄膜。这一载色薄膜的厚度一般要比大膜花纸的载色膜厚一倍以上，因而，小膜花纸相对显得较硬，必须对瓷器进行加热。这样可以使花纸变得柔软，便于移动和刮花操作。对满盘花、朵花等贴花操作可选用热水加热的方法。加热的水温高低依据季节、花纸类型来确定。

② 浸花

为使花纸与托纸分离，花纸要用温水浸泡。浸泡的方式可以是单张或成叠。每十五张花纸为一叠，浸泡时间为 10～15min。浸花时间过长，花纸上的胶水会过多地溶解在水中，使花纸失去滑移能力；时间太短，操作中要强制性将花纸与托纸分离，会增加花纸的破损量。

③ 移花膜厚度

小膜花纸移花膜的厚度是影响贴花工艺操作的主要因素之一。移花膜和颜料的厚度决定花纸的软硬程度，而颜料是根据图案要求确定的，一般无法改变，因此，只能适当地控制移花膜的厚度，一般认为比较适宜的移花膜厚度为 0.024～0.026mm。

④ 适应产品

小膜花纸由于有一定的伸缩性，因而允许产品有适当的范围。但国家标准所规定的规格公差，往往超出了小膜花纸的限度。综合考虑生产、操作及成本，对朵花装饰一般可按国家标准，而对满盘花、联边花等装饰在生产中则难以符合国家标准。

⑤ 烤花工艺

应用小膜花纸必须掌握一套与其相适应的烤花工艺参数。烤花后的产品花面呈色光亮，色泽一致，铅溶出量低。一般烤花烧成温度为 840～900℃，炉内上下温差小于 5℃，烤花时间为 100～120min。不同的花面，要适当地调整工艺参数。

近年来除了采用贴花还发展了移花装饰。移花与贴花的原理相同，只是贴花纸是反贴在制品表面，而移花是由印花纸从正面转移到制品上，彩釉印在 45cm 或更长的织物上，然后切成带状，用移花机转印到制品表面。

9.8.6 贴花纸的发展趋势

从国内外生产情况来分析，贴花纸的发展趋势是：

(1) 由大膜花纸向小膜花纸发展。

(2) 由冷贴花纸向热贴花纸发展。

(3) 由釉上贴花纸向釉下贴花纸发展。

附　　　录

附录1　各地产瓷区常用原料化学成分

原料名称	产　地	SiO$_2$	Al$_2$O$_3$	Fe$_2$O$_3$	P$_2$O$_5$	TiO$_2$	CaO	MgO		MnO	KNaO	烧失
揭阳长石	广东	63.69	22.96	0.12			0.25	0.44			12.65	0.31
土白坑泥	广东	65.57	24.80	0.53			0.51	0.64			5.95	2.83
石部土泥	广东	51.19	33.82	0.33			0.55	0.07			4.91	9.63
绿柱石	广东	53.71	22.37						(BeO)8.08		1.44	1.59
滑石	广西	63.47	2.58	0.65			0.96	32.18			0.62	0.43
玻璃粉1	广东	71.20	3.22	0.36			8.36	1.63		0.08	13.60	1.53
稻草灰	广东	67.58	1.48	0.46			5.37	2.62			4.00	17.73
湖南瓷石	陈湾	69.84	19.01	0.84			0.71	0.28			7.98	1.19
含水石	景德镇	0.36	0.09	0.02			55.04	0.54			0.08	43.54
玻璃粉2	景德镇	70.46	2.08	0.45	0.04		7.59	3.54			14.99	
釉灰	景德镇	3.70	1.48	0.42			51.71	1.61			0.33	40.59
二灰	景德镇	6.35	2.34	0.58			49.84	1.36			0.34	38.99
花乳石	河南	5.85	0.60	0.48			31.78	19.01			0.25	42.12
瑶里釉果	瑶里	73.99	15.55	0.37			1.76	0.33			5.51	2.88
滑石子	临川	46.84	36.24	1.26			0.05	0.21			8.03	8.00
烧料	山东	62.03	3.93	0.81	0.36	0.10	14.34	2.56			12.18	3.39
星子高岭土	星子	49.60	36.23	1.52							1.37	12.00
三宝瓷土	景德镇	70.13	17.64	0.69			0.54	0.09			8.7	2.01
余干瓷土	余干	74.94	14.93	0.99			0.53	0.45			5.9	2.27
白土	景德镇	82.63	4.38	0.78			0.60	7.73			0.35	3.23
龙泉石	上饶	69.56	12.74	1.68	0.14	0.13	2.14	0.40			8.45	4.96
叫珠子	赣州	37.91	18.68	4.65	(CoO)1.20	(CuO)0.16	0.33	0.48	(BaO)1.06	20.03	1.14	10.85
赭石	庐山	39.82	9.38	38.84	0.07	0.47	0.40	0.71	(BaO)0.52	0.04	2.47	5.60
紫金土	景德镇	62.70	20.57	6.23	0.17	0.73	0.23	0.43			2.54	6.43
窑渣	景德镇	60.37	12.94	0.24	1.52	0.38	9.43	4.00	(CoO)0.11	2.25	6.28	0.27
星子长石	星子	65.13	19.61	0.60			0.21	0.13			14.07	0.68
宝溪紫金土	龙泉	46.58	28.29	7.82		1.57	1.16	0.78			4.19	9.66
木岱紫金土	龙泉	57.95	25.57	4.17		0.71	0.47	微			2.87	8.19
大窑紫金土	龙泉	55.10	25.24	8.18		0.67	1.64	微			3.43	6.00
黑釉土	博山	61.35	13.99	5.40		0.75	4.92	1.91			4.52	7.57
白干石	唐山	61.40	2.87	0.48		0.19	2.34	4.75				
大同土	山西	46.80	36.60	0.30			0.09	0.09				
玉米秆灰	淄博	50.12	4.83	1.66	4.20	0.21	11.56				10.91	16.38
紫砂泥	宜兴	55.95	25.69	9.11			0.51	0.54		0.1	1.02	7.48
方解石	丁山镇	0.12	0.49	0.04			54.61	0.78				42.96
3号苏州土	苏州	47.69	37.66	0.31			0.19	0.06			0.03	14.06
玻璃粉3	宜兴	72.50	1.50	0.30			10.05	1.50			13.50	
窑汗	宜兴	48.26	6.73	0.85			15.92	4.03			11.35	11.54
瓷粉	唐山	71.83	18.65	0.36		0.11	0.34	3.98			2.84	0.15
碱石	唐山	44.59	38.32	1.36		0.29	0.58	0.01				14.71
紫木节	邯郸	50.68	32.00	0.90		0.92	0.67	0.52				1.41
苏州土	江苏	47.69	37.60	0.31			0.19	0.06			0.03	14.06
滑石	海城	57.24	0.51	0.10		0.40	0.29	33.97				8.30
玻璃粉4	双峰	71.20	1.20	0.32			10.54	1.30			19.4	

251

附录 2　烧成温度 720~1000℃的低温釉 30 例

1. 锑黄釉

釉料配方：

熔块 A 74.0，熔块 C 18.5，高岭土 2.8，氧化锑 4.7

熔块 A：铅白 81.1，石英 18.9

熔块 C：硼砂 68.4，石灰石 8.4，石英 23.2

烧成温度 830~850℃。

2. 铬红釉

釉料配方：

熔块 A 47.3，铅白 47.3，高岭土 2.8，重铬酸钾 2.6

熔块 A 配方如例 1。

烧成温度 800~830℃。

3. 铜绿釉

釉料配方：

熔块 A 76.3，熔块 B 8.6，熔块 C 10.3，高岭土 3.0，碳酸铜 1.8

熔块 B：碳酸钠 22.8，氧化铅 40.0，石英 37.2

熔块 A、熔块 C 的配方如例 1。

烧成温度 800~830℃。

4. 土耳其蓝釉

釉料配方：

熔块 B 8.6，熔块 C 78.7，高岭土 2.2，长石 5.7，碳酸铜 4.8

熔块 B 配方如例 3，熔块 C 配方如例 1。

烧成温度 850~880℃。

5. 铁黄釉

釉料配方：

熔块 A 74.6，熔块 B 19.7，高岭土 3.2，氧化铁 2.5

熔块 A 配方如例 1，熔块 B 配方如例 3。

烧成温度 850~860℃。

6. 锰紫釉

釉料配方：

熔块 A 65.9，熔块 C 28.3，高岭土 2.9，碳酸锰 2.8，氧化钴 0.1

熔块 A 和熔块 C 的配方如例 1。

烧成温度 830~850℃。

7. 结晶釉

釉料配方：

熔块 30，白熔剂 62，铋酸钠 6，碳酸铜 1，五氧化二钒 0.5，氧化铝 0.5

熔块：石英 30，红丹 45，碱粉 14，萤石 5，硝酸钠 6

白熔剂：石英 25，铅粉 75

烧成最高温度 820℃，降温到 720℃，再用 3h 缓冷到 640℃，接着自然冷却。

8. 花朵状结晶釉

釉料配方：

熔剂 86.5，钼酸铵 7.0，硝酸铋 5.0，氧化锰 1.2，氧化钴 0.8，钒酸 0.5

熔剂：铅丹 75，石英 25

烧成温度 720℃，2h 内渐降到 640℃。

9. 橘红放射状结晶釉

釉料配方：

熔剂 85，五氧化二钒 15

熔剂配方如例 8。

烧成温度 720℃，3h 内渐降到 600℃。

10. 棕红云状结晶釉

釉料配方：

熔剂 100，铁粉 18，镉硒红 6

熔剂配方如例 8。

烧成温度 720℃，慢冷。

11. 松针状结晶釉

釉料配方：

熔剂 90.0，五氧化二钒 6.5，氧化钡 1.5，氧化亚镍 2.0

熔剂配方如例 8。

烧成温度 720℃，保温 4h。

12. 夜光釉

釉料配方：

熔块 70，夜光粉 30，氧化锌 1，硫化锌 1

熔块：硼砂 35，硼酸 25，石英 20，硝石 4，氟硅酸钠 10，长石 3，石灰石 2，滑石 1

烧成温度 850℃。

13. 唐三彩绿釉

釉料配方：

氧化铜 6，红丹 70，石英 21，长石 3

烧成温度 850～900℃，氧化焰。

14. 唐三彩白釉

釉料配方：

石英 20，长石 4，白铅粉 70，氧化锌 6

烧成温度 850～900℃，氧化焰。

15. 唐三彩黄釉

釉料配方：

氧化铁 7，红丹 70，石英 21，长石 3

烧成温度 850～900℃，氧化焰。

16. 透明裂纹釉

釉料配方：

熔块 100，可塑黏土 4

熔块：长石 37.3，石英 7.1，石灰石 7.8，铅丹 35.0，碳酸钾 3.8，碳酸钠 9.0

烧成温度 820～960℃，加入不同的金属氧化物或颜料，可制得多种彩色釉。

17. 乳浊裂纹釉

釉料配方：

熔块 100，塑性黏土 4.0，膨润土 0.8，硼酸钙 0.4，氧化锡 6～8

熔块：长石 18.7，石英 15.3，锆英粉 4.0，石灰石 7.9，铅丹 35.6，碳酸钾 5.5

烧成温度 920～960℃，釉中加入不同的金属氧化物或颜料，可制得多种彩色料。

18. 奶白釉

釉料配方：

熔块 100，膨润土 0.8，硼酸钙 0.5

熔块：石英 10.6，高岭土 5.5，石灰石 34.2，硼酸 42.2，碳酸钾 5.6，氧化锌 1.9

烧成温度 920～940℃。

19. 锡白釉

釉料配方：

熔块 100，高岭土 10，氧化锡 8，硅灰石 2

熔块：石英 27.5，硅灰石 3.8，铅丹 68.7

烧成温度 900～950℃。

20. 低温快烧乳浊釉

釉料配方：

熔块 95，苏州土 5

熔块：长石 24～26，石英 27～29，锆英石 10～13，硼砂 20～27，白云石 10～12，氧化锌 6～8，硝酸钾 2～4

烧成温度 920～960℃。

21. 无光釉

釉料配方：

熔块 100，高岭土 10，氧化锡 6

熔块：铅丹 60.7，氧化锌 16.9，高岭土 5.8，石英 14.5，硝酸钾 2.1

烧成温度 940～980℃，釉料中氧化锡减少为 3.0，再加金红石 4.0、氧化铁 0.2，可得象牙色，釉料中氧化锡减为 3.0，另加金红石 6.0、氧化铁 0.2 和煅烧氧化锌 8.0，可得象牙色光石装釉。

22. 锆乳浊釉

釉料配方：

熔块 100，高岭土 5，锆英粉 2，硼酸钙 0.2

熔块：钠长石 34.9，石英 13.9，锆英石 14.7，氧化硼 4.1，硼酸 13.8，氧化锌 6.3，石灰石 7.6，硼酸钡 2.4，硝酸钾 2.3

烧成温度 940～1020℃。

23. 斑点釉

釉料配方：

熔块 100，黏土 4，钛酸钠 7，碳酸镍 3

熔块：长石 28.6，石英 18.7，高岭土 6.4，石灰石 8.5，铅丹 37.8

烧成温度 950～1000℃。

24. 铬黄釉

釉料配方：

熔块 83.2，石英 8.3，高岭土 2.5，碳酸锂 3.3，铬酸钡 2.7

熔块：石英 43.8，石灰石 7.1，菱镁矿 2，高岭土 6.5，硼砂 6.8，碳酸钠 18.2，碳酸钾 3.4，铅丹 12.2

烧成温度 970～1000℃。

25. 金属光泽釉

釉料配方：

熔块 85～90，氧化铜 3～5，氧化铬 0.5～5，黏土 5～8

熔块：珍珠岩 70，硼砂 30

烧成温度 950℃，还原焰，带金属光泽的铜红色。

26. 深绿色釉

釉料配方：

黏土 30.3，玻璃粉 22.2，碳酸钠 23.3，碳酸钾 8.9，氧化铜 4.1，氧化锡 3.2，氧化硼 1.5，氧化钡 6.5

烧成温度 980～1000℃。

27. 蓝色易熔釉

釉料配方：

黏土 30.5，玻璃粉 28.5，碳酸钠 29.5，碳酸钾 3，氧化硼 7.3，氧化钴 1.2

烧成温度 950～1000℃。

28. 快烧金属光泽釉

釉料配方：

熔块制浆

熔块：硼酸 25.7，三氧化二铝 4.8，磷酸氢二铵 1.3，碳酸锶 7.6，石英 5.9，氧化锰 54.3，氧化钛 0.4

烧成温度 970～1020℃，带金属光泽的黑色。

29. 无光釉

釉料配方：

熔块 95，黏土 5，甲基纤维素 0.5，焦磷酸钠 0.2

熔块：石英 36.53，碳酸钠 4.27，碳酸钾 3.66，氧化镁 8.05，氧化钴 1.65，硼酸 45.84

烧成温度 800～1030℃，淡紫色丝绒状无光釉面。

30. 奶油色不透明光泽釉

釉料配方：

熔块 A 85.0，氧化锡 7.5，氧化锑 1.0，氧化铜 0.1，高岭土 6.0，蛋黄色色料 0.4

蛋黄色色料：铅丹 34，氧化锡 7.0，氧化锑 27.0

熔块 A：铅丹 34.0，石英 24.0，硼砂 18.0，长石 12.0，石灰石 7.0，高岭土 5.0

烧成温度 960～1020℃，奶油色不透明光泽釉。

附录3 烧成温度 980～1120℃的精陶釉 41 例

1. 低膨胀硼锆乳浊釉

釉料配方：

熔块 96～95，苏州土 4～5

熔块：石英 25，长石 24，碳酸钙 9.4，锆英石 17，硼砂 8.2，硼酸 7，氧化锌 7，硝酸钾 2.5

烧成温度 1030～1035℃。

2. 低膨胀锂锆釉

釉料配方：

熔块 96～95，苏州土 4～5

熔块：石英 22，长石 14.5，碳酸钙 14，锆英石 14.5，锂云母 13.9，硼砂 5.5，硼酸 9，氧化锌 7，滑石 4.2，苏州土 3.1

烧成温度 1030～1035℃。

3. 无色透明釉

釉料配方：

熔块 100，黏土 6，石英 10，锆英石 4

熔块：石英 22.2，长石 15.2，高岭土 7.0，硼酸 8.6，铅丹 32.7，石灰石 9.4，碳酸钡 3.4，碳酸钠 0.5

烧成温度 980～1080℃，加不同金属氧化物可得多种彩色釉。

4. 透明釉

釉料配方：

熔块 100，黏土 6，钠皂土 0.8

熔块：石英 16，长石 35，高岭土 10，硼酸 25，石灰石 14

烧成温度 980～1080℃，一种无色无铅透明釉。

5. 透明釉

釉料配方：

熔块 100，黏土 6，钠皂土 0.8

熔块：石英 38.1，长石 20.2，水合矾土 10.1，氧化硼 13.1，方解石 6.7，碳酸锶 3，氧化锌 7.5，碳酸钠 0.7

烧成温度 980～1080℃。

6. 象牙黄到柠檬黄色釉

釉料配方：

熔块 100，黏土 6，色剂（Sn/V 或 Sn/V/Ti）1～5

熔块：石英38.1，长石20.2，水合矾土10.1，氧化硼13.1，方解石6.7，碳酸锶3，氧化锌7.5，碳酸钠0.7

釉中色剂量从3％开始有轻度乳浊，烧成温度980～1080℃。

7. 玉米黄色釉

釉料配方：

熔块100，黏土6，色剂（钒锆黄）3～6

熔块：石英38.1，长石20.2，水合矾土10.1，氧化硼13.1，方解石6.7，碳酸锶3，氧化锌7.5，碳酸钠0.7

釉中色剂量从3％开始有轻度乳浊，烧成温度980～1080℃。

8. 鲜艳黄色釉

釉料配方：

熔块100，黏土6，色剂（锆镨黄）3～6

熔块：石英38.1，长石20.2，水合矾土10.1，氧化硼13.1，方解石6.7，碳酸锶3，氧化锌7.5，碳酸钠0.7

烧成温度980～1120℃。

9. 深紫色釉

釉料配方：

熔块100，黏土6，氧化锌0～3，色剂（深棕色料）3～6

熔块：石英38.1，长石20.2，水合矾土10.1，氧化硼13.1，方解石6.7，碳酸锶3，氧化锌7.5，碳酸钠0.7

烧成温度980～1120℃。

10. 鸽灰色釉

釉料配方：

熔块100，黏土6，色剂（锑锡灰）2～6

熔块：石英38.1，长石20.2，水合矾土10.1，氧化硼13.1，方解石6.7，碳酸锶3，氧化锌7.5，碳酸钠0.7

烧成温度980～1120℃。

11. 深蓝色釉

釉料配方：

熔块100，黏土5，膨润土0.5，色剂（钴蓝色料）2～7

熔块配方如例4。

烧成温度980～1120℃。

12. 浅蓝色釉

釉料配方：

熔块100，黏土5，膨润土0.5，色剂（海碧蓝色料）3～5

熔块配方如例4。

烧成温度980～1120℃。

13. 维多利亚绿色釉

釉料配方：

熔块 100，黏土 6，色剂（维多利亚绿）5～8

熔块配方如例 4。

烧成温度 980～1120℃。

14. 锰红釉

釉料配方：

熔块 100，黏土 6，氧化铝 3，色剂（锰红）6～8

熔块配方如例 6。

釉中加入色剂后有消光倾向，烧成温度 980～1120℃。

15. 锆乳浊釉

釉料配方：

熔块 100，高岭土 5，锆英粉（2～5μm）2～5.0，硼酸钙 0.2

熔块：长石 34.0，高岭土 6.0，石英 15.0，锆英砂 11.0，氢氧化铝 5.0，碳酸钡 3.0，氧化锌 8.0，石灰石 6.0，氧化硼 12.0

烧成温度 1010～1100℃。

16. 钛白釉

釉料配方：

熔块 100，纯高岭土 5，硼酸钙 0.1

熔块：钠长石 60.8，石英 9.9，硼酸 14.2，氧化锌 4.3，钛白粉 9.1，硝酸钠 1.7

烧成温度 1010～1100℃。

17. 奶白釉

釉料配方：

熔块 100，膨润土 1，硼酸钙 0.4

熔块：石英 15.0，高岭土 8.8，石灰石 28.2，硼酸 37.7，碳酸钾 10.3

烧成温度 1014～1060℃。

18. 锡白釉

釉料配方：

熔块 100，高岭土 10.0，长石 10.0，氧化锡 7.0

熔块：长石 28.6，石英 18.7，高岭土 6.4，石灰石 8.5，铅丹 37.8

烧成温度 1000～1060℃。

19. 铅釉

釉料配方：

熔块 100，高岭土 10.0，氧化铝 15～18

熔块：铅丹 63.4，长石 0.9，石英 26.3，高岭土 7.3，氧化硼 1.5

一种无光铅釉。烧成温度 1000～1100℃。外加 2.5％～5％氧化锡，得白色乳浊釉；外加 1％氧化钛或 0.1％铬酸钡，得米色釉。适用于建筑陶瓷。

20. 无光铅釉

釉料配方：

熔块 100，高岭土 10.0，烧高岭土 25～30

熔块配方例如 19。

高岭土煅烧温度大于 1000℃，烧成温度 1000～1100℃。外加 2.5％～5％氧化锡，得白色乳浊釉；外加 1％氧化钛和 1％氧化铁或 1％铬酸钡，得奶油色釉。适用于建筑陶瓷。

21. 无光铅釉

釉料配方：

熔块 100，高岭土 10.0，滑石 20

熔块配方例如 19。

烧成温度 1000～1100℃。外加 2.5％～5％氧化锡，得白色乳浊釉；外加 1％氧化钛和 1％氧化铁或 1％铬酸钡，得奶油色釉。适用于建筑陶瓷。

22. 绢丝无光釉

釉料配方：

熔块 100，高岭土 5.0，硼酸钙 0.2，氧化锡 2～2.4

熔块：钠长石 21.9，石英 12.2，二氧化钛 0.9，磷酸钙 1.0，白云石 6.7，石灰石 2.1，氧化锌 23.1，铅丹 20.8，碳酸钠 0.4，硝酸钾 0.7，碳酸锂 1.0，硼酸 9.2

烧成温度 980～1120℃。

23. 缎光釉

釉料配方：

熔块 100，高岭土 9.8，硅酸锌 7.4，长石 14.9，锆英粉 4.9

熔块：铅丹 50，石英 19.8，氧化锌 15.1，硼酸 15.1

烧成温度 980～1120℃。

24. 钡无光釉

釉料配方：

熔块 100，高岭土 5，膨润土 0.5，硼酸钙 0.3

熔块：长石 12.2，石英 22.3，高岭土 9.1，脱水高岭土 6.7，铅丹 30，石灰石 2.3，氧化硼 1.2，氧化锌 12.7，碳酸钡 3.5

烧成温度 980～1120℃。

25. 细晶无光釉

釉料配方：

熔块 100，高岭土 5，硼酸钙 0.2，锐钛矿型钛白粉 0～2

熔块：长石 17.0，高岭土 2.0，石英 15.2，铅丹 45.6，氧化锌 7.5，二氧化钛 10.7，硝酸钾 2.0

烧成温度 980～1120℃。

26. 粗晶无光釉

釉料配方：

熔块 100，高岭土 5，硼酸钙 0.2，锐钛矿型氧化钛 7

熔块：石英 19.6，氧化锌 14.9，铅丹 50.6，硼酸 14.9

1000℃以下粗晶白釉，1020℃开始呈粗晶象牙色，随烧成温度升高接近象牙色调。

27. 乳浊裂纹釉

釉料配方：

熔块 100，长石 18.2，高岭土 9.5，碳酸锂 2.5，硅灰石 25.5

熔块：石英 39.9，铅丹 41.6，碳酸钠 7.5，碳酸钾 11.0

烧成温度 1080～1120℃。加入 2.5％碳酸铜和 1％氧化铁，得缎光铜绿釉；加 4％氧化铁和 0.1％碳酸锰，得缎光密黄釉；加 4％氧化铁和 2％碳酸锰，得缎光深核桃棕色釉；加 6％氧化锡，得缎光白色釉。

28. 绿色地砖釉

釉料配方：

熔块 63.85，高岭土 5.90，长石 12.60，二氧化钛 5.10，氧化铝 6.40，硼酸钙 0.15，烧氧化锌 4.80，蓝绿色剂（Co/Cr）1.20

熔块：铅丹 63.4，高岭土 7.3，石英粉 26.4，长石 1.4，氧化硼 1.5

烧成温度 1000～1060℃，表面张力 281N/m。

29. 镉硒红釉

釉料配方：

熔块 100，高岭土 5，红色剂（Zr/Si/CdS/SeS）10

熔块：长石 15.2，石英 22.2，高岭土 7.0，硼酸 8.6，铅丹 37.7，石灰石 9.4，碳酸钡 3.4，碳酸钠 0.5

烧成温度 1000～1060℃。

30. 无光釉

釉料配方：

铅丹 37.9，高岭土 3.1，氧化锌 12.2，轻质碳酸钙 2.0，长石 18.4，石英 16.4，氧化锡 6.7，氧化钛 3.3

烧成温度 1060℃，加 7％钒蓝色剂呈钒蓝色无光釉，釉面缎光。

31. 无光釉

釉料配方：

铅丹 36.1，高岭土 7.8，氧化锌 10.6，轻质碳酸钙 1.1，长石 20.0，石英 14.4，氧化锡 6.7，氧化钛 3.3

烧成温度 1020℃。釉中不加氧化钛，釉面呈暗淡的丝绸光泽，但氧化钛加多时亦会如此。

32. 无光釉

釉料配方：

长石 17，白云石 6，沉淀碳酸钙 15，硅酸铅 32，瓷土 8，石英 22

烧成温度 1100℃。

33. 乳浊收缩无光釉

釉料配方：

铅丹 34.3，氧化锡 7.2，碳酸镁 20.1，白垩 3.0，高岭土 17.1，石英粉 15.3，氧化锌 3.0

电炉 1060℃烧成。

34. 金属状透明釉

釉料配方：

熔块 75.33，高岭土 11.80，石英 5.80，长石 1.50，氧化铁 0.85，烧软锰矿 1.29，氧

化铜 1.29，氧化钴 2.14

熔块：铅丹 79，石英 21

烧成温度 1000～1100℃。

35. 铁褐色无光釉

釉料配方：

铅丹 47.6，白垩 10.4，长石 19.4，黏土 9.0，高岭土 22.6，氧化铁 3.0

烧成温度 1040℃，氧化焰。配方中氧化铁改为碳酸铜 3.5～4 份，得绿色；改加碳酸钴 2～3.4 份，得蓝色；加其他色料，呈色也好。

36. 结晶釉

釉料配方：

玻璃粉 64.84，石英 0.32，星子高岭 5.41，硼砂 0.52，氧化锌 28.6，氧化钴 0.49

烧成温度 1080℃，蓝色大晶花。

37. 透明釉

釉料配方：

硼酸钙 15，二硅酸铅 56，黏土 22，石英 7

烧成温度 1050～1100℃，一种光洁的透明釉。

38. 乳光青花釉

硼酸钙 75，长石 15，黏土 10

烧成温度 1050～1100℃，一种透明的、在釉厚处易出现流淌的青花乳光釉。釉中加氧化锡 10％、氧化铁 4％和氧化锰 4％，可得带奶黄斑点的暗蘑菇色釉。

39. 平滑缎光釉

釉料配方：

二硅酸铅 80，氧化锌 3，黏土 17，外加金红石 6％，氧化锡 12％

烧成温度 1050～1100℃，平整光滑，乳白色丝光釉。适合装饰红坯体。

40. 缎色闷光釉

釉料配方：

硼酸钙 50，碳酸锂 14，碳酸钡 17，瓷土 12，石英 7

烧成温度 1050～1100℃，一种半透明、缎色闷光釉，施釉宜厚。加 15％氧化铁和 1％氧化镍，得闷光黑釉。

41. 鸡血红釉

釉料配方：

熔块 95，苏州土 5，外加铬锡红 7％

熔块：铅丹 42.0，钟乳石 11.0，长石 10.0，硼砂 7.0，硼酸 1.6，氧化锌 2.4，石英 26.0

烧成温度 1050～1080℃，氧化焰。

附录 4　烧成温度 1100～1200℃的精陶、炻器釉 32 例

1. 透明釉

釉料配方：

硼酸钙 50，石灰石 6，黏土 16，瓷土 16，石英 12

烧成温度 1100～1150℃。

2. 透明釉

釉料配方：

二硅酸铅 60，石灰石 4，长石 30，瓷土 6

光洁透明釉，烧成温度 1100～1150℃。

3. 闷光白石头色釉

釉料配方：

二硅酸铅 50，长石 25，石灰石 10，瓷土 15，氧化钛 3，氧化锡 8

类似石头色泽的闷光白釉，烧成温度 1100～1150℃。

4. 奶白色半透明釉

釉料配方：

硼酸钙 73，氧化锌 13，黏土 12，氧化锡 5，氧化钛 3

光泽奶白半透明釉，烧成温度 1100～1150℃。

5. 白色不透明釉

釉料配方：

硼酸钙 40，黏土 20，石英 40

烧成温度 1100～1150℃。

6. 硼酸钙釉

釉料配方：

硼酸钙 60，石英 20，高岭土 20

一种生料透明釉，烧成温度 1120～1140℃。

7. 建筑陶瓷用锆釉

釉料配方：

熔块 25，钠长石 27，石英 13，高岭土 10，氧化锌 7，硅灰石 6，锆英粉（2～5μm）12

熔块：长石 34，石英 25，高岭土 6，氢氧化铝 5，碳酸钡 3，氧化硼 13，氧化锌 8，石灰石 6

烧成温度 1110～1160℃。

8. 天蓝色面砖釉

釉料配方：

熔块 90，苏州土 6，锆英粉 4，钒锆蓝 4

熔块：硼酸 24，长石 15，氧化铝 5，苏州土 5，锆英粉 10，铅丹 10，氟硅酸钠 6，石灰石 5

烧成温度 1100～1150℃。

9. 宝石蓝面砖釉

釉料配方：

熔块 93，苏州土 7，钒锆蓝 35

熔块配方如例 8。

烧成温度 1100～1150℃。

10. 柠檬黄面砖釉

熔块 90，苏州土 7，氧化锌 3，钒锡黄 3

熔块配方如例 8。

烧成温度 1100～1150℃。

11. 象牙黄面砖釉

釉料配方：

熔块 90，锆英粉 7，氧化锡 3，钒锡黄 1.5

熔块配方如例 8。

烧成温度 1100～1150℃。

12. 苹果绿面砖釉

釉料配方：

熔块 80.2，苏州土 5，氧化锡 5，氟酸钙 2，钒锆蓝 2，钒锡黄 2.8

熔块：硼砂 29.3，长石 34.6，石英 2.9，氧化锌 2.0，苏州土 2.9，铅丹 28.3

烧成温度 1100～1150℃。

13. 黑色面砖釉

釉料配方：

熔块 42.5，氧化铜 1.6，铅丹 20，长石 10，石英 12，氧化钴 3，氧化铁 2

熔块配方如例 8。

烧成温度 1100～1150℃。

14. 红色面砖釉

釉料配方：

熔块 90，苏州土 7，氧化铝 3，铬铝红 6

熔块：硼砂 24，烧滑石 4，长石 17，石英 22，氧化锌 9，氧化铝 3，锆英粉 10，石灰石 12

烧成温度 1130～1180℃。

15. 无光釉

釉料配方：

长石 30，碳酸钡 24，硅酸铅 12，氧化锌 3，沉淀碳酸钙 11，瓷土 9，石英 11

烧成温度 1140℃。

16. 面砖金砂釉

釉料配方：

熔块 92.5，苏州土 2，氧化铁 5.5

熔块：长石 24.5，石英 2.2，氧化锌 1.3，硼砂 20.5，铅丹 51.5

烧成温度 1120～1150，氧化焰，紫色金砂粒大。

17. 金星绿釉

釉料配方：

熔块 100，苏州土 6

熔块：硼砂 30，石英 30，红丹 8，石灰石 6，碳酸钡 10，氧化铜 4，重铬酸钾 2

烧成温度 1120～1160℃。

18. 金红虹彩面砖釉

釉料配方：

熔块 90，苏州土 4，氧化铁 1，片干 5，氧化钛 1

熔块：长石 5，石英 15，氧化锌 2，硼砂 15，铅丹 40，硼酸 20，硝酸钾 3

烧成温度 1120～1150℃。

19. 金黄虹彩面砖釉

釉料配方：

熔块 88，苏州土 3，黄土 3，片干 4，氧化钛 2

熔块：长石 24.5，石英 2.2，氧化锌 1.3，硼砂 20.5，铅丹 51.5

烧成温度 1120～1150℃。

20. 翠绿虹彩面砖釉

釉料配方：

熔块 90，苏州土 4，氧化锡 4，氧化铜 2

熔块：长石 29.3，石英 15.6，氧化锌 1.2，硼砂 14.6，铅丹 37.8，苏州土 1.5

烧成温度 1120～1150℃。

21. 砂金石釉

釉料配方：

东北红长石 26，石灰石 2.4，铅丹 53.5，石英 14.6，氧化铁 3.5

烧成温度 1130～1170℃。橙色底柠檬黄色结晶。操作时先在陶坯上涂一层 4％重铬酸钾溶液再施釉。

22. 砂金石釉

釉料配方：

熔块 61.0，苏州土 5.2，石英 22.0，氧化铁 8.8

熔块：硼砂 39，石英 42，碱粉 3.5，铅丹 3.5，碳酸钡 3.5，氧化铁 8.5

烧成温度 1150～1180℃。棕红色底，金色结晶。

23. 砂金石釉

釉料配方：

熔块 62.0，氧化铁 11.0，苏州土 2.5，石英 8.5，长石 11.5，烧滑石 4.5，石灰石 1.0

熔块：硼砂 42.0，碱粉 47.0，氧化铁 9.0

烧成温度 1150℃。红色底，大片金色结晶。

24. 低温生料釉

釉料配方：

石英 15，长石 52，烧滑石 3，石灰石 9，氧化锌 9，苏州土 5，萤石 3

烧成温度 1140～1160℃。

25. 棕色纹理釉

1 号面釉配方：

熔块 57，苏州土 7，氧化锡 7，氧化锌 8，石英 5，长石 35

2 号面釉配方：

熔块 57，苏州土 7，氧化锡 7，氧化锌 8，石英 5，长石 35，棕色料 1.5

熔块：长石 24.2，石英 27.4，硼酸砂 17.2，锆英砂 10.4，氧化锌 7.6，硝酸钾 3.8，沉淀碳酸钙 9.4

棕色料：氧化铁 22，氧化铬 23，氧化锌 55

底釉：熔块 92，苏州土 5，棕色料 0.6

烧成温度 1120～1160℃。

26. 一次烧成彩釉砖底釉和面釉

底釉配方：

瓷砂 60，长石 30，白云石 5，茶色剂（Al/Cr/Fe/Zn）5；底釉为茶色。

面釉配方：

瓷砂 53，长石 30，白云石 7，锑锡灰 10；面釉为深灰色。

烧成温度 1130～1180℃。

27. 无光釉

釉料配方：

长石 10，沉淀碳酸钙 13，硫酸钡 36，硅酸铅 12，瓷土 13，石英 16

烧成温度 1160℃。

28. 生铅釉

釉料配方：

玻璃粉 37.77，石灰石 6.38，铅丹 21.57，氧化锌 6.15，高岭土 9.75，石英 13.60，氧化铝 4.78

烧成温度 1160℃。

29. 低温石灰釉

釉料配方：

长石 42，石英 28，白土 12，石灰石 15，氧化锌 3

烧成温度 1180～1200℃。氧化焰，添加色料可得不同颜色的色釉。

30. 彩釉砖生料釉

底釉配方：

长石 38，石英 20，白黏土 7，瓷粉 10，滑石 10，萤石 5，锆英砂 5，氧化锌 5

面釉配方：

长石 40，石英 18，白黏土 5，萤石 5，锆英砂 10，氧化锌 12，白云石 8，氟硅酸钠 2

烧成温度 1140～1180℃。

31. 水晶釉

底釉配方：

熔块 15.0，石英 21.0，高岭土 7.0，长石 23，锆英粉 6.0，滑石 5.0，方解石 3.0，白泥 7.0，氧化铝粉 13.0

面釉配方：

熔块 95.0，高岭土 3.5，长石 1.5，氧化铝粉 13.0

面釉中外加三聚磷酸钠 0.25%，CMC 0.10%，纯碱 0.12%。

烧成温度 1180℃。

32. 水晶印花釉

釉料配方：

熔块 15.0，石英 25.0，高岭土 10.0，长石 10.0，双飞粉 15.0，白黏土 5.0，滑石 20.0

釉料配方中再加入乙二醇 45%，甘油 10%，水 10%，CMC 1.5%，STPP 0.4%。

烧成温度 1180℃。

附录5　烧成温度 1200～1250℃的炻器釉 45 例

1. 透明釉

釉料配方：

氧化锌 5，石灰石 10，冰晶石 20，黏土 15，石英 50

烧成温度 1200～1250℃。

2. 钧釉

釉料配方：

长石 45，石灰石 5，硼酸钙 20，石英 30

烧成温度 1200～1250℃。封闭釉中气泡的钧釉效果，釉面柔和呈淡青色，深色坯体效果更显著。

3. 半透明白釉

釉料配方：

冰晶石 25，萤石 15，黏土 20，石英 40

烧成温度 1200～1250℃。施釉厚时呈霜白色，施于深色坯体略显黄色。

4. 釉面锦砖釉

釉料配方：

长石 64，石英 19，石灰石 13，苏州土 4

烧成温度 1200℃。

5. 不透明亮白釉

釉料配方：

长石 50，石灰石 5，碳酸锂 5，氧化锌 12，黏土 15，石英 13

烧成温度 1200～1250℃。

6. 珍珠碎纹釉

釉料配方：

长石 28，石灰石 14，白云石 14，氧化锌 10，碳酸锂 3，膨润土 4，石英 20，金红石 7

供装饰用的淡青色釉条纹的珍珠状釉。不能过火，烧成温度 1200～1250℃。

7. 无光泽霜状铁锈釉

釉料配方：

碳酸锂 10，石灰石 50，碳酸钡 35，膨润土 5，氧化铜 1

无光泽霜状装饰釉，釉面带铁锈样斑驳。

烧成温度 1200～1250℃。

8. 紫绿色釉

釉料配方：

长石 45，碳酸钡 30，氧化锌 7，石英 15，膨润土 3，氧化镍 1.5

光亮易流，釉薄呈紫色，釉厚呈深紫绿色。

烧成温度 1200～1250℃。

9. 淡紫色釉

釉料配方：

长石 53，碳酸钡 35，碳酸锂 3，氧化锌 3，滑石 4，黏土 5，石英 15，氧化镍 1.5

仅适用于浅色坯，得平滑、无光泽、不透明淡紫色釉。用 2％的碳酸铜替代配方中的氧化镍，得浓艳的青绿色。烧成温度 1200～1250℃。

10. 白色微泡釉

釉料配方：

长石 55，碳酸锂 10，石灰石 10，黏土 5，石英 20

装饰青白釉，可得悦目效果。烧成温度 1200～1250℃。

11. 桃红或青釉

釉料配方：

长石 50，石灰石 8，氧化锌 10，碳酸钡 20，黏土 6，石英 6，氧化镍 1

艳丽的淡青色或桃红色无光不透明釉。

烧成温度 1200～1250℃。

12. 结晶基釉

釉料配方：

氧化锌 20，碳酸锂 10，氧化钛 8，石灰石 5，黏土 20，石英 37

带粉红色结晶斑点的浅奶黄色半光泽不透明釉，加入 1％氧化镍，得淡奶黄色釉。

烧成温度 1200～1250℃。

13. 金属状黑釉

釉料配方：

长石 36，石灰石 9，硼酸钙 5，白云石 5，滑石 16，碳酸钡 8，石英 16，膨润土 5，外加：硅酸锆 15，金红石 20，氧化钴 3，氧化锰 2，黑色氧化铁 3

无光泽略带结晶的金属状黑釉。

烧成温度 1200～1250℃。

14. 结晶釉

釉料配方：

玻璃粉 70，滑石 3，方解石 2，氧化锌 25，氧化锰 2

烧成温度 1220℃。1100℃保温 4h，褐色晶花。

15. 结晶釉

釉料配方：

玻璃粉 45，长石 15，方解石 10，氧化锌 30

烧成温度 1220℃。1080℃保温 4h，白色晶花。

16. 结晶釉

釉料配方：

玻璃粉 45，长石 20，方解石 7，氧化锌 28，氧化铁 5，氧化钛 1

烧成温度 1220℃。1080℃保温 4h，黄褐色晶花。

17. 结晶釉

釉料配方：

玻璃粉 20，长石 40，方解石 10，碳酸锂 5，氧化锌 25，氧化铜 0.8，氧化钴 0.2

烧成温度 1220℃。1080℃保温 4h，蓝绿晶花。

18. 结晶釉

釉料配方：

玻璃粉 20，长石 45，方解石 9.5，碳酸锂 3.5，氧化锌 22

烧成温度 1220℃。1080℃保温 4h，白色晶花。

19. 结晶釉

釉料配方：

玻璃粉 60，长石 7，方解石 8，碳酸锂 2，氧化锌 23

烧成温度 1220℃。1080℃保温 4h，白色晶花。

20. 透明釉

釉料配方：

长石 40，石灰石 15，氧化锌 10，黏土 5，瓷土 10，石英 20

氧化焰烧成时有微小气泡的透明釉，还原焰呈淡青色。

烧成温度 1200～1260℃。

21. 锦砖釉

釉料配方：

长石 64，白云石 7，苏州土 4，石英 19，石灰石 6

烧成温度 1200℃。

22. 烧成温度范围较宽的透明釉

釉料配方：

长石 30，氧化锌 4，石灰石 15，滑石 3，碳酸钡 10，瓷土 10，石英 28

烧成温度较低时，稍带气泡的透明釉，加入 8% 氧化铁，氧化焰呈淡蜜色，还原焰呈光亮的淡绿色。

烧成温度 1200～1260℃。

23. 烧成温度较宽的透明基釉

釉料配方：

钠长石 38，石灰石 14，氧化锌 12，黏土 6，石英 20

半透明钧釉色，氧化焰呈半透明，似柔和的钧釉，还原焰釉面更光亮。釉中加入 1.5%氧化铜，氧化焰呈半透明青绿色，还原焰为柔和的带斑点血红色釉。若加 2%碳酸锰，氧化焰为带虹彩的蓝红色釉，还原焰为明亮的草绿色。

烧成温度 1200～1280℃。

24. 锡白釉

釉料配方：

长石 50，石灰石 5，白云石 25，瓷土 20，氧化锡 10

氧化焰瓷坯釉面雪白，炻器釉上有微裂纹，还原焰釉面淡绿色，炻器釉面不透明，有斑点。

烧成温度 1200～1260℃。

25. 斑状石釉

釉料配方：

长石 45，石灰石 15，白云石 5，草木灰 5，碳酸钠 5，黏土 5，瓷土 10，石英 10，碳酸铜 0.5

氧化焰石状斑点绿釉，瓷坯显色更绿；还原焰为绿红色，瓷坯为柔和的红色。

烧成温度 1200～1260℃。

26. 斑点白釉

釉料配方：

长石 40，石灰石 5，白云石 40，黏土 10，石英 5

白色不透明，氧化焰易产生奶黄色斑点，还原焰釉面更显青色。

烧成温度 1200～1260℃。

27. 奶白纹理釉

釉料配方：

长石 45，石灰石 33，瓷土 22

氧化焰较低温度下烧成时，得平滑带奶黄和白色绢丝纹理的斑釉；烧成温度稍高时，釉面带斑点，干涩。还原焰釉面无光泽，呈灰青色。

烧成温度 1200～1260℃。

28. 半光泽石状釉

釉料配方：

长石 20，石灰石 30，瓷土 25，石英 25，金红石 4

烧成温度较宽。氧化焰偏低温度烧成时，釉面半透明，半光泽，有金红斑点；烧成温度偏高时，炻器釉面无光泽，呈灰青色。

烧成温度 1200～1260℃。

29. 不透明奶油色釉

釉料配方：

长石 30，石灰石 5，氧化锌 14，黏土 30，石英 21，五氧化二钒 5

氧化焰平滑不透明奶黄色釉，还原焰易出气泡。

烧成温度 1200～1260℃。

30. 金属黑银色釉

釉料配方：

霞石正长岩 73，氧化锌 3，白云石 5，石灰石 4，瓷土 4，膨润土 3，碳酸铜 4，金红石（中粒）10，钛铁矿（细）10

无光泽似金属状带金、银色结晶点的黑色釉，只能烧氧化焰。

烧成温度 1200～1260℃。

31. 绿色结晶釉

釉料配方：

长石 30，石灰石 9，白云石 17，碳酸钡 4，瓷土 12，膨润土 3，石英 25，金红石 12，氧化铁 6，钛铁矿 8，氧化铜 1.5

适合氧化焰或还原焰烧成。

烧成温度 1200～1260℃。

32. 结晶釉

釉料配方：

长石 30，石灰石 8，白云石 17，氧化锌 12，瓷土 4，石英 22，金红石 7

氧化焰偏低温烧成时，无光泽小点桃红结晶斑乳白釉；还原焰为桃红和白色结晶斑，有青灰色珍珠光泽的彩光釉。

烧成温度 1200～1260℃。

33. 铁锈花暗棕色釉

釉料配方：

长石 40，石灰石 20，氧化锌 3，瓷土 17，石英 20，氧化铁 10

一种流淌釉。还原焰浓艳暗棕色天目釉，氧化焰略带光亮的铁锈红釉。不能过火。

烧成温度 1200～1260℃。

34. 结晶釉

釉料配方：

玻璃粉 20，长石 40，方解石 10，氧化锌 30，氧化锰 3

烧成温度 1250℃。1130℃保温 4h，紫色晶花。

35. 结晶釉

釉料配方：

长石 36.5，石英 10.5，方解石 8.0，苏州土 8.0，氧化锌 32.5，氧化钛 2.5，氧化铜 1.5，氧化锆 0.5

烧成温度 1250℃。1130℃保温 4h，湖蓝晶花。

36. 结晶釉

釉料配方：

玻璃粉 20，长石 48，方解石 7，氧化锌 25，氧化锰 2，氧化钛 1

烧成温度 1250℃。1130℃保温 4h，咖啡色晶花。

37. 结晶釉

釉料配方：

玻璃粉 20，长石 45，方解石 8，氧化锌 24，氧化钛 3

烧成温度 1250℃。1130℃保温 4h，浅黄色晶花。

38. 结晶釉

釉料配方：

玻璃粉 15，长石 45，方解石 7，碳酸钡 5，氧化锌 27

烧成温度 1250℃。1130℃保温 4h，白色晶花。

39. 结晶釉

釉料配方：

玻璃粉 40，长石 19，滑石 9，萤石 4，氧化锌 28

烧成温度 1250℃。1130℃保温 4h，白色晶花。

40. 结晶釉

釉料配方：

玻璃粉 5，长石 50，滑石 10，方解石 5，苏州土 5，氧化锌 25

烧成温度 1250℃。1130℃保温 4h，白色晶花。

41. 结晶釉

釉料配方：

玻璃粉 10，长石 50，滑石 12，萤石 3，氧化锌 25

烧成温度 1260℃。1140℃保温 4h，白色晶花。

42. 结晶釉

釉料配方：

玻璃粉 60，滑石 6，石灰石 5，氧化锌 25

烧成温度 1260℃。1140℃保温 4h，白色晶花。

43. 仿钧釉

底釉配方：

长石 65.3，石灰石 4.3，烧滑石 6.4，石英 24.0，外加氧化铁 5.0%

面釉配方：

氧化锌 6.7，长石 54.9，滑石 1.4，方解石 23.4，石英 3.8，氧化钛 8.5，氧化铈或氧化镨 1.3

烧成温度 1230～1250℃。

44. 锆乳浊生料釉

釉料配方：

长石 42，石英 14，高岭土 3，方解石 12.5，烧滑石 8.5，烧氧化锌 5，锆英石 15，水玻璃 0.2，甲基纤维素 0.2

烧成温度 1220～1240℃。

45. 钛橙红釉

釉料配方：

长石 52.8，石英 10.4，黏土 8.4，石灰石 14.4，氧化钛 14

烧成温度 1240～1260℃，氧化焰。

附录6　烧成温度 1250～1280℃的炻器、瓷器釉 58 例

1. 半透明亮白釉

釉料配方：

长石 60，白云石 20，瓷土 10，石英 10

半透明带微裂纹的光亮霜白釉。施釉较厚时，釉完全不透明。还原焰釉面明亮。

烧成温度1250～1280℃。

2. 釉面锦砖釉

釉料配方：

长石58，石英24，石灰石8，苏州土5，滑石5

烧成温度1250℃。

3. 防潮砖釉

釉料配方：

长石18，石灰石2，滑石2，石英10，黏土61，氧化锡7

烧成温度1250～1270℃。

4. 多泡亮白釉

釉料配方：

长石40，石灰石15，滑石15，石英25，膨润土5

一种低铝高硅的釉。还原焰烧成时为硬的透明釉，施釉较厚出现晦白状；氧化焰烧成时，釉显干涩。

烧成温度1250～1280℃。

5. 半透明釉

釉料配方：

长石70，石灰石10，白云石5，滑石5，石英6，膨润土4

氧化焰烧成时，半透明带微裂花纹的米色釉；还原焰烧成时，釉面透明显淡绿色。

烧成温度1250～1280℃。

6. 硬纹片釉

釉料配方：

长石80，石灰石10，石英10

一种半透明的硬纹片釉。氧化焰烧成时瓷胎上釉面裂纹较明显，显白色，炻胎上釉面色泽显得干涩；还原焰烧成时，釉面显极淡的青色带小纹片。

烧成温度1250～1280℃。

7. 鲜辉透明釉

釉料配方：

长石30，石灰石15，白云石7，黏土10，瓷土8，石英30

氧化焰烧成时，炻胎或瓷胎上均为一种平滑明亮的乳白釉；还原焰烧成时釉面显透明的淡青色。

烧成温度1250～1280℃。

8. 透明釉

釉料配方：

长石50，石灰石14，碳酸钡3，氧化锌3，黏土10，石英20

一种平坦光滑的透明釉。氧化焰烧成时为透明的无色釉；还原焰面显浅青色。此釉加入$0.5\%Cr_2O_3$，得冷感的透明绿釉。

烧成温度1250～1280℃。

9. 茶叶末釉

内釉：釉果 75，釉灰 25

面釉：赭石 11.54，釉果 7.69，白土 15.39，釉灰 3.84，寒水石 15.78，紫金土 46.15

先上内釉，干后再上面釉。

烧成温度 1250℃左右，还原焰。

10. 闷光石状釉

釉料配方：

长石 30，白云石 30，石灰石 5，瓷石 30，石英 5

一种闷光白云石釉。还原焰釉面较硬，呈石状；氧化焰烧成时瓷胎上釉面略显干涩，用黏土代替配方中的瓷石能获得良好的不透明白云石白釉。

烧成温度 1250～1280℃。

11. 白釉

釉料配方：

长石 40，石灰石 20，黏土 5，瓷土 5，石英 20，二氧化钛 10

氧化焰为平滑的白釉，还原焰带斑驳的不透明青光釉。

烧成温度 1250～1280℃。

12. 平滑白釉

釉料配方：

长石 50，白云石 20，石灰石 5，黏土 20，石英 5

氧化焰炻胎釉面平滑，比较干涩，呈石状白色；瓷胎釉面平滑带斑点，显米色。还原焰炻胎釉面缎光，带铁色斑点；瓷胎釉面显得平滑。

烧成温度 1250～1280℃。

13. 半闷光脂腻釉

釉料配方：

长石 40，硼酸钙 8，白云石 8，滑石 19，膨润土 5，石英 20

氧化焰釉面乳白色；还原焰釉面平滑呈灰白色，有肥皂的脂腻感。

烧成温度 1250～1280℃。

14. 明亮的草绿色釉

釉料配方：

长石 50，白云石 5，碳酸钡 25，瓷土 10，石英 10，氧化铁 4，氧化铜 1

氧化焰为不透明、带斑点的草绿色釉；还原焰釉面不透明，呈深红褐色。

烧成温度 1250～1280℃。

15. 铜釉

釉料配方：

霞石正长岩 53，石灰石 14，氧化锌 6，滑石 5，瓷土 6，石英 16，碳酸铜 3，氧化锡 3

氧化焰为带黑色斑点的褐绿色釉，还原焰为粉红绿色釉。

烧成温度 1250～1280℃。

16. 铜红绿色釉

釉料配方：

霞石正长岩 35，石灰石 20，氧化锌 5，碳酸钡 10，石英 30，氧化锡 5，碳酸铜 2

还原焰瓷胎上得绿色斑点的深血红色的瓷器釉，不能过火；氧化焰釉面色泽浓艳，呈青绿色。此种釉 1200℃就可烧成。

17. 青绿色结晶釉

釉料配方：

长石 35，石灰石 10，白云石 20，膨润土 5，石英 30，金红石 10，氧化钴 1.5

氧化焰烧成。明亮的青绿色釉，在绿色基质上产生淡红白色的结晶图形。易趋流釉。

烧成温度 1250～1280℃。

18. 闷光绿釉

釉料配方：

长石 44，硼酸钙 5，白云石 7，滑石 20，膨润土 4，石英 20，碳酸铜 4

平滑的深绿色闷光釉。瓷胎釉面颜色加深。还原焰烧成时，釉面平滑呈灰色，带有淡红色的斑点。

烧成温度 1250～1280℃。

19. 墨绿闷光釉

釉料配方：

长石 38，硼酸钙 6，白云石 6，滑石 20，碳酸钡 8，膨润土 5，石英 17，硅酸锆 14，氧化铬 3，氧化钴 2

氧化焰为平滑金属状斑驳墨绿色釉，还原焰为平滑光亮、不透明釉。

烧成温度 1250～1280℃。

20. 闷光黑棕色金斑釉

釉料配方：

霞石正长岩 70，白云石 6，氧化锌 3，石灰石 4，黏土 6，膨润土 2，石英 9，金红石 10，碳酸铜 3

氧化焰为不透明带金色斑点的黑棕色炻器用釉。瓷胎釉面易出现结棕色斑驳。

烧成温度 1250～1280℃。

21. 红黄复色釉

釉料配方：

长石 40，石灰石 10，黏土 8，瓷土 10，石英 20，氧化铁 12

一种流变红黄复色釉。氧化焰类似桉树灰的釉；还原焰易于流动，不要过火。

烧成温度 1250～1280℃。

22. 棕黑色釉

釉料配方：

长石 25，石灰石 20，黏土 25，石英 30，氧化铁 10

还原焰炻胎为平滑的黑釉，边部有棕色裂纹；氧化焰时边缘带红色龟裂纹的斑驳黑，瓷胎釉面光亮呈深红蜜色。

烧成温度 1250～1280℃。

23. 天目釉

釉料配方：

长石 43，石灰石 10，瓷土 5，黏土 8，石英 26，氧化铁 8

氧化焰为半闷光黑釉，边缘和釉薄处常现棕褐色；炻胎、瓷胎效果均好，还原焰为更明亮的深黑色釉，边缘处易变为褐色。

烧成温度 1250～1280℃。

24. 黑色天目釉

釉料配方：

瓷石 55，石灰石 12，瓷土 6，膨润土 2，石英 18，氧化铁 7

一种半闷光的铁黑釉。氧化焰易成棕色；还原焰釉面明亮而呈深黑色，边缘处易为淡棕色。

烧成温度 1250～1280℃。

25. 铁黑色砂金石釉

釉料配方：

长石 30，石灰石 15，黏土 25，石英 30，氧化铁 8

浓艳的棕黑釉。氧化焰黑绿泛棕色，还原焰平滑棕黑色。若釉中进一步加入 4％氧化铁（总量 12％），氧化焰为浓郁的带铁金星点的偶发釉，还原焰釉面变得过于软黏。

烧成温度 1250～1280℃。

26. 天目釉

釉料配方：

长石 43，石灰石 10，黏土 8，瓷土 5，石英 26，氧化铁 8，氧化锰 1

氧化焰为半闷光黑釉，边缘和釉薄处棕褐色，炻器、瓷器均好；还原焰釉面更光亮，颜色更深，边缘棕色。

烧成温度 1250～1280。

27. 炻器釉

釉料配方：

长石 40.2，石英 23.4，高岭土 9.8，氧化锌 2.2，碳酸钡 1.1，滑石 2.7，硅灰石 20.6

烧成温度 1250～1280℃。

28. 卫生瓷釉

釉料配方：

长石 43.7，石英 30.3，高岭土 4.0，石灰石 15.6，菱镁矿 2.6，氧化锌 3.8

添加尖晶石型、铁石型、榍石型等颜料可得各种色釉。

烧成温度 1250～1280℃。

29. 卫生瓷釉

配料配方：

长石 43.9，石英 22.6，高岭土 9.1，硅灰石 23.4，氧化锌 1.0

添加各种类型的颜料可得多种色釉。

烧成温度 1250～1280℃。

30. 卫生瓷锆釉

釉料配方：

钠长石 33.5，石英粉 17.0，高岭土 10.0，塑性黏土 2.5，石灰石 16.0，氧化锌 3.0，

碳酸钡 3.0，白云石 3.0，锆英粉（2～5μm）12.0

$\alpha_{2\sim400℃}=7.8\times10^{-6}℃^{-1}$。烧成温度 1240～1280℃。

31. 无光釉

釉料配方：

基料 100，硅灰石 30

基料：长石 70，高岭土 10，石英粉 20

可得丝绸光泽到蛋壳光泽。可用 0.1％～2％金属氧化物或碳酸盐着色。尖晶石型和锆石型颜料可得单一色调。加入 2％氧化锡或 4％微米级锆英粉，可得白色乳浊釉。

烧成温度 1260～1290℃。

32. 无光釉

釉料配方：

基料 100，烧氧化锌 20

基料：长石 70，高岭土 10，石英粉 20

可得丝绸光泽到蛋壳光泽。可用 0.1％～2％金属氧化物或碳酸盐着色。尖晶石型和锆石型颜料可得单一色调。加入 2％氧化锡或 4％微米级锆英粉，可得白色乳浊釉。

烧成温度 1260～1290℃。

33. 无光釉

釉料配方：

基料 100，滑石 15

基料：长石 70，高岭土 10，石英粉 20

可得丝绸光泽到蛋壳光泽。可用 0.1％～2％金属氧化物或碳酸盐着色。尖晶石型和锆石型颜料可得单一色调。加入 2％氧化锡或 4％微米级锆英粉，可得白色乳浊釉。

烧成温度 1260～1290℃。

34. 裂纹釉

釉料配方：

长石 58，霞石正长岩 18，高岭土 5，石英 14，石灰石 5

烧成温度 1260～1300℃。

35. 铜蓝裂纹釉

釉料配方：

水玻璃粉（63％SiO_2，18％Na_2O，18％H_2O）67.7，高岭土 19.5，锆英砂 3.9，石英粉 2.6，碳酸锂 5.2，碳酸铜 3～5

烧成温度 1260～1300℃。

36. 细网裂纹釉

釉料配方：

长石 13.3，钠长石 51.1，白云石 0.75，石灰石 2.05，石英粉 25.67，高岭土 8.0

烧成温度 1260～1300℃。

37. 粗网裂纹釉

釉料配方：

长石 18.6，钠长石 20.89，白云石 0.7，石灰石 3.75，石英粉 38.9，高岭土 19.0

烧成温度 1260～1300℃。

38. 镉硒红基釉

熔块 A：铅丹 63.4，高岭土 7.3，石英 26.4，长石 0.9，氧化硼 1.0

熔块 B：SiO_2 43.0，PbO 40.1，K_2O 16.9

基础釉：

长石 56.8，高岭土 4.7，石英 22.6，石灰石 7.5，熔块 A 3.7，熔块 B 4.7

基釉中加入 2%～5% 的各种类型镉硒红色型颜料，可得橙红、肉红、紫红色调。

烧成温度 1260～1300℃。

39. 芙蓉红卫生瓷色釉

釉料配方：

长石 47，石英 24，碱石 13，白云石 16，铬铝红 6，氧化锌 4，二氧化锆 5

烧成温度 1250～1280℃。

40. 柠檬黄卫生瓷色釉

釉料配方：

长石 47，石英 27，石灰石 18，苏州土 5，碱石 8，氧化锡 5，钒锡黄 2

烧成温度 1250～1280℃。

41. 银灰卫生瓷釉

釉料配方：

长石 42.2，石英 13.8，苏州土 6.9，氧化锡 6.7，白云石 12.8，氧化锌 3.9，碳酸钡 2.9，钴锌铝蓝色料 1.5

烧成温度 1250～1280℃。

42. 无光釉

釉料配方：

长石 49.1，碳酸钡 27.5，石灰石 8.8，高岭土 8.3，石英 6.3

烧成温度 1280℃。

43. 锆乳浊釉

釉料配方：

石英 20.4，长石 33.1，石灰石 9.5，苏州土 3.9，烧氧化锌 4.7，烧滑石 9.4，碱石 5.5，锆英粉 13.4

烧成温度 1250～1300℃。

44. 钛乳浊釉

釉料配方：

熔块 92，苏州土 8

熔块：硼砂 16，石英 29，长石 18，石灰石 12，氧化锌 9，锆英石 10，氧化钛 2～6

烧成温度 1250～1280℃。

45. 铜釉

釉料配方：

长石 29.3，石英 24.0，石灰石 21.2，烧滑石 7.4，高岭土 11.9，骨灰 1.0，氧化铜 5.2

烧成温度 1250～1280℃，氧化焰。

46. 铜釉

釉料配方：

长石 26.5，石英 32.5，石灰石 16.6，烧滑石 3.7，高岭土 3.1，碳酸钡 11.6，骨灰 1.8，氧化铜 4.2

烧成温度 1250～1280℃，氧化焰。

47. 钛结晶釉

釉料配方：

长石 35.6，石英 20.3，石灰石 19.7，烧滑石 7.2，骨灰 1.7，氧化铁 6.2，氧化钛 9.3

烧成温度 1280℃，氧化焰。

48. 锰结晶釉

釉料配方：

长石 47.1，石英 19.4，石灰石 3.0，生滑石 4.6，二氧化锰 25.9

烧成温度 1250～1280℃，氧化焰。

49. 锌结晶釉

釉料配方：

长石 65.4，碳酸锂 9.1，氧化钛 3.2，氧化锌 22.3

烧成温度 1280℃，氧化焰。

50. 钴结晶釉

釉料配方：

长石 20.8，石英 22.6，石灰石 19.0，菱镁矿 4.5，铅白 20.1，氧化钴 13.0

烧成温度 1280℃，氧化焰。

51. 天目釉

釉料配方：

长石 45，白垩 12，石英 43，氧化铁 8，瓷土 3～4

烧成温度 1250～1280℃。

52. 结晶釉

釉料配方：

长石 40，玻璃粉 20，氧化锌 24，白云石 15，氧化钴 1

烧成温度 1290℃。1180～1000℃冷却 3h。

53. 结晶釉

釉料配方：

玻璃粉 62，石英 4，滑石 1.6，铅粉 1，苏州土 2，氧化锌 29，氧化钴 0.4

烧成温度 1250℃。蓝底深蓝晶。

54. 低膨胀釉

锂辉石 57，石英 28，华林土 5.5，碳酸钡 4，氧化锌 2，碳酸钙 2.5，氧化镁 1.0

烧成温度 1270～1290℃。$\alpha_{20\sim500℃} = 1.02 \times 10^{-6}℃^{-1}$。

55. 低膨胀釉

釉料配方：

锂辉石 49.4，石英 24.7，华林土 10.9，碳酸钡 5.3，氧化锌 3.6，碳酸钙 1.7，烧滑

石 4.5

烧成温度 1270~1290℃。$\alpha_{20\sim500℃}=1142\times10^{-6}℃^{-1}$。

56. 茶叶末釉

釉料配方：

釉果 60，氧化铁 4~7，石英 4~12，方解石 17~21，烧滑石 8~12

烧成温度 1260~1280℃。1100℃保温 1h。

57. 旅馆瓷釉

釉料配方：

长石 49，石英 25，石灰石 14，苏州土 8，滑石 4

烧成温度 1250~1280℃。$\alpha_{20\sim600℃}=4.4\times10^{-6}℃^{-1}$。

58. 餐茶具釉

釉料配方：

长石 38，石英 25，苏州土 7，方解石 15，滑石 9，氧化锌 6

烧成温度 1260℃。$\alpha_{20\sim600℃}=5.8\times10^{-6}℃^{-1}$。

附录 7　烧成温度 1280~1450℃的瓷器釉 46 例

1. 锰红釉

锰红颜料：

氧化铝 70，硫酸锰 21，磷酸氢二铵 9

基础釉：

长石 54，石英 24，滑石 9，白云石 8，界牌土 5

1300℃烧成。还原焰釉面鲜艳润滑，弱还原焰烧成时颜色较深，呈桃红。

2. 铬锡红釉

铬锡红釉：

氧化锡 50，重铬酸钾 4，硼酸 4，石英 17，方解石 25

基础釉：

长石 40，石灰石 15，方解石 15，界牌土 7

1280℃烧成。要严格掌握氧化焰烧成方法。

3. 天蓝色釉

色釉配方：

基釉 92.31，色基 7.69

色基：长石 11.11，氧化铝 45.50，氧化锌 20.51，氧化钴 6.84，烧硼砂 16.24

基釉：长石 40，石英 30，西山塘泥 20，氧化锌 10

烧成温度 1320~1350℃。烧性不限。

4. 天青色釉

色釉配方：

基釉 97.40，白云石 2.21，色基 0.33，氧化钴 0.06

色基：石英 24.70，氧化铜 0.98，碳酸钡 0.10，氧化锰 29.65，氧化镁 0.10，石灰石

0.30，氧化铝 34.68，碳酸钠 0.20，四氧化三铁 2.47，四氧化三钴 6.92

基釉：长石 40，石英 30，西山塘泥 20，氧化锌 10

烧成温度 1320～1350℃。烧性不限。

5. 蓝色结晶釉

结晶剂：石英粉 27.04，氧化锌 72.96，1330℃煅烧后球磨制浆。

本釉：普通窗玻璃粉 42.41，长石 19.72，石英 3.95，氧化锌 27.61，界牌泥 1.97，烧滑石 1.97，氧化铝 0.99，氧化钴 0.39，氧化钨 0.99

浸釉法施釉，接着喷盖一层稀薄的结晶剂料浆，再加喷一薄层本釉。

烧成温度 1360℃。

6. 浅咖啡色结晶釉

结晶剂：石英粉 27.04，氧化锌 72.96，1330℃煅烧后球磨制浆。

本釉：普通窗玻璃粉 40.91，长石 19.03，石英 3.81，氧化锌 26.64，界牌泥 1.90，烧滑石 1.90，氧化铝 0.95，氧化钴 0.09，二氧化锰 3.81，氧化钨 0.95

浸釉法施釉，接着喷盖一层稀薄的结晶剂料浆，再加喷一薄层本釉。

烧成温度 1340℃。

7. 光泽瓷釉

釉料配方：

石灰石 10，长石 23，高岭土 7，石英 47，氢氧化铝 13

烧成温度 1450℃。

8. 无光瓷釉

釉料配方：

石灰石 6，长石 14，高岭土 4，石英 50，氢氧化铝 26

烧成温度 1450℃。

9. 铁砂金釉

釉料配方：

长石 23.2，石英 36.2，陶石 14.4，石灰石 12.4，蛙目黏土 3.0，氧化铁 10.8

烧成温度 1280～1300℃。氧化焰或还原焰。

10. 钧窑釉

底釉：

长石 30.8，石英 24.1，石灰石 12.3，高岭土 5.7，氧化锌 3.4，稻草灰 19.8，骨灰 1.9，氧化铁 1.0

面釉：

长石 30.8，石英 24.1，石灰石 12.3，高岭土 5.7，氧化锌 3.4，稻草灰 19.8，骨灰 1.9，氧化铁 1.0，氧化铜 1.0

烧成温度 1280～1300℃。还原焰。

11. 辰砂釉

釉料配方：

长石 26.6，石英 32.1，石灰石 16.3，烧滑石 3.6，高岭土 3.2，碳酸钡 11.6，骨灰 1.9，氧化锡 2.8，色基 1.9

色基：氧化铜 50，氧化锡 30，氧化钡 20

1200～1300℃煅烧。烧成温度 1280～1300℃。还原焰。

12. 祭红釉

釉料配方：

长石 35，石英 28，氧化锌 5，玻璃粉 15，界牌土 9，方解石 10，骨灰 2，氧化铜 3.5

1000℃以前氧化焰烧成，1000～1200℃强还原焰烧成，1200～1300℃弱还原焰烧成。

13. 钧红釉

釉料配方：

长石 43，石英 25，氧化锡 5，氧化铜 3.5，氧化铝 3.5，界牌土 5，方解石 10，氧化锌 5

1000℃以前氧化焰烧成，1000～1200℃强还原焰烧成，1200～1300℃弱还原焰烧成。

14. 结晶釉

釉料配方：

玻璃粉 50，石英 12，氧化锌 28，钛白粉 5，铝粉 5

1290℃烧成后，下降到 1080℃又回升到 1120℃，保温 2h，下降到 1080℃，保温 1h。

加入铁、钴、铜、锰、铬等着色氧化物，晶型会发生变化，呈现各种颜色，釉面平滑光亮，晶花美丽。

15. 结晶釉

釉料配方：

长石 51，石英 14，石灰石 10，高龄土 4，氧化锌 21

烧成温度 1350℃。焰性不变，随窑冷却。

16. 结晶釉

釉料配方：

玻璃粉 23，石英 25，纯碱 2，滑石 5，铅粉 2，氧化锌 30

烧成温度 1300℃，白色晶花。

17. 结晶釉

釉料配方：

玻璃粉 32，石英 18，纯碱 2，铅粉 8，氧化锌 34，氧化镍 0.5

烧成温度 1300℃，白色晶花。

18. 结晶釉

釉料配方：

玻璃粉 39，石英 5，滑石 3，铅粉 5，硼砂 1，石灰石 1，氧化锌 39，氧化铜 2，氧化钛 5

烧成温度 1290℃，绿底金花。

19. 结晶釉

釉料配方：

玻璃粉 40，石英 6，滑石 3，铅粉 5，硼砂 1，石灰石 1，氧化锌 40，二氧化锰 2，二氧化钛 3

烧成温度 1330℃，咖啡色。

20. 结晶釉

釉料配方：

玻璃粉 62，石英 4，滑石 1，铅粉 1，硼砂 1，高岭土 2，氧化锌 29，氧化钴 0.41

烧成温度 1280℃，蓝底深蓝晶。

21. 结晶釉

釉料配方：

玻璃粉 34，石英 24，纯碱 5，氧化锌 30，氧化铜 1

烧成温度 1300℃，绿底浅绿晶花。

22. 结晶釉

釉料配方：

玻璃粉 55，石英 6，瓷土 9，乌汤土 5，氧化锌 25，氧化钴 0.3

烧成温度 1290℃，蓝底深蓝晶。

23. 结晶釉

釉料配方：

玻璃粉 62，石英 4，瓷土 2，滑石 1.6，氧化铝 1，氧化锌 29，氧化钴 0.4

烧成温度 1310℃，蓝底深蓝晶。

24. 结晶釉

釉料配方：

石英 30，长石 20，石灰石 10，碳酸钡 10，氧化锌 30

烧成温度 1340℃，白色晶花。

25. 结晶釉

釉料配方：

玻璃粉 32，石英 14，长石 10，滑石 8，氧化锌 36，氧化铜 0.2，氧化钴 0.03

烧成温度 1300℃，蓝绿晶花。

26. 结晶釉

釉料配方：

玻璃粉 31，石英 22，瓷土 4，滑石 5，氧化锌 36，氧化钛 2，氧化铜 1.4，氧化钴 0.3

烧成温度 1310℃，蓝色晶花。

27. 结晶釉

釉料配方：

玻璃粉 10，长石 10，釉果 45，白云石 10，氧化锌 25，氧化钛 3，氧化铜 2，海碧蓝 0.3，氧化镍 2

烧成温度 1300℃，绿地黄晶。

28. 结晶釉

釉料配方：

玻璃粉 45.5，石英 14.8，坯泥 3.0，滑石 1.0，碳酸钠 3.5，氧化锌 32.2

烧成温度 1315℃，白色晶花。

29. 结晶釉

釉料配方：

玻璃粉 20，釉果 40，花乳石 10，氧化锌 25，氧化钛 6，二氧化锰 1，五氧化二钒 0.3

烧成温度 1330℃，粉红底金黄晶。

30. 钛釉

釉料配方：

长石 30，钟乳石 14，碳酸钡 10，氧化锌 4，烧滑石 4，氟化铝 4，大同土 8，石英 26，钛白粉 9.5

烧成温度 1280～1300℃，是工艺性能和外观质量都较好的釉。

31. 青釉

釉料配方：

长石 57，烧界牌土 17，生界牌土 8，碳酸钡 7，钟乳石 6，烧滑石 8，氧化铁 0.8

还原焰烧成，还原阶段 1020～1220℃，高温要慢升稳烧。

32. 艺术青瓷釉

釉料配方：

长石 36，石英 36，高岭土 10，滑石 8，石灰石 10，氧化铁 0.4

烧成温度 1330℃，还原焰。

33. 长石釉

釉料配方：

长石 50，石英 30，临川高岭土 8，滑石 8，氧化锌 3，石灰石 1

烧成温度 1300～1350℃，还原焰。

34. 石灰釉

釉料配方：

长石 40，石灰石 15，方解石 15，界牌土 7，石英 23

烧成温度 1280～1300℃。

35. 滑石瓷釉

釉料配方：

熔块 90，苏州土 10

熔块：长石 27，石英 26，钟乳石 12.5，硼砂 4.7，硼酸 11.5，铅丹 15.5，氧化锌 2.8

烧成温度 1290～1310℃。

$\alpha=6.0\times10^6℃^{-1}$。釉中外加 0.8％氧化铁，还原焰烧成时釉色鲜艳青翠。

36. 长石釉

釉料配方：

滑石 12，长石 44，石英 24，太宁土 11，氧化锌 1，瓷粉 6，高岭土 2，石灰石 1

烧成温度 1300～1330℃，还原焰。

37. 长石釉

滑石 13，长石 50，石英 22，大同砂 5，高岭土 10

烧成温度 1300～1330℃，还原焰。

38. 瓷釉

釉料配方：

长石 48，石英 27，高岭土 9，滑石粉 12，大同砂 3，氧化锌 1

烧成温度 1300～1330℃，还原焰。

39. 瓷釉

釉料配方：

长石 50，石英 26，滑石粉 10，萤石 1，氧化锌 2，高岭土 11

烧成温度 1300～1330℃，还原焰。

40. 瓷釉

釉料配方：

长石 50，石英 30，滑石粉 10，氧化锌 1，高岭土 9，外加瓷片 5％

烧成温度 1300～1330℃，还原焰。

41. 瓷釉

釉料配方：

长石 52，石英 23，高岭土 11，滑石粉 13，白云石 1

烧成温度 1300～1330℃，还原焰。

42. 瓷釉

釉料配方：

长石 48，石英 24，滑石粉 11，瓷石 12，大同砂 5

烧成温度 1300～1330℃，还原焰。

43. 瓷釉

釉料配方：

长石 50，石英 23.5，高岭土 4，滑石粉 12，瓷石 8，白云石 1.5，碳酸钡 1

烧成温度 1300～1330℃，还原焰。

44. 祭红釉

釉料配方：

铜花 0.41，珊瑚 0.41，海浮石 1.23，二灰 14.40，铅晶料 1.64，花乳石 2.35，釉果 73.85，云母石 0.82，寒水石 2.35，石英 0.41，陀星石 1.23，锡灰 0.90

烧成温度 1300℃左右，还原焰。

45. 乌金釉

釉料配方：

乌金土 37.0，釉果 49.5，铁骨泥 2.9，釉灰 10.6

烧成温度 1300℃，还原焰。

46. 铜红釉

釉料配方：

熔块 100，草酸铜 2.0，煅烧氧化锡 1.0

熔块：石英 44.8，长石 19.6，氧化锌 4.5，毒重石 10.5，烧硼砂 13.0，碳酸钠 4.8，高岭土 2.8

烧成温度 1300℃，还原焰。

主要参考文献

[1] 王芬，张超武，黄剑锋. 硅酸盐制品的装饰及装饰材料[M]. 北京：化学工业出版社，2004.

[2] 李家驹. 陶瓷工艺学[M]. 北京：中国轻工业出版社，2006.

[3] 张云洪. 陶瓷工艺技术[M]. 北京：化学工业出版社，2006.

[4] 张玉南. 陶瓷艺术釉工艺学[M]. 南昌：江西高校出版社，2009.

[5] 汪啸穆. 陶瓷工艺学[M]. 北京：中国轻工业出版社，1994.

[6] 俞康泰. 陶瓷色釉料与装饰导论[M]. 武汉：武汉工业大学出版社，1998.

[7] 俞康泰. 现代陶瓷色釉料与装饰技术手册[M]. 武汉：武汉工业大学出版社，1999.

[8] 祝桂洪，周健儿. 陶瓷釉配制基础[M]. 北京：轻工业出版社，1989.

[9] 刘康时. 陶瓷工艺原理[M]. 广州：华南理工大学出版社，1994.

[10] 西北轻工业学院. 陶瓷工艺学[M]. 北京：轻工业出版社，1991.

[11] 〔日〕素木洋一（著），刘可栋，刘光跃（译）. 釉及色料[M]. 北京：中国建筑工业出版社，1979.

[12] 轻工业部第一轻工业局. 日用陶瓷工业手册[M]. 北京：轻工业出版社，1980.

[13] 杜海清，唐绍裘. 陶瓷原料与配方[M]. 北京：轻工业出版社，1986.

[14] 刘属兴，孙再清. 陶瓷釉料配方及应用[M]. 北京：化学工业出版社 2008.

[15] 蔡作乾，王琎，杨根. 陶瓷材料辞典[M]. 北京：化学工业出版社，2002.

[16] 张玉龙，马建平. 实用陶瓷材料手册[M]. 北京：化学工业出版社，2006.

[17] 李金成. 国外陶瓷釉料坯料配方集锦[M]. 北京：知识产权出版社，2003.